AF859566

Histoire de la théorie des oscillations non linéaires

Ouvrage publié avec le soutien du Centre d'Aide à la Recherche
et au Transfert de Technologie (CARTT) de l'IUT de Toulon.

www.editions-hermann.fr

Illustration de couverture : 123rf/eldoctore.

ISBN : 978 2 7056 9004 5

Jean-Marc Ginoux

Histoire de la théorie des oscillations non linéaires

De Poincaré à Andronov

Préface de Christian Mira

hermann

Depuis 1876

« Pour prévoir l'avenir des mathématiques,
la vraie méthode est d'étudier leur histoire et leur état présent[1]. »

1. Henri Poincaré, *Science et Méthode*, 1908, p. 19.

Préface

Dans l'histoire des mathématiques, l'essor extraordinaire que connait la *théorie des systèmes dynamiques*, depuis la fin du XIXe siècle, se distingue par un développement jusque là inconnu. Cette histoire a donné lieu à plusieurs publications, la dernière étant l'excellent article "*Writing the History of Dynamical Systems and Chaos* : *Longue Durée and Revolution, Disciplines and Culture*" de D. Aubin et A. Dahan Dalmedico (Historia Mathematica, 29 (2002), 273-339). Avant la véritable somme sur ce thème que nous offre ici Jean-Marc Ginoux, à ma connaissance le seul livre consacré à ce sujet, et écrit à un niveau de spécialiste, est celui de E. S. Boïko, publié en russe sous le titre "*Skola Akademika A. A. Andronova*" (*L'École de l'Académicien A.A. Andronov*, Izdatelsvo "*Nauka*", Moscou, 1983). Bien que son introduction fasse une place importante aux résultats obtenus hors de l'URSS, dont en premier lieu au rôle clé joué par ce qu'on peut appeler l'*École Française* et son leader Poincaré, cet ouvrage est essentiellement axé sur les travaux menés à Gorki (maintenant Nizny Novgorod), cité interdite aux étrangers au temps de l'Union Soviétique. Parallèlement il faut remarquer qu'il y a une soixantaine d'années, les mathématiciens américains J.P. La Salle et S. Lefschetz notaient déjà l'avance prise par les recherches menées en URSS, dans le cadre de l'*École de Gorki* (méthodes qualitatives), et de celle de Kiev (méthodes analytiques), en écrivant :

> "In USSR the study of differential equations has profound roots, and in this subject the USSR occupies incontestably the first place. One may also say that Soviet specialists, far from working in vacuum, are in intimate contact with applied mathematicians and front rank engineers. This has brought great benefits to the USSR and it is safe to say that USSR has no desire to relinquish these advantages [2]."

A propos du livre de Jean-Marc Ginoux, il est important de noter que le germe de la *théorie des oscillations non linéaires*, devenue ensuite *théorie des systèmes dynamiques*, se situe à une époque où la plupart des mathématiciens voyait une source d'inspiration pour l'invention mathématique dans l'étude des phénomènes du "monde réel", celui de la physique en particulier. Cette situation est parfaitement illustrée par ce qu'écrivait Joseph Fourier, dans la première moitié du XIXe siècle :

2. J.P. Lasalle and S. Lefschetz, "Recent Soviet Contributions to Ordinary Differential Equations and Nonlinear Mechanics," *J. de Math. Anal. and Appl.*, 2, 1961, pp 467-499.

> « L'étude approfondie de la nature est la source la plus féconde des découvertes mathématiques. Non seulement cette étude, en offrant aux recherches un but déterminé, a l'avantage d'exclure les questions vagues et les calculs sans issue ; elle est encore un moyen assuré de former l'analyse elle-même et d'en découvrir les éléments qu'il importe le plus de connaître et de conserver. Ces éléments fondamentaux sont ceux qui se reproduisent dans tous les effets naturels [3] ».

Pour cette époque « germinale », on peut alors parler de travaux concernant les « *systèmes dynamiques concrets* », par opposition aux « *systèmes dynamiques abstraits* », dont la théorie s'est développée par la suite dans le champ des mathématiques pures, considéré maintenant comme le domaine « noble » de la recherche mathématique. Ceci bien que la plupart des scientifiques n'aient pas été amenés à leurs découvertes par un processus de déduction à partir de postulats et principes généraux, mais plutôt par un examen approfondi de cas particuliers bien choisis. Les généralisations sont venues plus tard, car il est beaucoup plus facile de généraliser un résultat établi que de découvrir une nouvelle ligne d'argumentation. A ce sujet, déjà au XIXe siècle, le mathématicien Halphen s'est souvent plaint des généralisations non essentielles qui encombrent les publications. Plus tard Birkhoff (cité par M. Morse dans *Bull. Amer. Math. Soc.*, May 1946, 52(5), 1, 357-391), ajoutait :

> "The systematic organization, or exposition, of a mathematical theory is always secondary in importance to its discovery, ...some of the current mathematical theories being no more than relatively obvious elaborations of concrete examples.

Cet exposé liminaire permet maintenant de bien situer le cadre de l'ouvrage de Jean-Marc Ginoux : celui de l'histoire des « *systèmes dynamiques concrets* ». Sous une forme originale, qui associe de nombreuses illustrations, extraits de publications, biographies d'auteurs, copies de documents et correspondances inconnus jusque là, le tout accompagné par une large bibliographie, le grand mérite de cette contribution est de nous faire revivre agréablement cette époque « germinale », et sa première phase de développement avec la naissance des méthodes qualitatives et analytiques. Ainsi, sont recensés minutieusement les travaux sur les oscillations non linéaires et les systèmes dynamiques, publiés en France entre 1880 et 1940, tant par la communauté scientifique de notre pays, que par les chercheurs étrangers qui désiraient faire connaître leurs résultats (le français était alors la langue des échanges scientifiques). C'est le cas en particulier des travaux de l'américain G.D. Birkoff, de ceux de l'*École d'Andronov* pour les méthodes qualitatives, et de ceux de l'*École de Kiev* pour les méthodes analytiques.

La justesse de la citation de Fourier, à propos de laquelle Gaston Darboux disait : « le développement de l'Analyse moderne a confirmé et mis dans tout leur jour ces idées pénétrantes de Fourier », se vérifie dans le livre de Jean-Marc Ginoux, tout au long des chapitres. C'est le cas en particulier par un

3. Cité dans "Œuvres de Poincaré", tome II, Gauthier Villars et Cie, Paris 1916, "*Éloge historique d'Henri Poincaré*" par Gaston Darboux, page XXXV.

accès aux études des phénomènes oscillatoires menées par Poincaré sur l'arc électrique, la télégraphie sans fil, les ondes électromagnétiques, et autres problèmes de la physique, où transparait l'intérêt de ce savant pour la physique expérimentale. L'introduction du livre de Boïko confirmait déjà ce point en mettant en valeur rôle clé joué par Poincaré, et en citant d'autres résultats de l'*École Française*, dont ceux de H. Léauté, de Ch. Briot et J.-C. Bouquet, chercheurs connus aussi pour leur intérêt pour les problèmes posés par la physique, résultats que Boïko présente comme ayant inspiré Poincaré.

Jean-Marc Ginoux nous donne aussi tous les éléments d'une découverte qui corrige ce qui était admis universellement. Jusqu'à présent, toutes les publications à thème historique attribuaient à Andronov (thèse en 1928) le mérite d'avoir fait le lien entre les oscillations auto-entretenues (dites aussi « *libres* »), et la notion de cycle limite introduite par Poincaré (1882). Les recherches minutieuses de Jean-Marc Ginoux dévoilent une série de conférences de Poincaré, inconnues jusqu'à présent des spécialistes de la dynamique non linéaire, conférences données en 1908 à l'École des Postes et Télégraphes. Devant les étudiants de cette école, Poincaré établit clairement la correspondance entre la solution périodique de l'équation différentielle de l'arc électrique chantant et, sans la nommer, la notion de cycle limite. En effet le cadre, celui d'élèves ingénieurs, ne nécessitait pas de définir cette notion mathématique récente, ce qui aurait entrainé un plus long développement. La seule évocation de solution périodique, familière pour ces étudiants, était suffisante.

Dans le dernier paragraphe de l'introduction de son livre, Jean-Marc Ginoux regrette que l'édification de la théorie des systèmes dynamiques se soit essentiellement réalisée à grande échelle en URSS, alors que les bases de cette théorie avaient été élaborées en France. Tout comme moi, il s'étonne du peu d'intérêt manifesté par les mathématiciens français pour ces questions, après les années 30 jusqu'aux années 70 du siècle dernier. C'est dans le dernier quart du XXe siècle que les publications en langue anglaise sur la dynamique non linéaire, d'auteurs de différents pays (dont la France), connaissent une croissance exponentielle, la plupart ignorant d'ailleurs les contributions françaises, ainsi que celles des Écoles de Gorki et Kiev. Trois questions viennent alors naturellement à l'esprit.

La vogue de la méthode axiomatique, et le renom de l'*École Bourbaki*, dont les choix ont longtemps influencé toute la recherche française en mathématiques, et même leur enseignement, est-elle à l'origine de cette situation ? En a-t-il résulté un certain dédain des mathématiciens « purs » vis-à-vis des mathématiciens « impurs », *i.e.* ceux pour qui « l'étude approfondie de la nature est la source la plus féconde des découvertes mathématiques » ? Ou faut-il trouver l'origine dans la disparition de toute une génération de jeunes mathématiciens normaliens, et polytechniciens, sur les champs de bataille de la première guerre mondiale ? Mobilisés dès le début, envoyés en première ligne, beaucoup périrent. Grièvement blessé à la face, Gaston Julia est l'un des rescapés de cette tragédie. Le numéro 4751 (24 mars 1934) de « *L'Illustration* », célèbre hebdomadaire de l'avant guerre, lui consacrait un article intitulé « Le plus jeune membre de l'Institut, grand mathématicien Français », qui met en valeur sa conduite héroïque de jeune officier (Chevalier de la Légion d'honneur à titre militaire en 1915,

Officier à titre militaire en 1925, Commandeur à titre militaire en 1932), conduite à l'origine de son « nez de cuir ». Titulaire de la chaire de mécanique analytique et mécanique céleste à la Faculté des Sciences de Paris, il appartient à cette génération pour laquelle les mathématiques appliquées étaient encore une activité « noble ». L'Académie des Sciences lui avait d'ailleurs confié la publication du tome X (632 pages) des Œuvres de Poincaré, volume consacré uniquement aux articles traitant des problèmes posés par la Physique Mathématique en deux grandes sections : « *Oscillations hertziennes* » et « *Critiques Discussions, Exposés sur les Théories Physiques* ».

Au début de cette préface, j'ai utilisé le terme « *Somme* » pour qualifier l'ouvrage de Jean-Marc Ginoux. En considérant le travail considérable de recherches et de synthèse des connaissances qu'il implique, pour construire l'histoire de l'époque qui a vu la naissance de la *théorie des oscillations non linéaires*, et la formation de la *théorie des systèmes dynamiques*, « *Somme* » est bien le terme qui convient.

Christian Mira
Professeur des Universités,
Systèmes dynamiques non linéaires et Applications.
https ://www.researchgate.net

Avant-propos

Ce manuscrit inédit est le fruit de cinq années de recherches menées de 2006 à 2011 dans le cadre d'une thèse de doctorat sous la direction de MM. Christian Gilain et David Aubin, professeurs à l'Université Pierre et Marie Curie, Paris VI.

Ce travail fait suite à une première thèse de doctorat en Mathématique Appliquées au cours de laquelle j'avais été amené à étudier les quatre mémoires d'Henri Poincaré intitulés : « Sur les courbes définies par une équation différentielle ». Les nombreuses recherches que j'avais ensuite poursuivies dans le domaine des systèmes dynamiques non-linéaires et chaotiques m'avaient alors conduit à m'interroger sur la place des mémoires de Poincaré dans l'histoire de la théorie des systèmes dynamiques et plus particulièrement sur la manière avec laquelle elle s'est constituée en France. Au fur et à mesure de cette analyse des systèmes dynamiques il m'était apparu que leur compréhension m'en serait grandement facilitée si j'en étudiais leur histoire. C'est cette histoire que raconte ce livre.

Il présente à travers quatre dispositifs : la *machine série-dynamo*, *l'arc chantant*, la *triode* et le *multivibrateur* les contributions des plus illustres mathématiciens comme Henri Poincaré mais aussi celles de physiciens, mathématiciens ou ingénieurs méconnus dont les recherches ont permis de faire un pas décisif dans l'élaboration de la théorie des oscillations non linéaires. Cet ouvrage met ainsi en lumière les travaux de l'ingénieur français André Blondel qui établit, un an avant le physicien hollandais Balthasar Van der Pol, l'équation différentielle des oscillations d'une *triode*. Il présente aussi ceux du physicien Henri Abraham qui apporta à ce dispositif des améliorations susceptibles d'en faire une arme redoutable dans les transmissions au point que la *triode* française surnommée « lampe T.M. » (lampe Télégraphie Militaire) fut adoptée par l'armée française et par les armées alliées tout au long de la première guerre mondiale. En avril 1918, Henri Abraham et son collègue Eugène Bloch inventèrent le célèbre *multivibrateur* qui permettait alors, grâce à l'étalonnage de l'ondemètre (servant à mesurer les longueurs d'ondes), d'améliorer sensiblement la qualité des transmissions. Des décennies plus tard, on avait hélas perdu toute trace de ce dispositif et de la notice explicative décrivant son fonctionnement. Le *multivibrateur* d'Abraham et Bloch fut retrouvé lors de mes recherches dans les réserves du *Conservatoire National des Arts et Métiers* à Saint Denis. Quant à la *Notice sur les lampes à trois électrodes et leurs applications* publiée en avril 1918, classée « secret défense », et, contenant le principe de fonctionnement du *multivibrateur*, elle me fut très aimablement transmise par un collectionneur avisé, M. Jacques Denys, qui l'avait achetée « aux puces ». Le lecteur trouvera ainsi dans ce livre, entre autres, des photos inédites du *multivibrateur* ainsi que des reproductions, également inédites, de sa notice classée « secret défense » qui a permis de comprendre l'importance de ce dispositif dans le premier conflit mondial mais aussi et surtout de mettre en évidence le rôle fondamental qu'il a joué dans la découverte par Van der Pol des « oscillations de relaxation [4] ». L'engouement produit par ces oscillations a fait l'objet d'une analyse détaillée qui a permis de montrer qu'il a pris la forme d'une véritable « chasse à l'effet relaxation ».

Cet ouvrage permet également de lever le voile sur un certain nombre de questions restées jusqu'alors sans réponses comme par exemple :

Comment se fait-il que Poincaré n'a jamais mis en application son concept de *cycle limite* ?

Quand et où eut lieu la toute première conférence sur les phénomènes non linéaires ?

À la première question ce livre apporte la plus étonnante des réponses. En effet, au cours d'un cycle de « conférences oubliées » données par Poincaré à l'École supérieure des postes et télégraphes en 1908 que j'ai « découvertes » un siècle plus tard, Poincaré mettait en application le concept de *cycle limite* qu'il avait lui-même introduit en 1882 afin de démontrer l'existence d'un « régime stable d'ondes entretenues » nécessaire à la transmission continue d'un signal en Télégraphie Sans Fil (T.S.F.).

La seconde question était en réalité une véritable énigme qui ne put être résolu qu'après de nombreuses investigations. En effet, dans un article publié en 1934, Balthasar Van der Pol faisait état d'une conférence portant sur la théorie des oscillations non linéaires qui s'était tenue à Paris entre les 28 et 30 janvier 1933. Malheureusement, cette date coïncidait très précisément avec celle de la nomination par le Maréchal Hindenburg d'Adolf Hitler à la chancellerie du Reich. Ceci perturba considérablement les recherches et c'est grâce à l'obstination et la ténacité de Mademoiselle Gaëlle Chapdelaine (chargée du Prêt Entre Bibliothèques et des recherches documentaires à l'université de Toulon) que le texte original en russe de cette conférence put être retrouvé. La traduction de ce document inédit présentée en annexe de ce manuscrit permit alors d'analyser le déroulement de cette toute première conférence internationale de non linéaire (voir chapitre 7).

Comme on le verra plus en détail dans ce manuscrit, ces deux « découvertes » bouleversent, l'historiographie et posent de nouveau la question de l'héritage scientifique d'Henri Poincaré.

De par sa présentation chronologique et les nombreux éléments iconographiques produits cet ouvrage intéressera tout autant le grand public que les historiens des sciences spécialistes ou non des systèmes dynamiques. De plus, dans la mesure où y sont présentés de nombreux exemples d'applica-

4. L'originalité de mes recherches et le caractère inédit des documents présentés dans cet ouvrage ont suscité un vif intérêt chez un collègue qui n'est d'ailleurs pas historien des sciences et qui les a reproduits sans les citer en référence dans un ouvrage qu'il vient de publier en anglais. Ceci est extrêmement préjudiciable tant du point de vue de l'éthique que de celui de l'histoire des sciences puisqu'il a pour effet de faire disparaître toute trace des sources originelles à partir desquelles certains travaux sont publiés en les portant ainsi au bénéfice de personnes qui se les approprient indûment en faisant un simple « copier-coller ».

tions dans des domaines aussi variés que l'électronique, la biologie, la mécanique, . . . il pourrait d'une certaine manière contribuer à élaborer une histoire de la modélisation qui reste cependant à écrire.

Remerciements

Je souhaite exprimer ici toute ma reconnaissance à mon directeur de thèse M. Christian Gilain et mon co-directeur M. David Aubin, Professeurs à l'Université Pierre et Marie Curie, Paris VI qui m'ont laissé toute latitude pour explorer ce sujet si passionnant.

Ce mémoire n'aurait pu être ce qu'il est sans le remarquable travail de recherches documentaires réalisé par Mademoiselle Gaëlle Chapdelaine au service du prêt entre bibliothèques (P.E.B.) de l'Université du Sud à laquelle j'adresse ici mes plus sincères remerciements. Différents ouvrages précieux nous ont ainsi été prêtés par de nombreuses bibliothèques en France et en Europe. C'est pourquoi je souhaite remercier :

Messieurs Émile Rollet, Christophe Le Bihan et Madame Garibaldi de la bibliothèque de l'Université Joseph Fourier à Grenoble qui ont fait preuve d'une grande patience à l'égard de tous les documents empruntés et rendus parfois avec beaucoup de retard.

Madame Françoise Dauphragne, responsable des fonds patrimoniaux de la bibliothèque de lettres à l'École Normale Supérieure de Paris, qui a su apporter son concours aux recherches en lien avec le laboratoire d'Henri Abraham à l'E.N.S.

Madame Maryline Simler, documentaliste à la Société d'Histoire de la Poste et de France Télécom en Alsace à Strasbourg, qui a permis de mettre en lumière un certain nombre d'éléments biographiques relatifs au Général Gustave Ferrié.

Madame Anne Vidal, documentaliste à Télécom Paris Tech (Sup' Télécom), Monsieur Renaud Mounier, responsable du fonds des archives et Monsieur Jean-Alain Hernandez, chargé de l'édition scientifique qui ont eu l'amabilité de me transmettre toutes les informations inhérentes à l'organisation de l'enseignement à l'École Supérieure des Postes et Télégraphes au sein de laquelle Henri Poincaré réalisa ses conférences sur la T.S.F.

Madame Brigitte Yvon-Deyme, directrice de la bibliothèque de l'Institut Henri Poincaré qui a mis à ma disposition les archives me permettant de retrouver des documents relatifs à Arnaud Denjoy, Nikolaï Kryloff et à Vladimir Kostitzin.

Mister Roger Mills, Head of Science Liaison and Specialist Services et Miss Rosemary Versfeld qui m'ont permis de consulter l'édition originale de la Théorie des Oscillations d'Andronov, Khaikin et Witt.

Je voudrais également vivement remercier :

Monsieur Jacques Denys, collectionneur qui m'a transmis le rapport « secret défense » n°412 concernant la notice de la lampe à trois électrodes et du multivibrateur d'Abraham et Bloch.

Monsieur Robert Philippe, électronicien au Mourillon à Toulon, qui m'a offert l'ouvrage de Pierre Dejussieu-Pontcarral sur *L'épopée du tube cathodique.*

Monsieur Patrick Abellard, Professeur à l'université de Toulon et responsable du C.A.R.T.T. (Centre d'Aide à la Recherche et au Transfert de Technologies), qui accepté de me fournir une aide à la publication.

Monsieur le Professeur Christian Mira qui m'a fait l'honneur de préfacer ce livre.

Mademoiselle Fanny Pauthier, Assistante Éditoriale aux Éditions Hermann, qui m'a aidé à améliorer la présentation de cet ouvrage.

Monsieur Philippe Fauvernier, Directeur Général des prestigieuses Éditions Hermann, qui a accepté de publier ce manuscrit.

Enfin, je souhaite remercier tout particulièrement les femmes de ma vie qui m'ont soutenu et aidé tout au long de mes recherches.

Le Mourillon, 15 novembre 2014.

Jean-Marc Ginoux
Maître de conférences (HDR),
Université de Toulon,
Laboratoire LSIS, CNRS UMR 7296,
Archives Henri Poincaré, CNRS UMR 7117.
ginoux@univ-tln.fr
http ://ginoux.univ-tln.fr

Introduction

À la fin du XIXe siècle les travaux du mathématicien français Henri Poincaré dans le domaine de la théorie des équations différentielles et leurs applications à la mécanique céleste ouvraient un nouveau chapitre de l'histoire des mathématiques et de la physique qui allait conduire, bien plus tard, à l'avènement de la théorie des systèmes dynamiques puis à la théorie du chaos. Les travaux mathématiques de Poincaré dans ce domaine étaient susceptibles d'être appliqués dans un grand nombre de disciplines scientifiques, comme la mécanique, l'électricité ou la biologie. Mais leur importance et leur portée considérables dans l'étude du comportement asymptotique de nombreux systèmes n'allaient pas être immédiatement perçues par ses contemporains.

Dans le domaine de l'électrotechnique, cependant, des phénomènes oscillatoires sont produits par divers dispositifs dès la fin du XIXe siècle. Les oscillations mises en évidence sont étudiées avec attention, car, contrairement à celles produites dans les systèmes mécaniques qui font figure de référence, elles ne s'amortissent pas rapidement en l'absence de forçage extérieur, raison pour laquelle on les appellera « oscillations auto-entretenues ». Cherchant d'abord à éradiquer, puis à contrôler l'apparition et la persistance de ce type d'oscillations, ingénieurs et physiciens vont peu à peu développer un arsenal mathématique permettant de rendre compte de leur origine. La mise en équations des phénomènes d'oscillations auto-entretenues va les conduire à considérer des problèmes mathématiques ardus, relevant de la théorie des équations différentielles non linéaires, pour lesquels les approches développées par Poincaré vont s'avérer très efficaces.

Malgré leur caractère hautement mathématique, ces recherches restent néanmoins, dans un premier temps, limitées au domaine des sciences de l'ingénieur et les rares interventions de mathématiciens ne suffisent pas à faire émerger une véritable théorie des oscillations non linéaires. Par cette expression, nous entendons un cadre général permettant la modélisation d'un large spectre de phénomènes oscillatoires et aussi de méthodes qualitatives et quantitatives servant à déterminer la nature, la période et l'amplitude des oscillations générées ou observées.

C'est le processus par lequel les interrogations soulevées par les dispositifs électrotechniques auto-oscillants conduisent à l'élaboration d'une théorie mathématique en grande partie basée sur les travaux de Poincaré que nous nous proposons d'étudier dans cet ouvrage. Pour ce faire, nous nous concentrerons sur le cas français, car, comme nous le verrons par la suite, il constitue un carrefour significatif où se sont confrontés les apports provenant de plusieurs autres pays.

L'étude de l'histoire de la théorie des oscillations non linéaires est tributaire de l'enthousiasme pour la théorie des systèmes dynamiques et pour la théorie du chaos. Pour tenter de comprendre la manière dont des travaux relativement anciens ont pu retrouver une nouvelle jeunesse dans les années 1970 et 1980, les praticiens du domaine et les historiens des sciences se sont attachés à mettre en lumière les trois étapes aujourd'hui considérées comme constitutives de l'élaboration de la théorie des oscillations non linéaires et que l'on peut définir de la manière suivante :

- l'introduction du concept de cycle limite par Poincaré [1882] dans ses mémoires : « Sur les courbes définies par une équation différentielle » [Poincaré, 1881-1886] ;
- la mise en évidence d'un nouveau type d'oscillation : les oscillations de relaxation par Balthasar Van der Pol [1926d] dans un circuit électrique comportant une triode ;
- l'établissement par Aleksandr Andronov [1929a] d'une correspondance entre la solution de l'équation proposée par Van der Pol pour caractériser les oscillations de la triode et le concept de cycle limite de Poincaré.

Simon Diner résume ainsi cette tradition qui est assez représentative de l'historiographie actuelle dans ce domaine :

> « Au moment même où naît la mécanique quantique, Andronov participe à l'émergence d'un nouveau paradigme, dont l'acte fondateur [...] paraît — en français ! — dans les *Comptes rendus de l'Académie des sciences* du 14 octobre 1929 : « Les cycles limites de Poincaré et la théorie des oscillations auto-entretenues ». Andronov y reconnaît pour la première fois, que dans un oscillateur de la radiophysique comme celui de Van der Pol, système non conservatif (dissipatif), dont les oscillations sont entretenues en puisant de l'énergie à des sources non vibratoires, le mouvement dans l'espace des phases est du type *cycle limite*, notion introduite par Poincaré en 1880, dans un contexte purement mathématique. Il reconnaît d'emblée le caractère très général de ces auto-oscillations, comme il les nomme, les voyant intervenir en acoustique, en radiophysique, en chimie (réactions périodiques) et biologie. » [Diner 1992, p. 340]

Cette reconstruction fait apparaître un « saut » de presque un demi-siècle entre l'introduction du concept de cycle limite par Poincaré [1882] et le moment où ce concept est implicitement mis en application par Van der Pol [1926d] et où la correspondance explicite est établie par Andronov [1929a]. Jusqu'à présent l'historiographie n'a fait que mentionner l'existence de travaux intermédiaires tout en soulignant le manque d'études systématiques sur le sujet (voir [Dahan-Dalmedico 1996, p. 21]).

Dans ce travail nous avons donc pour but de combler en partie cette lacune. Pour ce faire, nous avons voulu recenser, de manière aussi exhaustive que possible, les travaux dans le domaine des oscillations non linéaires publiés en France entre 1880 et 1940 tant par les membres de la communauté scientifique française (ingénieurs, physiciens, mathématiciens) que par les savants étrangers qui, comme le notait Diner, manifestent souvent le désir de faire connaître leurs recherches en France. Nous analyserons la nature des méthodes et des résultats qu'ils contiennent afin d'évaluer leur importance dans le processus d'élaboration d'une théorie des oscillations non linéaires.

Notre corpus est essentiellement composé des articles en lien avec cette thématique publiés durant cette période dans différents journaux et revues à caractère mathématique ou physique [5], et à caractère technique ou appartenant aux sciences de l'ingénieur [6]. Ceci nous a permis de dresser un inventaire des contributions françaises et étrangères publiées en France auxquelles sont venus s'ajouter les ouvrages d'enseignement ainsi que les thèses présentées dans différentes facultés des sciences. La méthode d'investigation fait aussi appel d'une part à des recherches sur internet grandement facilitées par les nombreuses mises en ligne accessibles sur plusieurs sites [7]. Nous avons aussi consulté les archives de plusieurs institutions [8].

Cette étude met en évidence la contribution de la communauté scientifique française. La France y apparaît ainsi comme un « carrefour » où se croisent divers courants qui participent de l'élaboration d'une théorie des oscillations non linéaires. Cet ouvrage est divisé en deux parties qui suivent un enchaînement essentiellement chronologique, mais aussi partiellement thématique.

La première partie intitulée « Des oscillations entretenues aux oscillations de relaxation » a pour objet de présenter quatre dispositifs analogues d'un point de vue mathématique : la machine série-dynamo, l'arc chantant, la triode et le multivibrateur d'Abraham et Bloch au sein desquels ont été produites et étudiées des oscillations entretenues. Van der Pol, dont nous examinons de façon très détaillée les travaux, nomme ce nouveau type d'oscillations « oscillations de relaxation » lesquelles sont régies par une équation différentielle non linéaire dont il établit le prototype. Il représente ensuite au moyen d'une intégration graphique la solution de cette équation sans pour autant réaliser qu'il s'agit d'un cycle limite de Poincaré. Deux ans plus tard Alfred Liénard démontre l'existence et l'unicité de cette solution, mais l'étude de son travail révèle qu'il n'a pas non plus établi de lien avec le concept de Poincaré.

5. Parmi les revues mathématiques, physiques et astronomiques dépouillées, notons les *Comptes rendus de l'Académie des sciences*, la *Revue générale des sciences pures et appliquées*, la *Revue scientifique*, le *Journal de physique théorique et appliquée*, le *Journal de physique et du radium*, le *Journal de mathématiques pures et appliquées*, le *Journal de l'École polytechnique*, le *Bulletin de la Société mathématique de France*, le *Bulletin des sciences mathématiques*, le *Bulletin astronomique*, les *Annales de l'Institut Henri Poincaré*, les *Annales de physique*, les *Annales de la faculté des sciences de Toulouse*, les *Annales de l'université de Grenoble*, les *Annales scientifiques de l'École normale supérieure*, les *Annales de l'observatoire de Bordeaux*, le *Mémorial des sciences mathématiques* et *Scientia*.

6. Les revues techniques dépouillées incluent l'*Éclairage électrique*, la *Lumière électrique*, la *Revue générale de l'électricité*, l'*Onde électrique*, les *Annales des postes, télégraphes et téléphones*, le *Bulletin de la Société internationale des électriciens* et le *Mémorial de l'artillerie française*.

7. Parmi les sites web qui nous ont été utiles, notons : http://gallica.bnf.fr, http://www-mathdoc.ujf-grenoble.fr/JMPA, http://www.numdam.org et http://www.archive.org.

8. Parmi les institutions qui nous ont fourni des documents, citons l'Institut Henri Poincaré, l'Académie des sciences, l'École normale supérieure, l'École des mines de Paris, l'École supérieure des postes et télégraphes (« Sup'Télécom »), l'École supérieure d'électricité (« Sup'Élec ») et le Conservatoire national des arts et métiers.

Les résultats que nous avons obtenus, s'ils complètent certaines lacunes de l'historiographie, pourrait sembler assez conformes à la tradition qui consiste à attribuer à Andronov le mérite d'avoir été le premier à établir la correspondance entre cycle limites de Poincaré et oscillations auto-entretenues.

Cependant, nous avons pu montrer que cette correspondance avait en fait été établie par Poincaré lui-même dès 1908. L'étude systématique que nous avons entreprise nous a en effet permis de retrouver une série de conférences dont il semble que personne n'ait parlé auparavant et qu'il a données au cours de cette année-là à l'École des postes et télégraphes. C'est lors de sa dernière conférence, publiée en décembre 1908, que Poincaré établit clairement une correspondance entre la solution de l'équation différentielle caractérisant les oscillations de l'arc chantant et, sans le nommer, le concept de cycle limite qu'il avait lui-même introduit. Cette « découverte » pose à nouveau le problème, largement discuté ces dernières années, de la complexité de l'héritage scientifique de Poincaré dans ce domaine.

La seconde partie de notre ouvrage intitulée « Des oscillations de relaxation aux auto-oscillations » a pour but d'analyser la réception par la communauté scientifique française, dans les années 1930, de deux concepts : les oscillations de relaxation de Van der Pol et les auto-oscillations d'Andronov. Il apparaît que les travaux d'Andronov recueillent très peu d'écho en France, alors que les articles de Van der Pol déclenchent, eux, un fort engouement pour ce nouveau phénomène oscillatoire. Nous caractérisons ce phénomène par l'expression de « chasse à l'effet relaxation » qui se manifeste dans un grand nombre de domaines (électriques, biologiques, mécaniques, acoustiques, économiques, hydrauliques...). Si, au-delà de cet engouement, certains mathématiciens français ont réalisé des travaux dignes d'intérêt sur les oscillations non linéaires, la théorie se développe surtout à l'étranger : en Hollande avec les travaux de Van der Pol et en U.R.S.S. où plusieurs écoles rivalisent d'ingéniosité mathématique. Comme nous le verrons, la France reste cependant un carrefour essentiel où se croisent ces différents courants.

En particulier, notre étude de la réception des travaux de Van der Pol et d'Andronov nous a permis de retrouver la trace d'une conférence internationale sur les oscillations non linéaires qui a eu lieu à l'Institut Henri Poincaré à Paris du 28 au 30 janvier 1933. Dans une initiative commune, Van der Pol et le mathématicien russe Nikolaï Papalexi, les principaux spécialistes français du domaine, mathématiciens, physiciens ou astronomes, y confrontent leurs divers travaux. Cette conférence vient appuyer notre idée selon laquelle la France a servi de point de rencontre crucial pour l'émergence de la théorie des oscillations non linéaires. Mais étonnement, la mémoire de cette rencontre s'est presque entièrement perdue. L'analyse du compte rendu de cette conférence par Papalexi que nous avons « redécouvert » montre cependant qu'il s'agit bien d'une autre occasion manquée pour la communauté scientifique française.

Ainsi, dans les dernières décennies du XIXe siècle et les quatre premières décennies du XXe siècle, la France est un carrefour privilégié pour l'émergence et l'élaboration d'une théorie des oscillations non linéaires. Les ingénieurs et physiciens français exhibent dans plusieurs dispositifs techniques des phénomènes oscillatoires qui résistent aux explications mécaniques classiques. Le cadre novateur d'étude des équations différentielles introduit par Poincaré lui permet, en 1908, de faire une suggestion originale pour l'étude de ces phénomènes. Si cette suggestion n'est pas reprise avant d'être retrouvée indépendamment par Andronov en 1929, l'ensemble des travaux français dans ce domaine jouera un rôle important pour la conceptualisation des oscillations de relaxation par Van der Pol et l'introduction de nouvelles méthodes en analyse non linéaire. Le dynamisme français dans ce domaine, où ingénieurs, physiciens, astronomes et mathématiciens, abordent des questions connexes, explique que les travaux de Van der Pol donnent lieu à un fort engouement pour ce mode d'explication des phénomènes oscillatoires. Il permet aussi d'expliquer pourquoi la première conférence internationale sur les oscillations non linéaires a pu avoir lieu à l'Institut Henri Poincaré, à Paris.

Force est cependant de constater que la constitution d'une théorie des oscillations non linaires, comme la théorie des systèmes dynamiques ou la mécanique non linéaire, ne se produit pas en France, mais bien plutôt en U.R.S.S. et aux États-Unis. Malgré leur grand intérêt du point de vue de celui qui connaît la fin de l'histoire, les conférences de Poincaré en 1908 et la conférence internationale de 1933 semblent n'avoir eu aucune conséquence ni immédiate ni à long terme. Alors que beaucoup de chercheurs se lancent dans la « chasse aux oscillations de relaxation », les mathématiciens français semblent manifester peu d'intérêt pour ce type de recherches. Contrairement à certains de leurs homologues étrangers, les scientifiques français n'érigent guère, de manière convaincante, en « théorie » les résultats divers qui se situent à la rencontre des méthodes de Poincaré et de l'étude des phénomènes oscillatoires dans le domaine de l'électrotechnique. En rencontrant la question des oscillations non linéaires, les méthodes quantitatives de la mécanique céleste se conjuguent à des réflexions d'ordre topologique sur la nature des mouvements permanents dans les systèmes dynamiques. C'est dans ce cadre que les travaux français, ceux d'un Ernest Esclangon, d'une Marie Charpentier ou d'un Arnaud Denjoy, seront plus tard amenés à jouer un rôle important dans la constitution de la théorie moderne des systèmes dynamiques.

Première partie

Des oscillations entretenues aux oscillations de relaxation

Chapitre 1

De la machine série-dynamo à l'arc chantant : Gérard-Lescuyer, Blondel, Poincaré

1.1 La machine série-dynamo : *l'expression de la non linéarité*

Vers la fin du XIXe siècle les machines *magnéto* ou *dynamo-électriques* étaient utilisées pour transformer du travail mécanique en électricité et inversement. Alors que dans les premières le champ magnétique est induit par un aimant permanent, il est constitué par un électro-aimant dans les secondes. Ces machines, qui produisaient indifféremment du *courant continu* ou *alternatif*, étaient privilégiées dans les applications qui exigeaient des courants puissants comme l'éclairage des phares à partir d'*arcs électriques* [1]. Lorsque l'électro-aimant faisait partie intégrante du circuit, la *machine dynamo-électrique* était alors appelée *machine série-dynamo* ou *auto-excitatrice* [2].

1.1.1 Jean-Marie-Anatole Gérard-Lescuyer : *l'expérience paradoxale*

On dispose de peu d'éléments biographiques concernant l'auteur de cette expérience. À commencer par son patronyme Gérard-Lescuyer dont l'association provient probablement du fait que son père Jean-Baptiste Gérard épousa à Paris une demoiselle Marie-Anne Lescuyer. Jean-Marie-Anatole Gérard-Lescuyer était ingénieur [3] et directeur d'une société anonyme d'Électricité installée à Courbevoie. De 1895 à 1902 il est membre de la Société française de physique, comme le baron Paul Arnould Edmond Thénard (1819-1884), chimiste et physicien, qui présenta le 26 juillet 1880 sa seule véritable

1. Pour plus de détails se reporter à Hospitalier [1884, p. 68-115] ou à Lemoine [1890, p. 19].
2. Voir Hospitalier [1881, p. 86] et Appendice B.1.
3. Il est notamment l'inventeur, en 1879, d'une lampe à arc électrique et d'un veilleur automatique comme l'atteste un article publié dans *La Nature* [Hospitalier 1881, p. 220-222] (l'auteur de cet article signé E. H. est Édouard Hospitalier (1853-1907), ingénieur des Arts et Manufactures et rédacteur en chef de la revue l'*Électricien*). Gérard-Lescuyer est également l'inventeur, en 1885, d'une nouvelle lampe à incandescence (voir Rodet [1907, p. 67]) et d'une bicyclette sans chaine (voir Figure 1.1)

contribution scientifique : une note dans les *Comptes rendus de l'Académie des Sciences de Paris*.

Dans cette note, Gérard-Lescuyer décrit une expérience mettant en évidence un phénomène qu'il considère comme un « paradoxe électrodynamique ». Ses recherches sur les générateurs d'électricité l'ont conduit à l'invention d'une machine qui porte son nom [4] ; elles sont vraisemblablement à l'origine de l'expérience qu'il réalise en associant une *machine dynamo-électrique* qui joue le rôle de générateur à une *machine magnéto-électrique* que l'on peut assimiler dans ce cas à un moteur. Il expose ainsi les effets qu'il observe :

> « [...] si l'on envoie le courant produit par une machine dynamo-électrique dans une machine magnéto-électrique, on assiste à un phénomène étrange.
>
> Aussitôt que le circuit est fermé, la machine magnéto-électrique se met en mouvement ; elle tend à prendre une vitesse de régime, en rapport avec l'intensité du courant qui l'anime ; mais subitement elle se ralentit, s'arrête et repart en sens contraire, pour s'arrêter de nouveau et tourner dans le même sens que précédemment. En un mot, elle est animée d'un mouvement alternatif régulier, qui dure autant que le courant qui l'actionne. »
>
> [Gérard-Lescuyer 1880a, p. 226]

Constatant donc l'inversion périodique du sens de rotation de la machine magnéto-électrique, alors que le courant est continu, il s'interroge sur la cause de ce phénomène oscillatoire « étrange ». Remarquant que pour que le moteur change de sens de rotation, il faut nécessairement que le courant qui le traverse change lui aussi de sens, il cherche de quelle manière cette inversion se produit et indique :

> « Il faut donc qu'une cause extérieure vienne renverser les polarités des inducteurs de la machine dynamo-électrique génératrice, pour que cette machine donne naissance immédiatement à un courant de sens opposé qui vient inverser le sens de rotation de la machine réceptrice. » [*Ibid.*, p. 226]

Il constate effectivement cette inversion de polarité en plaçant de petites boussoles dans le voisinage des inducteurs et remarque que « les mouvements de la boussole coïncident avec ceux des galvanomètres » [*Ibid.,* p 226]. Ce qui lui permet d'établir une relation de cause à effet entre l'inversion de polarité des inducteurs et l'apparition d'un courant de sens inverse.

Alors, pour tenter de fournir une explication il fait l'hypothèse « que la machine magnéto-électrique réceptrice peut, pour une raison *que nous ne rechercherons pas*, avoir périodiquement un accroissement de vitesse » [*Ibid.*, p. 226-227]. La confrontation à l'expérience le confirme :

> « [...] si notre hypothèse est vraie, ce phénomène ne devra plus se produire lorsque nous empêcherons, par un moyen quelconque, la machine magnéto-électrique réceptrice

4. Dans son ouvrage Hospitalier [1884, p. 106-107] décrit la machine de A. Gérard. N° de brevet 336 636, 23 février 1886 (U.S. patent). Voir également Boulanger [1885, p. 111 et p. 120].

> d'augmenter sa vitesse : pour cela il suffit d'y adapter un frein. Or, aussitôt que ce frein entre en jeu, les effets précédents disparaissent [...] » [*Ibid.*, p. 227]

Ainsi, d'après lui, c'est cet accroissement de vitesse de la machine magnéto-électrique qui, en induisant un courant de sens inverse, provoque l'inversion de polarité des inducteurs et renverse le sens de rotation. En fait, comme on le verra, il sera mis en évidence par T. du Moncel [1880], quelques semaines plus tard, puis par A. Witz [1889a, 1889b] et par P. Janet [1893], que l'intervalle situé entre les balais de la dynamo est le siège d'une force électromotrice (*f.é.m.*), *i.e.* d'une différence de potentiel à ses bornes représentée par une fonction non linéaire de l'intensité qui le traverse. Ainsi, cette « raison non recherchée » par Gérard-Lescuyer et qui constitue l'essence même de son paradoxe est la présence d'une *f.é.m.* dont la *caractéristique courant-tension* non linéaire [5] conduit à des *oscillations entretenues* [6]. A ce stade, on peut remarquer la réserve dont fait preuve l'auteur de la note :

> « Que devons-nous conclure ? Rien, sinon que nous nous trouvons en présence d'un paradoxe scientifique, dont l'explication se fera, mais qui ne laisse pas d'être intéressant. »
> [*Ibid.*, p. 227]

Cependant, l'article de Gérard-Lescuyer est rapidement traduit et publié dans le *Philosophical Magazine* sous le titre « On an electrodynamical paradox » [Gérard-Lescuyer 1880b] ce qui va lui permettre d'obtenir un écho outre-Atlantique, notamment grâce à un entrefilet dans le *New York Times* daté du 22 août 1880 :

> « Gérard-Lescuyer finds that when the current from a dynamo-electric machine is sent into a magnetic electric machine the latter moves with increasing speed, then it slackens, stops, and turns in the opposite direction, and so on. The polarity of the inductors is reversed. »

Le New York Times fondé en 1851 avait très tôt créé une rubrique intitulée *Scientific Gossip* (bavardages scientifiques) dont le but était de relater les évènements scientifiques les plus marquants du moment. On y trouvera plus tard l'annonce du premier Congrès International d'Électricité organisé à Paris le 11 octobre 1882 (*New York Times* du 10 septembre 1882) ainsi qu'un article intitulé : « Music in Electric Arcs » qui relate la découverte de l'*arc chantant* (voir *infra*) par William Du Bois Duddell (*New York Times* du 28 avril 1901). En ce qui concerne la note de Gérard-Lescuyer aux *C.R.A.S.* il semble que ce soit d'une part la parution dans le *Philosophical Magazine* et d'autre part, le mot

5. D'après Thompson [1893, p. 247], le terme *caractéristique* a été introduit par Marcel Deprez (1843-1918) en 1881. Voir Deprez [1881, p. 893]. La *caractéristique courant-tension* d'un dipôle électrique est la fonction qui relie la tension à ses bornes à l'intensité qui le traverse. En courant continu, la caractéristique d'une résistance R est une fonction linéaire de l'intensité : $u = f(i) = Ri$. La pente de cette droite fournit la valeur de la résistance considérée dans ce cas comme constante. La caractéristique d'un générateur de force électromotrice (*f.é.m.*) E et de résistance interne r est une fonction affine de l'intensité : $u = f(i) = E - ri$. L'ordonnée à l'origine représente la *f.é.m.* E également supposée constante. Ces relations sont l'expression mathématique de la loi établie par Georg Ohm (1789-1854).

6. On verra par la suite que ce sont des *oscillations de relaxation*.

paradoxe qui ait attiré l'attention du correspondant de ce journal. Outre cette reprise journalistique, le « paradoxe » mis en lumière par l'expérience de Gérard-Lescuyer ne semble pas avoir produit de réaction de la part des physiciens et ingénieurs qui étudiaient alors les phénomènes électriques ; à l'exception cependant de Théodose du Moncel.

FIGURE 1.1 – J.M.A. Gérard-Lescuyer (à gauche) et sa fille Marguerite en 1884. Document mis en ligne par son arrière-arrière petit-fils.

1.1.2 Théodose du Moncel : *une interprétation électrocinétique du paradoxe*

Durant la seconde moitié du XIXe siècle, le vicomte Théodose du Moncel (1821-1884), après d'autres activités [7], s'oriente vers la science et plus particulièrement l'Électricité. Il devient ingénieur-électricien de l'Administration des lignes télégraphiques françaises, et présente plusieurs notes à l'Académie des Sciences, avant d'en être élu membre en 1874. Il est l'auteur de nombreux ouvrages [8] et d'articles pour les revues *L'Électricité* et *La Lumière Électrique*. C'est dans cette dernière qu'il publie, le 1er septembre 1880, une analyse de l'expérience de Gérard-Lescuyer intitulée : « Réactions réciproques des machines dynamo-électriques et magnéto-électriques » [Moncel, 1880]. Il fait alors appel à une force contre-électromotrice pour rendre compte de l'inversion de polarité des inducteurs observée par Gérard-Lescuyer :

7. Pendant sa jeunesse il était parti visiter les sites archéologiques grecs et avait vendu ses croquis pour subsister. Voir Annales Archéologiques, 8 (1848), p. 179, 236. Voir aussi la notice nécrologique rédigée par Cornelius Herz [1884].

8. Voir T. du Moncel [1858, 1872-1878, 1878, 1879,188O, 1882].

> « L'auteur de ces expériences attribue cet effet à un accroissement périodique de vitesse de la machine magnéto-électrique qui engendrerait une force contre-électro-motrice supérieure à la force électro-motrice développée par la machine dynamo-électrique, et capable de renverser les polarités des inducteurs ; d'où il résulterait de la part de la machine dynamo-électrique, un nouveau courant de sens contraire, qui alors éteindrait celui résultant de la force contre-électro-motrice, et, par suite, provoquerait un arrêt de celle-ci, puis un mouvement en sens inverse, et ainsi de suite. Pour s'assurer de la vérité de cette explication, il a rendu forcément régulière, au moyen d'un frein, la marche de la machine magnéto-électrique, et, dans ces conditions, la rotation de cette machine est devenue régulière. » [Moncel 1880, p. 352]

La description faite par Gérard-Lescuyer conduit du Moncel à mettre en évidence l'existence d'une force électromotrice (*f.é.m.*) développée par la dynamo et d'une force contre-électromotrice (*f.c.é.m.*) engendrée par l'accroissement périodique de la vitesse et dont l'effet est de renverser la polarité des inducteurs et le sens de rotation du moteur. Il explique alors que cette inversion se produit dès que la *f.c.é.m.* de la magnéto est supérieure à la *f.é.m.* de la dynamo. Il ne parle plus de paradoxe électrodynamique mais, comme l'indique le titre de son article, de « réactions réciproques ». Son analyse fait ainsi évoluer, dès le mois de septembre 1880, l'expérience de Gérard-Lescuyer vers un traitement rationnel en impliquant des grandeurs électriques qui permettront de parvenir progressivement à une explication complète du phénomène.

1.1.3 Les travaux d'Aimé Witz : *une interprétation géométrique du paradoxe*

De part leurs statuts sociaux, les personnalités de Gérard-Lescuyer et d'Aimé Witz (1848-1926) diffèrent totalement. Alors que le premier se concentre sur des applications pratiques et technologiques, le second se veut radicalement théoricien. À la fois docteur ès sciences et ingénieur des Arts et Manufactures, Witz est professeur à la Faculté libre des sciences de Lille dont il deviendra ensuite le doyen[9]. Spécialiste de thermodynamique et d'électricité, Witz publie en 1889 et 1890 une série d'articles dans lesquels il reprend l'expérience de Gérard-Lescuyer et propose une explication permettant de lever le paradoxe.

Le premier texte est une note publiée aux *C.R.A.S.* le 6 juillet 1889 : « Des inversions de polarité dans les machines série-dynamos » [Witz 1889a]. Il y expose le principe d'une construction géométrique rendant compte du phénomène observé, mais dont le graphique fait défaut. Affranchi du format des *C.R.A.S.*, il développe sa méthode dans un article plus long et surtout plus détaillé qu'il publie en décembre 1889 dans le *Journal de Physique théorique et appliquée* : « Recherches sur les inversions de polarité des série-dynamos » [Witz 1889b].

9. Voir, par exemple la notice nécrologique de Charles Lallemand [1926].

FIGURE 1.2 – Le Comte Th. du Moncel, d'après Herz [1884, p. 383].

Cet article présente un double intérêt. D'une part un intérêt historique, puisque Witz explique comment il a eu connaissance de cette expérience :

> « Ce curieux phénomène, que je croyais inconnu, avait déjà été observé par M. Gérard Lescuyer, ainsi que M. Hospitalier a bien voulu me le signaler : ce physicien distingué y trouvait un paradoxe qu'il renonçait à expliquer en 1880 ; aujourd'hui ce fait nous paraît moins mystérieux, ainsi que nous essayerons de le démontrer après l'avoir étudié plus complètement. » [Witz 1889b, p. 582]

Il est cependant étonnant de constater que ni Witz, ni Hospitalier, lequel semble pourtant bien connaître les travaux de Théodose du Moncel [10] n'y font référence.) D'autre part, et surtout, du point de vue théorique Witz permet de franchir une seconde étape dans l'explication rationnelle du phénomène au moyen d'une construction géométrique. Witz commence son étude par ces mots :

> « Et d'abord, cette expérience peut être répétée dans les laboratoires, avec toute série-dynamo actionnant une machine à excitation séparée ou une magnéto. »
> [Witz 1889b, p. 582]

Par cette phrase, il veut signaler que cette expérience n'est pas singulière mais parfaitement reproductible, c'est-à-dire, que sa réalisation ne nécessite pas de conditions particulières. L'approche de Witz est basée sur une méthode expérimentale élaborée, alors que celle de Gérard-Lescuyer restait à un niveau essentiellement phénoménologique ; ainsi, il mesure les tensions, les intensités et analyse l'évolution de ces grandeurs.

Le principe de la construction de Witz

Au moyen de cette construction Witz fournit en quelque sorte une version géométrique de l'explication de du Moncel. En effet, il trace la caractéristique de la dynamo, *i.e.* la courbe représentative des variations de la tension à ses bornes en fonction de l'intensité qui la traverse [11]. S'il apparaît sur la Figure 1.3, qui est une version simplifiée de la construction originale de Witz, que cette courbe possède les particularités d'une cubique (deux extrema et un point d'inflexion) l'étape suivante, *i.e.* sa modélisation par une fonction mathématique va encore nécessiter un long cheminement, comme on le verra. Il trace ensuite la caractéristique de la magnéto [12] que l'on peut assimiler à un moteur ; c'est une droite dont l'ordonnée à l'origine dépend de la vitesse de rotation du moteur. Cette droite se déplace parallèlement à elle-même en fonction des valeurs de la vitesse de rotation du moteur. Ainsi, les deux caractéristiques : celle de la dynamo (courbe) et celle du moteur (droite) présentent un certain nombre

10. Voir Hospitalier [1884, p. 64, 98, 196, 220, 224, 237, p. 255]. Remarquons qu'entre la première et la troisième édition de son ouvrage Hospitalier a réduit de manière très significative les références à du Moncel.
11. Il s'agit de la *f.é.m.* de la dynamo.
12. Il s'agit de la *f.c.é.m.* engendrée par l'accroissement de vitesse. Voir du Moncel [1880, p. 352].

de points d'intersection dont le nombre et la valeur dépendent de la position de la droite par rapport à la courbe. De cette représentation géométrique, Witz tire l'explication suivante :

> « [. . .] cette droite coupe la caractéristique de la génératrice aux deux points C et D ; l'abscisse de C donne l'intensité réelle du courant dans le circuit. Cette intensité restera constante tant que n'interviendra aucune modification d'allure des machines. Mais diminuons le couple résistant du moteur : sa vitesse s'accélère aussitôt, les ordonnées de sa caractéristique s'élèvent, et la force contre-électromotrice croît ; $p'q'$ remplace pq, car les deux points C et D se sont rapprochés et confondus ; la sécante est devenue tangente, puis il n'y a plus d'intersection que sur la branche symétrique. L'intensité du courant dans le circuit a décru en même temps, elle est devenue progressivement égale à zéro et elle a sauté tout d'un coup à une valeur négative. » [Witz 1889b, p. 585]

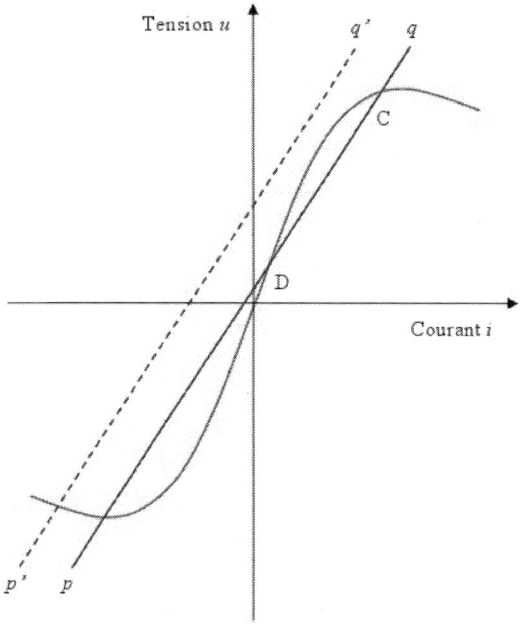

FIGURE 1.3 – Caractéristiques de la dynamo (rouge) et du moteur (bleu).

La construction de Witz montre que l'inversion de polarité se produit dès que la *f.c.é.m.* du moteur devient supérieure à la *f.é.m.* de la dynamo, ce qui engendre les oscillations du moteur. En effet, l'allure cubique de la courbe permet à l'intensité de prendre certaines valeurs négatives, ce qui serait impossible s'il s'agissait d'une droite. Ainsi, la présence dans le circuit de la dynamo-série, *i.e.* d'un composant analogue à une « résistance négative [13] » , joue un rôle similaire à celui des frottements pour

13. Le concept de « résistance négative » sera défini dans la section 1.2.2 de ce chapitre.

le pendule mais avec un signe alternativement positif et négatif qui permet d'entretenir les oscillations au lieu de les amortir. Les travaux de Witz permettent donc, en 1889, de franchir un second niveau de compréhension à partir d'une représentation graphique mettant en lumière le caractère non linéaire de la *f.é.m.* de la dynamo. Néanmoins, si sa construction permet de justifier de quelle manière se produit l'inversion de polarité observée par Gérard-Lescuyer, elle n'en fournit pas pour autant la cause comme il le souligne lui-même :

> « En somme, la discussion du diagramme nous fait retrouver toutes les particularités du phénomène [...]. Ce n'est plus un paradoxe. Toutefois, ne nous faisons pas d'illusion : les considérations qui précèdent montrent comment les choses se passent, sans nous faire voir pourquoi elles se passent ainsi. » [Witz 1889b, p. 586]

Cependant, il est important de remarquer que Witz est passé très près de l'explication que fournira, quatre ans plus tard, P. Janet [1893] :

> « Enfin prolongeons la tangente à la caractéristique jusqu'à sa rencontre avec la branche symétrique de cette courbe : l'ordonnée à l'origine du point d'intersection donne la valeur de la force électromotrice développée instantanément après l'inversion de la rotation et le renversement des pôles. » [Witz 1889a, p. 1245]

1.1.4 Les travaux de Paul Janet : *la mise en équation incomplète (I)*

Normalien à vingt-deux ans, puis agrégé Paul Janet (1863-1937), qui est le fils du philosophe Paul Janet (1823-1899), soutient en 1890 sa thèse de doctorat intitulée : « Étude théorique et expérimentale sur l'aimantation transversale des conducteurs magnétiques », à la faculté des Sciences de Paris. Il est alors nommé maître de conférences à Grenoble où il inaugure en 1892, contre l'avis du doyen François Raoult, le tout premier cours d'Électricité Industrielle. Le succès est tel que François Raoult est amené à demander officiellement la création des cours et d'un laboratoire d'électricité dès la rentrée suivante. Deux ans plus tard, Paul Janet devient directeur de la toute nouvelle École Supérieure d'Électricité où il poursuit son enseignement. Ainsi, dès 1893 l'expérience de Gérard-Lescuyer [14] était déjà présentée par Janet dans son cours d'*Électricité Industrielle* à titre d'illustration, puis en 1900 dans le tome I des ses *Leçons d'Électrotechnique Générale* :

> « Si l'on envoie le courant produit par une génératrice en série dans l'induit d'un moteur à excitation séparée, celui-ci se lance et il s'y développe une certaine force contre-électromotrice : si la vitesse devient suffisante, cette force contre-électromotrice peut

14. Janet ne fait cependant pas référence aux travaux de Gérard-Lescuyer [1880a, 1880b], ni à ceux de T. du Moncel [1880], ni à ceux de Witz [1889a, 1889b]. Il ne mentionne pas non plus l'ouvrage de Raoul Lemoine [1890] dont le titre : *L'Électricité dans l'industrie* n'est pas sans rappeler celui de son cours de 1893 et dans lequel l'expérience est décrite mais attribuée à Witz. Voir Lemoine [1890, p. 21].

devenir plus grande que la force électromotrice de la génératrice, le courant se renverse et les pôles de la génératrice s'inversent ; alors, brusquement, l'induit du moteur s'arrête, repart en sens inverse, et le même phénomène se reproduit régulièrement avec une périodicité remarquable ; la période dépend évidemment de l'excitation du moteur : il est à remarquer que, pour expliquer complètement le phénomène, il faut, pendant la période variable, faire intervenir trois forces électromotrices dans le circuit : la force électromotrice de la génératrice, la force contre-électromotrice du moteur et la force électromotrice de self-induction(1).

(1) Nous engageons le lecteur à essayer de mettre ce problème en équation, ce qui ne présente pas grande difficulté : il s'agit de trouver soit l'intensité du courant, soit la vitesse du moteur en fonction du temps. »

[Janet 1900, p. 222]

Il explique qu'en plus de la *f.c.é.m.* du moteur et de la *f.é.m.* de la dynamo mises en évidence par du Moncel [1880] et par Witz [1889a, 1889b], il faut également tenir compte de la *f.é.m.* de la bobine d'induction. Ainsi, comme semble l'indiquer la note de bas de page (1) reproduite ci-dessus il avait déjà à cette époque établi l'équation différentielle incomplète caractérisant le phénomène engendré par l'expérience de Gérard-Lescuyer. Néanmoins, le problème de la mise en équation complète de ce nouveau type d'oscillations qui passe par la modélisation de la *caractéristique courant-tension (non-linéaire)* de la dynamo reste encore à résoudre. C'est à cette époque qu'intervient un second dispositif.

FIGURE 1.4 – Paul Janet en 1923, rue de Staël, d'après Jacques Boyer / Roger Viollet.

1.2 L'arc chantant : oscillations entretenues

1.2.1 Les travaux de William Du Bois Duddell : *la formule de Thomson révisée*

À la fin du XIXe on utilisait pour l'éclairage des phares, des balises côtières et des villes un dispositif, ancêtre de la lampe à incandescence, appelé *arc électrique* [15]. Il présentait indépendamment de sa faible lueur, un inconvénient majeur : le bruit engendré par la décharge électrique gênait les habitants. À Londres, le physicien britannique William Du Bois Duddell (1872-1917), fut mandaté en 1899 par les autorités anglaises pour résoudre ce problème. Il eut l'idée d'associer un circuit oscillant composé d'une bobine d'induction L et d'un condensateur de capacité C (F sur la Figure 1.5) à l'*arc électrique* pour en faire cesser le bruissement (voir Fig. 1.5). Après avoir réalisé un dispositif qu'il appela *arc chantant* [16], Duddell [1900a, 1900b] put tout d'abord établir que la période du son musical [17] émis par l'arc correspondait à la période propre du circuit oscillant qui lui est associé et s'exprimait au moyen de la formule de Thomson [1853] : $T = 2\pi\sqrt{LC}$ ($T = 2\pi\sqrt{FC}$ puisque $C = F$).

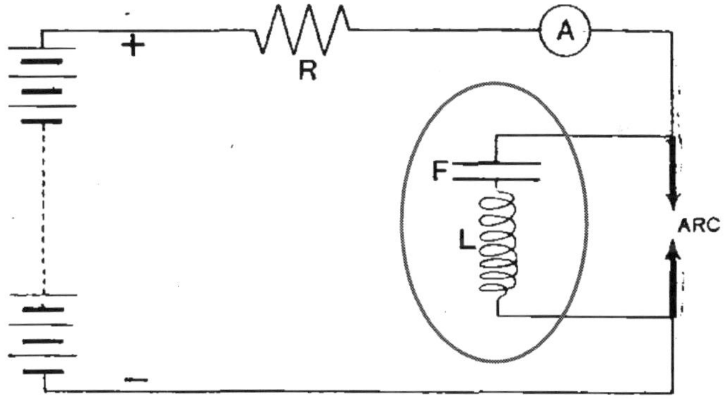

FIGURE 1.5 – Schéma du circuit de l'*arc chantant*, d'après Duddell [1900a, p. 248].

En réalité, Duddell venait d'inventer un circuit oscillant susceptible de produire non seulement des sons d'où son nom, mais aussi et surtout des ondes électromagnétiques. Ainsi, cet appareil sera utilisé comme émetteur pour la télégraphie sans fil (T.S.F.) jusqu'à l'avènement de la triode. En effet, l'*arc chantant* ou *arc de Duddell* était un dispositif « éclateur » c'est-à-dire produisant des étincelles

15. L'arc électrique (artificiel par opposition à l'éclair de la foudre) est associé à la décharge électrique produite entre les extrémités de deux électrodes (de carbone par exemple) qui s'accompagne d'une émission de lumière. Il est encore utilisé de nos jours dans les projecteurs de cinéma, les plasmas thermiques ainsi qu'en métallurgie pour les « soudures à l'arc » ou la fusion des métaux (fours à arc). Voir par exemple Vacquié [1995].

16. Pour *une brève histoire de l'arc* consulter l'ouvrage de Hertha Ayrton [1902, p. 19].

17. Si sa fréquence est dans le domaine audible pour l'homme.

qui engendraient la propagation d'ondes électromagnétiques mises en évidence par les expériences de Hertz [18] comme le rappelle Poincaré :

> « Si un arc électrique est alimenté par un courant continu et si l'on place en dérivation une self-induction et un condensateur, on a quelque chose d'analogue à l'excitateur de Hertz. » [Poincaré 1907, p. 79]

Conditions d'amorçage des oscillations entretenues par l'arc chantant

Après sa découverte Duddell poursuit ses recherches sur l'*arc chantant* dans le but de générer des ondes électromagnétiques susceptibles de transmettre un signal. Duddell [1900a, p. 268 ; 1900b, p. 310] démontre alors que pour que le régime oscillatoire s'établisse les deux conditions suivante doivent être satisfaites :

$$\frac{du}{di} < 0 \qquad (D_1)$$

$$\frac{du}{di} > r \qquad (D_2)$$

Ce qui signifie que les oscillations se produisent si d'une part la dérivée de la différence de potentiel aux bornes de l'arc par rapport au courant circulant dans l'arc est négative (condition D_1) et, d'autre part si cette dérivée est supérieure (en valeur absolue) à la résistance interne r du circuit en dérivation (voir Fig. 1.5). Ceci implique que la *caractéristique courant-tension, i.e.* la *f.é.m.* de l'arc soit non linéaire et présente une partie « tombante » ou décroissante afin que les oscillations puissent avoir lieu (voir *infra*). Ces deux conditions vont par la suite faire l'objet de nombreuses études.

L'une d'entre elles est une note de Paul Janet [1902b] présentée à l'Académie des Sciences dans laquelle il retrouve d'une manière différente les deux conditions de Duddell avant de conclure sur une autre application de l'arc chantant :

> « L'arc chantant de Duddell fournit un moyen remarquable d'obtenir, au moyen d'une force électromotrice continue, un courant alternatif. » [Janet 1902b, p. 823]

Très tôt, les conditions de Duddell (D_1, D_2) sont mises en doute par plusieurs savants comme Maisel [1903, 1904, 1905] qui considère qu'elles ne jouent aucun rôle dans le phénomène :

> « As a matter of fact this condition does not come into consideration at all in phenomena of this kind, as Maisel has shown by both theoretical and experimental researches. »
> [Ruhmer 1908, p. 178]

18. Conduite de 1886 à 1888 par le physicien allemand Heinrich Rudolf Hertz (1857-1894) cette expérience ou plutôt cette série d'expériences permit de démontrer l'existence d'ondes électromagnétiques prédite par James Clerk Maxwell (1831-1879) dans la décennie précédente.

Il en va de même pour l'ingénieur Aimé Williame [1906] qui publie dans les Annales de la Société scientifique de Bruxelles une note très détaillée « Sur la théorie de l'arc chantant » dans laquelle il explique :

> « *Condition* $\frac{dv}{di} < 0$. – En résumé donc, bien que l'expérience et la théorie montrent que les conséquences qui découlent de la condition $\frac{dv}{di} < 0$ ne peuvent être acceptées sans restriction, rien, jusqu'à présent n'était venu indiquer, que cette condition ne fût pas nécessaire au début, pour $i = 0$.
>
> Or, l'état actuel de nos connaissances, relativement au quotient $\frac{dv}{di}$, comporte dans cette hypothèse des conséquences qui n'ont pas été reconnues exactes dans tous les cas. »
>
> [Williame 1906, p. 188]

Ces auteurs remettent également en cause la valeur de la période des oscillations que Duddell avait modifiée dès 1901.

Période des oscillations entretenues par l'arc chantant

En effet, répondant à certaines remarques des lecteurs de la revue *The Electrician*, Duddell [1901c] rappelle que lors de ses premières expériences il avait négligé la résistance R du circuit et qu'en en tenant compte, la période du son émis par l'arc correspondant à la période propre du circuit donnée par la formule de Thomson [1853] devait être modifiée selon une formule qui porte désormais son nom (voir Tableau 1.1).

Formule de Thomson [1853]	Formule de Duddell [1901c]
$T = 2\pi\sqrt{LC}$	$T = \dfrac{2\pi}{\sqrt{\dfrac{1}{LC} - \dfrac{R^2}{4L^2}}}$

TABLE 1.1 – Formules de Duddell et Thomson pour la période de l'arc chantant.

Les premières études menées en France paraissent alors confirmer la validité de ces formules. Ainsi, d'après Charles Fabry [1903, p. 376] la formule classique (de Thomson) semble être « bien vérifiée par les expériences de M. Tissot [1902] ». Tandis que Blondel [1905c] dans un mémoire « Sur les phénomènes de l'arc chantant » établissait par d'autres expériences que :

> « La fréquence de l'arc chantant est essentiellement variable et mal définie ; si dans le phénomène continu elle peut-être prévu approximativement par la formule de Duddell,

par contre, dans le cas du phénomène discontinu, elle n'a plus aucun rapport avec la fréquence propre du circuit oscillant. » [Blondel 1905c, p. 102]

À l'étranger, Williame [1906], considérant que le quotient $\frac{dv}{di}$ doit varier d'une façon continue ou d'une façon discontinue en concluait que :

> « Dans les deux cas, il n'est plus démontré, et il paraît même peu probable, que le courant soit sinusoïdal dans le circuit dérivé et que sa fréquence puisse se déduire de la formule de Thomson. » [Williame 1906, p. 187]

Deux ans plus tard, dans un article intitulé « The frequency of the singing arc » qui débute par une étude bibliographique très complète des travaux réalisés dans ce domaine, George Nasmyth [1908, p. 122], démontre, à partir de nouvelles expériences que la fréquence de l'arc varie en fonction de l'inductance L et varie aussi en fonction du courant qui le traverse. Nasmyth [1908, p. 140] propose alors une nouvelle formule pour la fréquence qui tient compte de la dérivée de la *f.é.m.* de l'arc. Mais, à cette époque les savants sont également confrontés à une autre difficulté celle « que présente la mesure et même la définition de la résistance d'un arc. » [Fabry, 1903, p. 376]

1.2.2 Les travaux d'Edlund et Luggin : *le concept de « résistance négative »*

À cause du trop grand nombre d'éléments variables (diamètre, écart et nature des charbons de l'arc) et du phénomène d'*hystérésis de l'arc* (voir *infra*) il était presque impossible de reproduire les expériences à l'identique. Ainsi, la détermination des grandeurs physiques de l'arc comme sa résistance et la tension à ses bornes posait un véritable problème aux savants de cette fin de XIXe siècle. Cependant, il est alors observé que la différence de potentiel u croît d'une part assez rapidement avec la distance l entre les charbons et ne vérifie plus d'autre part la loi d'Ohm (voir note de bas de page 5 p. 4). Dès lors, une relation empirique, *linéaire* puis *non linéaire*, entre la tension u aux bornes de l'arc, l'intensité i qui le traverse et l'écart l entre les charbons (Voir Tableau 1.2 ci-dessous [19]) est établie. Pour expliquer l'importance de cette différence de potentiel entre les électrodes de charbons qui représente la *f.é.m.* de l'arc certains savants comme Edlund [1867] puis plus tard Duddell [1901a, 1901b, 1904] sont amenés à conclure en faveur de l'existence d'une *force contre-électromotrice* pour l'arc. Ceci les conduit à envisager que la résistance de l'arc, déjà considérée comme variable, pouvait admettre des valeurs négatives. D'après Ayrton [1902, p. 54] et Child [1909, p. 233], le concept de « résistance négative » a été introduit par Hans Luggin (1863-1899) en étudiant la tension aux bornes de l'arc par la méthode du pont de Wheastone utilisée à cette époque pour mesurer la résistance de l'arc. Alors qu'une légère augmentation de la force électromotrice appliquée à un conducteur ordinaire parcouru par un courant produit une augmentation de la tension à ses bornes, et donc une

19. Dans le Tableau 1.2, a, b, c et d représentent quatre constantes qui dépendent de la matière et du diamètre des charbons.

différence de potentiel de signe positif, Luggin [1888] démontre que dans l'arc, au contraire, une augmentation du courant est suivie par une diminution de la tension entre les extrémités des charbons, et par conséquent la différence de potentiel, engendrée par une augmentation de la force électromotrice, doit avoir un signe négatif. Il en conclut :

> « [...] der Lichtbogen habe also einen negativen Wiederstand [20]. »
>
> [Luggin 1888, p. 568].

Auteur	Relation	Type
E. Edlund [1867]	$u = (a + bl)\, i$	Linéaire
S. P. Thompson [1892]	$u = a + \frac{bl}{i}$	Non linéaire
H. Ayrton [1895]	$u = a + bl + \frac{c + dl}{i}$	Non linéaire

TABLE 1.2 – Relation entre la tension et l'intensité de l'arc.

Dans un article publié en 1909 dans *Physical Review*, Child tente de dissiper la confusion qui règne autour de cette terminologie

> « There is no question but that the resistance of the arc is a negative quantity, but of all the uses of the word this is perhaps the least justifiable, and to speak of a negative resistance is, to say the least, misleading. The word resistance means primarily something which hinders the movement of some object. An electrical resistance means something hinders the flow of an electric current, and the most natural meaning of the expression « negative resistance » would be something which helps the flow of the current. It is needless to say that the resistance of the arc does not help the flow of the current. » [Child 1909, p. 233]

De son côté, Mrs Ayrton [1902, p. 75-76] rappelle que lors de la réunion de la *British Association* à Ipswich en 1895 son mari, William Edward Ayrton (1847-1908), présenta un travail sur la « Résistance de l'arc » dans lequel il aboutit, sans pourtant en avoir eu connaissance, aux mêmes résultats que Luggin. Bien qu'Edward Ayrton ne les ait pas publiés [21], ils furent néanmoins retranscrits par Frith

20. « [...] ainsi, l'arc avait une résistance négative. »

21. En 1893, lors d'une visite à Chicago, William Edward Ayrton perdit la seule copie d'un article représentant trois années de travail comme semble l'attester les *Proceedings of the International Electrical Congress held in the city of*

et Rodgers [1895] lors d'une communication devant la *Physical Society* en mai 1896. En cette fin de XIXe siècle, l'arc électrique présente alors les trois caractéristiques suivantes : il possède une « résistance négative » , une force électromotrice variable et une force contre-électromotrice. Les recherches de Blondel sur ce sujet vont permettre de confirmer les deux premières et d'infirmer totalement la dernière.

1.2.3 Les travaux d'André Blondel : *l'absence de f.c.é.m.*

En France, la vétusté des installations électriques des systèmes de signalisation maritime incita le jeune ingénieur André Blondel (1863-1938), affecté au Service central des Phares et Balises, à effectuer des recherches sur l'*arc électrique* dans le but d'améliorer ce genre de dispositif et pour y parvenir il invente l'oscillographe galvanométrique[22]. Blondel [1891, 1892, 1893c, 1894, 1897] va ainsi y consacrer une première partie des ses travaux et permettra de « faire accomplir un pas décisif à la théorie de l'arc électrique » [Bethenod 1938b, p. 751]. En 1883 alors âgé de vingt ans il intègre l'École Polytechnique, après avoir été reçu la même année à l'École Normale supérieure. Il entre ensuite à l'École des Ponts et Chaussées en 1885, d'où il sort major en 1888. Licencié ès Sciences Mathématiques en 1885 et ès Sciences Physiques en 1889 il suit les cours de Poincaré avant de commencer sa carrière d'ingénieur au Service central des Phares et Balises, un poste qui relevait alors de la Direction Générale des Ponts et Chaussées. C'est sans doute la raison pour laquelle il s'oriente vers l'étude de l'arc électrique « en vue d'une application spéciale d'éclairage » [Blondel 1891, p. 552] mais aussi et surtout afin d'élucider la question de la nature de l'arc. Blondel [1891, p. 621] introduit alors le concept de *caractéristique d'oscillation* de l'arc à courant continu (voir *infra*) afin d'étudier sa stabilité. Il s'ensuit toute une série de recherches sur l'arc à courant continu et l'arc à courant alternatif qui conduisent Blondel à conclure en faveur de l'existence d'une *force électromotrice* pour l'arc à courant continu (représentée par l'une des relations du Tableau 1.2), et la variabilité de la résistance :

> « [...] les formes des courbes périodiques du courant et de la différence de potentiel aux bornes montrent que la résistance de l'arc est variable avec le courant [...] »
>
> [Blondel 1897, p. 515]

En revanche, il réfute dès 1893 (voir Blondel [1893c, p. 614]) que l'arc soit le siège d'une *force contre-électromotrice* et en 1897 il parvient à le démontrer :

Chicago, 1893, vol. 1, p. 258 : « The manuscript was partially destroyed by fire through a most unfortunate accident. » D'après son épouse, Hertha Ayrton (1854-1923) : « [...] Prof. Ayrton's ill-fated Chicago paper, which, after being read at the Electrical Congress in 1893, was accidentally burnt in the Secretary's office, whilst awaiting publication. » [Ayrton 1902, p. vi]. Hertha Ayrton qui l'avait assisté pendant ses travaux repris ces recherches et publia le résultat dans la revue *The Electrician*, [Ayrton, 1895] et dans son livre *The Electric Arc*, [Ayrton, 1902]. Voir également Trotter [1924].

22. L'oscillographe de Blondel [1893a, 1893b] permettant l'étude des courants alternatifs, sera modifié et amélioré par Duddell [1897] puis remplacé par l'oscilloscope cathodique de Braun [1897].

« Il me paraît définitivement établi par ces mesures que l'arc électrique se comporte sensiblement comme une résistance et ne présente pas, au sens ordinaire du mot, de force contre-électromotrice comparable à la différence de potentiel observée(2) ; il n'est donc pas dû à un phénomène d'électrolyse.

(2) Ce n'est pas à dire que cette résistance soit de la nature même des résistances ordinaires, mais elle produit des effets équivalents [...] »

[Blondel 1897, p. 519]

Blondel précise ensuite en note de bas de page que dans la formule d'Ayrton [1895] qu'il considère néanmoins comme la plus précise et la plus satisfaisante :

« C'est le terme $a + \frac{c}{i}$ qui représenterait la force contre-électromotrice. »

[Blondel 1897, p. 515]

Ainsi, il apparait que l'arc électrique possède bien une résistance variable, voire négative, qu'il est le siège d'une *force électromotrice* représentée par une fonction non-linéaire de l'intensité déterminée empiriquement (voir Tableau 1.2) mais qu'il ne présente pas de force contre-électromotrice.

FIGURE 1.6 – André Blondel. Timbre dessiné et gravé par Jules Piel (14 septembre 1942).

1.3 Le phénomène d'« hystérésis de l'arc » : *cycles d'hystérésis ou cycles limites ?*

En considérant un schéma simplifié du montage de Duddell [1900a, p. 248] on observe comme le fit Janet [1902b] que dans la branche de l'arc deux courants se superposent : l'un continu engendré par le générateur de courant continu, l'autre alternatif produit par le circuit dérivé *LC*.

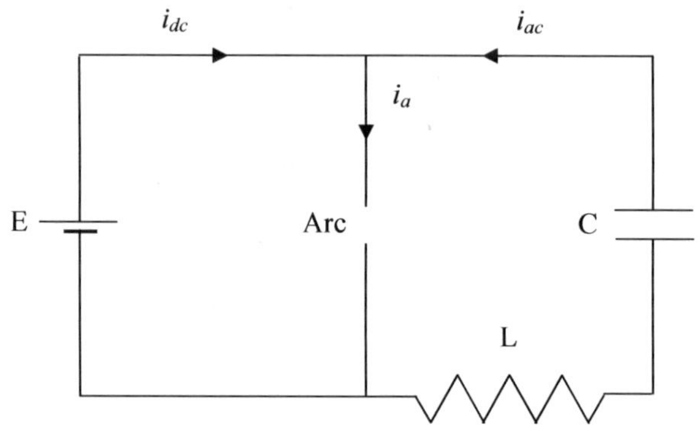

FIGURE 1.7 – Schéma simplifié du circuit de l'*arc chantant* de Duddell.

1.3.1 La caractéristique statique et dynamique de l'arc

Le terme caractéristique avait été introduit par Marcel Deprez [1881, p. 893] (voir *supra* note de bas de page 5 p. 4) pour désigner la courbe représentative de la fonction reliant la tension aux bornes d'un dipôle à l'intensité qui le traverse. Blondel [1891, p. 621] lui avait ensuite associé le mot oscillation pour définir la stabilité de l'arc à courant continu. L'un des problèmes de l'arc est qu'il peut être alimenté en courant continu ou en courant alternatif. De plus, même en courant continu, il est traversé par un courant qui est la superposition de ces deux types de courant. Ceci donna lieu à une distinction entre les caractéristiques de l'arc.

Caractéristique statique de l'arc à courant continu

Ainsi, lorsqu'un arc est alimenté par un générateur de courant continu sa *f.é.m.* qui peut être représentée par l'une des relations du Tableau 1.2 est appelée : *caractéristique d'oscillation* ou *caractéristique statique*. Dans le cas de la formule de Thompson (la plus usitée à l'époque) : $u = a + \frac{bl}{i}$ cette caractéristique à la forme d'une hyperbole équilatère (en rouge sur la Fig. 1.8).

Cette représentation posait déjà un problème dans la mesure où pour des courants de faibles intensités la formule de Thompson cessait d'être valable et il fallait « raccorder » l'hyperbole (en rouge sur la Fig. 1.8) à une autre fonction (en pointillés sur la Fig. 1.8) dont l'expression n'avait pas alors été déterminée. On considérait ainsi que la caractéristique présentait une partie « tombante », *i.e.* qu'à une augmentation du courant correspondait une diminution de la tension.

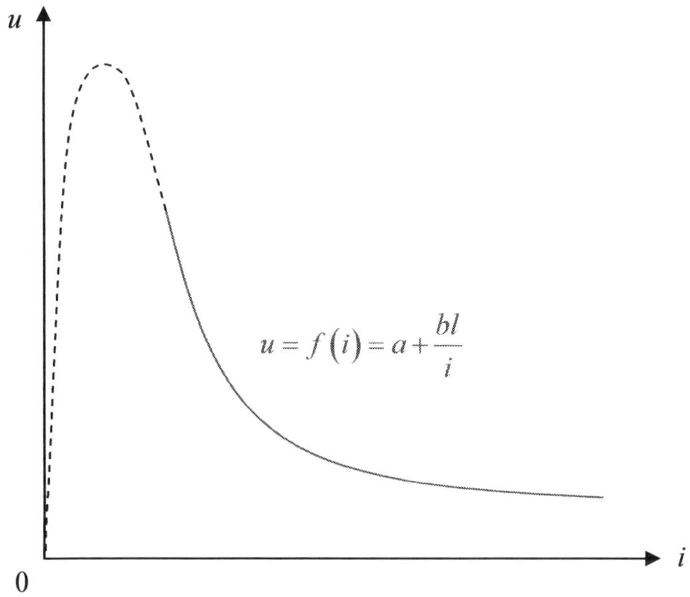

FIGURE 1.8 – Caractéristique statique de l'arc chantant.

Caractéristique dynamique de l'arc à courant alternatif

Lorsqu'un arc est alimenté par un courant alternatif, sa *f.é.m.* qui n'est alors plus représentée par l'une des relations du Tableau 1.2 est appelée : *caractéristique dynamique*. Dans ce cas la différence de potentiel dans l'arc, *i.e.* sa *f.é.m.* n'est pas la même selon que le courant qui le traverse croît ou décroît. Ce phénomène que Théodore Simon [1906] appellera : *hystérésis de l'arc* va être mis en lumière par Mrs Ayrton.

1.3.2 Les travaux de Hertha Ayrton

L'impossibilité de reproduire des expériences sur l'arc à l'identique constituait en ce début de XXe siècle un obstacle majeur à son étude.

> « When these experiments were first started, at the beginning of 1890, it was not known what were the conditions necessary for the P.D. [23] between the carbons to remain constant when the current and length of arc were both kept constant, and consequently it was found, as had been found by all previous experimenters, that a given current could be

23. Potential Difference.

sent through an arc of given length by many different potential differences, and that no set of experiments made one day could be repeated the next. » [Ayrton 1902, p. 100]

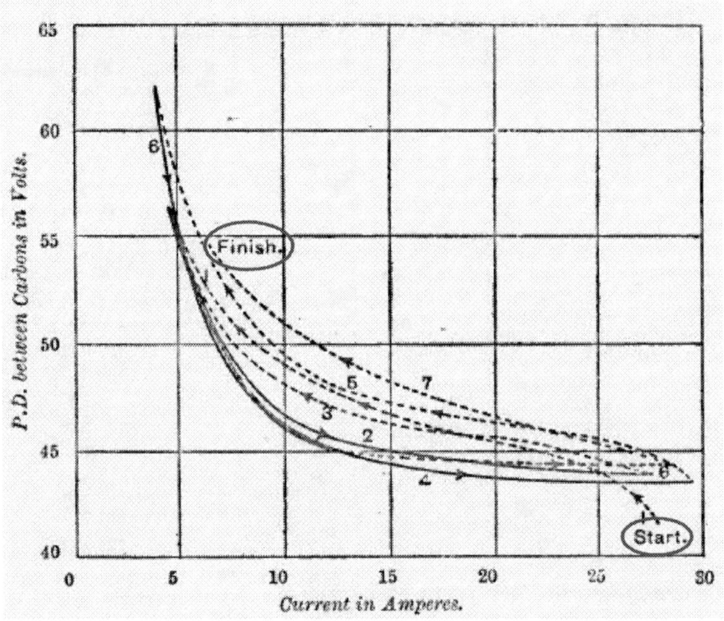

FIGURE 1.9 – Caractéristique dynamique de l'arc, d'après Ayrton [1902, p. 101].

En modifiant légèrement l'intensité dans le sens croissant puis dans le sens décroissant, Mrs Ayrton observa que la différence de potentiel aux bornes de l'arc, *i.e.* sa *f.é.m.* était plus grande lorsque le courant augmentait que lorsqu'il diminuait et qu'elle variait en décrivant, non pas une droite mais une courbe fermée qui est représentée sur la Figure 1.8 en suivant le chemin en pointillés depuis le point 1 (Start cerclé de rouge sur la Fig. 1.8) jusqu'au point indiquant Finish. Mrs Ayrton en déduit que :

« Hence, from these curves it would be impossible to find any exact relation between P.D. and current for a given length of arc. » [Ayrton 1902, p. 101]

Les expériences de Mrs Ayrton sur l'arc à courant alternatif ont permis d'une part de mettre en évidence, à partir de l'allure cyclique de la *caractéristique dynamique*, le phénomène d'hystérésis et d'autre part de montrer qu'il est impossible d'établir une relation, du même type que celles qui ont été présentées dans le Tableau 1.2, entre la tension aux bornes de l'arc à courant alternatif, sa *f.é.m.* et l'intensité qui le traverse.

1.3.3 Les travaux d'André Blondel : *sur le phénomène de l'arc chantant*

Durant les années qui suivent Blondel [1905a, 1905b, 1905c] se préoccupe alors « d'élucider complètement les phénomènes de l'*arc chantant.* » [Bethenod 1938b, p. 752]. Ainsi, presque dix ans après sa dernière publication intitulée « Sur les phénomènes de l'arc électrique » [Blondel, 1897] les résultats de ses nouvelles recherches ayant pour titre « Sur les phénomènes de l'arc chantant » sont présentés sous la forme d'une courte note aux *C.R.A.S.* le 13 juin 1905. Il les expose ensuite le 7 juillet 1905 devant la Société française de Physique sous une forme plus développée qui ne sera publiée dans le *Journal de Physique Théorique et Appliquée* qu'en février 1906. Entre temps paraît dans la revue *L'Éclairage Électrique* en juillet 1905 une version complète et détaillée de son travail. Ainsi, en modifiant les réglages de l'arc chantant de Duddell et en utilisant un oscillographe bifilaire dont il est l'inventeur Blondel [1905a, 1905b, 1905c] découvre deux nouveaux types extrêmes d'arcs chantants, l'un continu, l'autre discontinu.

Le premier type (Fig. 1.10) « auquel correspond un son soutenu assez pur, et qui est, à proprement parler, l'arc *musical* de Duddell, donne lieu à des courbes de courant dans l'arc et le condensateur présentant des formes *continues*, presque sinusoïdales, sans que l'intensité de l'arc descende à zéro ou tout au moins reste nulle pendant un temps appréciable ; les variations de la tension aux bornes de l'arc sont contenues entre des limites très rapprochées. » [Blondel 1905b, p. 79].

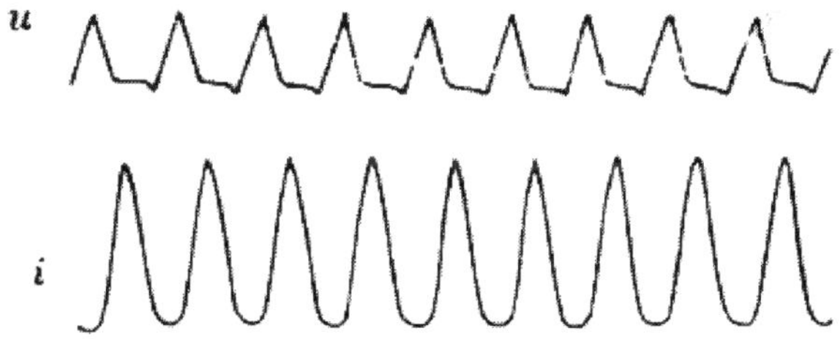

FIGURE 1.10 – Cliché oscillographique : courbe du premier type : arc musical, tension u et intensité i dans l'arc, d'après Blondel [1905b, p. 78].

Le second type (Fig. 1.11) « auquel correspond un son plus strident ou sifflant, est un phénomène discontinu caractérisé par ce que le courant de l'arc i présente des points anguleux et des zéros de temps appréciable, pendant lesquels le courant de charge j présente ordinairement des méplats, tandis que la tension entre les électrodes u subit une double oscillation de grande amplitude allant souvent au-dessous de zéro ou au-dessus de la force électromotrice d'alimentation. » [Blondel 1905c, p. 80].

L'analyse de ces clichés montre que le premier type correspond à des oscillations sinusoïdales comme l'indique d'ailleurs Blondel alors que les deux échelles de temps qui apparaissent sur la Figure 1.11 (« double oscillation ») sont la signature d'oscillations que Van der Pol [1925, 1926a, 1926b, 1926c, 1926d] appellera quelques années plus tard *oscillations de relaxation* (voir *infra*). De plus,

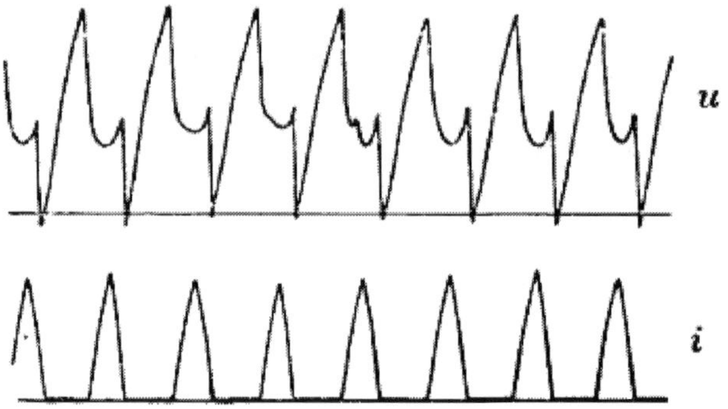

FIGURE 1.11 – Cliché oscillographique : courbe du second type : arc sifflant, tension u et intensité i dans l'arc, d'après Blondel [1905b, p. 79].

la manière avec laquelle Blondel [1905b, p. 80] passe « du régime discontinu au régime continu en faisant simplement grandir l'écart entre les charbons » est à rapprocher de celle avec laquelle Van der Pol [1926a, 1926b, 1926c, 1926d] passera des oscillations de relaxation aux oscillations sinusoïdales en faisant varier le paramètre (voir *infra*). Le montage de Blondel [1905a, 1905b, 1905c] est absolument identique à celui de Duddell [1900a, p. 248] dont une version simplifiée est représentée par la Figure 1.7 (voir *supra*).

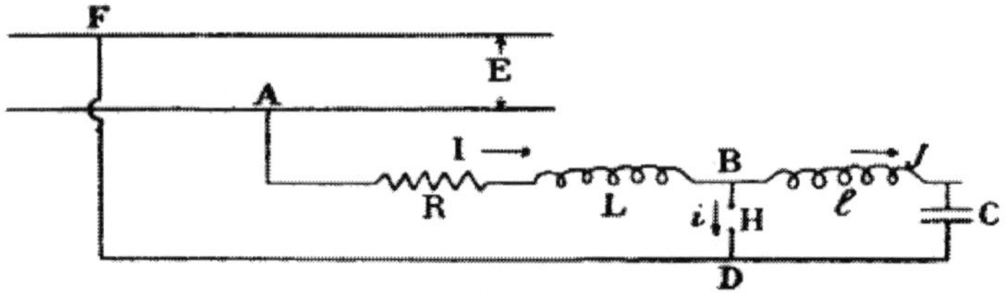

FIGURE 1.12 – Schéma du circuit : H, arc ; C, condensateur ; R, rhéostat ; L et l, self induction ; ABDF, circuit d'alimentation du secteur ; BCD, circuit d'oscillation, d'après Blondel [1905b, p. 77].

Aussi, bien qu'étant alimenté par une source de courant continu le courant dans l'arc résulte de la superposition d'un courant continu et d'un courant alternatif. Ce qui équivaut à considérer qu'il est traversé par un courant continu modulé par une fluctuation sinusoïdale. Il faut donc envisager de faire intervenir les deux caractéristiques. Ainsi, pour expliquer les phénomènes oscillatoires qu'il observe pour ces deux types de régimes Blondel fait d'une part appel à la *caractéristique statique de l'arc en courant continu* qu'il nomme *caractéristique d'oscillation* (courbe BcA représentée en pointillés rouge sur la Figure 1.10) et, d'autre part à la *caractéristique dynamique de l'arc à courant alternatif* puisque chaque valeur du courant continu dans l'arc étant modulée par un courant alternatif un phénomène d'hystérésis intervient également. En fait, la différence de potentiel aux bornes de l'arc, *i.e.* sa *f.é.m.* suit une loi hyperbolique de type Thompson mais la modulation du courant implique pour chaque point de cette courbe une évolution cyclique entre deux valeurs limites.

> « Ces phénomènes peuvent s'expliquer aisément par les propriétés de l'arc entre charbons homogènes au point de vue de la stabilité. Soit BcA la courbe théorique de stabilité d'un arc (loi de variation de la différence de potentiel) quand on diminue le courant, en augmentant la résistance d'alimentation au-delà de la valeur normale (correspondant à la droite d'alimentation DM_1). Par suite du phénomène bien connu (voir Mme H. Ayrton, *The Electric Arc*) des retards de régimes dus à l'échauffement et au refroidissement des électrodes, quand on fait varier l'intensité entre deux points limites I_1' et $I\ \check{}_1$, le point régime M_1 décrit, non pas à proprement parler une petite droite, mais une petit cycle *anbqa*. » [Blondel 1905a, p. 1682]

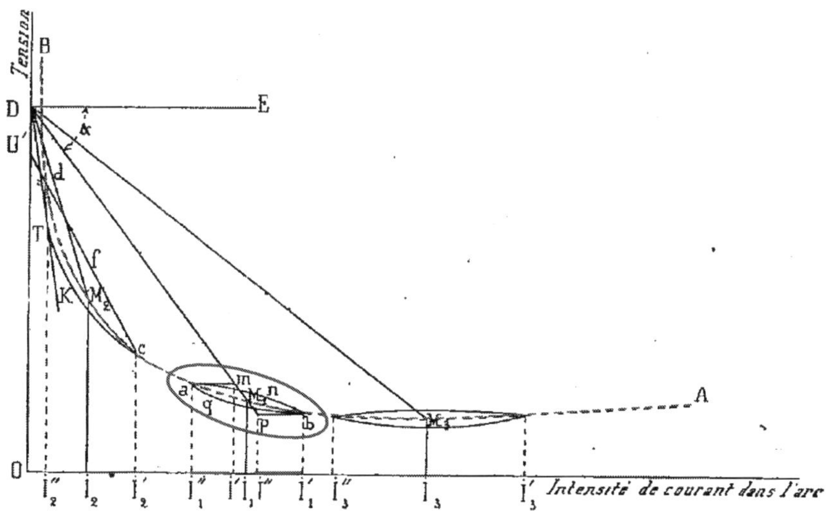

FIGURE 1.13 – Caractéristique statique et dynamique de l'arc, d'après Blondel [1905a, p. 1681].

Ces *cycles d'hystérésis*[24] constituent une première représentation expérimentale du concept de *cycle limite* dans le plan de phase (i, u) qui permettra quelques années plus tard à Poincaré [1908] de mettre en évidence l'existence d'oscillations entretenues par l'arc chantant (voir *infra*). Ils ne peuvent

24. Remarquons que Blondel [1905a, 1905b, 1905c] ne les nomme pas ainsi ; cette terminologie sera introduite l'année suivante par Simon [1906].

cependant pas être qualifiés ainsi puisque la non reproductibilité des expériences à l'identique rendait alors impossible de vérifier leur caractère attractif. À partir de cette représentation graphique, Blondel fournit une condition d'oscillation et une explication du phénomène oscillatoire pour chaque type de régime observé :

> « Pour que l'oscillation soit possible, il faut donc que le courant échangé entre l'arc et le condensateur comble la différence entre $\overline{I_1''I_1'}$ et $\overline{I'I''}$; l'expérience du régime du premier type, l'arc musical, correspond précisément à ce cas. Le courant d'alimentation peut même subir une oscillation encore plus faible ; quand le circuit d'alimentation est peu inductif, une partie du courant d'alimentation sert à compenser les pertes d'énergie par effet Joule ou autres dans le circuit oscillant, grâce au fait que la branche de charge *anb* du cycle est au dessus de la branche de décharge *bqa* ; le condensateur reçoit ainsi plus d'énergie qu'il n'a à en restituer. » [Blondel 1905a, p. 1682]

Cette description d'un système (l'arc) dans lequel une partie de l'énergie produite est utilisée pour compenser les pertes et entretenir ainsi les oscillations constitue les prémices de la définition que Blondel [1919d, p. 120] donnera ensuite d'un système *auto-entretenu* [25].

Enfin, en ce qui concerne la période des oscillations il tire la conclusion suivante :

> « La fréquence d'oscillation de l'arc chantant est essentiellement variable et mal définie ; si dans le phénomène continu, elle peut être prévue approximativement par la formule de Duddell, par contre, dans le phénomène discontinu, elle n'a plus aucun rapport avec la fréquence propre du circuit oscillant. » [Blondel 1905b, p. 54]

C'est bien ce qui sera observé dans le cas des *oscillations de relaxation* (voir *infra*).

1.3.4 Les travaux de Théodore Simon : *le cycle d'hystérésis*

Dans un article paru dans la revue *Physikalische Zeitschrift*, Simon explique :

> « Pour qu'un conducteur produise dans un circuit dérivé des oscillations stables, il faut que sa caractéristique $e = f(i)$ soit tombante, c'est-à-dire que la chute de potentiel diminue quand le courant augmente [...]. Si la force électromotrice varie entre deux limites, la caractéristique [26] forme une boucle fermée, analogue à certains égards aux boucles d'hystérésis. » [Simon 1906, p. 435]

Simon corrobore l'idée selon laquelle la *caractéristique d'oscillation*, *i.e.* la *f.é.m.* de l'arc doit présenter une partie « tombante » ou décroissante pour que les oscillations entretenues stables puissent se produire. Puis, il effectue les calculs inhérents à la description des cycles d'hystérésis faite par Blondel [1905b, p. 54] pour établir les conditions d'oscillation.

25. Il sera établi par la suite que cette terminologie a été introduite par Blondel [1919d]. Voir *infra*.
26. Ce terme désigne la caractéristique dynamique. Voir *infra*.

1.3.5 Les travaux de Heinrich Barkhausen

L'année suivante, Barkhausen [1907] publie un ouvrage fondamental sur le problème de la production des oscillations et plus particulièrement des oscillations électriques [27]. Barkhausen [1907, p. 46] fournit également une représentation graphique de la *caractéristique dynamique de l'arc à courant alternatif* dans le plan de phase (i, e). Il obtient ainsi un *cycle d'hystérésis* un peu plus précis que celui de Blondel [1905a, 1905b, 1905c]. Le repère au centre de la Figure 1.14 correspond au point de coordonnées (i_0, e_0) par lequel passe la *caractéristique statique* que Barkhausen n'a pas tracée (et qui a été ajoutée en rouge). Il divise alors le plan en quatre secteurs dans lesquels il définit un réseau d'hyperboles équilatères $e_1 i_1 = const.$ qui lui permet d'une part d'obtenir le cycle d'hystérésis et, d'autre part de déduire que si la caractéristique se trouve dans les quadrants II et IV de l'énergie est ajoutée au courant alternatif alors que si la caractéristique se trouve dans les deux autres quadrants I et III de l'énergie est prise au courant alternatif. Ce résultat est à rapprocher de celui établi par Blondel [1905a, p. 1682] (voir *supra*).

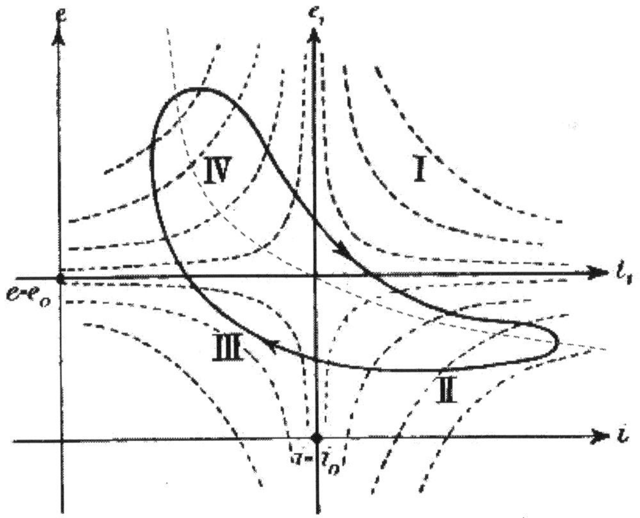

FIGURE 1.14 – Caractéristique dynamique de l'arc, d'après Barkhausen [1907, p. 46].

Les travaux de Barkhausen [1907] vont jouer un rôle très important par la suite dans les développements de la théorie des oscillations non-linéaires par l'École Russe et surtout dans l'introduction de la terminologie servant à désigner le nouveau type d'oscillations auto-entretenues.

27. Seules les quinze dernières pages de ce livre qui en contient cent-douze traitent des oscillations mécaniques.

1.3.6 Les travaux d'Ernst Ruhmer

Dans son ouvrage intitulé « Wireless Telephony », Ruhmer [1908, p. 148] présente lui aussi un diagramme représentant la *caractéristique dynamique* de l'arc et indique :

> « We thus find that, on taking oscillographic records of the current and voltage of the arc, we obtain a dynamical characteristic which shows high voltages with increasing currents, and low ones with decreasing currents, forming a hysteresis loop. »
>
> [Ruhmer 1908, p. 148]

Il décrit ensuite l'évolution de la caractéristique de l'arc sur les différentes parties du cycle d'hystérésis et explique :

> « Whenever the capacity is charged it begins to discharge itself through the arc, thus increasing the latter until the maximum current is reached and the cycle recommences (A, Fig. 1.15). » [Ruhmer 1908, p. 149]

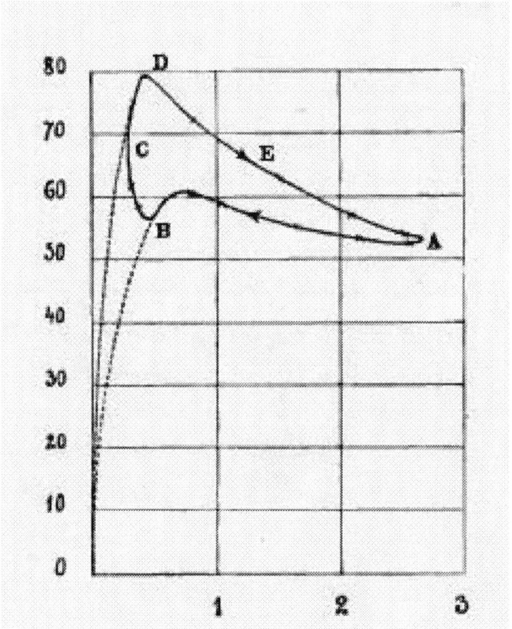

FIGURE 1.15 – Caractéristique dynamique de l'arc, d'après Ruhmer [1908, p. 148].

Ainsi, la correspondance entre ces cycles d'hystérésis et l'existence d'oscillations entretenues semble alors parfaitement établie (voir *infra*). Les propriétés caractéristiques de l'arc sont donc analogues à celles de la *machine série-dynamo* de Gérard-Lescuyer et les problèmes à résoudre sont par conséquent sensiblement les mêmes : isoler la cause responsable du phénomène, modéliser la *caractéristique courant-tension* de l'arc et effectuer la mise en équation de ces oscillations afin de pouvoir en déduire l'amplitude et la période. Si l'existence d'une force électromotrice dont l'arc est le siège et la loi de variation non linéaire d'Ayrton ou de Thompson semblent apporter des solutions à ces problèmes, en ce qui concerne à la mise en équation des oscillations de l'arc, c'est Henri Poincaré qui va la réaliser en 1908 dans un travail méconnu sur la T.S.F.

1.4 Les conférences « oubliées » d'Henri Poincaré : *les cycles limites de 1908*

Henri Poincaré (1854-1912), qui s'était déjà illustré en 1893 en proposant une solution à l'équation des télégraphistes, était très impliqué dans les développements de la T.S.F. En 1908, le mathématicien-physicien a publié de nombreux articles dans ce domaine (Poincaré [1902a, 1902b, 1907]) ainsi qu'un ouvrage intitulé « La théorie de Maxwell et les oscillations hertziennes. La Télégraphie sans fil [28] » publié en 1904 puis traduit en anglais et en allemand et qui constitue d'après Blondel [1912, p. 100] le « premier exposé vraiment scientifique » sur le sujet. Comme dans tous les domaines qu'il a abordés, Poincaré est une autorité, reconnue unanimement comme en attestent les rapports qu'il entretient avec les deux spécialistes de la T.S.F. en France que sont Gustave Ferrié et Camille Tissot [29] ainsi que sa présence dans bon nombre de comités scientifiques comme celui de la revue *La Lumière Électrique*. Ce n'est donc pas un hasard s'il est nommé président du Conseil de perfectionnement de l'École Supérieure des Postes et Télégraphes en 1901. Le directeur, Édouard Estaunié (1862-1942), joue même cette carte pour redorer le blason de l'École, ce qui dépassera toutes ses espérances [30]. Les conférences de Poincaré à l'École aborderont des thèmes variés :

- Propagation de courants variables sur une ligne munie d'un récepteur,
- Théorie mathématique de l'appareil téléphonique,
- La T.S.F. et la diffraction des ondes le long de la courbure de la Terre

28. La première édition en 1899 ne contenait pas la T.S.F. et s'intitulait simplement « La théorie de Maxwell et les oscillations hertziennes ». Il sera édité en 1904 en Anglais (« Maxwell's theory and Wireless Telegraphy ») et réédité en 1907 (en français).

29. On peut mentionner que Poincaré est examinateur de la thèse de Camille Tissot (1868-1917) soutenue en 1905 et son interlocuteur régulier sur ces sujets.

30. D'après Atten *et al.* [1999, p. 50] « Si le semestre que Henri Poincaré consacre, tous les deux ans, à des sujets particulièrement difficiles, attire nombre d'auditeurs, il n'est sans doute pas d'un intérêt immédiat pour les ingénieurs des P. et T. Mais la venue de ce physicien-mathématicien de renommée mondiale donne un éclat nouveau à l'École et c'est le but recherché par E. Estaunié : « Quand ...je dus réorganiser celle-ci [l'École], il me parut qu'en recourant à Poincaré, j'avais toutes les chances de réussir mon entreprise... Il accepta de faire gratis un cours sur ... une question d'électricité à notre choix et n'ayant encore jamais été traitée... Je dois dire que la seule annonce de cette collaboration nous valut la venue de nombreux étrangers, tant étaient grands la réputation du maître et l'attrait d'un tel programme. » » Estaunié joue de ses relations pour faire inviter d'autres scientifiques de renom comme Pierre Curie (1859-1906).

– La T.S.F. et la méthode théorique de Fredholm,
– La dynamique de l'électron et le principe de relativité.

Les conférences données par Poincaré en mai-juin [31] 1908 sont éditées dans une série de cinq numéros de la revue *La Lumière Électrique*, alors considérée comme une référence en matière d'électrotechnique et de télégraphie. À l'auditoire des conférences viennent s'ajouter les lecteurs de la revue, touchant ainsi un assez large public. En résumé, la série publiée, par ordre chronologique, aborde les sujets suivant :

- Samedi 28 novembre 1908 (p. 257) : L'émission d'ondes et l'amortissement ;
- Samedi 5 décembre 1908 (p. 299) : Étude du champ dans le voisinage de l'antenne ;
- Samedi 12 décembre 1908 (p. 321) : Transmission des ondes et la diffraction ;
- Samedi 19 décembre 1908 (p. 353) : La réception des signaux ;
- Samedi 26 décembre 1908 (p. 385) : Télégraphie dirigée. Oscillations entretenues.

Il est important de remarquer que chaque conférence est publiée en tête de la livraison hebdomadaire. L'éditorial de la revue reprend le contenu et les conclusions essentielles :

> « Dans ces conférences, l'auteur se défend de vouloir faire une théorie complète de la Télégraphie sans fil, mais son intention est simplement d'exposer quelques théories mathématiques, susceptibles de faciliter l'intelligence de ces phénomènes. »
>
> [Poincaré 1908, p. 257]

Il faut ajouter que ces conférences comportent à la fois une revue des connaissances expérimentales et théoriques acquises dans ce domaine et des éléments originaux produits par Poincaré lui-même. Le meilleur exemple en est la question des ondes entretenues, sujet de la dernière conférence. L'éditorial indique :

> « Il passe ensuite à l'étude des oscillations entretenues, établit quatre équations générales, dont une différentielle qui lui permet de déterminer la condition de stabilité du régime et aussi les conditions de possibilité du problème. Au point de vue pratique, le seul fait d'avoir un arc dans le circuit du courant rend possible les oscillations entretenues, à condition, comme le montre le calcul, de ne pas dépasser une certaine fréquence. »
>
> [Poincaré, 1908, p. 385]

Dans ce même éditorial sont également mentionnés la question de la symétrie de l'arc et du maintien d'une dissymétrie qui assurerait l'existence d'oscillations de toutes fréquences. Tout lecteur de la revue, ce qui inclut une grande partie des spécialistes de l'électrotechnique et de la télégraphie sans fil naissante, a donc accès à ces textes exprimés en des termes parfaitement intelligibles, clairs et synthétiques.

31. D'après Lebon [1912, p. 67].

1.4.1 La mise en équation des oscillations entretenues par l'arc chantant

Dans sa dernière conférence Henri Poincaré s'intéresse plus particulièrement au dispositif de l'arc chantant et aux oscillations entretenues qu'il produit. Le schéma du montage présenté Figure 1.16 est identique à celui de Blondel [1905b, p. 77] (voir *supra* Figure 1.12) :

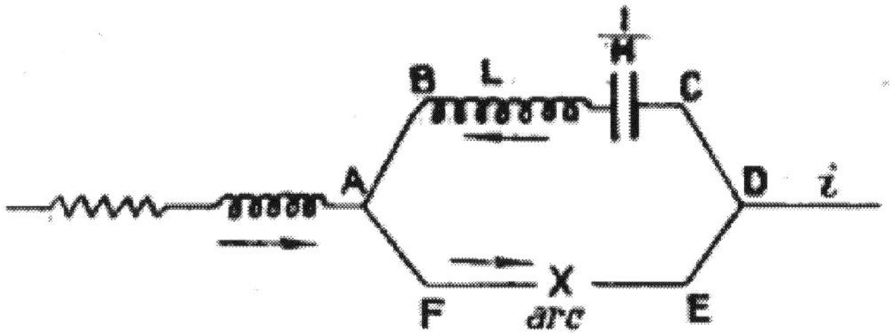

FIGURE 1.16 – Oscillations entretenues par l'*arc chantant*, d'après Poincaré [1908, p. 390].

Ce circuit comprend « une source de force électromotrice constante continue E, une résistance et une self, et, en parallèle, d'une part un arc, de l'autre une self et une capacité. » [Poincaré 1908, p. 390]. Il réalise alors la toute première mise en équation des oscillations de l'arc chantant en appelant x la charge du condensateur et i le courant dans le circuit extérieur. L'intensité du courant dans la branche comportant le condensateur de capacité $\frac{1}{H}$ s'écrit :

$$x' = \frac{dx}{dt}$$

Soit i_a l'intensité du courant dans l'arc, en appliquant la première loi [32] de Kirchhoff (1824-1887) et en tenant compte du sens du courant (voir Fig. 1.17) il obtient : $i = i_a - x'$.

Ainsi, le courant circulant dans l'arc est $i_a = i + x'$. En exprimant alors, au moyen de la seconde loi [33] de Kirchhoff, la tension dans la maille ABCDEF, Poincaré établit l'équation différentielle non linéaire du second ordre des oscillations entretenues par l'arc chantant

$$Lx'' + \rho x' + \phi(i + x') + Hx = 0 \qquad (P_1)$$

1.4.2 La force électromotrice de l'arc chantant

Il précise : « $\rho x'$ étant un terme qui correspond à la résistance interne de la self et aux autres causes possibles d'amortissement, y compris le rayonnement par l'antenne, $\phi(i + x')$ le terme dû à l'arc. » [Poincaré 1908, p. 390]. Ce dernier représente la force électromotrice de l'arc chantant qui

32. Loi de nœuds.
33. Loi des mailles.

est à relier à l'intensité qui le traverse par une relation déterminée empiriquement (voir *supra* Tableau 1.2). Les controverses liées à l'existence d'une force contre-électromotrice au sein de l'arc et les difficultés inhérentes à l'expérimentation ont jeté le discrédit sur cette relation dont l'indétermination rend impossible l'intégration de l'équation (P_1) comme le soulignera plus tard Paul Janet [1919]. Mais cela ne semble pas constituer un obstacle pour Henri Poincaré qui envisage le problème comme s'il était déjà résolu. Pour contourner la difficulté il exprime la tension dans la maille AFED. Une version simplifiée du circuit, présentée ci-dessous (Fig. 1.17), permet d'appréhender l'équation qu'il obtient.

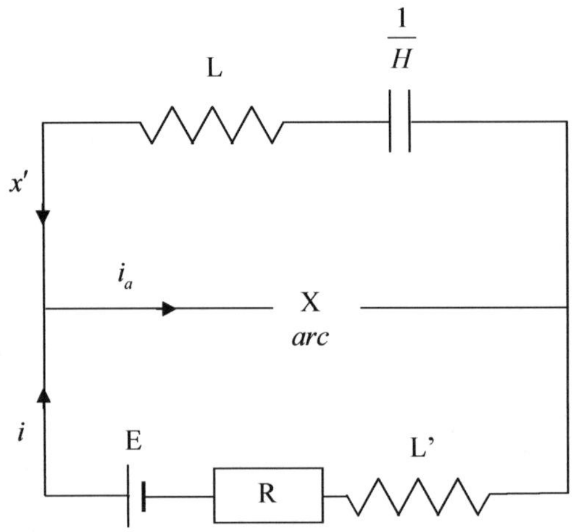

FIGURE 1.17 – Oscillations entretenues par l'*arc chantant*, version simplifiée.

En négligeant la self extérieure L' et en égalant la tension dans la branche inférieure et médiane du circuit simplifié (Fig. 1.17) il écrit : $E - Ri = \phi\,(i + x')$ dont il déduit

$$Ri + \phi\,(i + x') = E \qquad (P_2)$$

Il explique alors que « si on suppose connue la fonction ϕ, l'équation (P_2) donne une relation entre i et x' ou entre $i + x'$ et x'. » [Poincaré 1908, p. 390]. En effet, il est facile de vérifier, à titre d'exemple, que si l'on donne à la fonction ϕ la forme que Poincaré [1908, p. 392] lui attribue quelques pages plus loin et qui est celle de S. P. Thompson[34] (voir Tableau 1.2) : $\phi\,(i + x') = \dfrac{a}{i + x'} + b$ on obtient alors l'équation suivante :

$$Ri^2 + (Rx' + b - E)\,i + a + (b - E)\,x' = 0$$

34. Il est intéressant de remarquer que Poincaré semble être au courant des dernières hypothèses et théories concernant l'arc et notamment des travaux de Blondel [1897] puisqu'il choisit non pas la relation d'Ayrton (la plus récente) mais celle de Thompson car elle ne contient pas de *f.c.é.m.*. Voir Tableau 1.2.

La résolution de cette équation du second degré en $i$fournit effectivement une relation entre $i$et x'. Mais le raisonnement employé par Poincaré probablement basé sur l'utilisation du *Théorème des Fonctions Implicites* lui permit de s'affranchir de tous ces calculs. Si l'on suppose comme il le fait que la fonction ϕ est connue, l'équation (P_2) conduit à une fonction F qui relie i à x'. Posons : $i = F(x')$ et remplaçons dans l'équation (P_2) on a alors :

$$\phi(i + x') = E - RF(x') = \theta(x')$$

Il peut ainsi remplacer ϕ dans l'équation (1) par $\theta(x')$. La difficulté est levée car l'équation différentielle ne dépend désormais plus que d'une seule variable x. Il l'écrit :

$$Lx'' + \rho x' + \theta(x') + Hx = 0 \qquad (P_3)$$

Poincaré a ainsi réalisé la toute première mise en équation [35] des oscillations dont l'arc chantant est le siège. Il est important de souligner que cette équation (P_3) correspond exactement par dualité (voir Appendice A.2) à celle qu'établira Blondel [1919b] pour la triode puis Van der Pol [1920, 1926a, 1926b, 1926c, 1926d]. D'ailleurs, l'analogie que présentent les oscillations entretenues par l'arc chantant et par la triode sera mise en lumière par Paul Janet [1919].

1.4.3 Stabilité des oscillations entretenues et cycles limites

Poincaré démontre alors plus de vingt ans avant Andronov [1929a], que la stabilité de la solution de l'équation (P_3) est liée à l'existence d'une courbe fermée : un *cycle limite*. Pour y parvenir il se place dans le plan de phase qu'il a lui-même introduit dans ses mémoires « Sur les Courbes définies par une équation différentielle » [Poincaré 1886, p. 168] en posant :

$$x' = \frac{dx}{dt} = y \quad ; \quad dt = \frac{dx}{y} \quad ; \quad x'' = \frac{dy}{dt} = \frac{ydy}{dx}$$

L'équation (P_3) devient :

$$Ly\frac{dy}{dx} + \rho y + \theta(y) + Hx = 0 \qquad (P_4)$$

Poincaré fournit ensuite la représentation graphique suivante :

Il est important de remarquer d'une part que cette courbe fermée est représentée dans le plan de phase $(x, y) = (x, \dot{x})$, c'est-à-dire, le plan de phase tension-courant [36] (u_a, i_a) de l'arc et, d'autre part qu'elle ne constitue qu'une métaphore de la solution dans la mesure où Poincaré n'a fait appel à

35. L'équation (P_3) est néanmoins incomplète à cause de l'indétermination de la fonction $\theta(x')$.

36. Il s'agit, à une permutation près des axes i et u, du même plan de phase que celui qu'a utilisé Blondel [1905a, p. 1681] (voir *supra*). Ainsi, il apparaît que le cycle d'hystérésis correspond exactement à la courbe fermée de Poincaré, c'est-à-dire, à un cycle limite.

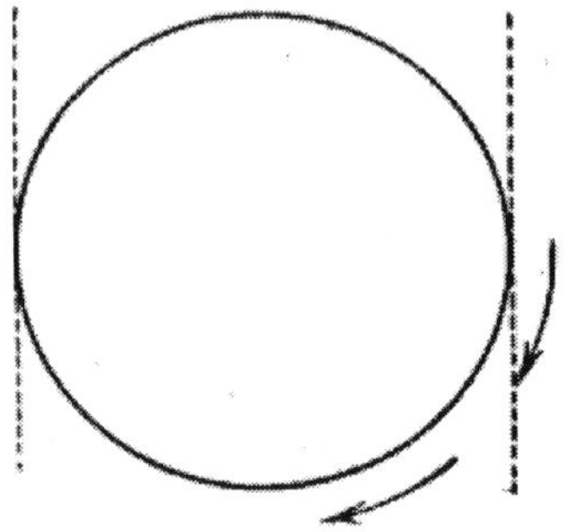

FIGURE 1.18 – Courbe fermée, d'après Poincaré [1908, p. 390].

aucune méthode d'intégration graphique pour l'obtenir. Cette représentation n'a en réalité pour unique but que celui de préciser le sens de parcours de la courbe trajectoire : condition préalable nécessaire à l'établissement de la démonstration qui va suivre.

> « On peut construire les courbes qui satisfont à cette équation différentielle, à condition de connaître la fonction θ. Les oscillations entretenues correspondent aux courbes fermées, s'il y en a. Mais toute courbe fermée ne convient pas, elle doit remplir certaines conditions de stabilité que nous allons étudier. Tout d'abord on voit que, si $y = 0$, $\frac{dy}{dx}$ est infini, la courbe a des tangentes verticales. En outre, si x décroît, x', c'est-à-dire, y, est négatif, donc la courbe doit être décrite dans le sens de la flèche. » [Poincaré 1908, p. 390].

En effet, de l'équation (P_4) il est facile de tirer :

$$\frac{dy}{dx} = -\frac{\rho y + \theta(y) + Hx}{Ly} = -\frac{\rho}{L} - \frac{\theta(y) + Hx}{Ly} \qquad (P_5)$$

On en déduit que lorsque y tend vers zéro le membre de droite de cette équation devient infini. Par conséquent, cette courbe fermée admet des tangentes verticales représentées en pointillés sur la Fig. 1.18. Quant au sens de parcours le raisonnement est fondé sur le fait que la dérivée d'une fonction décroissante est négative. Ainsi, lorsque x décroît x' devient négatif. Or en vertu de l'équation posée page 30 : $x' = y$. Ceci implique que y devienne également négatif. Ceci n'est possible qu'à condition de décrire la courbe dans le sens indiqué par la flèche. Il peut paraître surprenant de s'intéresser, en premier lieu, au sens de parcours de la courbe trajectoire. La raison, qui n'apparaît pas de façon évidente, est la recherche d'une condition fournie par une inégalité dont le sens va permettre de statuer sur la stabilité des oscillations entretenues. La démonstration donnée ci-dessous fait appel à la formule de Green pour l'intégration le long d'une courbe fermée ce qui nécessite de connaître le sens de parcours des courbes trajectoires pour en définir l'orientation. Poincaré présente alors une première version de la stabilité des oscillations entretenues qui est essentiellement basée sur l'existence d'une courbe fermée :

> « *Condition de stabilité.* – Considérons donc une autre courbe non fermée satisfaisant à l'équation différentielle, ce sera une sorte de spirale se rapprochant indéfiniment de la courbe fermée. Si la courbe fermée représente un régime stable, en décrivant la spirale dans le sens de la flèche on doit être ramené sur la courbe fermée, et c'est à cette seule condition que la courbe fermée représentera un régime stable d'ondes entretenues et donnera lieu à la solution du problème. » [Poincaré 1908, p. 391]

Dans la *Notice sur les Travaux scientifiques d'Henri Poincaré* faite par lui-même en 1886, il définit le concept de *cycle limite* ainsi :

> « J'appelle ainsi les courbes fermées qui satisfont à notre équation différentielle et dont les autres courbes définies par la même équation se rapprochent asymptotiquement sans jamais les atteindre. » [Poincaré 1886, p. 30]

En comparant avec la *condition de stabilité* présentée dans le texte de 1908 il apparaît clairement que « la courbe fermée » qui représente le régime stable d'ondes entretenues n'est rien d'autre qu'un *cycle limite* au sens où il l'a lui-même défini. On peut néanmoins s'interroger sur les raisons qui l'ont poussé à ne pas l'écrire explicitement. Cette présentation étant destinée à des ingénieurs et non à des mathématiciens, peut-être a-t-il jugé que l'introduction de la terminologie n'apportait rien [37]. Il est intéressant de comparer la « condition de stabilité » de Poincaré à la conclusion du paragraphe 8 du chapitre V du livre d'Andronov [1937] dans laquelle celui-ci va beaucoup plus loin que les résultats auxquels il était parvenu en 1928 (voir *infra* Partie II) et en 1929 :

> « L'existence de cycles limites dans le portrait de phase du système dynamique envisagé est une condition nécessaire et suffisante garantissant la possibilité (avec des conditions initiales appropriées) d'auto-oscillations dans le système. » [Andronov 1937, p. 293]

Poincaré semble ensuite sortir du « contexte purement mathématique [38] » pour démontrer que ce problème possède une réalité physique. Bien plus qu'une simple correspondance entre courbe fermée et oscillations entretenues, Poincaré établit la stabilité de la courbe fermée, *i.e.*, du cycle limite sous la forme d'une inégalité :

> « *Condition de possibilité du problème.* – Revenons à l'équation (P_4). Multiplions par $x'dt$ et intégrons, pendant une période, le terme en L et le terme en x, qui donnent à l'intégration des termes en x' et x, disparaissent et on doit avoir

37. Le cas du centre, qui constitue également une solution sous la forme d'une courbe fermée, semble avoir été exclu par Poincaré dans la mesure où ce système est non-conservatif.

38. Selon l'expression de Diner [1992, p. 340].

$$\rho \int x'^2 dt + \int \theta\left(x'\right) x' dt = 0$$

Or, le premier terme est sûrement positif, la fonction θ doit donc être telle que

$$\int \theta\left(x'\right) x' dt < 0.$$

Cela est-il possible ? » [Poincaré 1908, p. 391]

La première équation intégrale est facile à établir. En suivant les indications de Poincaré on multiplie l'équation (P_4) par $x'dt$ en tenant compte du fait que $x'dt = dx$. On a donc :

$$\int Lydy + \int \rho x'^2 dt + \int \theta\left(x'\right) x' dt + \int Hxdx = 0$$

Le premier et le dernier terme de cette équation qui correspondent à la conservation de l'énergie $(\frac{1}{2}Li^2 + \frac{1}{2}Hx^2)$ s'annulent. La seconde inégalité intégrale se déduit du fait que le second terme quadratique est « sûrement positif » d'après Poincaré [1908, p. 391].

Il obtient ainsi la *condition de possibilité du problème*. Il paraît alors intéressant de mettre en parallèle le résultat de Poincaré avec celui d'Andronov [1929a] concernant la stabilité du cycle limite.

1.4.4 La « stabilité à la Poincaré » et la « stabilité à la Liapounov »

Afin d'effectuer une comparaison entre la *condition de stabilité* de Poincaré [1908, p. 391] : $\int \theta\left(x'\right) x' dt < 0$ et celle d'Andronov [1929a] il est nécessaire de modifier l'équation (P_1) et de l'écrire sous la forme suivante :

$$\begin{cases} \dfrac{dx}{dt} = Ly \\ \dfrac{dy}{dt} = -\rho y - \theta\left(y\right) - Hx \end{cases} \qquad (P_6)$$

Cette équation (P_6) peut être dédimensionnée en posant d'une part $x \to \sqrt{\dfrac{L}{H}}x$ et $t \to \mu t$ avec $\mu = \dfrac{1}{\sqrt{LH}} = \dfrac{1}{\omega}$ et, en négligeant d'autre part la résistance de la self ρ. On obtient alors :

$$\begin{cases} \dfrac{dx}{dt} = y \\ \dfrac{dy}{dt} = -x - \mu\theta\left(y\right) \end{cases} \qquad (P_7)$$

Dans sa note du 14 octobre 1929 Andronov [1929a, p. 560] considère le système d'équations différentielles suivant :

$$\begin{cases} \dfrac{dx}{dt} = y + \mu f(x, y; \mu) \\ \dfrac{dy}{dt} = -x + \mu g(x, y; \mu) \end{cases} \tag{A$_4$}$$

où μ est un paramètre réel que l'on peut choisir suffisamment petit. Il précise ensuite :

« Lorsque $\mu = 0$ les équations (A_4) ont une solution $x = R\cos(t)$, $y = -R\sin(t)$; les courbes intégrales forment, sur le plan *xy*, une famille de circonférences. En se servant des méthodes de Poincaré, on voit qu'au cas $\mu \neq 0$ suffisamment petit, il ne reste en général sur le plan *xy* que des courbes fermées isolées, proches de circonférences de rayons déterminées par l'équation

$$\int_0^{2\pi} [f(R\cos(\xi), -R\sin(\xi); 0)\cos(\xi) - g(R\cos(\xi), -R\sin(\xi); 0)\sin(\xi)]d\xi = 0$$

Ces courbes fermées correspondent à des mouvements stationnaires stables au cas où est remplie la condition (A_5)

$$\int_0^{2\pi} [f'_x(R\cos(\xi), -R\sin(\xi); 0) + g'_y(R\cos(\xi), -R\sin(\xi); 0)]d\xi < 0$$

[...] » [Andronov 1929a, p. 561]

En réalité ce résultat n'est que l'ébauche d'un théorème qui fera l'objet d'une étude intitulée « Sur la stabilité à la Liapounoff » par Andronov et Witt [1933] qui sera ensuite formalisé par Pontrjagin [1934]. En utilisant la formule de Green [39] et en se replaçant dans un système de coordonnées cartésiennes la condition de stabilité (A_5) s'écrit :

$$\int_\Gamma \left(f(x, y; \mu)\frac{dy}{dt} - g(x, y; \mu)\frac{dx}{dt} \right) dt < 0 \tag{A$_6$}$$

Il apparaît alors que la démarche d'Andronov est exactement identique à celle de Poincaré. Pour le démontrer, il suffit de comparer les deux équations différentielles présentées dans le plan de phase de Poincaré (voir Tableau 1.3).

En posant : $x' = dx/dt = y$, $f(x, y; \mu) = 0$ et $g(x, y; \mu) = -\theta(y)$ on remarque d'une part que le système de Poincaré (P_7) correspond exactement à celui d'Andronov (A_4) et, d'autre part que la condition (A_6) d'Andronov [1929a] est, dans ce cas, absolument identique à la *condition de possibilité du problème* de Poincaré [1908].

39. Formule de Green : $\int_\Gamma f(x, y)\,dy - g(x, y)\,dx = \iint_S (f'_x(x, y) + g'_y(x, y))\,dxdy$

$$\int_{\Gamma} \left(f(x,y;\mu)\frac{dy}{dt} - g(x,y;\mu)\frac{dx}{dt} \right) dt < 0 \quad \Leftrightarrow \quad \int_{\Gamma} \theta(x')\, x' dt < 0$$

Ainsi, il apparaît que Poincaré [1908] avait non seulement établi une correspondance entre oscillations entretenues et cycles limites mais qu'il avait, en outre, démontré la stabilité du cycle limite au moyen d'une condition qu'Andronov retrouvera vingt ans plus tard. Indépendamment de l'aspect mathématique on aurait également pu se convaincre de ce résultat en étudiant la bibliographie de l'article d'Andronov [1929a].

Poincaré [1908a]	Andronov [1929a]
$\begin{cases} \dfrac{dx}{dt} = y \\ \dfrac{dy}{dt} = -x - \mu\theta(y) \end{cases}$	$\begin{cases} \dfrac{dx}{dt} = y + \mu f(x,y;\mu) \\ \dfrac{dy}{dt} = -x + \mu g(x,y;\mu) \end{cases}$
Voir Eq. (P_7) p. 21	Voir Eq. (A_4) p. 22

TABLE 1.3 – Équations différentielles de Poincaré [1908] et d'Andronov [1929a].

En effet, contrairement aux apparences, la connexion avec les travaux de Poincaré n'est pas seulement celle qui concerne les célèbres mémoires « Sur les courbes » de Poincaré [1881-1886], et plus particulièrement le chapitre intitulé « Théorie des cycles limites » [Poincaré 1882, p. 261], mais aussi celle qui fait appel au chapitre III intitulé « Solutions périodiques » des *Méthodes nouvelles de la mécanique céleste* [Poincaré 1892, p. 89]. Dans ce chapitre, Poincaré considère un système analogue à (A_4) qui possède pour $\mu = 0$ une solution périodique. Il se pose alors le problème suivant :

> « Dans quelles conditions aura-t-on le droit d'en conclure que les équations comportent encore des solutions périodiques pour des petites valeurs de μ ? » [Poincaré 1892, p. 81]

Il montre ensuite que :

> « Si les équations (1) qui dépendent d'un paramètre μ admettent pour $\mu = 0$ une solution périodique dont aucun des exposants caractéristiques ne soit nul, elles admettront encore une solution périodique pour les petites valeurs de μ. » [Poincaré 1892, p. 181]

La condition de stabilité (A_5) correspond à ce qu'Andronov et Witt [1930a, 1933] appellent dans leurs articles la « stabilité à la Liapounoff » tout en faisant référence au chapitre intitulé « Exposants caractéristiques » de Poincaré [1892, p. 162]. Ils la présentent en 1933 de la manière suivante :

> « Dans notre cas, l'un des exposants caractéristiques est toujours nul [40] puisque l'équation (1) ne dépend pas explicitement du temps. La question de la « stabilité à la Liapounoff » consiste donc à savoir si les autres exposants caractéristiques sont de parties réelles négatives ? » [Andronov et Witt 1933, p. 373]

Il semble donc que la « condition de possibilité du problème » de Poincaré [1908] et la condition de « stabilité à la Liapounoff » d'Andronov [1929a] soient basées sur des travaux antérieurs de Poincaré [1892] : la négativité d'un des exposants caractéristiques. Ainsi, sans avoir eu connaissance des résultats de Poincaré [1908] Andronov [1929a] paraît les avoir retrouvé indépendamment. Pour prouver l'existence d'un régime stable d'oscillations entretenues Poincaré démontre ensuite que la fonction ϕ qui représente la force électromotrice de l'arc chantant (voir *supra*) est décroissante. Il y parvient en faisant l'hypothèse « que, dans l'arc, le courant $(i + x')$ passe toujours dans le même sens et que l'arc ne s'éteint pas. » [Poincaré 1908, p. 391]. Il ajoute que l'on peut « supposer également que le courant change de sens pendant une oscillation. » [Poincaré 1908, p. 391].

Il aborde ensuite un aspect plus pratique de la réalisation de l'arc et formule la condition d'oscillation :

> « On voit alors que, du seul fait que l'on a un arc dans le circuit, la fonction ϕ devient décroissante ; donc, d'après ce qu'on a dit plus haut, il devient possible d'avoir des oscillations entretenues. » [Poincaré 1908, p. 391]

Par cette phrase, Poincaré démontre à quel point il a pu pousser très loin le niveau d'interprétation et de compréhension du phénomène. La décroissance de la fonction ϕ est intimement liée au concept de « résistance négative » qui constituera ensuite un élément essentiel à l'entretien des oscillations. Après la disparition prématurée d'Henri Poincaré en 1912 la Première Guerre mondiale va voir se développer un nouveau dispositif qui va jouer un rôle déterminant dans le domaine des transmissions : la *lampe à trois électrodes* ou *triode*.

40. Andronov et Witt [1933] renvoient à Poincaré [1892, p. 180].

FIGURE 1.19 – Henri Poincaré.

Chapitre 2

La Grande Guerre et les premières modélisations de la triode : Abraham, Bloch, Blondel, Van der Pol

2.1 La Grande Guerre et l'essor de la T.S.F. : *la lampe T.M. et le multivibrateur*

2.1.1 Le Général Ferrié : *de la T.S.F. à la tour Eiffel*

Entré à dix-neuf ans à l'École Polytechnique, en 1887, Gustave Ferrié [1] (1868-1932) choisit à sa sortie l'arme du Génie. Il devient ensuite en 1891 ingénieur des transmissions radiophoniques et se spécialise dès 1893 dans la Télégraphie militaire. En 1897, il est nommé Directeur de l'École de Télégraphie Militaire créée deux ans auparavant au Mont Valérien.

À partir de 1899, le jeune capitaine est conquis par la Télégraphie Sans Fil après avoir assisté aux premières expériences de Guglielmo Marconi (1874-1937) sur les liaisons hertziennes de courte portée. Le ministre de la Guerre, Charles de Freycinet (1828-1923) le nomme la même année au comité d'exploration du Télégraphe Sans Fil entre la France et le Royaume-Uni afin d'élaborer un rapport sur les applications militaires de ce moyen de communication. En octobre de la même année, il publie avec le commandant Boulanger le premier ouvrage français [2] sur la T.S.F. Il améliore le cohéreur d'Édouard Branly (1844-1940), dont il a suivi les cours, en mettant au point dès 1900 un détecteur électrolytique. Au cours de l'automne 1903, Ferrié fait la connaissance de Camille Flammarion (1842-1925) auquel il fait part d'un des principaux problèmes rencontré par la transmission radiotélégraphie de l'époque : celui de la taille de l'antenne. Camille Flammarion, alors très proche

1. Voir également la Notice sur les travaux scientifiques et techniques de M. Gustave Ferrié, Ferrié [1921].
2. Voir Boulanger et Ferrié [1899]. Le chapitre V est rédigé en collaboration avec Blondel.

de Gustave Eiffel (1832-1923), eut l'idée de lui demander d'autoriser le capitaine Gustave Ferrié à utiliser les 300 mètres de hauteur de sa Tour pour des essais de transmission et de réception d'émissions radiotélégraphiques. Ferrié reçoit rapidement l'autorisation du gouvernement de construire une première installation expérimentale militaire basée sur le Champ de Mars et d'utiliser la tour comme support d'antennes (voir Figure 2.1).

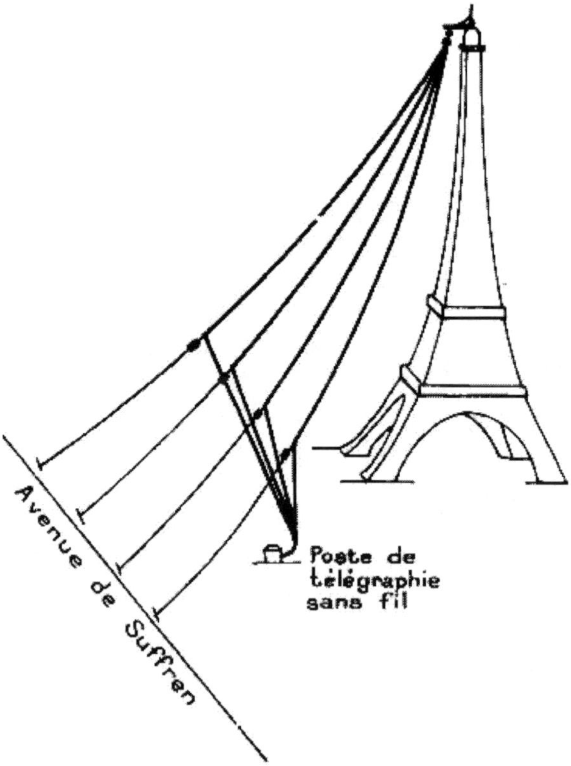

FIGURE 2.1 – Première antenne de la tour Eiffel (1903-1908), d'après Turpain [1908, p. 242].

Grâce à cette initiative, Ferrié a probablement évité la destruction de la tour Eiffel en faisant d'elle le fer de lance du réseau militaire de transmission sans fil. De 1908 à 1914, le Commandant Ferrié travaille au développement des unités militaires mobiles de radiocommunication (postes automobiles de campagne, postes de dirigeables et d'avions). Il invente la méthode de comparaison des pendules par T.S.F. qui permit de déterminer la longitude d'un lieu à quelques mètres près de n'importe quel point situé à portée radiotélégraphique du poste émetteur. En effet, dès 1911, Ferrié avait lancé une série d'expériences ayant pour but de déterminer avec précision la différence de longitude entre Toulon et Paris puis Paris et Washington à partir des signaux radiophoniques émis depuis la tour Eiffel. Peu après, il installe le dispositif d'émission des signaux horaires utile aux navigateurs au sommet de la tour Eiffel. Durant cette même période, il devient membre correspondant du Bureau des Longitudes (1911), du Comité d'Électricité (1912) et se voit confié la charge du Cours de Télégraphie Sans Fil de l'École Supérieure d'Électricité (1911). À la veille du premier conflit mondial Ferrié, promu colonel, est nommé directeur technique du service de la Radiotélégraphie militaire qui deviendra en 1917 l'Établissement Central du Matériel de la Radiotélégraphie Militaire (E.C.M.R.). En écoutant les messages ennemis, la « Dame de Fer » se verra affublée d'un nouveau surnom celui de la « grande oreille ».

Ainsi, c'est grâce à l'interception d'un message allemand [3] que Joffre sera informé de l'avancée des troupes de von Klück et qu'il décidera de réquisitionner tous les taxis parisiens pour envoyer les soldats sur la Marne. À cette époque, le matériel de radiotélégraphie utilisé pour la réception et l'émission des signaux était basé sur le principe de l'arc chantant décrit au paragraphe précédent. En effet, bien que l'audion [4] ait été réalisé en 1907 par Lee de Forest (1873-1961) ce n'est que dans les tous premiers jours de la guerre que la triode fit son entrée dans des circonstances pour le moins assez insolites. Au cours de l'été 1914, l'ingénieur français Paul Pichon (18 ? ?-1929) se rend aux Etats-Unis à la demande de son employeur, la société Allemande Telefunken, pour tenter d'obtenir des échantillons des toutes dernières lampes de T.S.F. qu'il pourrait ramener en Allemagne afin de les tester. Durant son séjour, Pichon visite la Western Electric Company qui lui confie les tous derniers modèles d'Audions sous vide ainsi que des informations complètes sur leur utilisation. Pichon a en réalité déserté de l'armée française en 1900 avant d'émigrer en Allemagne où il avait gagné sa vie en enseignant le français. Parmi ses élèves se trouvaient les enfants du comte von Arco, l'un des fondateurs de la société Telefunken, qui l'avait ensuite recruté comme représentant technique. Sur le chemin du retour après sa tournée américaine, le transatlantique qui le ramène vers l'Allemagne fait escale à Londres le 3 août 1914, le jour même où l'Allemagne déclare la guerre à la France. Pichon se trouve alors confronté à un dilemme : déserteur français et étranger en Allemagne, il ne sait que faire. Il demande conseils auprès de Godfrey Isaacs (1866-1925), le directeur général de Marconi, auquel il explique que bien qu'il soit encore citoyen français il est sous le coup d'une arrestation immédiate en cas de retour en France. Il semble qu'Isaacs n'ait pas su apprécier l'importance des échantillons que Pichon transportait dans ses bagages et qui étaient ainsi pratiquement à sa portée. Il a suggéré à Pichon de revenir en France et d'offrir ses services aux autorités françaises. Dès son arrivée à Calais il fut rapidement arrêté. Protestant qu'il avait rapporté des échantillons et informations vitales d'Amérique, il parvint à persuader les autorités de le mettre en relation avec le commandant du service de la Radiotélégraphie militaire, le colonel Gustave Ferrié. Convaincu de la fiabilité des informations

3. Le message « émis en clair » capté par la tour Eiffel est le suivant : « Très bien compris, gagnez rive sud de la Marne. Oberste Heeresleitung (GQG). »

4. L'audion générateur est le premier tube électronique de type triode. N° de brevet 841 386, 15 janvier 1907.

apportées par Pichon [5], Ferrié soumit immédiatement les échantillons à un panel d'éminents physiciens dont Henri Abraham (1868-1943). Ferrié suivait depuis longtemps les développements de la T.S.F. En mars 1913, Abraham l'avait accompagné aux Etats-Unis où ils avaient rencontré Lee de Forest. Ils avaient ainsi pu découvrir les derniers perfectionnements et les plus récentes applications des audions qui pouvaient désormais être utilisés également comme amplificateur et oscillateur [6]. En octobre 1914, Ferrié réunit une équipe de spécialistes avec pour mission de mettre au point un audion français, robuste, de caractéristiques régulières et de construction industrielle aisée [7].

2.1.2 La lampe T.M. : *Télégraphie Militaire*

En octobre 1915, Ferrié décida d'envoyer Abraham à Lyon où il avait fait construire un émetteur militaire susceptible de remplacer celui de la tour Eiffel dans l'éventualité où ce dernier aurait été mis hors d'usage. À ce même moment se trouvait à Marseille en instance de départ pour Saïgon un émetteur de 100 kW qui devait être convoyé par le Capitaine François Péri (1870-1938) de l'Infanterie Coloniale, Chef du Service Radio de l'Indochine. Ferrié réalisa le tour de force d'obtenir la mise à disposition de ce matériel et des hommes qui l'accompagnaient. Il nomma Péri chef du poste de Lyon-La-Doua et l'ingénieur Joseph Bethenod (1883-1944) qui avait conçu cet émetteur à la S.F.R. [8] responsable technique. En moins de deux mois, Péri parvint à construire les baraquements et à ériger l'antenne composée de huit pylônes de cent-vingt mètres rendant ainsi la station de Lyon La Doua opérationnelle. Le choix de Lyon n'était pas seulement stratégique il avait été dicté par la proximité de l'usine Grammont [9] qui fabriquait des lampes à incandescences et dont la direction avait été momentanément confiée à Jacques Biguet (1880-1970) un autodidacte devenu ingénieur.

Dans un premier temps Abraham et Péri s'attelèrent à reproduire les audions de Lee de Forest mais leur structure trop fragile et leur manque de stabilité était assez peu compatible avec une application militaire. Après plusieurs tentatives infructueuses Abraham parvint en décembre 1914 à une quatrième structure qui fut mise en service de février à octobre 1915 (voir Figure 2.2). Un exemplaire de cette lampe dite « lampe Abraham » est toujours conservée au Musée des Arts et Métiers [10]. Elle présente une structure cylindrique qui semble avoir été imaginée par Abraham. Dès lors, il multiplia les procédés permettant d'améliorer la qualité du vide à l'intérieur des lampes ce qui leur assurait une plus grande fiabilité et une meilleure stabilité.

5. Paul Pichon fut réintégré dans l'armée sans aucune sanction et affecté à Lyon-La-Doua sous la direction de Peri. Après la guerre, il retourna en Allemagne et reprit son poste de directeur du service des brevets chez Telefunken qui lui rendit un brillant hommage lors de sa disparition en 1929.

6. L'audion va se substituer à l'arc chantant comme émetteur mais aussi comme récepteur.

7. Voir Champeix [1980, p. 16].

8. Société Française Radioélectrique.

9. François Grammont, normalien comme Henri Abraham, était alors Capitaine des Zouaves. Il fut démobilisé début 1915 à l'initiative de Ferrié afin de reprendre la direction de son usine.

10. N° d'inventaire 21204-0000-

Mais peu après les relations entre le capitaine et le physicien se détériorèrent et une sorte de compétition s'installa entre les deux hommes. L'ambiance devint tellement délétère que Ferrié dut rappeler Abraham à Paris en mai 1915. Après son départ, Péri qui possédait, dans le domaine de la radio, de grandes compétences poursuivit avec Biguet ses expérimentations dans le but d'améliorer le dispositif. Il réalisa une lampe à grille et à plaque mobiles, qui permettait d'étudier expérimentalement les caractéristiques. L'aboutissement de cette collaboration fut la célèbre lampe T.M. (voir Figure 2.3 et 2.4) pour laquelle il déposa quatre brevets aux noms de MM. Péri et Biguet. Le brevet principal n° 492657 fut demandé le 23 octobre 1915 et délivré le 21 mars 1919.

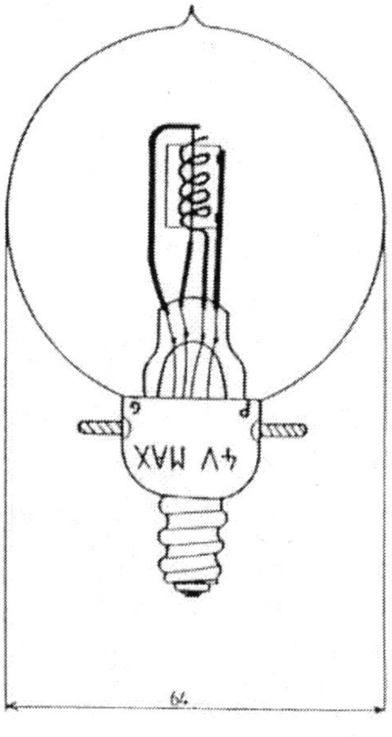

FIGURE 2.2 – Lampe Abraham, d'après Champeix [1980, p. 15].

La structure cylindrique de la lampe T.M. améliorait considérablement sa robustesse et sa qualité d'émission. De plus, le culot à quatre broches et non à vis permettait un remplacement rapide. La lampe T.M. appelée également « lampe française » atteignit pour l'époque un tel degré de perfection et de fiabilité qu'elle fut adoptée par l'armée française puis par les armées alliées et fut produite en France à plus d'un million d'exemplaires pendant la durée du conflit.

Il apparaît donc que le premier prototype de lampe triode utilisé par l'armée française a bien été réalisé par Abraham en décembre 1914. Néanmoins, c'est après le départ de ce dernier en mai 1915 que la célèbre lampe T.M. fut brevetée par Péri et Biguet. Une terrible querelle éclata autour de la paternité de l'invention de la lampe T.M. et le colonel Ferrié ne pardonna pas à Peri d'avoir déposé

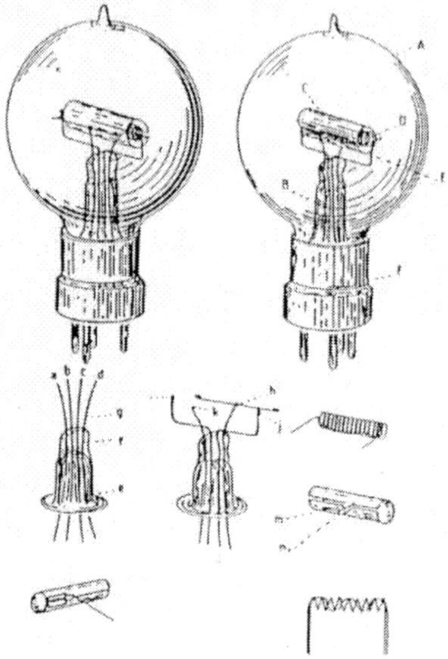

FIGURE 2.3 – Lampe Abraham, d'après Champeix [1980, p. 18].

un brevet alors qu'il considérait que tout le mérite revenait à Abraham [11]. Ainsi, lorsqu'il demanda, en mars 1918, à Camille Gutton (1872-1963) de rédiger une « Notice sur les lampes-valves à trois électrodes et leurs applications [12] » qui fut éditée par l'Établissement Central du Matériel de la Radiotélégraphie militaire (E.C.M.R.) le nom de Péri ne figura pas sur la liste des personnes ayant participé à la réalisation de la lampe T.M. Ce rapport n° 412 de l'E.C.M.R., classé « secret défense », de plus de cent-soixante dix pages constitue une formidable synthèse des travaux effectués en France pendant le premier conflit mondial concernant d'une part la réalisation de la lampe T.M. et, d'autre part l'élaboration du multivibrateur (voir Figures 2.6-2.8). De retour à Paris, Abraham rejoignit le second groupe du service de la Radiotélégraphie Militaire constitué autour du Capitaine Paul Brenot [13], qui comprenait également Maurice de Broglie, Paul Laüt, Lucien Lévy. Abraham reprit alors ses fonctions de directeur du Laboratoire de Physique de l'École Normale Supérieure et, poursuivant ses recherches, inventa avec Eugène Bloch le *multivibrateur astable*.

11. D'après Champeix [1980, p. 20 et suivantes] Abraham se refusa, malgré les instances répétées de Ferrié, de prendre aucun brevet et à demander quoi que ce soit.

12. Cette notice de l'E.C.M.R. qui a disparu lors de la restructuration des locaux du S.H.D. a pu être retrouvée auprès d'un collectionneur, M. Jacques Denys, qui a bien voulu nous en faire parvenir une copie. Voir *infra*.

13. Paul Brenot (1880-1967) intègre l'École Polytechnique en 1899 et devient l'adjoint de Ferrié (X 1887) à partir de 1904. Il joue un rôle important dans le développement de la S.F.R., créée par Joseph Bethenod et Émile Girardeau (X 1902) en 1910, et soutient sa participation au sein de la Radiotélégraphie Militaire pour la fabrication de matériel de T.S.F. de haute qualité, tant civil que militaire.

FIGURE 2.4 – Lampe T.M. (source : Musée des Arts et Métiers).

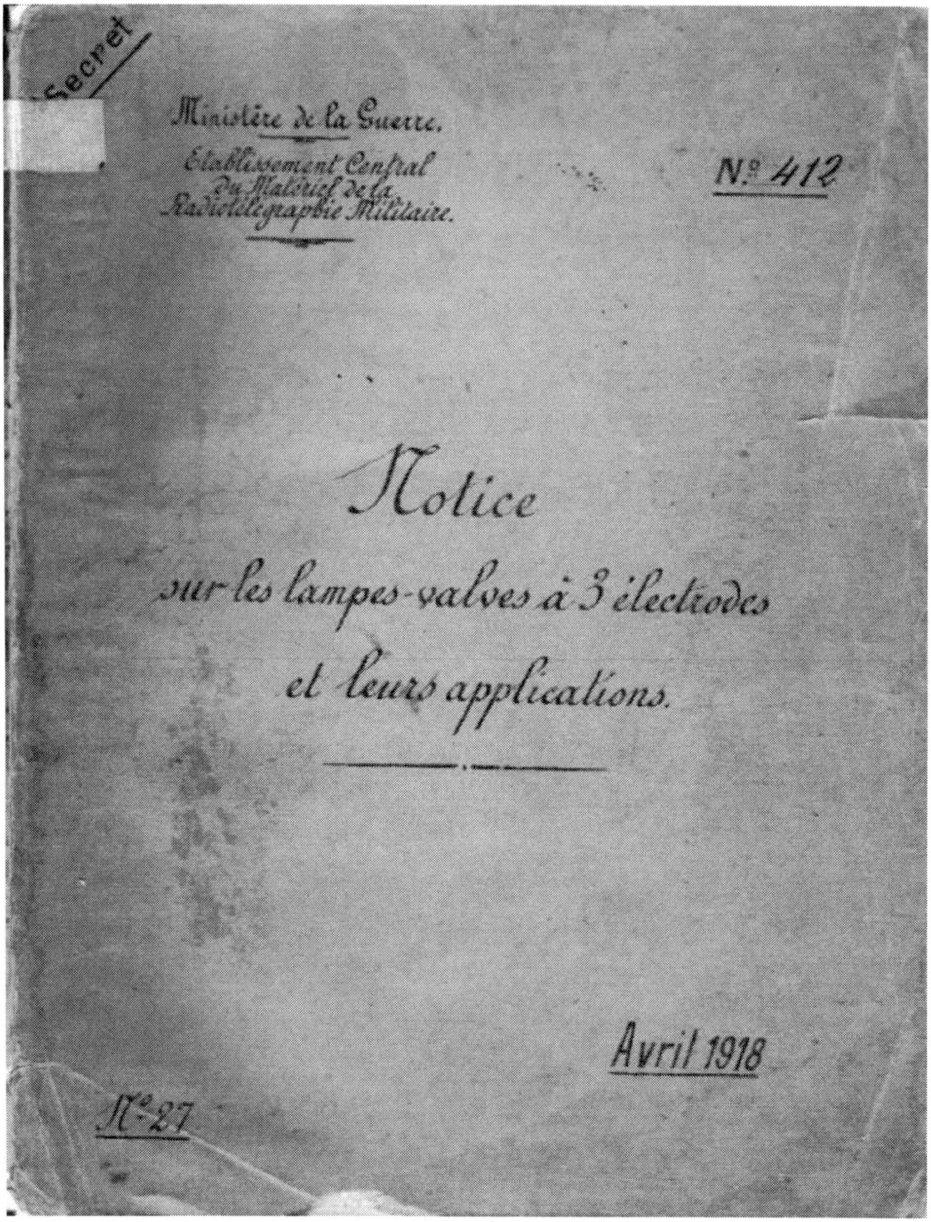

FIGURE 2.5 – Rapport E.C.M.R. n° 412 (source Jacques Denys).

\- 169 -

TABLE DES MATIERES

CHAPITRE I.

Propriétés et fonctionnement de la lampe valve à 3 électrodes. -

CHAPITRE II.

Emploi de la lampe à 3 électrodes comme générateur d'oscillations.

FIGURE 2.6 – Table des matières du rapport E.C.M.R. n° 412 (source Jacques Denys).

- 170 -

CHAPITRE III.

Emploi de la lampe à 3 électrodes comme détecteur.

FIGURE 2.7 – Table des matières du rapport E.C.M.R. n° 412 (source Jacques Denys).

-171-

CHAPITRE IV.

Pages

Emploi de la lampe à 3 électrodes comme relai-amplificateur.

CHAPITRE V.

Applications de la lampe à 3 électrodes - Description sommaire de quelques types d'appareils.

FIGURE 2.8 – Table des matières du rapport E.C.M.R. n° 412 (source Jacques Denys).

- 172 -

FIGURE 2.9 – Table des matières du rapport E.C.M.R. n° 412 (source Jacques Denys).

2.1.3 Le multivibrateur : *des systèmes Thomsoniens aux systèmes à relaxation*

Entré à l'âge de dix-huit ans à l'École Normale Supérieure, Henri Abraham [14] (1868-1943) est reçu second au concours de l'agrégation de physique en 1889. L'année suivante de retour de son service militaire, il revient à l'E.N.S. en tant que « caïman [15] » au Laboratoire de Physique et débute une thèse intitulée : « Sur une nouvelle détermination du rapport v entre les unités électro-magnétiques et électro-statiques » sous la direction de Jules Violle (1841-1923) et Marcel Brillouin (1854-1948) qu'il soutiendra à peine deux ans plus tard le 30 juin 1892. Il enseigne ensuite, de 1891 à 1897 au lycée Chaptal et de 1894 à 1900 au lycée Louis-le-Grand. En 1900, il est nommé maître de conférences à l'E.N.S. puis professeur à l'université de Paris, sur une chaire de l'E.N.S. en 1912. Il prend alors la direction du Laboratoire de Physique. Après la déclaration de la guerre et son séjour de six mois au poste de Lyon-La-Doua il réintègre ses fonctions à Paris en mai 1915 et poursuit, à distance, ses travaux sur la lampe à trois électrodes avec Jacques Biguet [16]. Parallèlement, il poursuit avec Eugène Bloch des recherches pour le service de la Radiotélégraphie militaire qui deviendra deux ans plus tard l'E.C.M.R. Ainsi, c'est en novembre 1917 qu'ils inventent un appareil susceptible de mesurer les fréquences des émetteurs de T.S.F. : le *multivibrateur*. Ils publient alors au sein de l'E.CM.R. des Notes classées « secret défense [17] » dont voici les titres et dates d'édition :

- Sur la mesure des longueurs d'ondes de T.S.F. en valeur absolue avec le multivibrateur T.M., novembre 1917, *E.C.M.R.*, n° 2896,
- Étalonnement en valeur absolue des contrôleurs d'ondes par l'emploi du multivibrateur, novembre 1917, *E.C.M.R.*, n° 2949,
- Multivibrateur T.M. type A et type B, décembre 1917, *E.C.M.R.*, n° 2900,
- Ondes entretenues étalons. Mesure des longueurs d'ondes en valeur absolue, 5 juillet 1918, *E.C.M.R.*, n° 4448,
- Etalonnage d'un diapason en valeur absolue, octobre 1918, *E.C.M.R.*, n° 4148.

Après la guerre, Abraham publie avec Bloch trois articles qui constituent une version publique des notes de l'E.C.M.R. et dont l'intitulé semble s'inspirer de la note n° 4448.

- [1919a] Sur la mesure en valeur absolue des périodes des oscillations électriques de haute fréquence, *C.R.A.S.*, 168 (2 juin 1919), p. 1105-1108,

14. Pour une biographie d'Henri Abraham, voir par exemple : « À la mémoire de Henri Abraham, Eugène Bloch, Georges Bruhat : Créateurs et Directeurs de ce Laboratoire Morts pour la France », École Normale supérieure, Laboratoire de physique, École Normale Supérieure, imprimerie Lahure, Paris, 1948.

15. Agrégé-préparateur dans le jargon de l'E.N.S. Terme introduit en 1852.

16. Abraham [1920, p. 57] rappelle que ces études ont été « faites en collaboration avec M. BIGUET, en 1914-1915 dans l'usine de lampes à incandescence de M. A. Grammont à Lyon ». Le nom de Péri est totalement absent.

17. Le délai de classification « secret défense » pour les Notes d'Abraham et Bloch était de cinquante ans. Conservées jusqu'alors au Service Historique de la Défense à Vincennes ces notes ont été détruites lors d'une restructuration des locaux. Seule la Notice n° 412 de Gutton a pu être retrouvée pour l'instant. Voir *supra*.

- [1919c] Mesure en valeur absolue des périodes des oscillations électriques de haute fréquence, *J. Phys. Theor. Appl.* 9 (4 juillet 1919), p. 211-222,
- [1919e] Mesure en valeur absolue des périodes des oscillations électriques de haute fréquence, *Ann. de Phys.* 9 (septembre-octobre 1919), p. 237-302.

Ainsi, en se substituant aux notes de l'E.C.M.R., inaccessibles à cause du secret-défense, ces publications ont engendré un décalage dans le temps de deux ans sur la date de l'invention du multivibrateur, que l'on doit désormais situer non pas en 1919 mais en décembre 1917 comme le rappellent d'ailleurs Abraham et Bloch :

> « Cette méthode a été étudiée pendant les années 1916 et 1917 pour les besoins de la Radiotélégraphie militaire. » [Abraham & Bloch 1919a, p. 1106 ; 1919e, p. 244]

> « Nous avons construit divers types d'amplificateurs de ce genre pour la Radiotélégraphie militaire (1916). » [Abraham & Bloch 1919b, p. 1198]

> « Nous avons été conduits à mettre au point cette méthode de mesure au cours des années 1916 et 1917, en recherchant les causes de certaines anomalies des amplificateurs à lampes de la radiotélégraphie militaire. » [Abraham & Bloch 1919c, p. 212]

Malgré ces allusions aux recherches qu'ils ont menées durant la guerre et bien qu'Abraham [1919e, p. 244] donne la liste détaillée de tous les rapports de l'E.C.M.R. aucune précision n'est fournie quant au brevet qu'Abraham et Bloch viennent de déposer cette même année 1919 pour l'invention du multivibrateur. De plus, bien que les titres de ces publications soient identiques, leurs contenus sont différents ; le plus complet étant paradoxalement le moins cité : celui publié aux *Annales de Physique* [1919e]. Cet article de soixante-cinq pages semble correspondre aux rapports de l'E.C.M.R. d'après son sommaire qui en reprend, sans exception aucune, tous les titres (voir Tableau 2.1). Le paragraphe III est consacré à la description du multivibrateur. Il s'agit d'un appareil (voir Figure 2.10) constitué de deux lampes T.M. dont chaque grille est reliée à la plaque de l'autre par un condensateur. Un tel montage produit des oscillations très riches en harmoniques. Abraham explique alors que c'est la raison pour laquelle il lui a donné le nom de *multivibrateur* puis, il décrit le phénomène observé :

> « L'expérience étant ainsi disposée et les lampes allumées, on constate que les courants qui passent dans les divers circuits sont soumis à des variations périodiques brusques, et qu'*aucun régime à courants permanents ne peut être stable*. Les deux lampes fonctionnent alternativement. A un certain moment, la première plaque commence brusquement à débiter du courant, tandis que la seconde n'en débite pas. Quelque secondes après, les rôles sont inversés. Encore quelques secondes et l'on revient au premier régime, et ainsi de suite périodiquement. » [Abraham 1919e, p. 255]

Le passage du courant dans la seconde lampe (indices 2 sur la Figure 2.10) abaisse le potentiel de la grille G_1 et bloque le passage du courant dans la première (indices 1 sur la Figure 2.10) et réciproquement. Ainsi, l'appareil ne peut, théoriquement, fonctionner que dans deux états distincts : première lampe passante et seconde bloquée ou l'inverse. Mais, la présence des condensateurs entre les grilles et plaques de chacune des deux lampes rend ces deux états de fonctionnements instables et l'appareil oscille entre les deux engendrant ainsi des variations de tensions et de courants électriques [18] représentées schématiquement par la Figure 2.11.

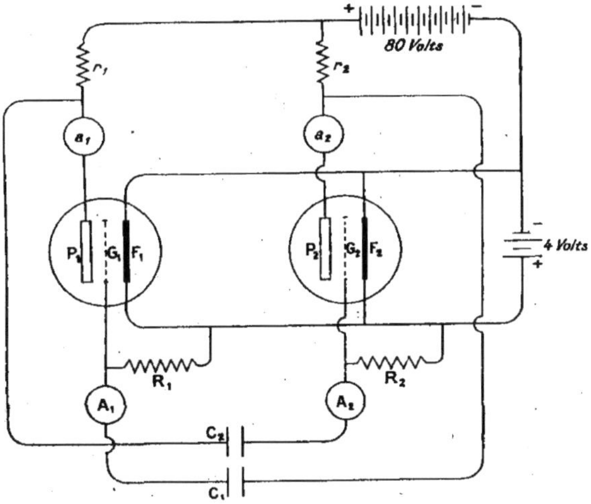

FIGURE 2.10 – Multivibrateur, d'après Abraham [1919e, p. 254] .

À cette époque on considérait que la période d'oscillations d'un circuit comportant un condensateur de capacité C et une bobine d'inductance L était donnée par la formule de Thomson ou de Duddell (voir *supra* Tableau 1.1). Cependant, Abraham démontre que les oscillations produites par le multivibrateur possèdent une période qui ne se conforme pas à ces formules, *i.e.* qui n'est pas de type Thomson.

Il explique en effet que les inversions des courants de plaques P_1 et P_2 observées sur la Figure 2.11 sont séparées respectivement par des intervalles de temps qui correspondent aux durées de charges et de décharges des condensateurs C_1 et C_2 à travers les résistances R_1 et R_2.

18. Pour plus de détails voir les pages 29 à 32 de l'ouvrage *Les trois physiciens Henri Abraham, Eugène Bloch, Georges Bruhat*, éditions Rue d'Ulm 2009.

<table>
<tr><td>I. Introduction et principe de la méthode</td><td></td></tr>
<tr><td>II. Fréquence fondamentale : étalonnage du diapason</td><td>Etalonnage d'un diapason en valeur absolue, octobre 1918, E.C.M.R., n° 4148</td></tr>
<tr><td>III. Production des oscillations électriques entretenues à nombreux harmoniques : multivibrateur</td><td rowspan="3">Multivibrateur T.M. type A et type B, décembre 1917, E.C.M.R., n° 2900</td></tr>
<tr><td>IV. Réalisation pratique du multivibrateur</td></tr>
<tr><td>V. Propriétés du multivibrateur</td></tr>
<tr><td>VI. Montage pour l'étalonnage d'un ondemètre</td><td rowspan="6">Etalonnement en valeur absolue des contrôleurs d'ondes par l'emploi du multivibrateur, novembre 1917, E.C.M.R., n° 2949</td></tr>
<tr><td>VII. Action de l'ondemètre sur le détecteur-amplificateur</td></tr>
<tr><td>VIII. Réactions mutuelles des divers circuits. Nécessité de couplages faibles</td></tr>
<tr><td>IX. Rôle de l'hétérodyne. Méthode des octaves. Numérotage des harmoniques</td></tr>
<tr><td>X. Mode opératoire pour l'étalonnage d'un ondemètre</td></tr>
<tr><td>XI. Interprétation des mesures.</td></tr>
<tr><td>XII. Mesure en valeur absolue de la longueur d'onde des ondes entretenues reçues par un poste de télégraphie sans fil</td><td>Sur la mesure des longueurs d'ondes de T.S.F. en valeur absolue avec le multivibrateur T.M., novembre 1917, E.C.M.R., n° 2896

Ondes entretenues étalons. Mesure des longueurs d'ondes en valeur absolue, 5 juillet 1918, E.C.M.R., n° 4448</td></tr>
</table>

TABLE 2.1 – Sommaire de l'article d'Abraham *vs* notes de l'E.C.M.R.

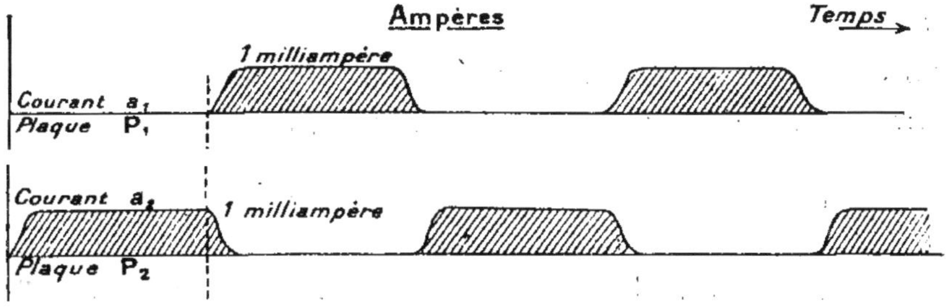

FIGURE 2.11 – Inversions des courants de plaques P_1 et P_2, d'après Abraham [1919e, p. 256].

Il en déduit que :

> « La période du système est donc de l'ordre de $C_1R_1 + C_2R_2$. »
> [Abraham 1919e, p. 257].

Cette durée d'inversion appelée « temps de relaxation [19] » était alors utilisée pour désigner la durée de décharge d'un condensateur dans une résistance. Dans le cas du multivibrateur, le phénomène oscillatoire est « piloté » par les condensateurs. La période des oscillations n'est par conséquent plus fournie par la formule de Thomson mais correspond au « temps de relaxation » . Ainsi, par leur invention Abraham et Bloch mettent en évidence un système oscillant d'un nouveau type : un système à relaxation. Il est important de remarquer cependant que ni Abraham, ni Bloch n'utiliseront cette terminologie qui sera introduite quelques années plus tard par Van der Pol [1925, 1926a, 1926b, 1926c, 1926d] (voir *infra*).

Le développement de la T.S.F. dynamisé par l'effort de guerre passe ainsi du stade de l'artisanat à celui de l'industrialisation. Les lampes triodes sont alors commercialisées sur une plus grande échelle. Plus fiables et moins instables que l'arc chantant la faible variabilité de leurs différents composants permet de reproduire les expériences à l'identique ce qui facilite l'étude des oscillations entretenues. Ainsi, si l'arc chantant devient peu à peu obsolète il n'en va pas de même pour les propriétés du phénomène oscillatoire qu'il a permis de mettre en évidence. En France, Paul Janet et André Blondel vont s'attacher à transposer à la triode les différents résultats qu'ils ont obtenus et leurs travaux vont alors contribuer à l'élaboration de la théorie des oscillations non linéaires. Ceux de Van der Pol permettront, à partir de l'étude du multivibrateur, de mettre en évidence un nouveau type d'oscillation : les *oscillations de relaxation*.

19. Cette terminologie a été introduite par James Clerk Maxwell [1867,p. 56] comme le rappelle Colin [1893, p. 1251] dans une note aux *C.R.A.S.* qui paraît être l'une des premières occurrences dans cette revue.

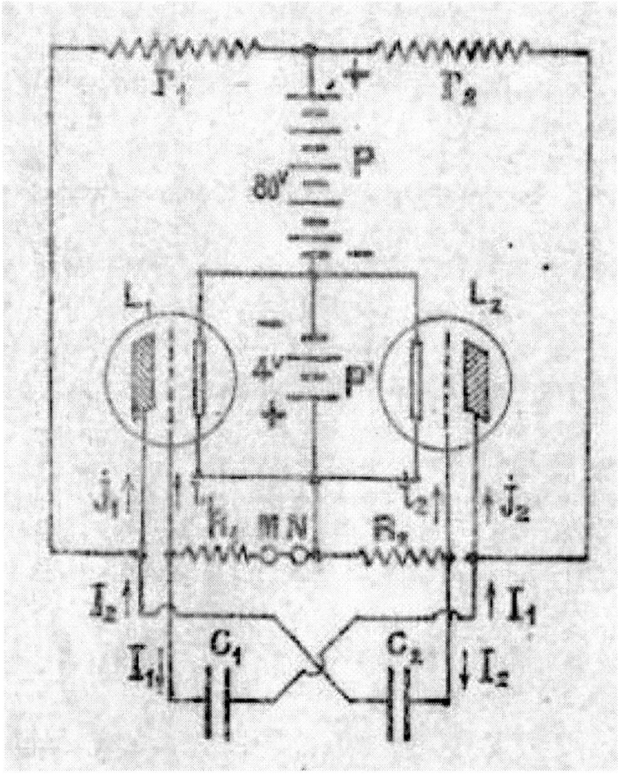

FIGURE 2.12 – Multivibrateur, extrait du rapport E.C.M.R. n° 412 (1918), (source Jacques Denys).

FIGURE 2.13 – Multivibrateur d'Abraham et Bloch, (source : Musée des Arts et Métiers).

2.2 La lampe à trois électrodes : *les oscillations entretenues*

2.2.1 Les travaux de Paul Janet : *analogie et mise en équation incomplète (II)*

En avril 1919, Janet publie la note « Sur une analogie électrotechnique des oscillations entretenues », importante à plusieurs titres. En tout premier lieu, il y est souligné le transfert de technologie consistant à remplacer un composant électromécanique (arc chantant) par ce que l'on appellera plus tard un tube électronique, ce qui constitue une véritable révolution car l'arc chantant, du fait même de sa structure, rendait l'expérimentation complexe et délicate et sa reproductibilité difficile voire impossible. En second lieu, cette note met en évidence une « analogie électrotechnique », basée sur le *principe de dualité* [20] de Sire de Vilar [1901], entre les oscillations entretenues produites par une machine série-dynamo comme celle utilisée par Gérard-Lescuyer et celles que présentent l'arc chantant ou une lampe à trois électrodes.

> « Il m'a semblé intéressant, écrit-il, de signaler les analogies inattendues que présente cette expérience [21] avec les oscillations entretenues si largement utilisées aujourd'hui en télégraphie sans fil, par exemple avec celles qui se produisent dans l'arc de Duddell ou

20. Voir Appendices A.2 et A.3.
21. Il s'agit de l'expérience de Gérard-Lescuyer.

dans les lampes à trois électrodes employées comme oscillateurs. » [Janet 1919, p. 764]

Cependant, Janet attribue alors à Witz la paternité de l'expérience ; c'est seulement dans son article préfaçant les travaux de MM. Cartan que Janet évoquera cette « très ancienne expérience d'électricité appliquée qui a été réalisée dès 1880 [22] » [Janet 1925, p. 1193]. En troisième lieu, Janet va justifier cette « analogie électrotechnique » en fondant son raisonnement sur une analogie plus ancienne qui concerne les composants des circuits :

> « La production et l'entretien des oscillations dans tous ces systèmes tiennent essentiellement à la présence, dans le circuit oscillant de quelque chose d'analogue à une résistance négative : or, la dynamo-série génératrice se comporte comme une résistance négative, et, d'autre part, le moteur à excitation séparée se comporte comme un condensateur. Il est curieux de constater que ces deux analogies ont été signalées il y a longtemps, la première par M. P. Boucherot [23] et la seconde par M. Maurice Leblanc [24]. » [Janet 1919, p. 764]

Il considère que pour qu'il y ait analogie dans les effets, *i.e.* pour que l'on observe le même type d'oscillations dans la machine série-dynamo, la triode et l'arc chantant il faut qu'il y ait analogie dans les causes. Or, puisque la dynamo-série se comporte comme une résistance négative, qui est la cause responsable des oscillations, il y a bien analogie. Par conséquent, à ces différents dispositifs doit correspondre une seule et même équation. Dans ce texte, Janet est semble-t-il le premier à établir l'équation différentielle (incomplète) caractérisant les oscillations observées dans l'expérience de Gérard-Lescuyer :

> « La mise en équation du problème, dans le cas du système matériel indiqué plus haut, est facile. Soit, $e = f(i)$ la force électromotrice de la dynamo-série, R et L la résistance et la self-induction du circuit, ω la vitesse angulaire du moteur à excitation séparée ; on a évidemment
>
> $$Ri + L\frac{di}{dt} = e - k\omega$$
>
> $$ki = K\frac{d\omega}{dt}$$
>
> d'où
>
> $$L\frac{d^2i}{dt^2} + [R - f'(i)]\frac{di}{dt} + \frac{k^2}{K}i = 0 \qquad (J_1). »$$
>
> [Janet 1919, p. 765]

22. Gérard-Lescuyer [1880a].
23. Voir Boucherot [1904].
24. Voir Leblanc [1899].

La première équation que l'on peut réécrire ainsi : $e = L\frac{di}{dt} + Ri + k\omega$ transcrit ce qu'affirmait Janet [1900, p. 222] quelques années auparavant (voir *supra*), à savoir que pour expliquer complètement le phénomène il faut tenir compte de :

a. la *f.é.m.* de la dynamo : $e = f(i)$;

b. la *f.c.é.m.* du moteur : $Ri + k\omega$;

c. la *f.é.m.* de la bobine d'induction : $L\dfrac{di}{dt}$.

En dérivant la première équation et en tenant compte de la seconde il établit facilement la dernière. Puis, en remarquant, que la machine à excitation séparée « se comporte comme un condensateur de capacité $\frac{K}{k^2}$ » [Janet 1919, p. 765] il obtient une équation analogue à celle que Van der Pol [1920, p. 702] établira l'année suivante pour la triode. Cette équation est néanmoins incomplète comme le souligne d'ailleurs Janet :

> « Mais le phénomène est limité par la courbure de la caractéristique, et en fait, il s'établit des oscillations régulières, non-sinusoïdales, régies par l'équation (J_1) qu'on ne pourrait intégrer que si l'on connaissait la forme explicite de la fonction $f(i)$. »
>
> [Janet 1919, p. 765]

En effet, le problème de la représentation mathématique de la *caractéristique d'oscillation*, *i.e.* la détermination de la fonction $f(i)$ fait appel à l'interpolation polynômiale d'une courbe ce qui relève de ce qu'on appelle aujourd'hui la modélisation d'observables. Ceci implique l'obtention d'un nombre minimum de points, *i.e.*, d'une série de données ou de mesures ce qui nécessite d'une part la reproductibilité de l'expérience à l'identique et, d'autre part d'avoir un appareil de mesure susceptible de fournir des valeurs suffisamment précises. Ainsi, en établissant une analogie entre trois dispositifs différents, Janet a montré qu'ils relevaient du même phénomène oscillatoire dont il a fourni l'équation, certes incomplète, mais générale. On peut cependant s'étonner du fait que Janet ne fasse pas référence au travail de Poincaré [1908] sur l'arc chantant alors qu'il cite ceux, plus anciens, de Leblanc [1899] et Boucherot [1904].

Néanmoins, dans cette note Janet met également en lumière la principale difficulté à surmonter pour compléter son équation. En novembre de cette même année 1919, c'est Blondel qui va résoudre ce problème en établissant un an avant Van der Pol l'équation de la triode et en introduisant pour caractériser le phénomène la terminologie « oscillations auto-entretenues ».

2.2.2 Les travaux d'André Blondel : *première mise en équation de la triode*

Après avoir complètement élucidé la question de la nature de l'arc électrique et démontré qu'il ne possède pas de *f.c.é.m.*, Blondel s'intéresse ensuite aux phénomènes oscillatoires dont l'arc chantant est le siège. À partir de 1919, c'est-à-dire au moment où s'opère une transition entre l'arc chantant et la triode il entreprend son étude « par analogie avec la théorie déjà connue de l'arc chantant » [Blondel 1919a, p. 676], transposant ainsi la plupart des résultats qu'il avait obtenus.

Modélisation

Comme l'avait souligné Poincaré [1908], puis Janet [1919], le seul obstacle à la mise en équation complète des oscillations observées dans la triode, l'arc chantant et l'expérience de Gérard-Lescuyer était la modélisation de la *caractéristique d'oscillation* du composant non-linéaire, analogue à une résistance négative, présent dans ces trois dispositifs. En 1919, Blondel est le premier à modéliser la caractéristique non-linéaire de la triode au moyen d'un développement « sous la forme d'une série à termes impairs » [Blondel 1919b, p. 946]. Il établit ainsi son équation différentielle un an avant celle de Van der Pol [1920]. C'est Philippe Le Corbeiller (voir *infra* Partie II) qui a attiré l'attention sur ce résultat semble-t-il méconnu :

> « M. A. Blondel, en 1919, étudia de cette manière [25] la triode oscillatrice représentée sur la figure 6. [...] il est conduit à une équation du troisième ordre [...]
>
> 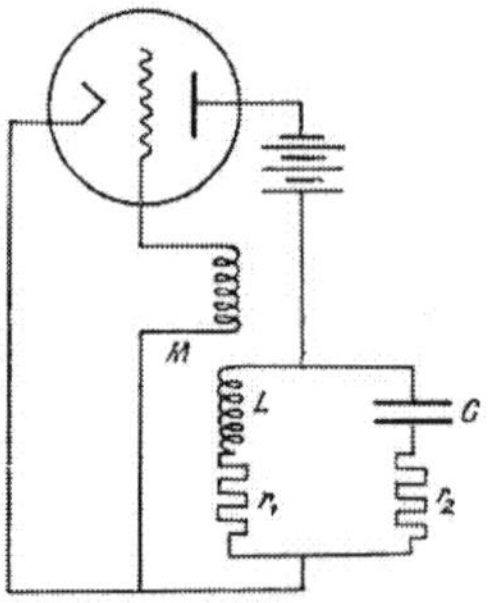
>
>
> Fig. 6.
>
> De son côté, en 1920, M. van der Pol étudia ce même schéma de triode oscillatrice, mais en constituant le circuit oscillant de plaque par une inductance pure L, une capacité C et une résistance R en parallèle, ce qui conduit à une équation du second ordre. »
>
> [Le Corbeiller 1932, p. 705]

25. Voir Blondel [1919b].

En effet, dans une note publiée aux $C.R.A.S.$ et présentée à l'Académie des Sciences le 17 novembre 1919, Blondel modélise la *caractéristique d'oscillation* de la triode. En appelant u la tension de la plaque à la variation i du courant de plaque de la triode, v le potentiel de grille et k le coefficient d'amplification de la triode il explicite la relation entre u et i dans la triode qui à la forme $i = F(u + kv)$ et « dans laquelle F représente une fonction qui se traduit par une courbe connue présentant une très longue inflexion aux environs de la valeur moyenne du courant statique I (égale à environ la moitié du courant de saturation). » [Blondel 1919b, p. 946]. Il fait alors l'hypothèse que l'on ne sort pas de la région où cette courbe conserve la même forme quel que soit v et se déplace seulement parallèlement à elle-même par une translation suivant l'axe des u quand on fait varier v. Ceci le conduit à modéliser la *caractéristique d'oscillation* $i = F(u + kv)$ de la triode en proposant « de la développer sous forme d'une série à termes impairs, qui sera sûrement convergente » [Blondel *Ibid.*, p. 946].

Il obtient :

$$i = F(u + kv) = b_1 (u + kv) - b_3 (u + kv)^3 - b_5 (u + kv)^5 - \dots \qquad (\mathrm{B}_1)$$

Mise en équation

Le but de cette note intitulée « Amplitude du courant oscillant produit par les audions générateurs » est en fait de calculer une approximation de l'amplitude des oscillations. C'est pour cette raison que Blondel établit l'équation de la triode et propose de modéliser sa caractéristique. Alors, en appelant i l'intensité du courant de plaque à l'instant t, i_1 et i_2 les intensités dans les branches de self-induction L et de capacité C, ayant pour résistances internes r_1 et r_2 respectivement, u la tension oscillante aux bornes des circuits dérivés, il obtient les trois équations suivantes

$$i_1 + i_2 = i \quad , \quad r_1 i_1 + L\frac{di_1}{dt} = u \quad , \quad r_2 i_2 + \frac{1}{C}\int i_2 dt = u \quad , \quad h = \frac{kM}{L} - 1;$$

En les combinant et en les dérivant Blondel [1919b, p. 945] parvient à établir l'équation différentielle de la triode sous la forme

$$\frac{d^3u}{dt^3} + \frac{r_2}{L}\frac{d^2u}{dt^2} + \left(\frac{1}{CL} - \frac{r_1 r_2}{L^2}\right)\frac{du}{dt} - \frac{r_1}{CL^2}u - r_2\frac{d^3i}{dt^3} - \frac{1}{C}\frac{d^2i}{dt^2} = 0 \qquad (6)$$

La présence des résistances internes r_1 et r_2 que Blondel aurait pu négliger le conduit à cette équation différentielle du troisième ordre et du second degré. En substituant l'expression (B_1) de l'intensité i dans cette équation (6) « l'équation finale du problème » [Blondel 1919b, p. 947] prend la forme suivante :

$$\begin{aligned}&\frac{d^3u}{dt^3}+\frac{d^2u}{dt^2}\frac{r_2}{L}+\frac{du}{dt}\left(\frac{1}{CL}-\frac{r_1r_2}{L^2}\right)-\frac{r_1}{CL^2}u\\&-\left(r_2\frac{d^2u}{dt^2}-\frac{1}{C}\frac{d^2u}{dt^2}\right)\left[b_1\left(h-\tfrac{kMr_1}{L^2}u\right)-3b_3h^3u^2-\ldots\right]\\&-\left[3r_2\frac{d^3u}{dt^3}\frac{du}{dt}+\frac{1}{C}\left(\frac{du}{dt}\right)^2\right]\left[-\frac{b_1kMr_1}{L^2}-6b_3h^3u+\ldots\right]\\&-r_2\left(\frac{du}{dt}\right)^3\left[-6b_3h^3-\ldots\ldots\right]=0\end{aligned}\tag{12}$$

En négligeant les résistances internes r_1 et r_2, *i.e.* en posant dans l'Eq. (12) : $r_1 = r_2 = 0$ on a

$$\frac{d^3u}{dt^3}+\frac{du}{dt}\left(\frac{1}{CL}\right)+\frac{1}{C}\frac{d^2u}{dt^2}\left[b_1h-3b_3h^3u^2-\ldots\right]-\frac{1}{C}\left(\frac{du}{dt}\right)^2\left[-6b_3h^3u+\ldots\right]=0$$

En regroupant les termes en b_3h^3 on obtient :

$$\frac{d^3u}{dt^3}+\frac{du}{dt}\left(\frac{1}{CL}\right)+\frac{1}{C}\frac{d^2u}{dt^2}(b_1h)-\frac{3b_3h^3}{C}\left[\frac{d^2u}{dt^2}u^2+\left(\frac{du}{dt}\right)^2(2u)+\ldots\right]=0$$

En remarquant alors que le dernier terme s'écrit :

$$\left[\frac{d^2u}{dt^2}u^2+\left(\frac{du}{dt}\right)^2(2u)+\ldots\right]=\frac{d}{dt}\left(\frac{du}{dt}u^2\right)+\ldots$$

puis en intégrant une fois par rapport au temps on obtient pour l'équation (12) :

$$C\frac{d^2u}{dt^2}-\left(b_1h-3b_3h^3u^2-\ldots\right)\frac{du}{dt}+\tfrac{u}{L}=0\tag{B$_2$}$$

De la même manière en intégrant directement l'équation (6) on aurait obtenu :

$$C\frac{d^2u}{dt^2}-\frac{di}{dt}+\frac{1}{L}u=0\tag{B$_3$}$$

Calcul de la période et de l'amplitude des oscillations

En développant dans l'équation (12) la tension u en série de Fourier et en identifiant terme à terme, Blondel déduit une première approximation de la période plus exactement de la fréquence angulaire ou pulsation ω des oscillations :

$$\omega^2\approx\frac{1}{CL}\left(1+\frac{r_2}{\rho}h_0-r_1r_2\frac{C}{L}\right)\text{ avec } h_0=\rho C\frac{r_1+r_2}{L}\tag{15}$$

Si l'on néglige à nouveau les résistances internes r_1 et r_2 cette expression se réduit à :

$$\omega^2 \approx \frac{1}{CL} \qquad (B_4)$$

Il est important de remarquer que Blondel retrouve la formule de Thomson [1853] en première approximation (Voir *supra*). Avec la même technique, Blondel obtient une première approximation de l'amplitude A_1 des oscillations :

$$A_1 \approx \frac{2}{h}\sqrt{\frac{-b_1 + \dfrac{r_1 + r_2}{hL}C}{-3b_3}} \qquad (16)$$

En négligeant à nouveau les résistances internes r_1 et r_2 cette expression se réduit à :

$$A_1 \approx \frac{2}{h}\sqrt{\frac{b_1}{3b_3}} \qquad (B_5)$$

Au mois de juin de l'année suivante Blondel [1920] va exposer ces résultats dans un article plus long et plus détaillé. Entre-temps il s'intéresse à la nature du phénomène et propose une classification des différents types d'oscillations.

Classification des oscillations

C'est dans un article publié en 1919 dans lequel il propose une classification des oscillations en trois types principaux que Blondel semble avoir, le premier, introduit la terminologie *oscillations auto-entretenues*. Avant cette publication on ne trouve pas trace de ce néologisme[26] qu'il semble avoir formé à partir de l'association « oscillations entretenues auto-amorçantes » [Blondel 1919d]. Dans sa classification, le premier type comprend les « oscillations entretenues par action continue ou oscillations auto-entretenues » [Blondel 1919d, p. 118] et compte parmi ses exemples l'arc chantant de Duddell et la triode. Le second type qui recouvre les oscillations « par écoulement fractionné » est illustré par le vase de Tantale et le vase culbuteur. C'est cependant au troisième type qui représente les « oscillations de longue période » [Blondel 1919d, p. 124] qu'il rattache, en se référant à Janet, l'expérience de Gérard-Lescuyer et non au premier comme on aurait pu s'y attendre :

> « C'est dans le même type (oscillations à longue période) qu'il me semble pouvoir classer des oscillations électriques provoquées par l'inversion de l'excitation d'une machine génératrice telle qu'une dynamo excitée en série. M. Janet a rappelé récemment un type d'oscillations de ce genre. » [Blondel 1919c, p. 125]

Ceci est d'autant plus surprenant que Blondel, par cette classification, semble séparer la machine série-dynamo de l'arc chantant alors que Janet les avait réunis par une analogie. Néanmoins, si la terminologie « oscillations auto-entretenues » introduite par Blondel paraît avoir été initialement utilisée d'une manière un peu trop restrictive l'article d'Andronov [1929a] va lui conférer une portée bien plus considérable (voir *infra* Partie II).

26. Néanmoins, dès la fin du XIXe siècle la *machine série-dynamo* était déjà qualifiée d'*auto-excitatrice*. Voir Appendice A.1.

2.3 Balthasar Van der Pol : *nouvelle mise en équation de la triode*

En 1916, après des études de physique et de mathématiques à l'université d'Utrecht, Balthasar Van der Pol (1889-1959) partit étudier avec John Ambrose Fleming, ingénieur électricien anglais et physicien qui était professeur à l'University College de Londres. Fleming était alors le premier professeur d'électrotechnique de cet établissement d'enseignement supérieur, mais il était surtout connu comme l'inventeur de la diode, *i.e.* la première valve thermoïonique, en 1904. Le 2 juin 1917 Van der Pol épouse Pietronetta Posthuma à Londres (voir *infra* Partie II) dont il eut un fils et deux filles. Après une année avec Fleming, Van der Pol part travailler avec John Joseph Thomson au laboratoire Cavendish de Cambridge. En 1920 il retourna en Hollande pour terminer son doctorat en physique à l'université d'Utrecht aux côtés de Hendrik Lorentz. Sa thèse porte sur « L'influence d'un gaz ionisé sur la propagation des ondes électromagnétiques : application à la télégraphie sans fil et aux mesures du rayonnement ultra-violet ». Ainsi, dès le début des années vingt, Van der Pol s'intéresse à la production d'ondes électromagnétiques au moyen de circuits électriques oscillants comportant une triode en lieu et place d'un arc chantant. Cependant, comme le remarquent Cartwright [1960, p. 370] et Stumpers [1960, p. 366] ce n'est pas dans sa célèbre contribution « On relaxation-Oscillations » [Van der Pol, 1926c] mais dans un article antérieur, dont il achève [27] la rédaction le 17 juillet 1920 et qui est publié en novembre et décembre de la même année, que Van der Pol [1920] modélise la *caractéristique d'oscillation* d'une triode au moyen d'une fonction cubique et qu'il établit son équation différentielle, un an après celle de Blondel [1919b].

2.3.1 Modélisation

On remarque sur la Figure 2.14 que le montage réalisé par Van der Pol [1920, p. 701] est différent de celui de Blondel [1919b]. En effet, dans le but de rendre le problème aussi simple que possible il a fait le choix de placer les résistances internes de la self-induction L et du condensateur C, non pas en série comme il se doit mais en parallèle sous la forme d'une résistance R. Ce choix que Van der Pol justifie dès le début de l'article va le conduire à une équation différentielle du second ordre :

> « When the non-linear terms are retained in the equations the latter, and still more their solutions, soon become very complicated and in order to show clearly and definitely the importance of these terms it seems advisable to treat analytically that system of connections which renders the equations as simple as possible, thus obviating as far as possible, purely analytical complications, and allowing the physical meaning of the formulae to be clearly seen. This is especially the case in locating the resistance of the oscillatory L C flywheel circuit connected to the anode and filament, not in series either which the

27. La note de bas de page dans laquelle Van der Pol [1920, p. 702] fait référence à un article de W. E. Eccles publié en novembre 1919 qui semble indiquer qu'il n'a commencé la rédaction qu'après cette date.

induction or capacitance but in parallel to both. » [Van der Pol 1920, p. 701]

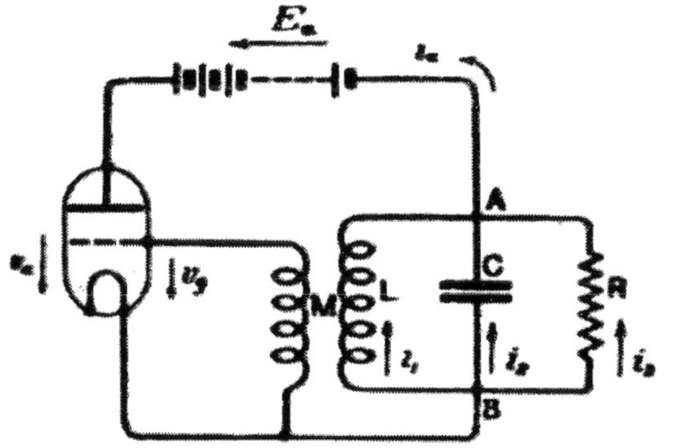

FIGURE 2.14 – Montage de la triode oscillatrice, d'après Van der Pol [1920, p. 701].

Il appelle v_a la tension de la plaque correspondant à la variation i_a du courant d'anode, *i.e.* de plaque de la triode, v_g le potentiel de grille et g le coefficient d'amplification de la triode ;

il explicite alors la relation entre v_a et i_a dans la triode sous la forme $i_a = \varphi(\nu_a + gv_g)$. Puis, il considère que dans un état stationnaire instable la tension de plaque se réduit à une valeur $v_{a0} = E_a$ où E_a représente la force électromotrice du générateur. L'intensité du courant d'anode étant alors telle que $i_{a0} = \varphi(\nu_{a0})$. Il procède ensuite à une translation en posant $v = v_a - v_{a0}$ et $i = i_a - i_{a0} = \varphi(v_{a0} - kv) - \varphi(v_{a0}) = \psi(kv)$ où v et i représentent respectivement la tension et l'intensité instantanées de la plaque de la triode. En faisant appel à un développement en série de Taylor-McLaurin limité au trois premiers termes il écrit que $\psi(kv)$ « can be represented by the equation » [Van der Pol 1920, p. 703] :

$$i = \psi(kv) = -\alpha v + \beta v^2 + \gamma v^3 \tag{V$_1$}$$

Van der Pol ajoute que, par des considérations de symétrie de la *caractéristique d'oscillation*, cette expression peut être réduite en posant : $\beta = 0$, comme le rappelle Cartwright [1960, p. 370]. Deux ans plus tard, pour rendre compte du phénomène d'hystérésis d'oscillation de la triode, Appleton et Van der Pol [1922, p. 182] seront contraints de développer la fonction $\psi(kv)$ jusqu'à l'ordre cinq, exactement comme l'avait fait Blondel [1919b, p. 946].

2.3.2 Mise en équation

L'objectif de Van der Pol [1920] dans cet article est plus ambitieux que celui de Blondel [1919b] dans la mesure où il propose non seulement de calculer une approximation de l'amplitude des oscillations libres de la triode mais également des oscillations forcées comme l'indique d'ailleurs le titre : « A theory of the amplitude of free and forced triode vibrations [28] ». Il exprime alors la tension aux bornes de chaque dipôle : $L\frac{di_1}{dt} = Ri_3 = \frac{1}{C}\int i_2 dt = E_a - v_a$ et parvient à établir l'équation différentielle de la triode :

$$\frac{di}{dt} + C\frac{d^2v}{dt^2} + \frac{1}{R}\frac{dv}{dt} + \frac{1}{L}v = 0 \qquad (V_2)$$

En substituant l'expression (V_1) de l'intensité i dans cette équation (V_2) l'équation de la triode que Van der Pol a obtenue s'écrit :

$$C\frac{d^2v}{dt^2} + \left(\frac{1}{R} - \alpha\right)\frac{dv}{dt} + \frac{1}{L}v + \beta\frac{d\left(v^2\right)}{dt} + \gamma\frac{d\left(v^3\right)}{dt} = 0$$

Afin de permettre une comparaison avec les travaux de Blondel [1919b] il convient de poser $\beta = 0$ et de faire abstraction de la résistance R. Ce qui équivaut à $R \to \infty$:

$$C\frac{d^2v}{dt^2} - \left(\alpha - 3\gamma v^2\right)\frac{dv}{dt} + \frac{1}{L}v = 0 \qquad (V_3)$$

2.3.3 Calcul de la période et de l'amplitude des oscillations

Pour le calcul de l'amplitude il propose trois méthodes. La première, « analytique », comme l'explique Van der Pol [1920, p. 704] consiste en un développement en perturbations singulières utilisé par les astronomes. La seconde, faisant appel au développement en série de Fourier utilisé par Blondel [1919b] était plutôt employée par les ingénieurs et le conduit à introduire une première correction pour la valeur de la période plus exactement de la fréquence angulaire ou pulsation ω :

$$\omega^2 \approx \frac{1}{CL} - \varepsilon \quad \text{avec} \quad \varepsilon = \frac{a^2\beta^2}{3C^2}$$

Mais puisque pour des raisons de symétrie $\beta = 0$, Van der Pol [1920, p. 705] obtient alors :

$$\omega^2 \approx \frac{1}{CL} \qquad (V_4)$$

Il est important de souligner que Van der Pol retrouve, comme Blondel, la formule de Thomson [1853] en première approximation (voir *supra*).

La troisième méthode de calcul de l'amplitude est géométrique et s'inspire manifestement de la construction de Witz [1889b] qui lui permet comme les deux précédentes d'aboutir à l'expression suivante

$$a = \sqrt{\frac{4}{3}\frac{\alpha - \frac{1}{R}}{\gamma}} \qquad (V_5)$$

28. Voir *infra* Partie II.

En tenant compte de toutes les simplifications précisées précédemment il est alors possible d'établir une comparaison des travaux de Blondel [1919b] et de Van der Pol [1920] qui est présentée ci-dessous dans le tableau synoptique (voir Tableau 2.2).

Blondel [1919b]	Van der Pol [1920]
$i = F(u + kv) = b_1(u + kv) - b_3(u + kv)^3$	$i = \psi(kv) = -\alpha v + \gamma v^3$
$C\dfrac{d^2u}{dt^2} - (b_1 h - 3b_3 h^3 u^2)\dfrac{du}{dt} + \dfrac{u}{L} = 0$	$C\dfrac{d^2v}{dt^2} - (\alpha - 3\gamma v^2)\dfrac{dv}{dt} + \dfrac{1}{L}v = 0$
$\omega^2 \approx \dfrac{1}{CL}$	$\omega^2 \approx \dfrac{1}{CL}$
$A_1 \approx \dfrac{2}{h}\sqrt{\dfrac{b_1}{3b_3}}$	$a = \sqrt{\dfrac{4}{3}\dfrac{\alpha}{\gamma}}$

TABLE 2.2 – Synoptique des résultats simplifiés de Blondel et Van der Pol.

Ainsi, il apparaît clairement que, moyennant les simplifications effectuées, les équations (V_1, V_2, V_3, V_4) de Van der Pol [1920] et (B_1, B_2, B_3, B_4) de Blondel [1919b] sont totalement identiques au signe près du sens arbitrairement choisi pour le courant.

Chapitre 3

Équation prototype de Van der Pol : *existence et unicité de la solution périodique* (Cartan, Van der Pol, Liénard)

Au début du XXe siècle Duddell [1901c] montre par ses expériences qu'en tenant compte de la résistance R du circuit, la période du son émis par un arc chantant fournie par la formule de Thomson [1853] doit être modifiée selon une relation qu'il établit (voir *supra* Tableau 1.1). Vingt ans plus tard, Blondel [1919b] et Van der Pol [1920] démontrent de même que dans le cas de la triode, la présence de résistances conduit à introduire une correction dans la formule de Thomson (voir *supra*). L'analogie entre les trois dispositifs : machine série-dynamo, arc chantant, et triode, mise en évidence par Janet [1919] relance alors l'étude de la machine série-dynamo, plus stable que l'arc chantant et probablement moins coûteuse que la triode. Parmi les recherches réalisées dans les années vingt [1] à l'École supérieure d'électricité [2], l'une d'elles, menée par Trutat et Bouttes [1925] attire plus particulièrement l'attention de Janet. Il s'agit d'une analyse oscillographique de la période de la machine série-dynamo dans laquelle les résultats de leurs expériences démontrent un désaccord total avec la formule de Thomson.

3.1 Les travaux de Janet et Cartan

3.1.1 La note introductive de Janet

En 1925, le grand mathématicien Élie Cartan (1869-1951), assisté de son fils Henri Cartan (1904-2008), propose dans une note de calculer des limites supérieures et inférieures pour l'amplitude et

1. Voir par exemple Mestraud [1921] et Korowine [1921].
2. Paul Janet est directeur de cette école de 1895 à 1937.

la période des oscillations entretenues par la machine série-dynamo. Cette unique contribution des Cartan dans le domaine des oscillations est introduite par Paul Janet, qui a suggéré cette étude à Elie Cartan [3]. Janet rappelle en premier lieu l'origine du problème mathématique traité par MM. Cartan en indiquant qu'il trouve sa source dans « une très ancienne expérience d'électricité appliquée qui a été réalisée dès 1880 » [Janet 1925, p. 1193].

Il fait ici explicitement référence à Gérard-Lescuyer [1880a], alors qu'auparavant c'était à Witz [1889a] qu'il en attribuait la paternité de cette expérience (voir *supra* et Janet [1919, p. 764]). Il explique ensuite en quoi consiste cette expérience et précise :

> « L'explication sommaire du phénomène est facile et a été donnée par A. Witz en 1889. Sa théorie complète est plus difficile. » [Janet 1925, p. 1193]

Janet veut ainsi rappeler que Witz a pu, à l'aide de sa construction, justifier la manière avec laquelle se produit l'inversion de polarité pressentie par Gérard-Lescuyer, sans pour autant en donner la cause. Puis, il établit à nouveau l'équation différentielle (J_1) des oscillations de la machine série-dynamo (voir *supra*) et indique que la force électromotrice e de la dynamo est définie par la relation $e = f(i)$ dans laquelle la fonction $f(i)$, sans être déterminée explicitement, possède une dérivée $f'(i)$ ayant les propriétés suivantes :

> « Elle ne change pas quand on change i en $-i$, passe pour $i = 0$ par un maximum que nous supposerons plus grand que R (ce qu'on peut toujours obtenir en faisant R suffisamment petit et en donnant à la dynamo-série une vitesse angulaire suffisante) et s'annule pour $i = \pm\infty$. » [Janet 1925, p. 1194]

Si cette description de la dérivée de la *f.é.m.* de la dynamo, s'annulant en $i = \pm\infty$ et présentant également la propriété de symétrie $i \to -i$ (parité) semble correspondre à celle de l'arc chantant définie par de Thompson [1892] (voir *supra* Tableau 1.2), elle ne peut en revanche représenter celle de Blondel ou de Van der Pol. Ceci est surprenant dans la mesure où l'analogie établie par Janet [1919] avait eu pour conséquence de montrer que l'équation (J_1) intervenait également dans l'arc chantant et la lampe à trois électrodes. Or, dans leurs travaux Blondel [1919b] et Van der Pol [1920] ont donné une solution à la question de la forme explicite de la fonction $e = f(i)$ en la développant sous la forme d'une série à termes impairs et en choisissant de la représenter par une fonction quintique (Blondel) ou cubique (Van der Pol), comme on l'a vu précédemment. Il semble donc que Janet n'ait pas eu connaissance de leurs résultats ou bien qu'il ait préféré ne pas en tenir compte afin de conserver à la fonction $f(i)$ des propriétés plus générales.

En second lieu, Janet va souligner le fait que la période des oscillations entretenues par la machine série-dynamo est en désaccord total avec la formule de Thomson (voir *supra*). Il appuie son affirmation sur les résultats d'une série d'expériences menées par MM. Trutat et Bouttes [1925] qui avaient en effet démontré par leurs expériences que :

3. Témoignage de Henri Cartan recueilli par C. Gilain.

> « La période reste toujours presque insensible aux variations de la self-induction et continue à être approximativement proportionnelle au moment d'inertie [...] Il faut conclure de ces expériences que le calcul conduit à des résultats très éloignés de la réalité, et, dans l'impossibilité où il est de tenir compte de toutes les variables, il ne faut lui accorder que peu de crédit. » [Trutat et Bouttes 1925, p. 670]

L'introduction de Janet a donc permis de faire en quelque sorte « un état de l'art » en rappelant d'une part les principaux résultats et, d'autre part les difficultés à résoudre : calcul des limites de l'amplitude et de la période. Il est important de souligner que Janet ne fait aucunement référence aux travaux de Blondel [1919b] et de Van der Pol [1920] dans lesquels ces auteurs avaient fourni une première approximation de la valeur de l'amplitude et de la période des oscillations entretenues par une triode (voir *supra*).

3.1.2 L'article d'Élie et Henri Cartan : *existence d'une solution périodique*

Dans leur « Note sur la génération des oscillations entretenues » MM. Élie et Henri Cartan [1925] présentent une démonstration du calcul des limites supérieures et inférieures pour l'amplitude et la période des oscillations, qui étendent les résultats de Blondel [1919b] et de Van der Pol [1920] puisque les limites qu'ils obtiennent ne dépendent plus d'une fonction quintique ou cubique mais de $f(i)$ qui peut revêtir des formes plus générales. Mais, auparavant, ils vont aller bien plus loin dans cette étude en démontrant un résultat capital : l'existence d'une solution périodique pour l'équation différentielle (J_1) des oscillations de la machine série-dynamo et donc par analogie pour l'équation différentielle des oscillations de l'arc chantant et de la triode. Ce résultat constitue un préalable nécessaire à l'existence de bornes pour l'amplitude et la période. MM. Cartan [1925] considèrent l'équation (J_1) sous la forme suivante :

$$L\frac{d^2i}{dt^2} + [R - \varphi(i)]\frac{di}{dt} + \frac{1}{C}i = 0 \tag{Ca$_1$}$$

dans laquelle $\varphi(i) = f'(i)$. Ils établissent ensuite que la solution de cette équation, *i.e.* « la courbe représentant la variation de i » est formée d'une infinité de sinuosités [Cartan 1925, p. 1197] et qu'elle possède des maxima i_2 et des minima i_1 tels que « i_2 est une fonction continue de i_1 » [Cartan 1925, p. 1197]. Ils représentent alors la courbe représentative de i_2 en fonction de i_1 (voir Figure 3.1) :

À partir de ce diagramme qui n'est pas sans rappeler celui d'une « application de premier retour », MM. Cartan expliquent :

> « Les points H_1, H_2, H_3 où la courbe coupe la bissectrice correspondent à des solutions *périodiques* (oscillations entretenues) *dont l'existence est ainsi démontrée*. Elles sont périodiques parce qu'en partant d'un minimum donné $-i_1$, le maximum suivant est égal à i_1, par suite le minimum suivant e à $-i_1$, etc. On peut maintenant voir facilement que *toute solution tend vers une solution périodique*. » [Cartan 1925, p. 1199]

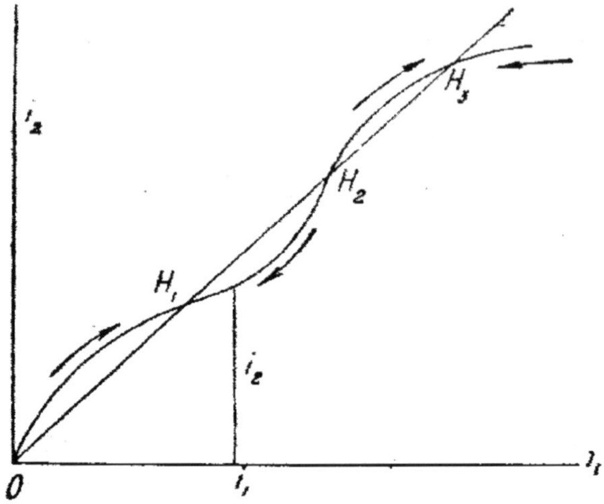

FIGURE 3.1 – Schéma de i_2 en fonction de i_1, d'après Cartan [1925, p. 1199].

Cette dernière phrase est à rapprocher de celle d'Henri Poincaré (voir *supra*)

> « [...] on doit être ramené sur la courbe fermée, et c'est à cette seule condition que la courbe fermée représentera un régime stable d'ondes entretenues et donnera lieu à la solution du problème. » [Poincaré 1908, p. 391]

Il semble donc que MM. Cartan passent très près d'une connexion avec les travaux de Poincaré, d'une part avec le diagramme dont le principe de construction a été imaginé par Poincaré [1882, p. 251] et, d'autre part, avec cette *solution périodique* qui n'est autre qu'un *cycle limite* de Poincaré [1882, p. 261]. Après avoir établi l'existence d'oscillations entretenues MM. Cartan vont déterminer des bornes pour l'amplitude et la période. Leur démonstration, basée sur des arguments essentiellement analytiques, les conduit à une borne inférieure I_0 de l'amplitude donnée par la relation intégrale :

$$\int_0^{I_0} [R - \varphi(i)]di = 0 \qquad (\mathrm{Ca}_2)$$

et à une borne supérieure : $2\left(\sqrt{2}+1\right) I_0$. À titre d'exemple, en remarquant que l'équation (B_6) qu'établira Blondel en 1926 (voir *infra*) est absolument identique à (Ca_1) on peut alors remplacer dans l'équation (Ca_2) la fonction $\varphi(i)$ par celle qu'utilisera Blondel [1926, p. 901] et qui représente la dérivée de la *f.é.m.* de l'arc chantant : $\varphi(i) = f'(i) = h - 3qi^2$ (voir *infra*). On obtient ainsi un encadrement de l'amplitude des oscillations entretenues :

$$\sqrt{\frac{h-R}{q}} < A < 2\left(\sqrt{2}+1\right)\sqrt{\frac{h-R}{q}}$$

En comparant avec la valeur de l'amplitude qu'établira Blondel [1926, p. 902] en développant la solution sous la forme d'une série de Fourier : $A_1 = 2\sqrt{\frac{h-R}{3q}}$, on constate qu'elle appartient bien à l'encadrement donné par la méthode de Cartan[4]. Que ce soit MM. Cartan vis-à-vis des travaux de Blondel [1919b] et de Van der Pol [1920], ou qu'il s'agisse, à l'inverse, de Blondel [1926] à l'égard de la note de Cartan [1925], force est de constater que les uns, mathématiciens, comme les autres, ingénieurs-physiciens, semblent avoir ignoré leurs résultats respectifs.

Avec la même méthode MM. Cartan obtiennent des bornes de la période des oscillations entretenues. Dans le cas particulier où $\varphi(0) - R = R$ ils trouvent pour borne supérieure :

$$T < \frac{2\pi}{\sqrt{\dfrac{1}{LC} - \dfrac{R^2}{4L^2}}} \qquad (Ca_3)$$

Ce majorant[5] n'est rien d'autre que la formule de Duddell [1901c] (voir Tableau 1.1). Ainsi, alors que la démarche de Blondel conduit, dans le cas particulier où la forme explicite de la *f.é.m.* est connue, à une valeur approximative de l'amplitude, celle de Cartan fournit dans le cas le plus général un encadrement de cette amplitude. Quant à la période, l'encadrement établi par MM. Cartan, même s'il confirme que la formule de Thomson ne peut plus être appliquée à ce type d'oscillation, semble renvoyer un quart de siècle en arrière à celle de Duddell. Néanmoins, le résultat capital[6] de cette note demeure incontestablement la démonstration de l'existence d'une solution périodique pour les oscillations entretenues. Les auteurs concluent leur article par cette question :

> « *Problème non résolu.* – Ne pourrait-on démontrer qu'il n'y a qu'*une* oscillation entretenue ? » [Cartan 1925, p. 1207].

L'unicité de cette solution périodique sera établie trois ans plus tard par Alfred Liénard.

3.2 Les travaux de Balthasar Van der Pol : *un nouveau type d'oscillations*

Dans la section précédente il a été rappelé que ce n'est pas dans sa célèbre contribution « On relaxation-oscillations » de 1926, que Van der Pol a établi l'équation différentielle de la triode. Ce n'est pas non plus dans cet article qu'il a introduit la terminologie « oscillations de relaxation » . Au milieu des années 1920, Van der Pol éprouve, de la même manière que Blondel [1919c], la nécessité de clarifier les différents types d'oscillations. Ainsi, dans un court mémoire publié le 19 novembre

4. En effet : $1 < 2/2\sqrt{3} < 2\left(\sqrt{2}+1\right) \quad \Leftrightarrow \quad \sqrt{3} < 2 < 2\sqrt{3}\left(\sqrt{2}+1\right)$.

5. La formule (Ca_3) représente un majorant de la période des oscillations alors que dans le texte original Cartan [1925, p. 1204] considère la période d'une demi-oscillation car ils envisagent le cas non-symétrique.

6. Il est étonnant que Van der Pol [1926a, 1926b, 1926c, 1926d] n'ait pas fait mention des travaux de Cartan [1925] alors qu'il avait, par la méthode des isoclines, représenté cette solution périodique.

1925, Van der Pol propose d'isoler les différentes causes responsables d'oscillations électriques et présente une classification selon trois types.

Le premier type comprend les oscillations forcées [Van der Pol 1925, p. 791]. Le second type concerne la production de courants alternatifs à partir de courant continus réalisé au moyen d'un arc électrique (*arc-transmitter*) ou d'une triode (*triode-transmitter*) [*Ibid.*,p. 791]. Pour le troisième et dernier type, il expose le problème de la démultiplication des fréquences. Puis, Van der Pol [*Ibid.*, p. 793] explique que, dans le cas de circuits comme le multivibrateur d'Abraham et Bloch [1919a], la période des oscillations ne peut plus être déterminée par la formule de Thomson, *i.e.* qu'elle n'est plus proportionnelle à la racine carrée du produit de l'induction L par la capacité C. La période approximative de ces oscillations qui n'appartiennent à aucun des trois types précédents correspond à la durée de décharge d'un condensateur que l'on appelle « temps de relaxation ». C'est pourquoi Van der Pol qualifie d' « oscillations de relaxation » ce qu'il considère comme un nouveau type d'oscillations. L'année suivante est publié le célèbre « On Relaxation-Oscillations » dont il existe quatre versions différentes : deux en néerlandais, une en allemand et la dernière en anglais rédigées dans l'ordre chronologique suivant :

- Over Relaxatietrillingen, *Physica*[7], 6, p. 154-157,

- Over Relaxatie-trillingen, *Tijdschrift Nederlandsch Radiogenoot* 3, p. 25-40,

- Über Relaxationsschwingungen, *Jb. Drahtl. Telegr.* 28, p. 178-184,

- On relaxation-oscillations, *Philosophical Magazine*, serie 7, 2 p. 978-992,

La première, « Over Relaxatietrillingen » qui retranscrit le texte d'une conférence faite par Van der Pol [1926a] devant la *Nederlandsche Natuurkundige Vereeniging*[8] le 27 mars 1926 paraît être la plus ancienne. La seconde, « Over « Relaxatie-trillingen » » correspond à une conférence donnée par Van der Pol [1926b] le 15 mai 1926 devant la *Nederlandsch Radiogenootschap*[9]. La troisième, « Über « Relaxationsschwingungen » » fut rédigée par Van der Pol [1926d] comme la précédente en avril 1926 et reçue par l'éditeur le 3 septembre. Van der Pol [1926c] acheva de rédiger le 6 mai 1926 la quatrième « On Relaxation-Oscillations » qui ne fut publiée qu'en novembre-décembre dans le *Philosophical Magazine*. Bien que toutes ces contributions comportent le même titre et pratiquement le même contenu, leurs conclusions diffèrent de l'une à l'autre quant au choix des exemples illustrant le phénomène d'oscillations de relaxation (voir *infra* Partie II).

7. La revue *Physica : Nederlands Tijdschrift voor Natuurkunde* fut créée en 1921 à l'initiative d'Adriaan Fokker, d'Ekko Oosterhuis et de Balthasar Van der Pol. Après une restructuration en 1934 cette revue a été rachetée par la société *Elsevier* en 1970 pour prendre la forme que l'on lui connait actuellement sous le nom de *Physica*.

8. Société Néerlandaise de Physique.

9. Société Néerlandaise de Radio.

3.2.1 La généricité de l'équation de Van der Pol

Dans ses publications [10] sur les oscillations de relaxation, Van der Pol [1926d] présente une équation différentielle qui n'est plus rattachée à la triode, ni à aucun autre dispositif (machine série-dynamo ou arc chantant). Avec une démarche très pédagogique il rappelle l'équation de l'oscillateur amorti puis introduit le concept de « résistance négative » en considérant que si le signe du coefficient de frottements α est inversé, ce qui se produit notamment dans la machine série-dynamo, l'arc chantant et la triode, alors l'amplitude des oscillations augmente indéfiniment ce qui est physiquement irréalisable. Il explique ensuite que pour limiter l'amplitude on doit supposer que le coefficient de frottements est une fonction de l'amplitude. Il propose donc de remplacer α par l'expression $\alpha - 3\gamma x^2$ (où γ est une constante) dans l'équation de l'oscillateur amorti. Il obtient l'équation suivante :

$$\ddot{x} - (\alpha - 3\gamma x^2)\,\dot{x} + \omega^2 x = 0 \qquad (V_7)$$

Il est important de remarquer que, contrairement aux apparences, cette équation n'est pas sans dimensions [11]. Elle correspond à l'équation (V_3) représentant les oscillations d'une triode précédemment établie par Van der Pol [1920]. La variable x a donc les dimensions d'une différence de potentiel (tension de plaque de la triode). Sous cette forme l'équation (V_7) possède trois paramètres : α la « résistance négative » , ω la fréquence angulaire ou pulsation définie par (V_4) et γ une constante. Van der Pol fait alors appel à une technique introduite par Pierre Curie [1891] sans y faire référence [12].

Dans la première partie de ce mémoire, Curie [1891] (voir Appendice A.3) démontre que l'équation différentielle caractérisant les oscillations mécaniques du pendule amorti ainsi que celle des oscillations électriques de la décharge d'un condensateur dans un circuit comportant une résistance et une inductance peuvent être ramenées à une même « équation réduite » dont les coefficients ont la dimension de l'inverse d'un temps. Ceci lui permet d'établir la toute première *analogie électromécanique* [13] entre les oscillations d'un système mécanique et celles d'un système électrique. Les différents

10. Par la suite on utilisera la référence de Van der Pol [1926d].

11. L'équation dédimensionnée apparaît un peu plus loin dans les publications de Van der Pol [1926a, 1926b, 1926c, 1926d].

12. Bien que le nom de Curie ne soit pas cité dans l'article de Van der Pol [1926c], le concept de décrément logarithmique introduit par Curie [1891] est rappelé dès la première page. Voir Van der Pol [1926c, p. 978]. En revanche ce n'est pas la cas dans les publications de Blondel qui semble bien connaître les travaux de Curie [1891]. Voir Blondel [1893c, p. 507] et Blondel [1923, p. 381].

13. Il est important de remarquer que Janet [1919] (voir *supra*) ne fait pas non plus référence aux travaux de Pierre Curie [1891] lorsqu'il établit plus de vingt après lui la même *analogie électromécanique*. Une recherche dans les *Comptes Rendus de l'Académie des Sciences de Paris* a permis de montrer que l'adjectif *électromécanique* semble avoir été utilisé pour la première fois en 1855 dans une note de Th. du Moncel intitulée : *Calendrier électromécanique* (Cf. *C.R.A.S.*, 40, (1855), p. 1217) alors que d'après le *Dictionnaire historique de la langue française* l'adjectif *électrotechnique* n'est apparu qu'en 1882. En effet, cette terminologie paraît avoir été introduite à l'occasion des *Essais Électro-techniques du palais d'Exposition Royal de Munich* qui se sont déroulés du 16 septembre au 8 octobre 1882 (Cf. *La Lumière Électrique*, 1re série, (6) 20 (1882), p. 475-476). On retrouve ensuite le mot *électrotechnique* sans césure, ni trait d'union dans un article de Marcel Deprez intitulé : *Transmission du travail à grande distance sur une ligne télégraphique ordinaire* (Cf. *La Nature*, N° 490, (21 octobre 1882) p. 328).

changements de variables qu'il effectue confèrent à son « équation réduite » un caractère générique et lui permettent d'expliciter la solution de ces équations différentielles, c'est-à-dire l'amplitude des oscillations comme une fonction du temps et d'un unique paramètre. Considérant l'équation différentielle des oscillations électriques de la décharge d'un condensateur C dans un circuit comportant une résistance R et une inductance L :

$$L\frac{d^2q}{dt^2} + R\frac{dq}{dt} + \frac{1}{C}q = 0 \qquad (C_1)$$

Curie [1891, p. 310] pose :

$$n_t = \frac{b}{2\pi}t \ ; \ n_a = \frac{a}{b} \text{ avec } a = \frac{R}{2L} \text{ et } b^2 = \frac{1}{LC} \qquad (C_2)$$

Ceci le conduit à une classification des différents types d'oscillations selon les valeurs de n_a :

« Pour $n_a = 0$, mouvement oscillatoire pendulaire.
Pour $n_a < 1$, mouvement oscillatoire amorti.
Pour $n_a = 1$, mouvement apériodique critique.
Pour $n_a > 1$, mouvement apériodique de plus en plus lent quand n_a tend vers ∞. »
[Curie 1891, p. 209]

De la même manière, afin de dédimensionner l'équation (V_7) caractérisant les oscillations d'une triode, Van der Pol [1926d, p. 979] pose :

$$t' = \omega t \ ; \ x = \sqrt{\frac{\alpha}{3\gamma}}v \ ; \ \varepsilon = \frac{\alpha}{\omega} \text{ avec } \alpha = \frac{R}{L} \text{ et } \omega^2 = \frac{1}{LC} \qquad (V_8)$$

Il obtient ainsi une équation différentielle sans dimensions et qui ne dépend plus désormais que d'un seul paramètre :

$$\ddot{v} - \varepsilon\left(1 - v^2\right)\dot{v} + v = 0 \qquad (V_9)$$

Sous cette forme réduite l'équation (V_9) est appelée « équation de Van der Pol ». Dans le Tableau 3.1, qui permet d'établir une comparaison entre les changements de variables introduits par Curie et ceux effectués par Van der Pol, on remarque que tous les coefficients ne sont pas égaux. Ceci provient du fait qu'ils peuvent être choisis arbitrairement comme le souligne Curie [1891, p. 271].

Ainsi, la mise sous forme réduite conduit à une équation générique qui n'est cependant pas unique :

« On peut constituer une infinité d'équations réduites différentes pour une même équation. » [Curie 1891, p. 271]

	Curie [1891]	Van der Pol [1926d]
temps	$n_t = \frac{b}{2\pi}t = \frac{\omega}{2\pi}t$	$t' = \omega t$
paramètre	$n_a = \frac{a}{b} = \frac{R}{2}\sqrt{\frac{C}{L}}$	$\varepsilon = \frac{\alpha}{\omega} = R\sqrt{\frac{C}{L}}$
coefficient d'amortissement	$a = \frac{R}{2L}$	$\alpha = \frac{R}{L}$
fréquence	$b^2 = \frac{1}{LC}$	$\omega^2 = \frac{1}{LC}$

TABLE 3.1 – Comparaison des changements de variables de Curie et Van der Pol.

3.2.2 L'intégration graphique et les oscillations de relaxation

Très tôt, Van der Pol [1922, p. 179] avait pris conscience du caractère non-intégrable de l'équation (V_9) qu'il rappelle ici au tout début de son article :

> « It has not been found possible to obtain an approximate analytical solution for (V_9) with the supplementing condition ($\varepsilon \gg 1$), but a graphical solution may be found in the following way. » [Van der Pol 1926d, p. 982]

Néanmoins, Van der Pol n'a pas inauguré la « méthode des isoclines » (voir Appendice A.4) pour intégrer graphiquement l'équation différentielle des *oscillations de relaxation*. En effet, d'après Dominique Tournès [2003b, p. 181], c'est un ingénieur belge : Junius Massau (1852-1909) qui doit être considéré comme le créateur de l'intégration graphique. Il rappelle d'ailleurs que « Massau introduit le terme de « courbe isocline » à partir de la remarque que c'est le lieu des points où l'intégrale a une même inclinaison [Massau, 1878–1887, livre VI, 501] (il semble que ce soit la première occurrence du mot « isocline » dans ce contexte) » [Tournès 2003a, p. 465]. De même, Le Corbeiller précise que Van der Pol « n'hésitant pas à effectuer des intégrations graphiques par la méthode classique mais pénible des *courbes isoclines*, a réussi à jeter une vive lumière sur le domaine entier des oscillations entretenues [...] » [Le Corbeiller 1931a, p. 19]. De nombreuses autres méthodes d'intégration graphique existaient bien avant 1926 (Voir Appendice A.4). On peut citer par exemple celle présentée par Curie [1891, p. 272 et suivantes] dans la seconde partie de son mémoire et qui est basée sur l'utilisation d'abaques permettant de déduire des mesures expérimentales la valeur du paramètre d'amortissement du système ainsi que sa période propre. Mais aussi les travaux de William Thomson [1892], de Maurice d'Ocagne [1893], de Carl Runge [1912], ... Cependant, l'intégration graphique de l'équation différentielle (V_9) va permettre à Van der Pol de déduire l'amplitude et surtout la période des oscillations de relaxation (voir Appendice A.4).

Détermination graphique de l'amplitude des oscillations

Si contrairement à ce qui a été affirmé jusqu'à présent la représentation graphique de la solution de l'équation de Van der Pol (V_9) pour trois valeurs du paramètre $\varepsilon = 0.1$, 1 et 10 (reproduite ci-dessous : voir Figure 3.2, 3.3, 3.4) n'a pas conduit Van der Pol à établir une correspondance entre solution périodique et cycle limite de Poincaré, elle lui a en revanche permis d'une part, d'obtenir la valeur de l'amplitude des oscillations que l'on peut lire directement sur chacune de ces trois figures (à l'intérieur des cercles rouges on lit $a = 2$) et, d'autre part de mettre en évidence le passage continu d'un type d'*oscillations sinusoïdales* à un nouveau type d'*oscillations quasi-apériodiques* qu'il allait baptiser *oscillations de relaxation* (voir *infra*). Une équivalence entre les différents types d'oscillations de Curie et de Van der Pol est présentée dans le Tableau 3.2.

Curie [1891]		Van der Pol [1926d]	
$n_a = 0$	mouvement pendulaire	oscillation *sinusoïdale*	$\varepsilon = 0.1$
$n_a = 1$	mouvement apériodique critique	transition continue	$\varepsilon = 1$
$n_a > 1$	mouvement apériodique	oscillation *quasi-apériodique*	$\varepsilon > 1$

TABLE 3.2 – Équivalence entre les types d'oscillations de Curie et de Van der Pol.

> « This case represents a sinusoidal oscillation of gradually increasing amplitude, the value of which is finally steady and equal to 2. » [Van der Pol, 1926d, p. 984]

Alors que Figure 3.2 représente des *oscillations sinusoïdales* correspondant au cas $n_a = 0$ dans la classification de Curie [1891, p. 209], la Figure 3.3, ci-dessous met en lumière une transition vers des *oscillations quasi apériodiques*, ce qui correspond à un *mouvement apériodique critique* pour lequel $n_a = 1$ (voir Tableau 3.2).

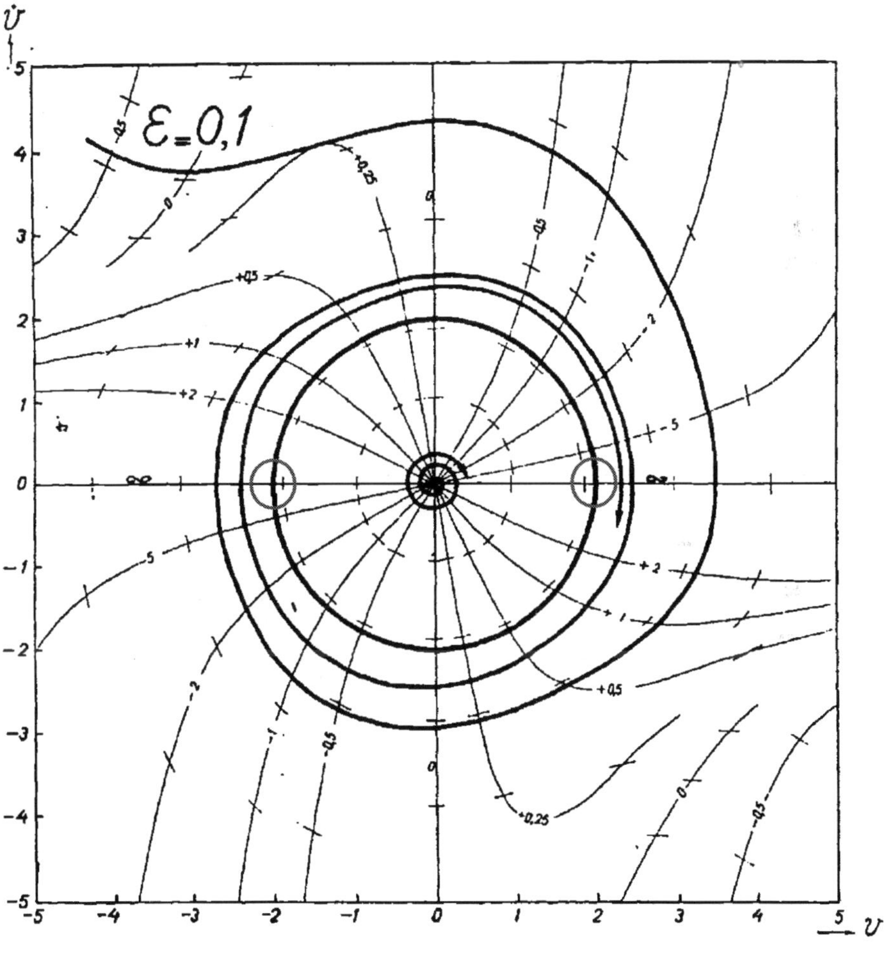

FIGURE 3.2 – Intégration graphique de l'équation (V_9), d'après Van der Pol [1926d, p. 983].

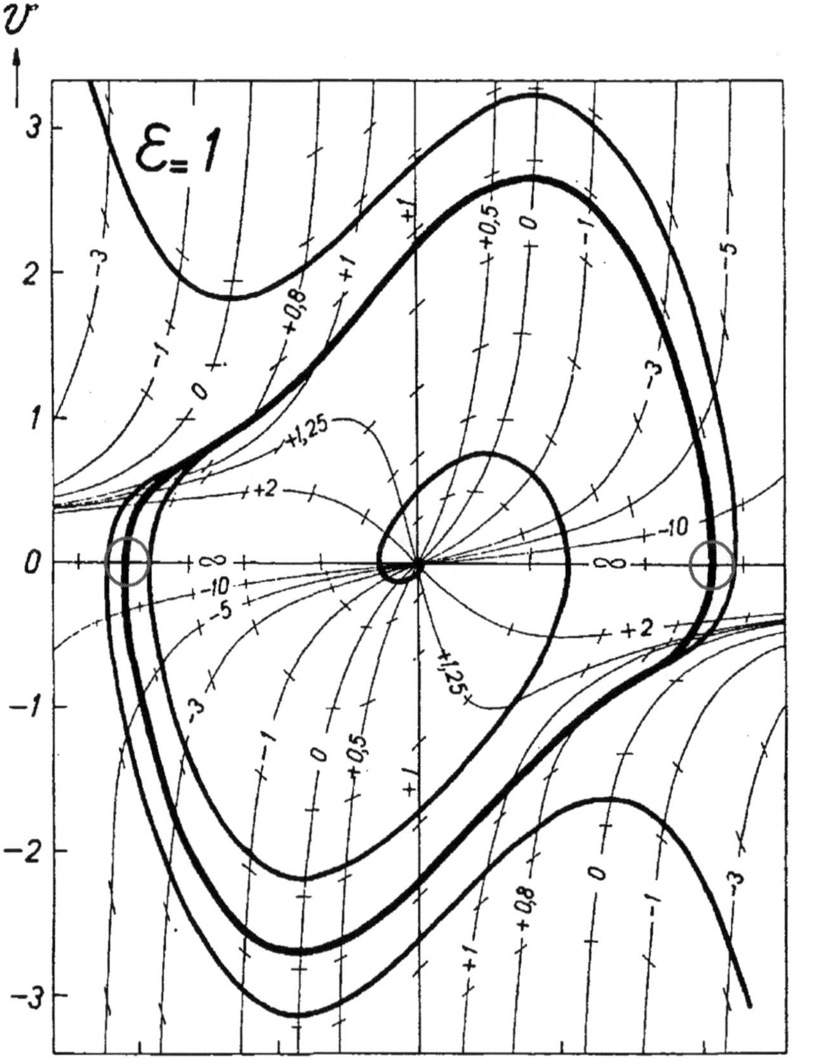

FIGURE 3.3 – Intégration graphique de l'équation (V_9), d'après Van der Pol [1926d, p. 983].

On remarque (à l'intérieur des cercles rouges) que l'amplitude est toujours égale à 2. La Figure 3.4 représente des *oscillations quasi apériodiques* correspondant dans la classification de Curie [1891, p. 209] à un *mouvement apériodique* pour lequel $n_a > 1$ et d'amplitude toujours égale à 2 (voir cercles rouges).

Dans la mesure où le système est auto-entretenu la terminologie de Curie [1891, p. 209] : « mouvement apériodique de plus en plus lent » paraît désormais inadéquate puisqu'elle est sensée décrire un mouvement amorti. C'est probablement la raison pour laquelle Van der Pol [1926d, p. 981] introduit l'expression : « *quasi-aperiodic solution* » .

Détermination analytique de l'amplitude des oscillations de relaxation

La valeur entière $a = 2$ de l'amplitude qui peut de prime abord paraître surprenante provient de la nature du changement de variable ayant conduit à l'équation réduite (V_9). En effet en comparant l'équation de la triode (V_3) que Van der Pol avait obtenue en 1920 :

$$C\frac{d^2v}{dt^2} - (\alpha - 3\gamma v^2)\frac{dv}{dt} + \tfrac{1}{L}v = 0 \tag{V$_3$}$$

avec l'équation (V_9) qu'il établit six ans plus tard :

$$\ddot{v} - \varepsilon\left(1 - v^2\right)\dot{v} + v = 0 \tag{V$_9$}$$

on déduit facilement (en supposant L = C = 1) que : $\alpha = \varepsilon$ et $3\gamma = \varepsilon$. En remplaçant dans l'expression (V_5) de l'amplitude des oscillations on obtient (en négligeant la résistance R) :

$$a = \sqrt{\frac{4\,\alpha}{3\,\gamma}} = \sqrt{\frac{4\varepsilon}{\varepsilon}} = 2$$

Il est également très important de remarquer que cette valeur avait été calculée théoriquement quelques cinquante ans auparavant par Lord Rayleigh [1883, p. 230]. Il a été démontré dans les Appendices A.1 et A.2 que l'équation de Lord Rayleigh (R_5) et celle de Van der Pol (V_9) se correspondent par le principe de *dualité électrotechnique*. De leur comparaison :

$$\frac{d^2\theta}{dt^2} + \kappa\frac{d\theta}{dt} + \kappa'\left(\frac{d\theta}{dt}\right)^3 + n^2\theta = 0 \tag{R_1}$$

$$\ddot{v} - \varepsilon\left(1 - \frac{\dot{v}^2}{3}\right)\dot{v} + v = 0 \tag{R$_5$}$$

$$\ddot{v} - \varepsilon\left(1 - v^2\right)\dot{v} + v = 0 \tag{V$_9$}$$

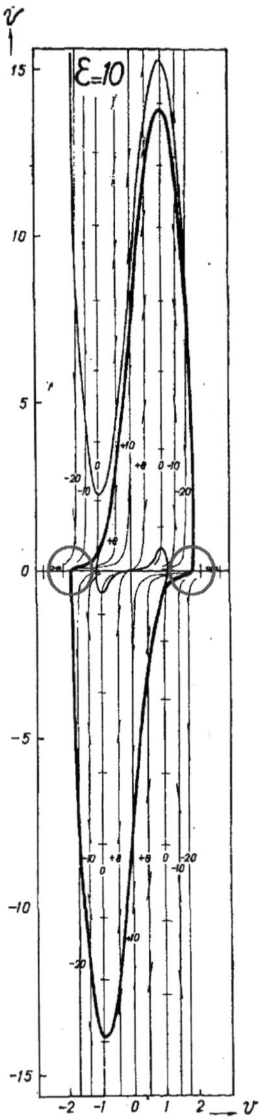

FIGURE 3.4 – Intégration graphique de l'équation (V_9), d'après Van der Pol [1926d, p. 983].

on déduit que : $\kappa = -\varepsilon$, $\kappa' = \frac{\varepsilon}{3}$ et $n^2 = 1$. En remplaçant dans la valeur de l'amplitude (R_3) de ces oscillations entretenues calculée par Rayleigh [1883, p. 230] on obtient :

$$a = \sqrt{\frac{-4\kappa}{3\kappa' n^2}} = 2\sqrt{\frac{-(-\varepsilon)}{\varepsilon}} = 2$$

Il est par conséquent assez étonnant que dans ses publications Van der Pol [1926a, 1926b, 1926c, 1926d] ne fasse pas référence [14] au travail de Rayleigh [1883]. Ce sont Le Corbeiller [1931a, p. 4] puis Fessard [1931, p. 88] qui rappelleront, cinq ans plus tard, qu'il est à l'origine des recherches sur les oscillations entretenues. Le Corbeiller [1932, 1936] analysera en détail la correspondance entre l'équation de Rayleigh (R_1) et celle de Van der Pol (V_9) (voir Appendice A.2). C'est seulement en 1937, lors d'un exposé au Palais de la Découverte que Van der Pol [1937, p. 71] y fera allusion.

Détermination graphique de la période des oscillations de relaxation

L'intégration graphique de l'équation (V_9) va en revanche permettre à Van der Pol [1926c, p. 987] d'établir que la période des oscillations dans le troisième cas, *i.e.* pour $\varepsilon = 10$ devient approximativement égale à ε comme le montrent les diagrammes de la Figure 3.5.

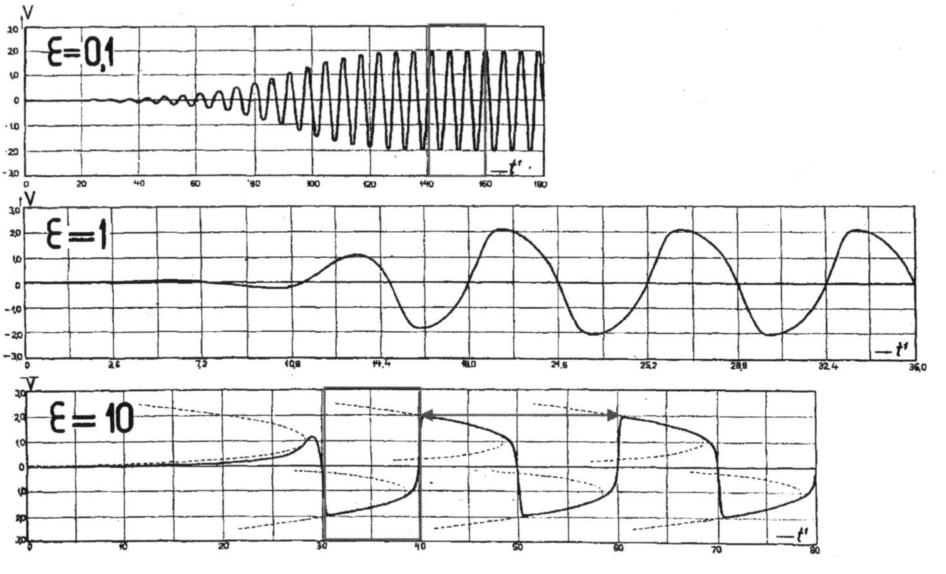

FIGURE 3.5 – Intégration graphique de l'équation (V_9), d'après Van der Pol [1926d, p. 986].

14. Exception faite de la publication de Van der Pol [1920, p. 708].

Sur la première courbe ($\varepsilon = 0.1$) on dénombre, dans la partie encadrée en rouge, trois périodes un quart pour vingt graduations temporelles. Ce qui fournit une période T approximativement égale à 2π comme l'affirme Van der Pol [1926d, p. 987].

La seconde courbe ($\varepsilon = 1$) permet de mettre en lumière « une déviation assez sensible de la forme sinusoïdale. » [Van der Pol 1930, p. 17]. Elle montre la transition continue entre les oscillations sinusoïdales ($\varepsilon \ll 1$) et les oscillations de relaxation ($\varepsilon \gg 1$).

Dans la partie encadrée en rouge de la troisième courbe ($\varepsilon = 10$) on constate que « la courbe commence à s'élever exponentiellement, et au bout d'une durée égale à une période, a déjà pratiquement atteint sa forme périodique limite. » Van der Pol [1930, p. 18]. Ainsi, il montre que pour $\varepsilon \gg 1$ la valeur de la période est approximativement égale à ε

Détermination analytique de la période des oscillations de relaxation

La mise sous forme réduite de l'équation de la triode va conduire Van der Pol à introduire le concept d'*oscillation de relaxation.* En effet, après avoir déduit graphiquement que la période des oscillations, exprimée en variables sans dimensions, est approximativement égale à ε :

$$T \doteq \varepsilon \qquad (V_{10})$$

Van der Pol [1926d, p. 987] va l'établir analytiquement. Puisque ε est un paramètre sans dimension il lui faut donc exprimer la période dans un système d'unités temporelles.

Il lui applique la formule de changement de variable (V_8), c'est-à-dire, $t' = \omega t$ qui donne :

$$T = \frac{\varepsilon}{\omega}$$

Puis en tenant compte du fait que $\varepsilon = \dfrac{\alpha}{\omega}$, $\alpha = \dfrac{R}{L}$ et $\omega^2 = \dfrac{1}{LC}$ il obtient finalement :

$$T = \frac{\alpha}{\omega^2} = RC \qquad (V_{11})$$

Il démontre ainsi que pour des valeurs de $\varepsilon >> 1$ les oscillations n'appartiennent à aucun des cas envisagés par Curie. Il qualifie alors ce nouveau cas de « quasi-apériodique » et puisque sa période est approximativement égale au « temps de relaxation » , qui correspond à la durée de décharge d'un condensateur dans une résistance, il propose d'appeler ce phénomène « oscillations de relaxation » . Van der Pol rappelle alors que cette idée lui a été suggérée par la lecture d'un article d'Abraham et Bloch [1919a] dans lequel ils décrivent le dispositif appelé *multivibrateur* (voir *supra*), siège d'oscillations dont la période est « de l'ordre de $C_1R_1 + C_2R_2$ » [Abraham et Bloch 1919a, p. 257]. Van der Pol explique :

> « In their original description of the system Abraham & Bloch draw attention to the fact that the time period of the oscillations produced by the multivibrator is approximately equal to the product RC, but, so, as far as I am aware, no theoretical discussion of the way in which the oscillations are *maintained* has been published [15]. »
>
> [Van der Pol, 1926d, p. 988]

Ceci paraît confirmer que ce sont bien les travaux d'Abraham et Bloch qui ont conduit Van der Pol à expliciter la période d'oscillations de la triode comme le produit RC (voir Eq. (V_{11})). De plus, il semble que ce soit également leur description du phénomène, de charge « brusque » et de décharge « lente » , qui l'ait incité à souligner sa dualité en donnant à ces oscillations qu'il qualifiait encore de *maintained* [16] le nom d'oscillations de relaxation [17]. Ainsi, le grand mérite de Van der Pol est d'avoir d'une part mis en lumière le caractère « lent-rapide » des oscillations qui va donner lieu sous l'impulsion d'Andronov et Pontrjagin [1937] à l'étude des *systèmes singulièrement perturbés* et, d'autre part d'avoir démontré que d'autres dispositifs (voir *supra*) sont régis par l'équation dédimensionnée (V_9) et sont donc le siège d'oscillations de relaxation [18].

> « *Cas de ε très grand.* – Ici la courbe des oscillations a visiblement un très grand nombre d'harmoniques ; en langage mathématique, la série de Fourier correspondante converge très lentement. Il est donc absolument illusoire dans ce cas de calculer plus ou moins péniblement les un, deux ou trois premiers termes de la série. Un des apports les plus consistants de M. van der Pol a consisté à reconnaître clairement ce fait, à donner *un nom* à ces oscillations non sinusoïdales, et à en faire un outil de la recherche physique, au même titre que les oscillations sinusoïdales dont elles constituent en fait la contrepartie. »
>
> [Le Corbeiller 1931a, p. 22]

La valeur de la période des oscillations de relaxation

Dans le cas où ε est très grand (Voir Figure 3.5, $\varepsilon = 10$, encadré rouge), Van der Pol affirme que la valeur de la période des *oscillations de relaxation* est $T \doteq \varepsilon$. Néanmoins, il apparaît sur le graphique (Voir Figure 3.5, flèche rouge) que cette période vaut en réalité le double : $T \doteq 2\varepsilon$. Une telle

15. De 1916 à 1918 Henri Abraham et Eugène Bloch ont publiés plusieurs rapports à l'E.C.M.R. (Établissement Central du Matériel de la Radiotélégraphie militaire) qui sont restés classés « secret défense » . Voir *supra*.

16. Voir Van der Pol [1920, p. 755]

17. Pierre David dans son analyse de l'article de Van der Pol [1926d] propose de traduire cette terminologie par « oscillations par décharge » [David, 1927].

18. Lors d'une conférence donnée le 24 mai 1928 à Paris, Van der Pol [1928a, p. 731] fournit une liste exhaustive d'exemples d'oscillations de relaxation qui comprend l'expérience de M. Janet sur une dynamo-série, le multivibrateur d'Abraham et Bloch mais aussi les travaux de Volterra [1926] sur la variation du nombre d'individus d'espèces animales qui coexistent. Sur ce dernier point, Israel [1996, p. 42] considère que cette référence est dépourvue de fondement car les modèles de Volterra ne possèdent pas de *cycles limites* mais un point fixe de type *centre*, *i.e.* dont la période dépend des conditions initiales.

différence ne peut être négligée et Van der Pol en prend conscience très rapidement. Dans le second opus allemand de « Über Relaxationsschwingungen », Van der Pol [1927c] propose une correction :

> « Die Schwingungszeit. Es folgt aus der in (R[19]) Seite 182, Fig. 4, $\varepsilon = 10$, gegeben graphischen Lösung, daβ der Verlauf von dem Werte $v = 2$ zu dem Werte $v = 1$ (in welcher Zeit eine halbe Periode verläuft) mit guter Annäherung durch unsere Gleichung (1) oder (2)[20] wiedergegeben werden kann, aber ohne das erste Glied. Wie schon in (R), Seite 183, dargelegt wurde, ist der in der Weise berechnete Verlauf der Lösung durch
>
> $$\log_e v^2 - v^2 = \frac{2\omega^2}{\alpha} t + Const.$$
>
> gegeben. Es folgt daraus sofort, daβ der Zeitverlauf $t_2 - t_1$ in dem v von dem Wert $v = 2$ zu $v = 1$ heruntersinkt, durch
>
> $$t_2 - t_1 = \frac{\alpha}{\omega^2}\left(\frac{3}{2} - \log_e 2\right)$$
>
> gegeben ist, so dass die total Periode $T = 2\,(t_2 - t_1)$ annähernd wird :
>
> $$T = 1.61\frac{\alpha}{\omega^2} \doteq \frac{\pi}{2}\frac{\alpha}{\omega^2}$$
>
> Nennen wir deshalb T_{sin} die Schwingungszeit den sinusförmigen Fall ($\varepsilon \ll 1$), und T_{rel} die Schwingungszeit der Relaxationsschwingung ($\varepsilon \gg 1$), so hat man :
>
> $$\left.\begin{array}{r} T_{\text{sin}} = 2\pi\sqrt{L.C} \\ T_{rel} = \frac{\pi}{2} R.C \end{array}\right\}$$
>
> [...][21] » [Van der Pol 1927c, p. 114-115]

---

19. La lettre (R) renvoie au premier opus de « Über „Relaxationsschwingungen« » . Voir Van der Pol [1926c].

20. Il s'agit de l'équation (V_9).

21. « La période d'oscillation. Il résulte des intégrations graphiques présentées dans (R) page 182, Fig 4, $\varepsilon = 10$, que lorsque l'on passe de la valeur $v = 2$ à la valeur $v = 1$ (durant une demi-période) la solution peut être représentée avec une bonne approximation par l'équation (1) ou (2) [V_9] sans le premier membre. Puisque que dans (R) la forme de la solution a été donnée par

$$\log_e v^2 - v^2 = \frac{2\omega^2}{\alpha} t + Const.$$

Il en résulte immédiatement que la variation de temps $t_2 - t_1$ durant laquelle v passe de la valeur $v = 2$ à $v = 1$ est donnée par

$$t_2 - t_1 = \frac{\alpha}{\omega^2}\left(\frac{3}{2} - \log_e 2\right)$$

de sorte que la période totale $T = 2\,(t_2 - t_1)$est d'environ :

$$T = 1.61\frac{\alpha}{\omega^2} \doteq \frac{\pi}{2}\frac{\alpha}{\omega^2}$$

Dans ses premières publications, Van der Pol [1926b, p. 37 ; 1926c, p. 183 ; 1926d, p. 991] avait établi que si l'on néglige l'inductance, *i.e.* le premier membre de l'équation (V_9) on a :

$$-\varepsilon\left(1-v^2\right)\dot{v}+v=0 \quad\Leftrightarrow\quad v=\varepsilon\left(1-v^2\right)\dot{v}$$

Cette équation différentielle du premier ordre s'intègre sans aucune difficulté

$$\int\frac{dt}{\varepsilon}=\int\left(\frac{1}{v}-v\right)dv \quad\Leftrightarrow\quad \log_e v^2-v^2=\frac{2\omega^2}{\alpha}t+Const.$$

Tenant compte des changements de variables (V_8) (voir *supra*), Van der Pol obtient la fonction suivante :

$$\log_e v^2-v^2=\frac{2t}{\varepsilon}+Const. \qquad (V_{12})$$

dont la courbe représentative est reproduite ci-dessous (voir Figure 3.6).

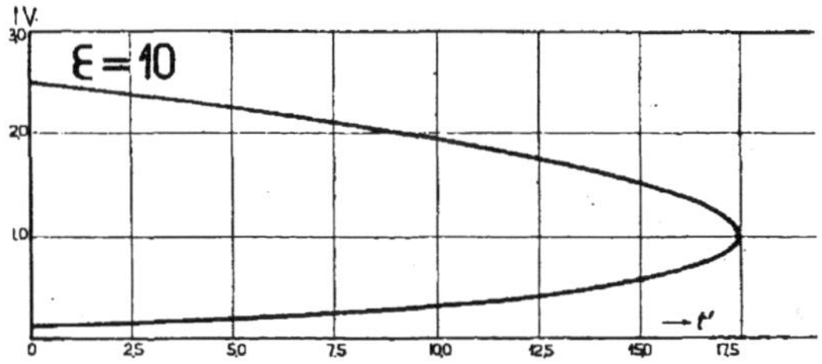

FIGURE 3.6 – Représentation graphique de la fonction (V_{12}), d'après Van der Pol [1926c, p. 183].

Van der Pol [1926b, p. 37 ; 1926c, p. 183, 1926d, p. 991] explique alors que cette courbe coïncide approximativement avec la solution exacte de l'équation (V_9) tant que la pente de v est petite. C'est la raison pour laquelle il superpose sur la Figure 3.5 (voir les pointillés en rouge sur la Figure 3.7) la représentation graphique de la fonction (V_{12}) à celle de la solution de l'équation différentielle (V_9).

Ceci lui permet de justifier l'introduction de la terminologie d'oscillations de relaxation :

> « When the inductance is thus disregarded both $\dot{v}$ and $\ddot{v}$ become infinite when $v=\pm 1$, so that the condensers C would acquire a very large charge in an indefinitely small time. But these infinitely sudden changes of current are prevented by the presence of the small residual inductance. » [Van der Pol, 1926d, p. 990]

C'est pourquoi nous appelons T_{sin} la période d'oscillation dans le cas sinusoïdal ($\varepsilon \ll 1$), et T_{rel} la période d'oscillation des oscillations de relaxation ($\varepsilon \gg 1$), nous avons :

$$\left.\begin{array}{c} T_{\text{sin}}=2\pi\sqrt{L.C} \\ T_{rel}=\frac{\pi}{2}R.C \end{array}\right\}$$

[. . .] » [Van der Pol 1927c, p. 114-115]

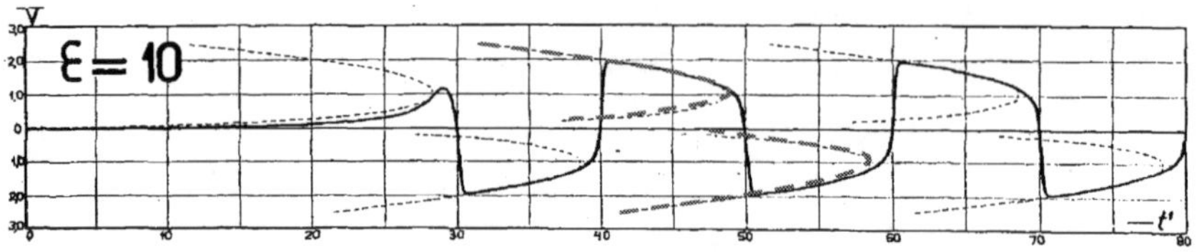

FIGURE 3.7 – Intégration graphique de l'équation (V_9), d'après Van der Pol [1926d, p. 986].

Il explique que c'est la charge et la décharge du condensateur qui « pilote » le phénomène qui est ainsi « modulé » par la présence de l'inductance. L'autre aspect fondamental de ce résultat est de permettre à Van der Pol de corriger la valeur de la période des oscillations de relaxation à partir de la fonction (V_{12}). En effet, en considérant que pendant la variation de temps $t_2 - t_1$ la variable v (correspondant à la tension de plaque de la triode dans l'équation en dimension) passe de la valeur $v = 2$ à $v = 1$ il démontre à partir de (V_{12})

$$\left[\frac{2t}{\varepsilon}\right]_{t_1}^{t_2} = \left[\log_e v^2 - v^2\right]_2^1 \quad \Leftrightarrow \quad \frac{2(t_2 - t_1)}{\varepsilon} = \left(\log_e 1^2 - 1^2\right) - \left(\log_e 2^2 - 2^2\right)$$

que la période $T = 2(t_2 - t_1)$ s'écrit désormais :

$$T \doteq (3 - 2\log_e 2)\,\varepsilon \doteq 1.61\varepsilon \doteq \frac{\pi}{2}\varepsilon \doteq \frac{\pi}{2}RC \qquad (V_{13})$$

Si ce résultat se rapproche de la valeur déduite graphiquement $T \doteq 2\varepsilon$ il faudra attendre les travaux de Jules Haag [1943, 1944, 1948] pour obtenir une meilleure approximation de la période (voir *infra* Partie II). Ainsi, ce n'est pas tant la valeur numérique, entachée d'une erreur de l'ordre de 20%, mais la proportionnalité entre la période des oscillations et le produit *RC* qui permet à Van der Pol de démontrer que lorsque ε est grand le phénomène est « piloté » par la charge et la décharge du condensateur, comme l'avaient suggéré Abraham et Bloch [1919, p. 257] et l'incite donc à lui donner le nom d'oscillations de relaxation. Si d'un point de vue purement quantitatif la période de ce nouveau type d'oscillation n'est pas rigoureusement déterminée, la signification du phénomène, c'est-à-dire, la manière précise avec laquelle il se produit est parfaitement définie.

Néanmoins, ce manque de rigueur va jouer, semble-t-il, un rôle déterminant dans la réception des travaux de Van der Pol en France (voir *infra*).

3.2.3 La généralisation du phénomène : *vers un modèle non linéaire*

Dans ses différentes contributions Van der Pol [1926a, 1926b, 1926c, 1926d] avait montré que la triode et le multivibrateur d'Abraham et Bloch [1919] étaient le siège d'oscillations de relaxation et étaient par conséquent régis par l'équation générique (V_9). Désormais, son objectif consiste à établir qu'il s'agit d'un phénomène beaucoup plus général susceptible de décrire des processus en apparence très différents. Or, sur les trois dispositifs étudiés jusqu'alors : *machine série-dynamo*, *arc chantant* et *triode* les deux premiers n'ont pas encore fait l'objet du même traitement. Il reste donc d'une part à compléter leur mise en équation et, d'autre part à caractériser leur type d'oscillations. Néanmoins, Van der Pol va, de nouveau, être devancé de peu par Blondel qui avait contribué depuis la fin du XIXe siècle à élucider le phénomène de l'arc électrique puis celui de l'*arc chantant*.

Retour à l'arc chantant

Durant les années 1920 les travaux de Blondel sur la triode se transforment progressivement en ce qu'il nomme « théorie générale des oscillations auto-
entretenues » [Blondel, 1919d] et qui a pour objet d'établir les conditions d'amorçage et de stabilité de ces oscillations. Mettant à profit l'ensemble des résultats qu'il a obtenus pour la triode, Blondel revient alors sur l'arc chantant dont il complète l'équation différentielle formulée par Poincaré [1908], puis par Janet [1919]. Ainsi, dans une note présentée le 29 mars 1926 devant l'Académie des Sciences de Paris, Blondel modélise la *caractéristique d'oscillation* de l'arc en écrivant « l'expression de la tension aux bornes u, en fonction du courant dans l'arc i sous la forme $u = -hi + pi^2 + qi^3 + \dots$ » [Blondel, 1926, p. 900]. Ce qui lui permet d'obtenir l'équation différentielle suivante :

$$L\frac{d^2i}{dt^2} + (R - h + 2pi + 3qi^2)\frac{di}{dt} + \left(\frac{1}{C} - \frac{1}{s}\right)i = 0 \qquad (B_6)$$

Il est surprenant de constater que Blondel [1926] ne fait pas référence ici aux travaux de Poincaré [1908], ni à ceux de Janet [1919] alors que les équations (P_3), (J_1) et (B_6) sont identiques. Bien que la forme de la *caractéristique d'oscillation* de l'arc qu'il propose et celle utilisée par Van der Pol [1920] pour expliciter la *f.é.m.* de la triode (voir l'équation V_1) se correspondent exactement par dualité (voir Appendice A.2), il n'y fait pas non plus mention.

Retour à l'expérience de Gérard-Lescuyer

Comme cela a été rappelé précédemment, les contributions de Van der Pol [1926a, 1926b, 1926c, 1926d] présentent des conclusions différentes quant au choix des exemples illustrant le phénomène d'oscillations de relaxation. Ainsi, dans ses trois premières publications sur ce sujet Van der Pol [1926a, 1926b, 1926c] considère le multivibrateur d'Abraham et Bloch, les oscillations d'un tube néon, les oscillations d'un interrupteur « Wehnelt » et les oscillations d'une machine série-dynamo :

> « Een afzonderlijk bekrachtigde motor gevoed door een met constante snelheid loopende serie-dynamo verwisselt automatisch periodisch zijn draaiïngsrichting. Dit verschijnsel is ook een relaxatie-trillingen [22]. » [Van der Pol 1926a, p. 157]

22. « Un moteur alimenté par une dynamo-série à courant continu effectue également des oscillations de relaxation, à savoir, le sens de rotation du moteur change périodiquement. »

> « Ook een afzonderlijk bekrachtigde motor, gevoed door een met constante snelheid draaiende serie-dynamo verwisselt voert relaxatie-trillingen uit, d.w.z. automatisch wisselt de motor periodiek zijn draaiïngsrichting [23]. » [Van der Pol 1926b, p. 39]

> « Auch ein von einem mit konstanter Geschwindigkeit drehenden Seriendynamo gespeister fremderregter Motor führt Relaxationsschwingungen aus, d. h. der Motor ändert selbsttätig seine Drehungsrichtung [24]. » [Van der Pol 1926c, p. 184]

On peut s'interroger sur les raisons qui ont incité Van der Pol [1926d] à supprimer dans sa dernière contribution de 1926 cet exemple d'oscillations de relaxation et à le remplacer par celui des battements du cœur. Il est possible d'imaginer que Van der Pol ait voulu « prendre acte » de cette découverte qui allait faire l'objet de travaux plus avancés avec Van der Mark [25].

L'année suivante, dans un article publié dans le *Jahrbuch der drahtlosen Telegraphie und Telephonie* [26], Van der Pol [1927b, 1927c] fait explicitement référence à Gérard-Lescuyer [1880a] ainsi qu'aux travaux de Janet [1925] et de Cartan [1925] :

> « *Relaxations schwingungen die von einem fremd erregten Motor ausgeführt werden, der von einer mit konstanter Geschwindigkeit angetriebenen Seriendynamo gespeist wird.* Dass ein solches system Relaxations schwingungen ausführen kann, wurde in schon kurz besprochen. In einer Verhandlung von M. Janet(8) finden wir einer Hinweis auf Gérard Lescuyer (C. R., **91**, 226, 1880) wo diese Erscheinung schon beschrieben steht [27].
>
> (8) M. Janet, Note sur une ancienne expérience d'électricité appliquée, Annales des Postes, Télégraphes et Téléphones, XIV, N°12, pag. 1193.
>
> Siehe auch : E. et H. Cartan, Note sur la génération des oscillations entretenues, Annales des Postes, Télégraphes et Téléphones, XIV, N°12, pag. 1196. »
>
> [Van der Pol 1927c, p. 116]

Il reproduit alors sans y faire référence la démonstration de Janet [1919] permettant d'établir l'équation différentielle correspondant au phénomène observé par Gérard-Lescuyer ainsi que les conclusions auxquelles Janet avait abouti. Il fait ensuite l'hypothèse que la *caractéristique d'oscillation* de la dynamo peut être représentée par une cubique, exactement comme dans le cas de la triode, par la fonction suivante : $e = f(i) = R_0 i - \gamma i^3$. Puis, en posant $\gamma = R_0 - R$, il obtient l'équation différentielle suivante :

23. *Idem.*
24. *Idem.*
25. Voir Van der Pol et Van der Mark [1928a, 1928b] ; Israel [1996] et Israel [2004].
26. Annuaire de la Télégraphie Sans Fil qui deviendra *Zeitschrift für Hochfrequenztechnik*.
27. « Oscillations de Relaxation produites par un moteur alimenté par une dynamo-série à courant continu. Le fait qu'un tel système puisse exécuter des oscillations de relaxation, a déjà été brièvement discuté. Dans un article de M. Janet (8), on trouve une référence à Gérard Lescuyer (CR 91, 226, 1880) où ce phénomène est déjà décrit. »

$$L\frac{d^2i}{dt^2} - (R_0 - R)(1 - i^2)\frac{di}{dt} + \frac{1}{C}i = 0 \qquad (V_{14})$$

Van der Pol démontre ainsi que l'expérience de Gérard-Lescuyer constitue le premier exemple illustrant le phénomène d'oscillations de relaxation dont il poursuit la généralisation. Cependant il est important de rappeler que l'analogie établie par Janet [1919] aurait tout aussi bien pu le conduire à s'intéresser à l'arc chantant plutôt qu'à la machine série-dynamo. La raison de son choix pour la machine série-dynamo réside peut-être dans le fait qu'il ait pu avoir connaissance du travail de Blondel [1926]. En effet, en comparant la date à laquelle Van der Pol [1927b] acheva la rédaction de son article : 13 décembre 1926 avec celle de la présentation de la note de Blondel [1926] devant l'Académie des Sciences : 29 mars 1926 il paraît concevable que Van der Pol ait pu avoir accès à ce document comme à tous les autres d'ailleurs. De la part de Van der Pol, l'absence de référence à Blondel est cependant étonnante dans la mesure où dans le domaine de la production d'ondes électromagnétiques au moyen d'un dispositif comportant d'abord un arc chantant puis une triode ses travaux faisaient autorité [28]. De plus, la ressemblance entre les développements employés d'abord par Blondel puis par Van der Pol pour établir l'équation de la triode est assez frappante.

Il n'en va pas de même pour la démarche qui les conduit à proposer ensuite une classification des différents types d'oscillations. Néanmoins, lors d'un cycle de conférences à l'École Supérieure d'Électricité les 10 et 11 mars 1930, Van der Pol rappelle :

> « Dans le domaine électrique nous avons de très jolis exemples d'oscillations de relaxation dont certains sont très anciens, telles que la décharge par étincelle d'une machine à plateaux, l'oscillation de l'arc électrique étudiée par M. BLONDEL, dans un mémoire célèbre ([1]) ou l'expérience de M. JANET, et d'autres plus récentes [...]
>
> ([1]) BLONDEL, *Eclair. Elec.*, **44**, 41, 81, 1905. V. aussi *J. de Phys.*, **8**, 153, 1919. »
>
> [Van der Pol 1930, p. 20]

En reconnaissant que l'arc chantant est le siège d'oscillations de relaxation, Van der Pol fait ici sa seule et unique référence à Blondel. Le choix des articles cités, même s'il a peut-être été suggéré par Le Corbeiller (voir *infra* Partie II), montre, en fait, une grande connaissance des travaux de Blondel [29]. Il est également intéressant de remarquer que Van der Pol [1927c, p.116] qui avait initialement attribué à Gérard-Lescuyer le mérite d'avoir observé des oscillations de relaxation dans la machine série-dynamo parle désormais de « l'expérience de M. JANET » . La raison de ce revirement est peut être la présence dans l'auditoire de MM. Blondel et Janet auxquels Van der Pol aurait ainsi voulu rendre hommage. Cependant, Van der Pol confirme ainsi que le phénomène observé par Gérard-Lescuyer [1880a, 1880b] et par Blondel [1905] correspond bien à ce qu'il a désigné sous le nom d'oscillations de relaxation.

28. Voir Bethenod [1938, p. 754].
29. Notons que la seconde référence de Blondel comporte une erreur : il s'agit du volume 9 et non du volume 8.

FIGURE 3.8 – Balthasar Van der Pol, d'après Philips International B.V., Company Archives, Eindhoven, The Netherlands.

3.3 Première réception des travaux de Van der Pol en France : *la contribution de Liénard*

Dès 1927, le travail de Van der Pol sur les oscillations de relaxation [30] fait l'objet d'une analyse dans la *Revue Générale d'Électricité* [Van der Pol, 1927] par un certain L. B. qui pourrait être Léon Bouthillon [31] (1884-1964) et dans l'*Onde Électrique* par Pierre David [1927]. Aussitôt connus, les résultats de Van der Pol semblent rencontrer auprès de la communauté scientifique française un accueil assez mitigé. L'engouement pour la mise en évidence d'un nouveau type d'oscillations non-linéaires et du modèle susceptible de les décrire, qui pousse certains comme Philipe Le Corbeiller à rendre hommage dans un premier temps aux travaux de Van der Pol et à parler d'une théorie des oscillations de relaxation, va très vite s'effacer devant les difficultés à résoudre pour caractériser la période et l'amplitude de ces oscillations. De plus, bon nombre de savants comme Alfred Liénard, Yves Rocard ou Jules Haag ne semblent pas adhérer pleinement au concept d'oscillations de relaxation que Van der Pol tente d'étendre d'une manière quelque peu excessive [32].

Sorti troisième à l'École Polytechnique à l'âge de vingt ans Alfred Liénard (1869-1958) entre ensuite à l'École des Mines de Paris d'où il sort premier. Il intègre alors le Corps des Mines et débute sa carrière d'ingénieur à Valence, Marseille, puis Angers. De 1895 à 1908 il est nommé professeur à l'École des Mines de Saint-Étienne. Puis, de 1908 à 1929, on lui confie la chaire de professeur d'Électricité industrielle à l'École des Mines de Paris et de 1913 à 1922 celle de Résistance des Matériaux et Construction. Pendant les dix années qui suivent le premier conflit mondial il devient sous-directeur de l'École des Mines de Paris puis directeur en 1929 et occupe ce poste jusqu'en 1936. Pendant cette période il est également vice-président de la Société française des Électriciens de 1926 à 1929 puis président de la Société Mathématique de France en 1933.

3.3.1 Existence et unicité de la solution périodique stable

En mai 1928, il est l'un des premiers à s'intéresser au travail de Van der Pol [1926d]. Dans un article intitulé « Étude des oscillations entretenues » publié dans la *Revue générale d'Électricité*, Liénard [1928] démontre, sous certaines conditions, que l'équation différentielle des oscillations entretenues par une machine série-dynamo, un arc chantant ou une lampe à trois électrodes possède

30. Van der Pol [1926d].

31. Très impliqué dans la radiocommunication et la T.S.F., Bouthillon avait publié dans ce domaine deux ouvrages de référence (voir Petit et Bouthillon [1910], Bouthillon [1919, 1921]) et plusieurs articles dans des revues internationales comme les *Proceedings of the Institute of Radio Engineers* (P.I.R.E.) (voir Bouthillon [1918]) Au milieu des années vingt Bouthillon [1926, 1927] avait soumis deux notes à l'Académie des Sciences qui avaient été transmises par André Blondel alors Président du Comité de Rédaction de la *Revue Générale de l'Électricité* (R.G.E.) Il est possible que ce soit à cette occasion que Blondel lui ait demandé d'analyser le travail de Van der Pol.

32. En ce qui concerne les autres exemples d'oscillations de relaxation proposés par Van der Pol, Israel estime qu'ils « sont restées dans le domaine de la fantaisie » [Israel 1996, p. 42].

une solution périodique et une seule. Pour établir ce résultat fondamental, Liénard [1928, p. 901] considère l'équation différentielle suivante :

$$\frac{d^2x}{dt^2} + \omega f(x)\frac{dx}{dt} + \omega^2 x = 0 \tag{L$_1$}$$

où la variable x peut représenter une longueur, une intensité de courant, etc.

Équation différentielle	Auteur	Domaine
$Lx\,\check{}\, + \rho x' + \theta(x') + Hx = 0$	Poincaré [1908]	Arc chantant
$L\frac{d^2i}{dt^2} + [R - f'(i)]\frac{di}{dt} + \frac{k^2}{K}i = 0$	Janet [1919]	Machine série-dynamo
$C\frac{d^2u}{dt^2} - (b_1h - 3b_3h^3u^2 - \ldots)\frac{du}{dt} + \frac{u}{L} = 0$	Blondel [1919b]	Triode
$C\frac{d^2v}{dt^2} - (\alpha - 3\gamma v^2)\frac{dv}{dt} + \frac{1}{L}v = 0$	Van der Pol [1920]	Triode
$L\frac{d^2i}{dt^2} + [R - \varphi(i)]\frac{di}{dt} + \frac{1}{C}i = 0$	Janet [1925] Cartan [1925]	Machine série-dynamo
$\ddot{x} - (\alpha - 3\gamma x^2)\dot{x} + \omega^2 x = 0$	Van der Pol [1926d]	Triode
$L\frac{d^2i}{dt^2} + (R - h + 2pi + 3qi^2)\frac{di}{dt} + \left(\frac{1}{C} - \frac{1}{s}\right)i = 0$	Blondel [1926]	Arc chantant
$L\frac{d^2i}{dt^2} - (R_0 - R)(1 - i^2)\frac{di}{dt} + \frac{1}{C}i = 0$	Van der Pol [1927]	Machine série-dynamo

TABLE 3.3 – Synoptique des équations différentielles.

L'équation (L_1) plus générale que toutes celles qui ont été présentées précédemment (voir Tableau 3.3), comme celles de Cartan [1925, p. 1196] (Ca_1) ou de Van der Pol [1926d, p. 979] (V_7), leur correspond par analogie ou par dualité (voir Appendices A.2 et A.3).

En effet, en posant dans l'équation (L_1) : $i = x$, $\omega^2 = \frac{1}{LC}$ et $f(x) = \sqrt{\frac{C}{L}}[R - \varphi(x)]$ on obtient par exemple l'équation de Cartan [1925] (Ca_1). Par des changements de variables similaires, on retrouve toutes les autres.

Pour démontrer l'existence et l'unicité d'une solution périodique pour l'équation (L_1) Liénard [1928, p. 901 et 904] fait l'hypothèse que la fonction $F(x) = \int_0^x f(x)\,dx$ qui représente la *caractéristique d'oscillation* doit nécessairement être une fonction impaire, d'abord négative de 0 à une certaine valeur X_0 de x puis croissante pour $x \geq X_0$. Cette hypothèse est effectivement « moins restrictive » que celles de MM. Cartan [1925] et Van der Pol [1926d] comme le montrent les Figures 3.9 et 3.10 :

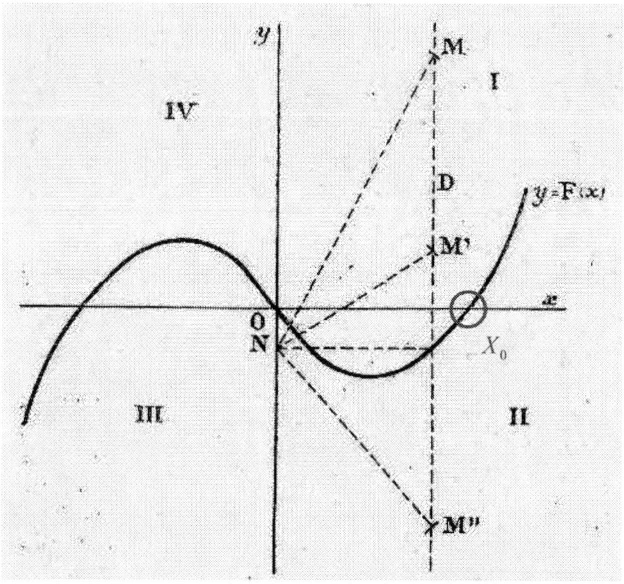

FIGURE 3.9 – Caractéristique d'oscillation de Van der Pol, d'après Liénard [1928, p. 902].

En effet, sur la Fig. 3.9, on remarque que la *caractéristique d'oscillation* $y = F(x)$ correspondant à la cubique de Van der Pol [1920, p. 703] (voir *supra* Eq. (V_1)) qui s'écrit : $y = F(x) = K\left(\frac{x^3}{3} - x\right)$ est négative depuis l'origine jusqu'au point X_0 d'intersection de sa courbe représentative avec l'axe des x(cerclé de rouge sur la Fig. 3.9). D'abord décroissante, cette fonction passe par un minimum négatif unique, puis devient croissante jusqu'au point X_0 au-delà duquel elle est positive. La *caractéristique d'oscillation* $F(x)$ considérée par Liénard (voir Fig. 3.10) peut, en revanche, présenter dans sa partie négative plusieurs minima avant de traverser l'axe des x au point X_0 comme l'indique son schéma.

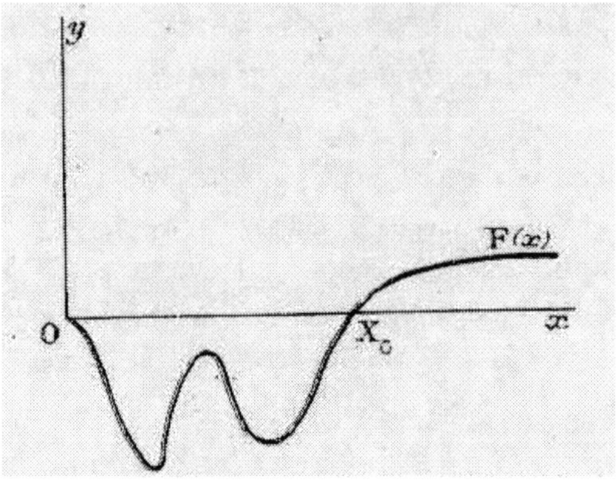

FIGURE 3.10 – Caractéristique d'oscillation de Liénard, d'après Liénard [1928, p. 904].

Il effectue ensuite le changement de variables suivant, qui lui permet de se placer dans ce que l'on appelle aujourd'hui le « plan de phase de Liénard » : $\frac{dx}{dt} = v$ et $y = \frac{v}{\omega} + F(x)$. L'équation ($L_1$) s'écrit alors sous la forme d'une équation différentielle du premier ordre :

$$\frac{dy}{dx} + \frac{x}{y - F(x)} = 0 \tag{L_2}$$

ou :

$$xdx + (y - F(x))\,dy = 0 \tag{L_3}$$

ou encore sous une forme *symétrique* (voir Poincaré [1886, p. 168]) :

$$\omega dt = \frac{dx}{\frac{v}{\omega}} = \frac{dx}{y - F(x)} = \frac{-dy}{x} \tag{L_4}$$

Liénard emploie alors une méthode d'intégration graphique [33] basée sur la courbure des courbes trajectoires qui diffère de celle utilisée par Van der Pol (voir Appendice A.4). Puis, pour démontrer l'existence et l'unicité d'une solution périodique stable, il procède par étapes.

La première consiste à montrer que le système d'équations (L_4) possède une certaine symétrie. Tenant compte de l'hypothèse selon laquelle la fonction $y = F(x)$ est impaire il établit que le système est invariant par la symétrie $(-x, -y, -t)$. Il en déduit :

> « A tout arc de courbe intégrale correspond un arc symétrique par rapport à l'origine. [...]
> Nous pouvons donc restreindre la discussion à la région des x positifs. »
>
> [Liénard 1928, p. 902]

33. D'après Parodi [1942, p. 196], cette méthode était utilisée depuis 1900. Voir Appendice A.4.

Dans la seconde étape, il considère un point P appartenant à l'axe de y et un point $M\,(x,y)$ de la courbe intégrale de l'équation (L_1 ou L_2) et calcule la distance *PM* :

$$PM^2 = x^2 + (y - y_P)^2 .$$

En prenant la différentielle par rapport au temps de cette distance il obtient en utilisant (L_3) :

$$PMd\,(PM) = [F\,(x) - y_P]\,dy \qquad (L_5)$$

Il place alors le point P à l'origine et cette équation devient :

$$\frac{1}{2}d\,(OM^2) = F\,(x)\,dy \qquad (L_6)$$

Il définit ensuite le point $C\,(x_C, y_C)$ par l'intersection d'une courbe intégrale et de la *caractéristique d'oscillation.* Puis, il s'intéresse aux points de rencontres de cette courbe intégrale avec l'axe des y qu'il nomme A_1 et A_2 (voir Figure 3.11) et intègre l'équation (L_6) le long de cette courbe intégrale dans le sens [34] A_2CA_1. Il obtient :

$$\frac{1}{2}\left(OA_1^2 - OA_2^2\right) = \int_{A_2CA_1} F\,(x)\,dy \qquad (L_7)$$

Pour établir que l'équation (L_1 ou L_2) possède une solution périodique unique, Liénard doit montrer que la courbe intégrale est une courbe fermée, c'est-à-dire, qu'il existe une valeur de x et une seule telle que : $OA_1 = OA_2$. Il démontre alors que :

- si le point C se trouve sur la partie négative de la *caractéristique d'oscillation*, *i.e.*, si C appartient à l'intervalle $0 < x_C < X_0$ alors $y = F\,(x) < 0$ et donc l'intégrale (L_6) est négative. Il s'ensuit que $OA_1 < OA_2$. Ce qui signifie que dans cet intervalle la courbe intégrale s'éloigne de l'origine (pour se rapprocher de la solution périodique).

- si le point C se trouve sur la partie positive de la *caractéristique d'oscillation*, *i.e.*, si C appartient à l'intervalle $x_C > X_0$ alors l'intégrale (L_7) « croît d'une valeur négative jusqu'à $+\infty$ quand x_C varie de X_0 à ∞[...] » [Liénard 1928, p. 905]. Ce qui implique que l'intégrale (L_7) devienne positive et que $OA_1 > OA_2$. Ce qui signifie que dans cet intervalle la courbe intégrale se rapproche de l'origine (plus exactement elle se rapproche de la solution périodique).

34. Ce sens d'intégration est exactement inverse au sens de parcours de la courbe trajectoire. Il est aussi inverse de celui de Poincaré [1908]. C'est la raison pour laquelle la condition de stabilité de Liénard sera de sens inverse de celle de Poincaré. Voir *infra*.

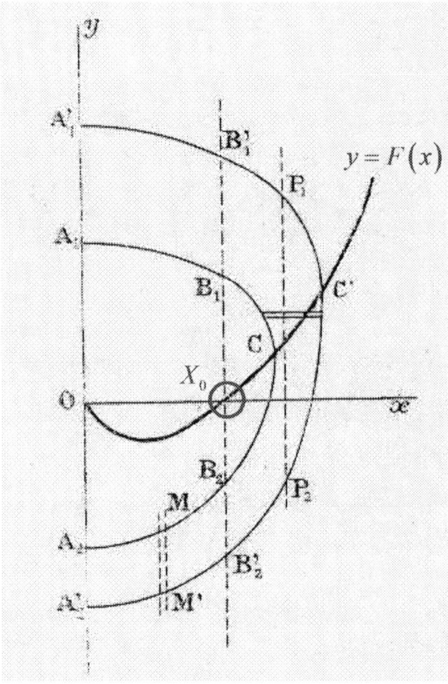

FIGURE 3.11 – Caractéristique d'oscillation et courbes intégrales, d'après Liénard [1928, p. 905].

Ainsi, puisque l'intégrale d'abord négative devient ensuite positive, Liénard en conclut que :

> « [...] il est évident qu'il existe une valeur de x_C pour laquelle l'intégrale s'annule et, en outre qu'il n'y en a qu'une seule, la variation de l'intégrale se faisant toujours dans le même sens. L'égalité (L_7) montre qu'il existe une valeur de x_C et une seule pour laquelle
>
> $$OA_1 = OA_2$$
>
> La courbe intégrale correspondante est fermée, car, en raison de la symétrie par rapport à l'origine, la courbe intégrale se prolongera au-delà de A_2 par un arc identique à l'arc A_1CA_2 mais tourné de 180° autour de l'origine.
>
> La courbe intégrale revient au point de départ. » [Liénard 1928, p. 906]

Liénard propose ensuite une représentation graphique de la courbe fermée D et des courbes intégrales qui lui sont intérieures et extérieures (voir Figure 3.12).

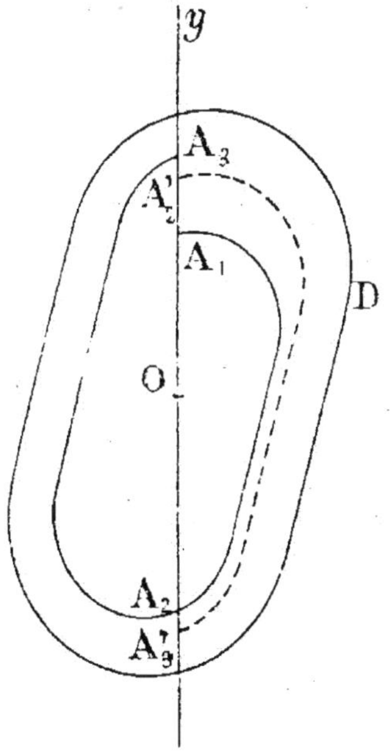

FIGURE 3.12 – Position relative des courbes intégrales et de la courbe fermée D, d'après Liénard [1928, p. 905].

Il explique que pour toutes les courbes intégrales intérieures (*resp.* extérieures) à la courbe intégrale fermée D, l'intégrale (L_7) est négative (*resp.* positive) et OA_2 est supérieur (*resp.* inférieur) à OA_1. Il en déduit :

> « On se rend ainsi compte que la courbe intégrale décrit une sorte de spirale tendant asymptotiquement vers la courbe fermée D. Pour les courbes intégrales extérieures à la courbe fermée, c'est OA_2 qui devient inférieur à OA_1. La courbe se rapproche encore de la courbe D, mais par l'extérieur. En raison de ce fait que toutes les courbes intégrales, intérieures ou extérieures, parcourues dans le sens des temps croissants, tendent asymptotiquement vers la courbe D on dit que le mouvement périodique correspondant est un mouvement *stable* » [Liénard 1928, p. 906]

Il est intéressant de rapprocher la conclusion de Liénard [1928] de celle de Poincaré [1908] :

> « *Condition de stabilité.* – Considérons donc une autre courbe non fermée satisfaisant à l'équation différentielle, ce sera une sorte de spirale se rapprochant indéfiniment de la courbe fermée. Si la courbe fermée représente un régime stable, en décrivant la spirale dans le sens de la flèche on doit être ramené sur la courbe fermée, et c'est à cette seule condition que la courbe fermée représentera un régime stable d'ondes entretenues et donnera lieu à la solution du problème. » [Poincaré 1908, p. 391]

Si l'analogie entre les deux problèmes conduit à un même résultat, la ressemblance entre les mots employés par Liénard et ceux utilisés par Poincaré suscite l'interrogation suivante :

Liénard a-t-il eu connaissance des travaux de Poincaré ?

Il paraît difficile de répondre à cette question. Plusieurs hypothèses peuvent néanmoins être envisagées. D'une part, il est parfaitement possible que Liénard ait retrouvé ce résultat de façon totalement indépendante (comme cela a vraisemblablement été le cas pour Andronov [1928, 1929a, 1929b]. Voir *infra* Partie II). D'autre part, si Liénard avait eu connaissance des travaux de Poincaré [1908] pour quelle(s) raison(s) ne les aurait-il pas cités ? Cependant, la démarche de Liénard est exactement identique à celle de Poincaré. Pour le démontrer, il suffit de comparer les deux équations différentielles présentées dans le plan de phase de Poincaré (*resp.* de Liénard) avec celle d'Andronov [1929a] (voir Tableau 3.4).

En posant : $\mu = 1$, $f(x, y; \mu) = -F(x)$ et $g(x, y; \mu) = 0$ on remarque d'une part que le système de Liénard (L_4) correspond exactement à celui d'Andronov (A_4) et d'autre part que la condition de stabilité (A_6) (voir *supra*) du mouvement périodique s'écrit :

$$\int_\Gamma \left(-F(x)\frac{dy}{dt}\right) dt < 0 \quad \Leftrightarrow \quad \int_\Gamma F(x)\, dy > 0 \qquad (L_8)$$

Il apparaît ainsi que la condition (L_8) utilisée par Liénard [1928] pour démontrer l'existence et l'unicité d'une solution périodique stable est absolument identique à celle établie vingt ans plus tôt par Poincaré [1908]. Dans la seconde partie de son mémoire, Liénard [1928, p. 946] le confirme en recalculant la valeur de l'intégrale (L_8) en se plaçant en coordonnées polaires. Ce qui n'est d'ailleurs

Poincaré [1908a]	Liénard [1928]	Andronov [1929a]
$\begin{cases} \dfrac{dx}{dt} = y \\ \dfrac{dy}{dt} = -x - \mu\theta(y) \end{cases}$	$\begin{cases} \dfrac{dx}{dt} = y - F(x) \\ \dfrac{dy}{dt} = -x \end{cases}$	$\begin{cases} \dfrac{dx}{dt} = y + \mu f(x, y; \mu) \\ \dfrac{dy}{dt} = -x + \mu g(x, y; \mu) \end{cases}$
Voir Eq. (P_7) p. 34	Voir Eq. (L_4) p. 84	Voir Eq. (A_4) p. 34

TABLE 3.4 – Équations différentielles de Poincaré, Liénard et Andronov.

pas sans rappeler la technique qu'emploiera Andronov [1929a] pour obtenir cette même condition (A_6) l'année suivante (voir *infra* Partie II). Néanmoins, si Liénard démontre effectivement l'existence d'une solution périodique unique et stable représentée par une courbe fermée qui correspond en tous points à la définition d'un cycle limite énoncée par Poincaré [1882, p. 261] (voir *supra*) il ne fait aucun lien avec ce concept et continuera de parler de « courbe intégrale fermée » dans ce travail et dans tous ceux qu'il entreprendra par la suite dans le même domaine (voir *infra* Partie II). Il est également important de souligner que Liénard ne semble accorder que peu de crédit à la terminologie introduite par Van der Pol comme l'indique le titre de son article : « Étude des oscillations entretenues ».

3.3.2 Détermination analytique de l'amplitude des oscillations entretenues

Dans la seconde partie de son mémoire, Liénard [1928, p. 946] calcule l'amplitude des oscillations entretenues. Pour y parvenir, il applique une démarche qui est précisément celle qu'a utilisée Poincaré [1908]. Il procède de la manière suivante. Tout d'abord il remplace dans l'équation (L_3) $f(x)$ par $kf(x)$ et obtient :

$$xdx + ydy - kF(x)\,dy = 0 \qquad (L_9)$$

Il remarque alors que lorsque $k = 0$ cette équation se réduit à : $xdx + ydy = 0$ ce qui donne $x^2 + y^2 = constante$. Il en déduit que :

> « Toutes les courbes intégrales sont des cercles, des courbes fermées par conséquent. Mais, parmi cette infinité de cercles, un seul correspond à la limite de la courbe fermée unique qui existe tant que k reste fini. Pour déterminer ce cercle limite, il suffit de remarquer que la condition $\int Fdy = 0$ caractérisant la courbe intégrale fermée ne se modifie

pas par le changement de F en kF. Le cercle limite sera donc celui pour lequel on a $\int Fdy = 0$. » [Liénard 1928, p. 946]

La mise en parallèle de cet extrait avec celui de Poincaré [1892] :

« Si les équations (1) qui dépendent d'un paramètre μ admettent pour $\mu = 0$ une solution périodique dont aucun des exposants caractéristiques ne soit nul, elles admettront encore une solution périodique pour les petites valeurs de μ. » [Poincaré 1892, p. 181]

ainsi que le choix de la terminologie « cercle limite » adoptée par Liénard laissent perplexe quant à sa méconnaissance des travaux de Poincaré [1881-1886, 1892, 1908].

Liénard [1928, p. 946] effectue ensuite un passage en polaire : $x = R\sin\varphi$, $y = R\cos\varphi$.

L'intégrale $\int Fdy = 0$ s'écrit alors après une intégration par parties :

$$\int_0^R f(x)\sqrt{R^2 - x^2}dx = 0$$

En choisissant pour *caractéristique d'oscillation* la cubique de Van der Pol [1920, p. 703] : $F(x) = \frac{x^3}{3} - x$, l'intégrale se réduit, en tenant compte du fait que $f(x) = F'(x) = x^2 - 1$, à :

$$\int_0^R f(x)\sqrt{R^2 - x^2}dx = \frac{\pi R^2}{16}\left(R^2 - 4\right) = 0$$

Ce qui le conduit à $R = 2$ pour l'amplitude des oscillations entretenues. (Voir Appendice A.1).

Considérant que k est infiniment petit Liénard explicite, grâce à ce passage en polaire, la solution de l'équation (L_9) qui n'est autre dans ce cas que l'équation (V_9) de Van der Pol [1926d, p. 979] (voir *supra*). Il obtient pour l'expression de l'amplitude :

$$R = \frac{2}{\sqrt{1 + Ke^{-k\omega t}}} \quad (L_{10})$$

et pour la solution de (L_9) ou de (V_9) :

$$x = \frac{2\sin\omega t}{\sqrt{1 + Ke^{-k\omega t}}} \quad (L_{11})$$

Il rappelle alors d'une part que ces formules « ont été données sans explication par Van der Pol » [Liénard 1928, p. 948] et, d'autre part que :

« Lorsque t croît indéfiniment, R tend vers la limite 2, par valeurs inférieures, si K est positif, par valeurs supérieures, si K est négatif. On retrouve ainsi la propriété selon laquelle la courbe intégrale fermée, vers laquelle tendent en spirale les autres courbes intégrales, a pour forme limite, pour k infiniment petit un cercle de rayon 2. »

[Liénard 1928, p. 948]

Puis il remplace x dans l'équation (L_1) par l'expression (L_{11}) et « constate avec étonnement que l'équation n'est satisfaite qu'à condition de négliger les termes du premier ordre en k. » [Liénard 1928, p. 948]. Il fournit alors une expression de $x$satisfaisant l'équation (L_1) au second ordre en k. Ceci met en lumière un certain scepticisme qui règne en France à l'égard des travaux de Van der Pol [1926d] et dont l'origine se trouve effectivement dans l'absence d'explication ou de démonstration, et surtout parfois dans le manque de rigueur mathématique qui apparaît plus nettement encore dans le calcul de la période.

3.3.3 Caractérisation de la dualité du phénomène oscillatoire

Pour caractériser la nature des oscillations entretenues, Liénard considère l'équation (L_9) dans laquelle il pose : $y = kz$ afin de distinguer deux cas : k inférieur ou supérieur à un. Il obtient l'équation suivante qui est absolument identique à (L_1) (au facteur k près) et donc à l'équation (V_9) de Van der Pol [1926d] :

$$[z - F(x)]\, dz + \frac{1}{k^2} x dx = 0 \qquad (L_{12})$$

Lorsque k devient infiniment grand Liénard rappelle que le second terme de cette équation devient négligeable et par conséquent, comme le montre la Figure 3.13, que :

> « Toute courbe intégrale se compose d'arcs de courbes $z = F(x)$ et de parties d'horizontales $z = constante$. Si k est très grand, les courbes intégrales z comprendront des parties très voisines de la courbe $z = F(x)$ et d'autres très voisines d'horizontales. »
>
> [Liénard 1928, p. 951]

Cet extrait est particulièrement intéressant dans la mesure où il constitue les prémices de la définition qu'Andronov [1937] donnera quelques années plus tard des « systèmes grossiers » pour lesquels il élaborera le cadre théorique des systèmes singulièrement perturbés (voir *infra* Partie II). La Figure 3.13 est assez troublante puisqu'elle fournit une représentation de la solution de l'équation (L_{12}) qui n'est autre que le *cycle limite* solution de l'équation (V_9) de Van der Pol [1926d]. Pour mettre en lumière les deux échelles de temps caractéristiques, c'est-à-dire, les deux types d'évolution pour les courbes intégrales : une lente et une rapide, Liénard réécrit la relation (L_4), en tenant compte des changements de variables effectués ($F(x) \to kF(x)$,$y = kz$), sous la forme suivante :

$$\omega dt = -\frac{dy}{x} = -k\frac{dz}{x} \qquad (L_{13})$$

$$\omega dt = \frac{dx}{y - kF(x)} = \frac{dx}{k\,[y - F(x)]} \qquad (L_{14})$$

Il en déduit que les courbes intégrales très voisines de la courbe $z = F(x)$ sont parcourues avec une vitesse très petite de l'ordre de $1/k$ tandis que les arcs de courbes intégrales voisins d'horizontales $z = constante$ sont parcourus avec une vitesse très grande de l'ordre de k^2.

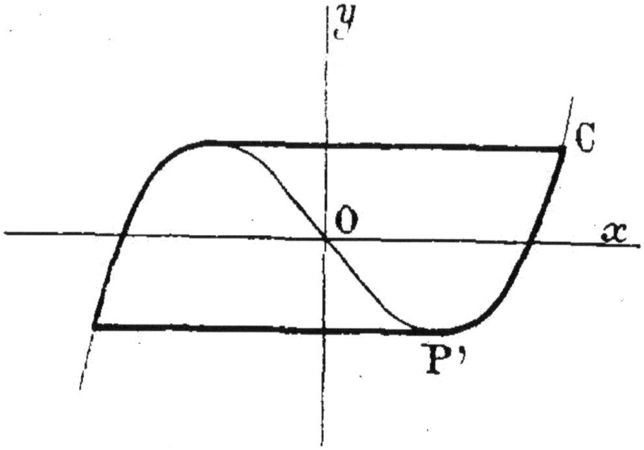

FIGURE 3.13 – Courbe intégrale pour k infini, d'après Liénard [1928, p. 905].

3.3.4 Détermination analytique de la période des oscillations entretenues

Pour calculer la période des oscillations Liénard se fonde sur les considérations qu'il vient d'établir sur la dualité « lente-rapide » d'évolution des courbes intégrales. En effet, puisque k est grand il fait les hypothèses suivantes :

- dans la partie horizontale les courbes intégrales évoluent très rapidement puisque leur temps de parcours est proportionnel à $1/k^2$. Cette durée peut donc être négligée,

- dans la partie CP' les courbes intégrales sont très voisines de la courbe $z = F(x)$. On peut donc assimiler la courbe intégrale solution de (L_{12}) à la fonction $z = F(x)$

Tenant compte du fait que $dz = F'(x)\,dx = f(x)\,dx$ Liénard [1928, p. 952] montre ainsi que la durée d'une demi-révolution $T/2$ peut être obtenue en intégrant la relation (L_{13}) :

$$\omega\frac{T}{2} = k\int_{C}^{P'} \frac{-dz}{x} = k\int_{P'}^{C} \frac{dz}{x} = k\int_{P'}^{C} f(x)\frac{dx}{x}$$

Liénard choisit pour *caractéristique d'oscillation* la cubique de Van der Pol [1920, p. 703] : $F(x) = \frac{x^3}{3} - x$ avec $f(x) = F'(x) = x^2 - 1$. Les abscisses[35] des points P' et C étant 1 et 2, il obtient alors :

35. L'abscisse du point C correspond à la valeur maximum de l'amplitude (x = 2) et celle du point P à la valeur du minimum de la fonction $F(x)$, c'est-à-dire, x = 1.

$$\omega\frac{T}{2} = k\int_1^2 \frac{(x^2-1)\,dx}{x} = \frac{k}{2}\left[x^2 - \log_e x^2\right]_1^2 = \frac{k}{2}\left[3 - 2\log_e 2\right]$$

Puis, il en déduit que la période des oscillations, pour k très grand (cas $\varepsilon >> 1$ des oscillations de relaxation pour Van der Pol [1926d]. Voir *supra*), a pour valeur [36] :

$$\omega T = k\left[3 - 2\log_e 2\right] = 1.614k \qquad (L_{15})$$

Il ajoute ensuite :

« Bien qu'ayant trouvé que ωt est égal à

$$\omega\frac{T}{2} = \frac{k}{2}\left[x^2 - \log_e x^2\right], \text{[voir sa formule (20)]}$$

van der Pol indique, je ne sais pourquoi, que ωT serait voisin de k ([1]).

([1]) D'après la figure 4 de van der Pol, ce serait du reste $\omega\frac{T}{2}$ et non ωT qui serait voisin de k. L'approximation serait bien meilleure. » [Liénard 1928, p. 952]

C'est précisément ce qui a été constaté dans l'analyse des travaux de Van der Pol [1926d, p. 986] (voir *supra*). Ainsi, dans son article, Liénard porte sur la contribution de Van der Pol un regard critique. Le manque de rigueur mathématique dont fait preuve Van der Pol tant dans le calcul de l'amplitude que dans celui de la période du phénomène d'oscillations de relaxation (qui est en réalité proche du double de celle qu'il avait déduite graphiquement) va d'une part affaiblir la portée de ses résultats et, d'autre part en diminuer la crédibilité aux yeux de la communauté scientifique française.

36. Ce résultat constitue cependant une approximation qui sera ensuite affinée par Jules Haag [1943, 1944, 1948]. Néanmoins, la démonstration de Liénard est présente dans de nombreux ouvrages sur la théorie des équations différentielles ou la théorie des systèmes dynamiques. Voir par exemple Lefschetz [1957, p. 346], Grassman [1987, p. 28], Verhulst [1996, p. 168] ou Enns & McGuire [2001, p. 277]. Voir *infra* Partie II.

FIGURE 3.14 – Alfred Liénard, d'après Collections E.N.S.M.P.

Conclusion de la Partie I

Cette première partie nous a permis de suivre la genèse de la théorie des oscillations non linéaires, entre 1880 et 1928. On a vu ainsi que trois dispositifs – la machine série-dynamo, l'arc chantant et la triode – avaient permis d'observer un phénomène oscillatoire d'un genre nouveau alors appelé *oscillations entretenues*.

Les différentes recherches réalisées, notamment en France, ont eu alors pour but de décrire ce phénomène et d'en isoler la cause. Les savants de cette époque ont très rapidement pu mettre en évidence, au sein de la machine série-dynamo et de l'arc chantant, l'existence d'un composant présentant un comportement non linéaire qui les a conduit à introduire le concept de « résistance négative » . Cependant, la seconde étape consistant à modéliser mathématiquement ce nouveau type de comportement à l'aide d'une équation différentielle caractérisant ces oscillations entretenues, nécessita un plus long cheminement.

Au début du XXe siècle, l'essor de la T.S.F. allait placer l'arc chantant au devant de la scène, et au centre des préoccupations des chercheurs. Après avoir résolu le problème de l'amorçage des oscillations, il était nécessaire, pour permettre les transmissions au moyen de ce dispositif, d'établir un régime stable d'ondes entretenues. Contre toute attente ce problème d'ingénierie allait être résolu par un mathématicien : Henri Poincaré. Jusqu'alors l'historiographie avait considéré qu'Andronov avait été le premier, à la fin des années 1920, à faire le lien entre les oscillations entretenues et le concept de cycle limite, introduite par Poincaré dans son second mémoire « Sur les courbes définies par une équation différentielle » au début des années 1880. La mise au jour de conférences sur la T.S.F. données par Poincaré vingt ans auparavant, en mai-juin 1908, et semble-t-il oubliées, conduit à modifier quelque peu la présentation traditionnelle. Lors de son dernier exposé, Poincaré démontrait, en effet, que la condition nécessaire et suffisante à l'établissement d'un régime stable d'ondes entretenues dans l'arc chantant était l'existence d'un cycle limite stable (bien qu'il n'utilise pas le terme).

Après la disparition prématurée du savant français en 1912, un troisième dispositif allait faire son apparition : la triode. Principalement utilisée dans les transmissions pendant la Première Guerre mondiale, la triode allait se substituer à l'arc chantant. Plus maniable et surtout plus fiable, elle allait alors faciliter les expérimentations et la modélisation des oscillations non linéaires. Alors que l'historiographie en avait jusqu'ici attribué le mérite à Van der Pol, il apparaît que c'est André Blondel qui réalisa en 1919 – un an avant le savant hollandais – une première modélisation le conduisant *de facto* à la mise en équation des oscillations entretenues par une triode. La même année, Paul Janet avait montré que la machine série-dynamo, l'arc chantant et la triode étaient trois dispositifs analogues régis par une seule et même équation différentielle du second ordre, bien qu'encore incomplètement déterminée. Ignorant probablement les travaux de Poincaré, Janet soumettait alors le problème de l'étude des solutions de cette équation aux mathématiciens Élie et Henri Cartan qui, en 1925, démontraient l'existence d'une solution périodique et en déterminaient les caractéristiques.

L'année suivante, Van der Pol publiait son célèbre article intitulé « On relaxation-oscillations » dans lequel il donnait l'équation prototype caractérisant les oscillations d'une triode, et donc celles de l'arc chantant et de la machine série-dynamo. Bien que représentant au moyen d'une intégration graphique la solution de cette équation qui prend alors la forme d'une courbe fermée, il n'a pas reconnu qu'il s'agit d'un cycle limite de Poincaré. En revanche, une contribution essentielle de Van der Pol a consisté à décrire la nature intrinsèque du phénomène oscillatoire qu'il nomme oscillation de relaxation, en soulignant l'existence de deux échelles de temps caractéristiques. Cette découverte va jouer un rôle essentiel par la suite.

En 1928, l'ingénieur et mathématicien Alfred Liénard a considéré une équation différentielle du second ordre plus générale que celle de Van der Pol et établi, sous certaines conditions, l'existence et l'unicité d'une solution périodique ; cependant, il n'a pas fait non plus le lien avec le concept de cycle limite de Poincaré. Ainsi, jusque là, personne notamment en France n'avait, semble-t-il, reconnu en cette solution périodique un cycle limite de Poincaré sauf, implicitement, Poincaré lui-même.

Deuxième partie

Des oscillations de relaxation aux auto-oscillations

Chapitre 4

Les conférences de Van der Pol : *vers le concept d'oscillations de relaxation*

Le concept d'*oscillations de relaxation* a été introduit en 1925 par Balthasar Van der Pol dans un article en néerlandais (voir *supra* Partie I), puis popularisé par une longue série d'articles et de conférences [Van der Pol 1926a, 1926b, 1926c, 1926d, 1927, 1928a, 1928b, 1930, 1931, 1934, 1938a, 1938b]. Il trouve son origine dans le comportement oscillatoire d'un dispositif de la radiotechnique : le *multivibrateur* d'Abraham et Bloch [1919a, 1919b, 1919c, 1919e] [1] (voir *supra* Partie I). En effet, la période des oscillations de ce système tout comme celle de la *machine série-dynamo*, de l'*arc chantant* et de *lampe à trois électrodes* ne peut plus, pour certaines valeurs d'un paramètre, être déduite de la formule de Thomson mais correspond [2] à la durée de décharge d'un condensateur dans une résistance appelée temps de relaxation (voir *supra* Partie I). On passe ainsi de systèmes de type Thomson pour lesquels l'amplitude et la période dépendent des conditions initiales à des systèmes de type relaxation pour lesquels l'amplitude et la période sont totalement indépendants des conditions initiales. Ce qui renforce alors l'idée de concept d'oscillations de relaxation est la capacité du modèle formalisé par Van der Pol [1926a, 1926b, 1926c, 1926d] à décrire plusieurs phénomènes en apparence très différents comme par exemple les battements du cœur et les oscillations d'une triode. De plus, l'existence d'une dualité pour les échelles de temps caractéristique propre aux systèmes à relaxation les inscrit à l'intérieur même d'un autre concept introduit presque concomitamment par Andronov [1928, 1929a, 1929b] : celui d'*auto-oscillations*. Ces deux concepts ont joué, au début des années trente, un rôle déterminant dans le processus d'élaboration de la théorie des oscillations non linéaires.

Dans ses premières publications sur les oscillations de relaxation Van der Pol [1926a, 1926b, 1926c, 1926d] présente le prototype d'une équation différentielle non linéaire du second ordre qu'il rattache dans un premier temps à la *triode* avant de la dédimensionner. Après avoir établi graphi-

1. Nous avons vu dans la Partie I, p. 60 que ce dispositif a été inventé en décembre 1917.
2. Comme l'ont montré Abraham et Bloch [1919a, p. 257] puis Van der Pol [1926d, p. 988].

quement que la solution périodique de cette équation possède une période qui ne se conforme plus, pour certaines valeurs d'un paramètre, à la formule de Thomson mais s'exprime comme un temps de relaxation, Van der Pol [1926d, p. 987] démontre qu'elle permet également de décrire les oscillations dont le *multivibrateur* d'Abraham et Bloch est le siège. Afin d'asseoir l'aspect conceptuel de ce nouveau type d'oscillations, Van der Pol tente dans les conclusions de ses articles de le généraliser à d'autres phénomènes [3]. Ainsi, il écrit dans sa première contribution sur les oscillations de relaxation :

> « Zij komen waarschijnlijk op verschillende gebieden in de natuur voor, zooals b.v. bij de Wehnelt-onderbreker, bij tal van gasontladingen enz [4]. » [Van der Pol 1926a, p. 157]

Dans sa seconde publication, toujours en néerlandais, il rappelle que l'interrupteur Wehnelt est le siège de ces oscillations puis ajoute :

> « Ook een afzonderlijk bekrachtigde motor, gevoed door een met constante snelheid draaiende serie-dynamo voert relaxatie-trillingen behoort en wellicht ook de hartslag [5]. » [Van der Pol 1926b, p. 39]

Ainsi, dès 1926 Van der Pol avait émis l'hypothèse que les battements du cœur pouvaient être représentés par des oscillations de relaxation. Dans la troisième version, en allemand cette fois, il reprend alors ces mêmes exemples :

> « Des weiteren ist es wahrscheinlich (obwohl es nicht genau geprüft worden ist), daβ die Schwingungen eines „Wehnelt« -Unterbrechers und vielleicht auch der Herzschlag der allgemeinen Klasse von Relaxationsschwingungen angehören. Auch ein von einem mit konstanter Geschwindigkeit drehen Seriedynamo gespeister fremderregter Motor führt Relaxation schwingungen aus, d. h. der Motor ändert selbsttätig seine Drehungsrichtung [...] [6]. » [Van der Pol 1926c, p. 184]

Cependant que, dans sa quatrième et désormais célèbre contribution publiée en anglais, l'exemple de la *machine série-dynamo* a été retiré au bénéfice des oscillations dont le *tube néon* est le siège faisant ainsi implicitement référence aux travaux de Righi [1902] :

> « Finally it seems quite likely that, when the total characteristic (including the parts with negative slope) is taken into account, the well-known vibration of a neon-tube connected

3. Il a été rappelé précédemment que les conclusions de ses articles sont différentes. Voir *supra*, Partie I.

4. « Ces oscillations sont probablement présentes dans différents domaines dans la nature, comme par exemple l'interrupteur Wehnelt, dans le phénomène de détente des gaz, etc. » [Van der Pol 1926a, p. 157].
L'interrupteur Wehnelt est un interrupteur électrolytique dans lequel le passage du courant génère de fines bulles d'oxygène autour de l'électrode qui stoppent le passage du courant, puis disparaissent en le rétablissant.

5. « Un moteur à excitation séparé alimenté par une machine série-dynamo tournant à vitesse constante effectue également des oscillations de relaxation et peut-être aussi les battements du cœur. » [Van der Pol 1926b, p. 39]

6. « En outre, il est probable (bien que cela n'ait pas été examiné en détail) que les oscillations d'un disjoncteur Wehnelt et peut-être même les battements du cœur appartiennent à la classe générale des oscillations de Relaxation. Un moteur alimenté par une dynamo-série à courant continu effectue également des oscillations de Relaxation, à savoir, le sens de rotation du moteur change périodiquement [. . .]. » [Van der Pol 1926c, p. 184]

to a resistance and condenser in shunt may be similarly treated under the heading of relaxation-oscillations. Similarly, (though no detailed investigation has been carried out) it is likely that the oscillations of a « Wehnelt » interrupter belong to the general class of relaxation-oscillations and perhaps also heart-beats. » [Van der Pol 1926d, p. 992]

Aux termes de l'année 1926, Van der Pol a donc rappelé à trois reprises que les battements du cœur pouvaient être décrits par le concept d'oscillations de relaxation. L'année suivante, dans deux articles en néerlandais et en allemand, Van der Pol [1927b, 1927c] met en équation le problème des oscillations de la *machine série-dynamo* (Voir *supra* Partie I.) et rappelle l'exemple du *tube néon* au détriment cette fois de l'*interrupteur Wehnelt*.

4.1 Les conférences en France (1928-1937)

À partir de 1928, Van der Pol vient régulièrement en France. Il est ainsi invité à venir exposer le résultat de ses recherches sur les oscillations de relaxation comme ce sera le cas

- le 24 mai 1928 dans la Salle de la Société de Géographie,
- les 10 et 11 mars 1930 à l'École Supérieure d'Électricité,
- entre le 5 et 12 juillet 1932 au Congrès International d'Électricité,
- en octobre 1937 au Congrès du Palais de la Découverte lors de la Réunion Internationale de Physique-Chimie-Biologie. [7]

Van der Pol est l'un des organisateurs de la première Conférence Internationale de Non linéaire [8] qui a lieu entre le 28 et le 30 janvier 1933 à l'Institut Henri Poincaré. Il fera aussi partie du comité d'organisation du Colloque International des Vibrations Non linéaires qui se déroule entre le 18 et 21 septembre 1951 sur l'île de Porquerolles (Var). Lors de ces différentes interventions Van der Pol va tenter de faire apparaître la portée du concept d'oscillations de relaxation dont il est l'auteur.

4.1.1 Exposé du 24 mai 1928 dans la Salle de la Société de Géographie

Au cours de l'année 1928, les recherches de Van der Pol sur les battements du cœur débouche sur la publication de plusieurs articles écrits en collaboration avec Jan Van der Mark (1893-1961) [9]. Leur travail est d'abord publié en néerlandais, puis en français et en anglais.

- De hartslag als relaxatietrillingen en een electrisch model van het hart,
  Werk. Genoot. Nat.-, Genees- en Heelk. **12** (1928), p. 614-618

7. Ces conférences ont été recensées à partir de sa bibliographie complète [Van der Pol 1960, vol. 2, p. 1331-1339]
8. Voir *infra*.
9. Pour une analyse des travaux de Van der Pol et Van der Mark sur les battements du cœur voir Israel [1996, p. 34] et Israel [2004, p. 14]. Il existe assez peu d'éléments biographiques concernant Van der Mark. Voir International Telecommunication Union, vol. 28, (1961) p. 135 (en anglais), p. 159 (en français) ou p. 183 (en espagnol).

- Le battement du cœur considéré comme oscillations de relaxation, *Onde Électrique*, **7** (sept. 1928), p. 365-392.
- The Heartbeat considered as a Relaxation oscillation, and an Electrical Model of the Heart, *Philosophical Magazine Supplement*, **6** (1928), p. 763-775.

Si ces versions sont semblables voire quasiment identiques, la publication en français [Van der Pol 1928a] est remarquable pour plusieurs raisons. Tout d'abord, il s'agit du texte d'une conférence présentée par Van der Pol le 24 mai 1928 à la Société de Géographie (Voir Fig. 4.1 et Fig. 4.2), 184 boulevard Saint Germain. La séance se déroule sous la présidence du général G. Ferrié, à l'invitation de la Société des Amis de la T.S.F., de la Société Française des Electriciens et de la Société de Biologie.

FIGURE 4.1 – Société de Géographie, 184 bd St Germain, Paris (source : http ://www.socgeo.org/images/facade.jpg).

Ensuite, l'allocution de Van der Pol (reproduite ci-dessous) qui fait préambule à son exposé premet de voir comment il souhaite asseoir la légitimité de sa découverte aussi bien dans le domaine de la T.S.F. que dans celui de la cardiologie.

FIGURE 4.2 – Amphithéâtre de la Société de Géographie, 184 bd St Germain, Paris. (Photographie réalisée grâce à l'aimable autorisation de M. le Président Jean Robert Pitte et avec le concours de Mme Sylvie Rivet, Directrice Administrative)

> « J'apprécie vivement l'honneur de parler devant vous ce soir, sous les auspices de la société des Amis de la T.S.F., de la Société française des Electriciens et de la Société de Biologie. Je dois cet honneur d'abord à l'amicale invitation de M. René Mesny, secrétaire général de la société des amis de la T.S.F., dont les travaux sont bien connus et vivement admirés aux Pays-Bas, et du jugement duquel j'attache personnellement le plus grand prix. C'est lui également qui a bien voulu se charger d'intéresser à mes travaux la célèbre Société française des Electriciens dont je remercie le président M. Imbs d'avoir bien voulu accorder son patronage à cette séance. Enfin la présence ici du Bureau des membres de la société de biologie est due à l'intérêt que l'éminent maître de la science cardiaque, M. le Professeur Vaquez a bien voulu porter à un exposé sommaire des premiers résultats obtenus par nous à ce sujet. » [Van der Pol 1928a, p. 365]

À la fin des années vingt, René Mesny (1874-1949) qui avait été nommé par le ministère de la Marine à l'Établissement Central du Matériel de la Radiotélégraphie militaire (E.C.M.R.) (Voir *supra* Partie I.) puis chef du Laboratoire National de Radioélectricité est une figure emblématique du domaine de la radio en France. Il est l'inventeur d'un oscillateur symétrique à deux lampes triodes permettant de réaliser des transmissions au moyen d'ondes courtes [Mesny *et al.*, 1923 ; Mesny, 1924, 1927] et dont le principe présente toutes les caractéristiques d'un oscillateur auto-entretenu comme le rappelle Édouard Cliquet qui consacra dans le premier tome de son ouvrage intitulé : *Émetteurs de petite puissance sur ondes courtes*, un chapitre entier sur les montages auto-oscillateurs :

> « Le montage MESNY est au point de vue schématique, un auto-oscillateur symétrique du type Reversed Feed Back. » [Cliquet 1949, tome 1, p. 147]

Néanmoins, il semble que l'hommage rendu par Van der Pol à Mesny se limite à une simple formule de politesse puisqu'il n'y a apparemment, dans ses *Selected Scientific Papers* [Van der Pol 1960, vol. 1 & 2], qu'une seule référence aux travaux de Mesny avant 1928 [10]. Il en va de même pour Louis Henri Vaquez (1860-1936), professeur agrégé à la Faculté de Médecine de Paris, membre de l'Académie de Médecine. Ce spécialiste en cardiologie [11] est l'auteur de travaux fondamentaux dans ce domaine dont les principaux sont *Les troubles du rythme cardiaque* [Vaquez et Donzelot, 1926] et *Les Maladies du cœur* [Vaquez, 1928]. Ces ouvrages ne contiennent cependant aucune allusion aux travaux de Van der Pol [12]. De plus, lors des différentes conférences réalisées par Van der Pol en France il ne fera plus référence ni à Mesny, ni à Vaquez.

Dans la suite de sa présentation, Van der Pol donne une définition de systèmes susceptibles de produire des oscillations de relaxation qui correspond à celle que donnera Andronov [1929a] pour un auto-oscillateur (voir *infra*).

> « Mais en électrotechnique et particulièrement dans le domaine de radio-télégraphie nous avons à notre disposition des résistances d'un caractère négatif. Au lieu de dissiper de l'énergie ces résistances peuvent *fournir* de l'énergie. Il est évident par conséquent qu'elles ne se présentent que dans les systèmes qui contiennent une source d'énergie. »
>
> [Van der Pol 1928a, p. 367]

Il explique qu'il existe des dispositifs dans le domaine de la radiotechnique au sein desquels la présence d'une résistance négative à pour effet de fournir de l'énergie au système et donc d'entretenir les oscillations au lieu de les amortir. Puis, il ajoute :

> « De même, les oscillations électriques produites par un transmetteur à arc ont lieu grâce à la résistance négative de l'arc. » [Van der Pol 1928a, p. 367]

Par cette analogie il démontre ainsi sa parfaite connaissance du principe de fonctionnement du transmetteur à arc, c'est-à-dire de l'arc chantant. Ce qui laisse d'ailleurs supposer qu'il ait pu lire les travaux de Blondel [1905c, 1919d] auxquels il fera référence lors de sa seconde conférence en France (voir *infra*). Après, avoir rappelé que si l'on remplace dans un circuit RLC classique la résistance (positive) par une résistance négative l'amplitude des oscillations croît indéfiniment il propose d'exprimer la résistance comme une fonction de l'amplitude « telle qu'elle change de signe lorsque

10. Dans un article publié dans l'*Onde Électrique* Van der Pol et Posthumus [1925, p. 536] font allusion aux articles de Dufour et Mesny [1923].

11. Il est aussi connu pour ses travaux en hématologie. Il a en effet découvert et décrit le trouble sanguin *polyglogulie vera* également appelé maladie de Vaquez ou maladie de Osler-Vaquez.

12. Il n'y a pas non plus trace dans les *Selected Scientific Papers* de Van der Pol [1960, vol. 1 & 2] d'une référence aux travaux de Vaquez.

l'amplitude est supérieure à une certaine valeur constante déterminée par la nature du système » [Van der Pol 1928a, p. 368]. Dans l'équation différentielle caractérisant les oscillations d'un circuit RLC :

$$L\frac{d^2v}{dt^2} + R\frac{dv}{dt} + \frac{1}{C}v = 0$$

il pose $\alpha = \frac{R}{L}$ et $\omega^2 = \frac{1}{LC}$ Puis, il remplace cette fois (voir *supra* Partie I) α par l'expression $\alpha\,(1 - v^2)$ et obtient une variante de l'équation (V_7) qui n'est pas non plus sans dimensions :

$$\ddot{v} - \alpha\,(1 - v^2)\,\dot{v} + \omega^2 v = 0 \qquad (V_{14})$$

On constate que la démarche utilisée par Van der Pol pour introduire l'expression $\alpha\,(1 - v^2)$ dans l'équation différentielle est calquée sur celle de Lord Rayleigh [1883, p. 229-230]. Van der Pol différencie alors deux cas :

- le cas $\alpha^2 \ll \omega^2$ qui correspond à des oscillations sinusoïdales,
- le cas $\alpha^2 \gg \omega^2$ qui correspond à des oscillations de relaxation.

Le premier cas représente le *régime limite d'entretien* pour lequel les valeurs propres de l'équation caractéristique de l'équation différentielle sont imaginaires pures. En d'autres termes, le régime oscillatoire non amorti que Blondel [1919d, p. 132] avait baptisé *régime éolien* [13]. L'étude du second cas lui permet tout d'abord de démontrer l'existence d'un nouveau régime oscillatoire n'appartenant pas à la classification de Curie (Voir *supra* Partie I).

> « Ici la résistance initiale, tout en étant négative, est tellement grande que, si elle était constante et indépendante de l'amplitude, le *système serait très fortement apériodique*. »
> [Van der Pol 1928a, p. 369]

En comparant le paramètre α^2/ω^2 de Van der Pol à celui de Curie on retrouve bien les résultats de ce dernier : « Pour $n_a > 1$ mouvement apériodique de plus en plus lent quand n_a tend vers ∞ » [Curie 1891, p. 209]. Puis, Van der Pol définit d'une manière beaucoup plus précise les oscillations de relaxation. Il explique en effet qu'avec la condition $\alpha^2 >> \omega^2$:

> « [...] le système a tendance tout d'abord à sauter de la valeur zéro à une valeur positive, décroissant ensuite graduellement, puis tout à coup de sauter à une valeur négative et ainsi de suite. » [Van der Pol 1928a, p. 369]

Quelques pages plus loin il indique à propos de la forme de ces oscillations :

> « [...] elle est caractérisée par des sauts discontinus se produisant toutes les fois que le système devient instable. » [Van der Pol 1928a, p. 372]

13. « Par réminiscence des harpes éoliennes, instruments toujours prêts à vibrer au moindre souffle d'Eole, dieu du vent. » [Blondel 1919d, p. 132]. Voir Appendice B.3.

Cette notion de « saut » , déjà pressentie par Witz [1889b, p. 585] (voir *supra* Partie I), va conduire quelques années plus tard Mandel'shtam et Papalexi à proposer « l'hypothèse du saut [14] » également appelée « condition de discontinuité [15] » [Mandel'shtam *et al.* 1935, p. 97], « condition de Mandel'shtam » [Minorsky 1947, p. 394] ou encore « postulat de Mandel'shtam » [Minorsky 1967, p. 82] (voir *infra*). Cette hypothèse va ainsi permettre à Andronov et Witt [1930] d'expliquer le phénomène d'oscillations de relaxation décrit par Van der Pol dans la lampe triode et dans le multivibrateur d'Abraham et Bloch. Après avoir rappelé que dans ce second cas, la période des oscillations ne peut plus être fournie par la formule de Thomson mais par une relation qu'il a lui-même établie (voir *supra* Partie I), Van der Pol donne (enfin) la définition et l'origine de ce nouveau concept :

> « Par suite la période de ces nouvelles oscillations dans ce cas électrique particulier est déterminée par la *durée de décharge d'un condensateur*, que l'on appelle parfois une durée de *relaxation*, et par suite nous appellerons ce type d'oscillations des *oscillations de relaxation.* » [Van der Pol 1928a, p. 369]

Remarquons, d'une part, que cette définition est relativement tardive puisqu'elle intervient deux ans après ses premiers articles sur le sujet et, d'autre part, que Van der Pol paraît user voire abuser de l'analogie dans la mesure où cette *durée*, dont il évoque la dénomination avec une grande imprécision alors qu'elle a été parfaitement définie par Maxwell [1867, p. 56], correspond à un phénomène électrique. Or, dans le cas d'oscillations de relaxation mécaniques ou biologiques elle ne paraît pas pleinement justifiée. Introduit par Maxwell dans le cadre d'un problème de thermodynamique et non d'électricité, le mot *relaxation* semble être employé ici dans une acception large qui s'apparente à un *retour à l'équilibre*.

Van der Pol propose ensuite une liste d'exemples d'*oscillations de relaxation* :

> « Ainsi dans le cas d'une harpe éolienne comme dans celui du vent qui souffle dans les fils télégraphiques en produisant un son sifflant, la période du son est déterminée par une durée de relaxation et n'a absolument rien de commun avec la période naturelle de la corde vibrant d'une manière sinusoïdale. » [Van der Pol 1928a, p. 369]

Cette allusion à la harpe éolienne revêt une grande importance puisqu'il s'agit précisément de l'un des exemples choisis par Lord Rayleigh lequel considérait que les oscillations entretenues pouvaient être séparée en deux classes : les oscillations entretenues au sens contemporain d'oscillations auto-entretenues et les oscillations forcées.

> « The first class is by far the more extensive, and includes vibrations maintained by wind (organ-pipes, harmonium-reeds, aeolian harps, &c.), by heat (singing flames, Rijke's tubes, &c.), by friction (violin-strings, fingerglasses, &c.), as well as the slower vibrations of clock-pendulums and of electromagnetic tuning-forks. » [Rayleigh 1883, p. 229]

14. Voir Gaponov-Grekhov et Rabinovich [1979, p. 599].
15. Le terme discontinuité semble néanmoins être une licence du traducteur qui a interprété saut par discontinuité.

Van der Pol poursuit alors son énumération :

> « On peut citer beaucoup d'autres exemples d'oscillations de relaxation, telles que : le marteau pneumatique ; le grincement d'un couteau sur une assiette, un drapeau flottant au vent, le bourdonnement produit parfois par un robinet, le grincement d'une porte, la machine à vapeur à double effet avec un volant insuffisant, l'expérience de M. Janet sur une dynamo-série, le multivibrateur d'Abraham et Bloch (1), le multivibrateur à lampe bigrille (2), les étincelles périodiques obtenues en tournant une machine de Whimshurst, l'interrupteur Wehnelt, la décharge intermittente d'un condensateur à travers un tube néon (3), la réapparition périodique des épidémies, et des crises économiques, la variation périodique d'un nombre pair d'espèces d'animaux, vivant ensemble et certaines espèces servant d'aliments aux autres (4), le sommeil des fleurs, l'apparition périodique de pluies derrière une dépression, le frisson provenant du froid, la menstruation et finalement les battements du cœur (5).
>
> (1) Abraham et Bloch, *Annales de Physique*, **12**, 237, 1919.
>
> (2) Balth. Van der Pol, *Phil. Mag.*, **51**, 991, 1926[16]
>
> (3) Schallreuter, *Ueber Schwingungserscheinungen in Entladungsröhren* (Wieweg), 1923.
>
> (4) Volterra, *Comptes rendus de l'Académie des Lincei*, 1926.
>
> (5) Le point de vue d'après lequel des oscillations du cœur appartiennent au type des oscillations de relaxation a été pour la première fois exprimé il y a deux ans. Voy. Balth. Van der Pol, *Phil. Mag.*, **51**, 992, 1926[17]
>
> Dans tous ces exemples la fréquence de ces phénomènes périodiques n'est pas déterminée par le produit d'une élasticité et d'une masse, mais plutôt par une forme quelconque de durée de relaxation. » [Van der Pol 1928a, p. 371]

Cette liste reprend presque tous les parangons que Van der Pol [1926a, 1926b, 1926c, 1926d] a introduits dans ses publications précédentes : la machine série-dynamo à laquelle il donne désormais le nom d'expérience de M. Janet, le multivibrateur d'Abraham et Bloch, le tube néon, l'interrupteur Wehnelt et les battements du cœur. Cherchant à montrer que ce nouveau type d'oscillations ne se limite pas à ces quelques exemples, Van der Pol ajoute toute une série de phénomènes. Les oscillations de relaxation apparaissent ainsi comme un nouveau concept omniprésent dans la nature au même titre que les oscillations harmoniques. Par cette généralisation audacieuse, Van der Pol lance en quelque sorte une « chasse à l'effet relaxation » . Certains de ces exemples comme la réapparition périodique des crises économiques seront par la suite reconnus comme pouvant être le siège d'oscillations de relaxation et feront, contrairement d'ailleurs à ce qu'affirme Israel [1996, p. 42], l'objet de nombreux travaux [Hamburger, 1930, 1931, 1934 ; Le Corbeiller, 1933 ; Rocard, 1941 ; Goodwin, 1949, 1951].

16. Cette référence est inexacte. Balth. van der Pol, *Phil. Mag.*, Ser. **7**, vol. 2, issue 11, p. 978-992.
17. *Idem.*

Pour ce qui est des étincelles périodiques produites à l'aide d'une machine de Wimshurst, Van der Pol fait ici allusion à un dispositif qui avait été antérieurement étudié par Janet [1893] : la machine à plateaux tournants (voir *infra*). Le cas de la coexistence d'espèces animales est plus délicat. Comme le souligne Israel [1996, p. 42] : « cette référence est dépourvue de fondement, car les modèles classiques de Volterra ne présentent pas de cycles limites » (voir *supra* Partie I). En effet, c'est seulement après l'introduction par Gause [1935] puis par Kolmogorov [1936] d'une limitation dans la réponse fonctionnelle transcrivant la prédation que l'on put obtenir expérimentalement puis théoriquement des cycles limites dans des modèles de type prédateur-proie. Pour ce qui est des autres exemples on peut convenir comme Israel [1996, p. 42] qu'ils sont restés dans le domaine de la fantaisie. Van der Pol [1928a, p. 372] aborde ensuite les questions de la synchronisation et de la démultiplication de fréquence puis décrit le modèle dynamique schématique du cœur (Voir Israel [1996, p. 34] et Israel [2004, p. 14]).

Avant de poursuivre il est important de préciser que la version anglaise de cet exposé que Van der Pol [1928b] publiera en novembre 1928 n'est qu'une simple traduction de cette conférence.

4.1.2 Exposés des 10 et 11 mars 1930 à l'École Supérieure d'Électricité

Ces conférences ont lieu quelques mois à peine après qu'Andronov [1929a] ait publié aux $C.R.A.S.$ une note dans laquelle il établit la correspondance entre la solution périodique d'un auto-oscillateur du type de celui étudié par Van der Pol et le concept de cycle limite introduit par Poincaré. Elles se démarquent de la précédente à plusieurs titres, tout d'abord au niveau de la rigueur mathématique avec laquelle Van der Pol présente désormais ses résultats.

Première Conférence

Si le point de départ de son exposé qui consiste à considérer l'équation différentielle d'un oscillateur amorti (RLC) reste le même, Van der Pol [1930, p. 246] précise maintenant qu'il s'agit d'une « équation différentielle du second ordre » et explicite sa solution. De même, alors qu'il avait remplacé, sans aucune référence, la fréquence angulaire ω « par la formule classique $\omega^2 = 1/CL$ » [Van der Pol 1928a, p. 366] et posé : $\alpha = R/L$ il indique à présent que c'est Lord Kelvin [18] qui a introduit ces changements de variables. Pour ce qui est de la condition $\alpha^2 << \omega^2$ correspondant à ce qu'il appelait alors la décharge sinusoïdale amortie du condensateur elle devient la décharge oscillante du condensateur [Van der Pol 1930, p. 247] et s'exprime par la condition de négativité du discriminant de l'équation caractéristique de l'équation différentielle, $i.e.$ $\alpha^2/4 < \omega^2$. Il rappelle aussi que si l'on inverse le signe de la résistance (positive) par une résistance négative l'amplitude des oscillations va croître indéfiniment. Il explique ensuite à l'appui d'un schéma (voir Fig. 4.3) qu'il ne justifie ni

18. Voir William Thomson [1853, p. 393] alias Lord Kelvin.

expérimentalement ni théoriquement que :

> « La raison pour laquelle l'amplitude des oscillations d'un système à résistance négative ne devient pas infinie est que la *résistance instantanée* R ne garde pas la même valeur quelle que soit l'amplitude, mais au contraire est une *fonction de l'amplitude*.
>
> Cela signifie que la *caractéristique courant-tension* du dynatron [19] n'est pas une ligne droite (Fig. 4.3) et que par la suite la résistance instantanée
>
> $$dv/di$$
>
> varie d'un point à un autre. » [Van der Pol 130, p. 250]

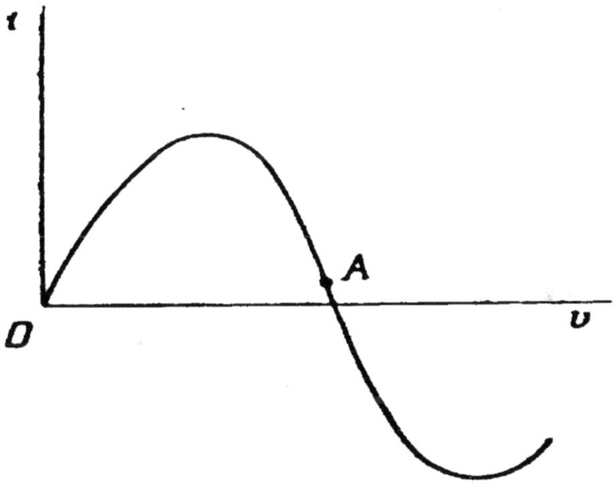

FIGURE 4.3 – Caractéristique courant-tension d'une triode, d'après Van der Pol [1930, p. 249].

Puis, il remplace de nouveau α par l'expression $\alpha - 3\gamma x^2$ où γ est une constante et obtient l'équation (V_7) :

$$\ddot{v} - (\alpha - 3\gamma v^2)\,\dot{v} + \omega^2 v = 0 \qquad (V_7)$$

Il effectue alors le même changement de variables que celui qu'il avait utilisé en 1926 (Voir *supra* Partie I) et obtient l'équation (V_9) qui ne dépend plus que d'un seul paramètre :

$$\ddot{y} - \varepsilon\,(1 - y^2)\,\dot{y} + y = 0 \qquad (V_9)$$

19. Audion ou triode.

Il ajoute à cette Eq. (V_9) « l'équation suivante qui la généralise » [Van der Pol 1930, p. 251]

$$\ddot{y} + \varepsilon\psi(y)\,\dot{y} + y = 0 \tag{V_{15}}$$

où $\psi(y)$ est une fonction arbitraire. Il rappelle alors que bien que cette équation (V_{15}) soit non-intégrable dans le cas $\varepsilon^2 >> 1$ « il est possible de trouver et de discuter certaines de ses propriétés générales » [Van der Pol 1930, p. 251] et fait ensuite référence aux travaux de Janet [1925], Cartan [1926], Liénard [1928] et Andronov [1929a]. Il apparaît clairement que l'équation (V_{15}) n'est autre que celle de Liénard (Voir *supra* Partie I, Eq. (L_1) p. 109) ce qui incite à penser qu'il est possible que ce dernier ait été présent lors de l'exposé de Van der Pol. De plus, dans les pages qui suivent Van der Pol s'évertue à expliciter la solution de (V_{15}) dans le cas intégrable $\varepsilon^2 \ll 1$ à l'ordre un en ε. Or, dans son article Liénard (voir *supra* Partie I) avait fait remarquer que la solution alors proposée par Van der Pol [1926a, 1926b, 1926c, 1926d] ne vérifiait l'équation (V_9) « qu'à condition de négliger les termes du premier ordre » [Liénard 1928, p. 948]. Après plusieurs lignes de calcul Van der Pol [1930, p. 254] obtient l'expression suivante :

$$y = \frac{2\sin(t+\varphi)}{\sqrt{1 + Ce^{-\varepsilon t} - \dfrac{\varepsilon}{2}\sin 2(t+\varphi)}} \tag{V_{16}}$$

En comparant cette expression avec celle de Liénard [1928, p. 948] :

$$y = \frac{2\sin\omega t}{\sqrt{1 + Ke^{-k\omega t}}}\left[1 + k\frac{\sin\omega t\cos\omega t}{2\left[1 + Ke^{-k\omega t}\right]}\right] \tag{L_{16}}$$

on constate tout d'abord qu'elles diffèrent totalement. Mais en remarquant que chez Van der Pol $\omega = 1$ et que chez Liénard $\varphi = 0$; $\varepsilon = k$ et $C = K$ puis en faisant un développement limité de Taylor à l'ordre un en ε du dénominateur de l'équation (V_{16}) avec $\varphi = 0$ on a :

$$\begin{aligned}\frac{2\sin(t)}{\sqrt{\left(1 + Ce^{-\varepsilon t}\right)\left(1 - \frac{\varepsilon}{2}\frac{\sin 2(t)}{1+Ce^{-\varepsilon t}}\right)}} &\approx \frac{2\sin(t)}{\sqrt{\left(1 + Ce^{-\varepsilon t}\right)}}\left[1 - \frac{\varepsilon}{2}\frac{\sin 2(t)}{1 + Ce^{-\varepsilon t}}\right]^{-\frac{1}{2}} \\ &= \frac{2\sin(t)}{\sqrt{\left(1 + Ce^{-\varepsilon t}\right)}}\left[1 + \frac{\varepsilon}{4}\frac{\sin 2(t)}{1 + Ce^{-\varepsilon t}}\right]\end{aligned}$$

En remplaçant $\sin 2(t)$ par $2\sin(t)\cos(t)$ on obtient finalement :

$$\frac{2\sin(t)}{\sqrt{1 + Ce^{-\varepsilon t} - \frac{\varepsilon}{2}\sin 2(t)}} \approx \frac{2\sin(t)}{\sqrt{\left(1 + Ce^{-\varepsilon t}\right)}}\left[1 + \frac{\varepsilon}{2}\frac{\sin(t)\cos(t)}{1 + Ce^{-\varepsilon t}}\right]$$

D'où il résulte une parfaite identité entre les expressions (V_{16}) et (L_{16}). Cette démonstration peut paraître quelque peu « inutile » d'autant que comme le rappelle Liénard :

> « La connaissance de ce terme n'ajoute rien de bien essentiel à la solution de Van der Pol. » [Liénard 1928, p. 948]

Néanmoins elle a, semble-t-il, été établie d'une part à destination de Liénard ce qui corroborerait l'idée qu'il ait pu être présent à l'exposé de Van der Pol et, d'autre part dans le but de faire montre de davantage de rigueur mathématique qui faisait défaut dans les publications précédentes de Van der Pol comme il le déplore d'ailleurs lui-même :

> « J'ai donné en 1920 une démonstration beaucoup plus courte, mais sans doute moins rigoureuse, de la croissance de l'amplitude de la valeur zéro à la valeur limite *deux* [...] »
>
> [Van der Pol 1930, p. 255]

Pour justifier cette limitation de l'amplitude, Van der Pol propose ensuite de faire appel à une analogie biologique. Il va ainsi comparer la saturation de l'amplitude dans une triode à la *croissance logistique* d'une population de *drosophyla* (mouche des fruits) et à celle d'un héliotrope (tournesol) (voir Fig. 4.4).

> « Il est fort remarquable que l'équation
>
> $$A^2 = \frac{a}{be^{-t} + 1}$$
>
> qui représente la croissance du carré A^2 de l'amplitude sous une forme un peu plus générale, se rencontre également en biologie (²).
>
> ---
>
> (²) V. par ex. LOTKA, Elements of Physical Biology, Baltimore 1925, p. 66. »
>
> [Van der Pol 1930, p. 255]

Il est intéressant de comparer la démarche de Van der Pol à celle employée par Vito Volterra dans son article intitulé : « Variazioni e fluttuazioni del numero d'individui in specie animali conviventi » [Volterra, 1926] publié la même année que ceux de Van der Pol [1926a, 1926b, 1926c, 1926d]. En effet, dans cet article Volterra [1926, p. 74] étudie le cas d'une population vivant seule et dont le taux de croissance dépend du nombre d'individus. Dans le modèle de la croissance exponentielle d'une population composée de N individus qui s'exprime par la loi de Malthus :

$$\frac{dN}{dt} = \varepsilon N$$

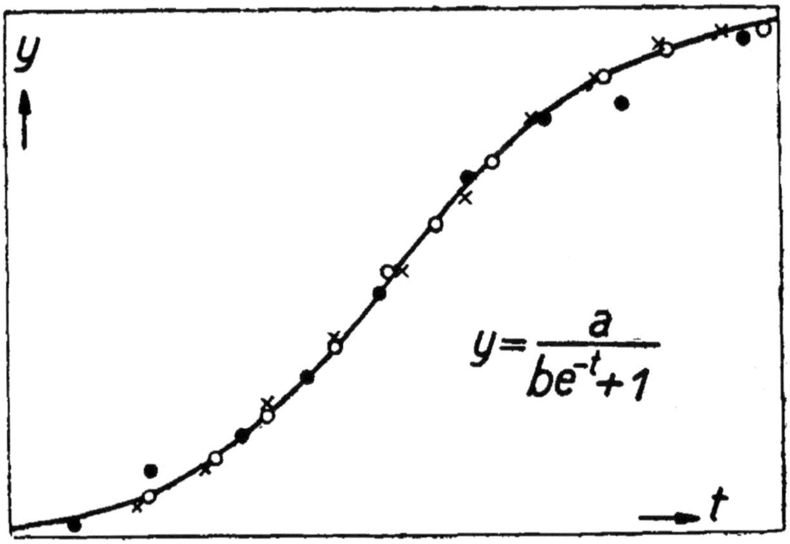

FIGURE 4.4 – Croissance du carré de l'amplitude, d'après Van der Pol [1930, p. 255].

le coefficient de croissance ε (supposé positif) est constant. Mais selon cette loi la croissance serait indéfinie et une population quelconque pourrait en peu de temps recouvrir la surface de la Terre [20]. Aussi, pour limiter la croissance le Belge Pierre-François Verhulst eut l'idée d'introduire en 1838 une limitation dans la croissance de la population. Dans ce cas le coefficient de croissance ε est remplacé par $\varepsilon - \lambda N$. La loi de Verhulst [1838] s'écrit alors :

$$\frac{dN}{dt} = \varepsilon N - \lambda N^2$$

Le second terme, limitant la croissance peut être interprété de différentes manières. Pour certains biologistes l'interaction d'une partie N de la population avec une autre partie N correspond à du cannibalisme, pour d'autres elle transcrit la lutte pour l'existence qui serait analogue à « une sorte de « frottement [21] » intérieur à la population » [Israel 1996, p. 90]. La loi de croissance logistique dont la validité sera confirmée jusque dans les années 1930 sera appliquée pour représenter l'évolution de la croissance démographique en France et en Belgique par Verhulst, puis, par Pearl et Reed [1920] pour celle des États-Unis avec un excellent accord statistique [22]. Volterra [1926, p. 74] intègre l'équation de Verhulst et obtient :

20. Métaphore utilisée dans le film de Vladimir A. Kostitzin et Jean Painlevé intitulé : « Images Mathématiques de la Lutte pour la Vie » , 1937, Médiathèque du Palais de la découverte, Paris. Ce document a été retrouvé par Giorgio Israel. Voir *infra*.

21. La force de frottements de type Newton est proportionnelle au carré de la vitesse.

22. Voir Israel [1996, p. 22 et p. 90].

$$N = \frac{C\varepsilon e^{\varepsilon t}}{1 + C\lambda e^{\varepsilon t}}$$

En multipliant le numérateur et le dénominateur de l'équation précédente par $e^{-\varepsilon t}$ on a :

$$N = \frac{C\varepsilon}{e^{-\varepsilon t} + C\lambda}$$

En factorisant au dénominateur par $C\lambda$ puis en simplifiant par C il vient :

$$N = \frac{\varepsilon/\lambda}{1 + e^{-\varepsilon t}/C\lambda}$$

En posant $a = \varepsilon/\lambda$ et $b = 1/C\lambda$ on retrouve l'équation que Van der Pol [1930, p. 256] a inscrite dans la Figure 4.4. Sur ce schéma il a superposé au moyen de petits cercles blancs la saturation de l'amplitude de la triode. Tandis que les cercles noirs représentent la croissance de la *drosophyla* et les croix noirs celle d'un tournesol. Même en admettant l'analogie que peuvent présenter ces trois phénomènes totalement différents, leur association a de quoi étonner, ainsi que le reconnait d'ailleurs Van der Pol :

> « La ressemblance intime de ces phénomènes, physiquement dissemblables, mais mathématiquement analogues, ne saurait être niée. » [Van der Pol 1930, p. 256]

Cette analogie est surpenante à plusieurs égards. Tout d'abord, il aura fallu attendre presque quatre ans pour que Van der Pol publie enfin une représentation expérimentale de l'évolution de l'amplitude de la triode au cours du temps qui aurait pu lui servir *a priori* de point de départ pour la modélisation de la caractéristique de la triode par une fonction cubique. Ensuite, il reconnait *a posteriori* que cette évolution se comporte sensiblement comme la solution de l'équation de Verhulst dans laquelle la saturation est représentée non par une cubique mais par une expression quadratique. Dans les années vingt, on assiste à l'émergence d'un nouveau mode de mathématisation, que l'on n'appelle pas encore la *modélisation*. En témoignent les publications de nombreux travaux dans des domaines les plus divers, comme ceux de Pearl et Reed [1920] en démographie, ceux de Lotka [1925] en cinétique chimique ou encore ceux de Volterra [1926] en biologie des populations. Volterra avait d'ailleurs été invité par Émile Borel à présenter ses résultats à l'Institut Henri Poincaré au cours de l'hiver 1928-1929. Ainsi, dans cette première conférence du 10 mars 1930, Van der Pol semble vouloir asseoir la légitimité mathématique de ses travaux sur un souci de rigueur plus grand que celui qu'il avait manifesté auparavant. Il participe aussi du vif intérêt qui se manifeste alors en faveur de modélisation comme nouvelle méthode de recherche. Van der Pol termine son exposé en rappelant que l'équation qu'il a introduite peut également faire l'objet d'oscillations forcées ce qui est pour lui l'occasion d'employer l'expression *non linéaire*.

Deuxième Conférence

Lors de sa seconde conférence, le 11 mars 1930, Van der Pol [1930, p. 293] reprend pour l'essentiel la démarche qu'il avait suivie dans ses précédentes publications sur les oscillations de relaxation [Van der Pol, 1926a, 1926b, 1926c, 1926d], mais en précisant cette fois à propos des figures 3.2, 3.3 et 3.4 (voir *supra* Partie I) :

> « On remarque sur chacune de ces trois figures une courbe intégrale fermée ; c'est un exemple de ce que Henri POINCARÉ a appelé un *cycle limite* ([1]), parce que les courbes intégrales s'en rapprochent asymptotiquement.
>
> ---
>
> ([1]) Voir par exemple : *A. Andronow*, Les cycles limites de Poincaré et la théorie des oscillations auto-entretenues, C. R. **189**, 559 (1929). »
>
> [Van der Pol 1930, p. 294]

Comme on l'a souligné précédemment, la réaction de Van der Pol ne s'est pas faite attendre. Moins de six mois après la publication d'Andronov [1929a], il prend acte de ce résultat qu'il intègre aussitôt aux siens. On remarque néanmoins que s'il fait référence à Poincaré ce n'est que d'une manière indirecte. Durant cet exposé, comme dans le précédent, Van der Pol avance avec prudence sur le terrain de la rigueur mathématique comme en témoigne cette phrase à propos de la période des oscillations :

> « Je demande la permission de conserver, pour désigner cette constante de temps, l'expression « *durée de relaxation* » qui m'est habituelle, et d'appeler ce type d'oscillations périodiques dont la forme diffère essentiellement de la forme sinusoïdale et dont la période est une durée de relaxation, des *oscillations de relaxation*. »
>
> [Van der Pol 1930, p. 299]

Van der Pol demande ici l'autorisation de conserver la terminologie qu'il a introduite en 1926 [Van der Pol 1926d, p. 987] puis justifiée en 1928 [Van der Pol 1928a, p. 369] pour une simple raison de convenance personnelle. Son objectif consiste à établir que les *oscillations de relaxation* forment un nouveau concept susceptible de décrire des phénomènes en apparence très différents et qui sont régis par une seule et même équation générique : l'équation (V_9).

> « Comme on rencontre des phénomènes de décharge dans des domaines variés des sciences physiques et naturelles, il est clair que les oscillations de relaxation correspondantes, dont la période dépend d'une durée de relaxation et dont nous avons fourni le prototype au cours des considérations précédentes, doivent être aussi fort répandues. »
>
> [Van der Pol 1930, p. 299]

La définition qu'il donne ensuite de systèmes sièges d'oscillations de relaxation semble recouvrir celle d'auto-oscillateurs d'Andronov [1928] (voir *infra*).

> « Une oscillation de relaxation a lieu, d'une manière générale, toutes les fois qu'un mécanisme, contenant une source d'énergie continue, permet à un phénomène essentiellement apériodique de se répéter automatiquement un nombre indéfini de fois. »
>
> [Van der Pol 1930, p. 300]

Van der Pol reprend alors son énumération d'exemples d'oscillations de relaxation (voir *supra*) en détaillant certains d'entres eux et en ajoutant de nouveaux.

> « Dans le domaine électrique nous avons de très jolis exemples d'oscillations de relaxation dont certains sont très anciens, telles que la décharge par étincelle d'une machine à plateaux, l'oscillation de l'arc électrique étudiée par M. BLONDEL, dans un mémoire célèbre ([1]) ou l'expérience de M. JANET, et d'autres plus récentes telles que le multivibrateur d'ABRAHAM et BLOCH ([2]) qui consiste en un amplificateur à couplage capacité et résistance à deux étages, dont les bornes de sortie sont connectées aux bornes d'entrée.
>
> ---
>
> ([1]) BLONDEL, *Eclair. Elec.*, **44**, 41, 81, 1905. V. aussi *J. de Phys.*, **8**, 153, 1919.
>
> ([2]) ABRAHAM et BLOCH , *Ann. de Phys.*, **12**, 237, 1919. »
>
> [Van der Pol 1930, p. 20]

L'exemple de l'arc électrique a déjà fait l'objet d'une discussion (voir *supra* Partie I).

Il est à noter cependant qu'il s'agit là de la première référence de Van der Pol à ce dispositif.

L'expression « machine à plateaux » désigne à la fois la machine de Wimshurt à laquelle Van der Pol [1928a, p. 371] a déjà fait allusion mais aussi un disjoncteur tournant utilisé par Janet [1893] (voir Fig. 4.5) pour étudier les oscillations électriques de période moyenne. Il est possible que cette machine à plateaux tournant, analogue de celle de Wimshurt et qui sera par la suite utilisée par Abraham et Bloch [1919e, p. 20] (voir Fig. 4.6) sous le nom de *microalternateur* pour étalonner un diapason ait été le siège d'oscillations de relaxation.

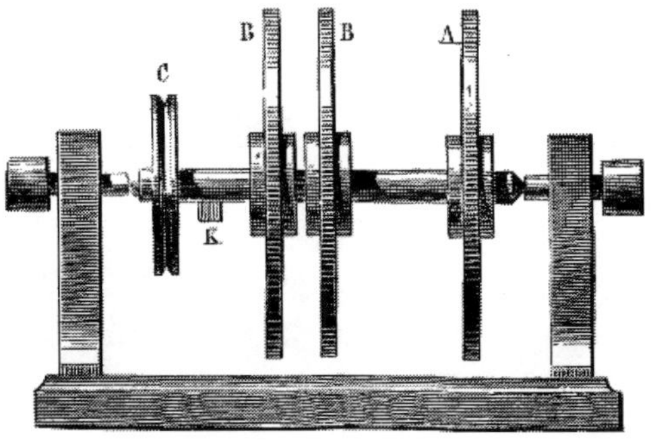

FIGURE 4.5 – Machine à plateaux tournant, d'après Janet [1893, p. 338].

FIGURE 4.6 – Microalternateur, d'après Abraham et Bloch [1919e, p. 250].

La machine à plateaux (Fig. 4.5) et le microalternateur (Fig. 4.6) paraissent présenter des similitudes si ce n'est dans le principe de fonctionnement du moins dans la manière avec laquelle ils produisent des étincelles périodiquement. Ceci nous incite à penser qu'ils ont également pu être le siège d'oscillations de relaxation comme le sous-entend Le Corbeiller [1933b, p. 329].

Dans sa conférence, Van der Pol présente une analyse détaillée de l'expérience de Janet et du multivibrateur de même que des oscillations d'un tube néon. Son but est de mettre en évidence la forme caractéristique des oscillations de relaxation à l'aide d'oscillogramme. Il présente ainsi les courbes suivantes :

FIGURE 4.7 – Oscillogrammes caractérisant les oscillations de relaxation, d'après Van der Pol [1930, p. 303].

Sur la Fig. 4.7 Van der Pol a tracé l'oscillogramme d'une dynamo dont la polarité se renverse périodiquement (1), la courbe théorique représentant les oscillations de relaxation (2) et l'oscillogramme du courant d'un multivibrateur (3). Il franchit alors une étape importante dans la modélisation en affirmant :

> « La grande ressemblance de ces trois courbes montre clairement que l'équation (V_9) suffit à représenter ces deux phénomènes en apparence si différents [...] »
>
> [Van der Pol 1930, p. 303]

En effet, devançant de près de cinquante ans ce qu'on appelle aujourd'hui « l'équivalence topologique » Van der Pol considère que l'analogie que présentent les séries temporelles de ces dispositifs permet de démontrer qu'ils sont régis par une seule et même équation. Il s'agit de la même démarche que celle proposée par Janet [1919] pour la machine série-dynamo, l'arc chantant et la lampe triode (voir *supra* Partie I). On peut cependant s'étonner que ce dernier n'ait pas effectué un relevé oscillographique comme Van der Pol alors qu'il disposait de l'oscillographe de Blondel déjà très performant. La forme très caractéristique des oscillations de relaxation (voir Fig. 4.7 (2)) que Van der Pol [1926d, p. 986] avait présentée dans ses premières publications (voir *supra* Partie I) va également faire l'objet d'une nouvelle dénomination. Ainsi, François Bedeau la décrit dans une note publiée dans les *C.R.A.S.* en 1928 et dont le titre « Stabilisation des oscillations de relaxation[23] » contient une des premières occurrences de l'expression oscillations de relaxation dans cette revue.

> « Avec un tel montage, on obtient dans le circuit de plaque de la dernière triode un courant I de période T égale à celle du diapason et représenté en fonction du temps par une courbe en « grecques » . » [Bedeau et de Mare 1928, p. 209]

En comparant l'oscillogramme (2) de Van der Pol [1930, p. 303] caractérisant les oscillations de relaxation avec la célèbre « clé grecque », motif ornemental utilisé en architecture et en bijouterie et dont la forme évoque l'art de la Grèce antique, on constate une évidente similitude (Voir Fig. 4.8).

FIGURE 4.8 – Forme des oscillations de relaxation, d'après Van der Pol [1930, p. 303].

23. Le titre original : « Stabilisation des oscillations de relation » présente une erreur d'impression.

En traitement du signal cette forme d'oscillations est également appelée : « signal carré » . Parmi les nombreux exemples d'oscillations de relaxation Van der Pol [1930, p. 304] propose de nouveau la variation périodique du nombre d'individus de deux espèces dont l'une dévore l'autre empruntée à Lotka [1925] et à Volterra [24] [1928]. Après l'électrotechnique [25] avec la machine série-dynamo et le multivibrateur, la biologie et le modèle prédateur-proie, Van der Pol [1930, p. 305] décrit un dispositif d'hydraulique qui constitue probablement l'exemple le plus représentatif permettant d'illustrer le phénomène d'oscillations de relaxation.

> « Disposons sous un robinet un petit appareil constitué par un réservoir à deux compartiments, pouvant basculer autour d'un axe horizontal et retenu de chaque côté par un butoir d'arrêt. Le réservoir étant d'abord appuyé sur le butoir de gauche, le compartiment de droite se remplit d'eau peu à peu. Quand l'eau atteint un certain niveau le réservoir bascule, le compartiment de droite se vide et le compartiment de gauche qui se trouve maintenant placé sous le robinet se remplit à son tour. Lorsqu'il est plein, le réservoir bascule en sens inverse et le cycle recommence. La période du phénomène dépend d'une durée de remplissage, laquelle à son tour est un produit de deux facteurs, le volume du réservoir (qui joue le rôle d'une capacité C) et l'obstruction apportée par le robinet (jouant le rôle d'une résistance R). » [Van der Pol 1930, p. 307]

Van der Pol n'est pourtant pas le premier à proposer une analogie hydraulique pour un phénomène oscillatoire. Plus de dix ans auparavant, Blondel écrivait :

> « Ce genre d'oscillations par écoulement fractionné n'est pas spécial aux phénomènes électriques ; on le rencontre dans bien des questions d'hydraulique ou de pneumatique. On peut citer, par exemple, certains types de compteurs d'eau dans lesquels le liquide à mesurer se déverse dans une petite bâche montée sur un système de leviers provoquant le basculement et la vidange lorsqu'un certain poids d'eau se trouve dans la bâche. »
>
> [Blondel 1919d, p. 124]

Enfin, pour démontrer que l'exemple du sommeil des fleurs ne relève pas de la pure fantaisie Van der Pol explique :

> « Il y a peu de temps, des recherches détaillées sur ce sujet ont été publiées par Mlle KLEINHOONTE dans une thèse ([1]) d'où la fig. 19 a été extraite. Cette figure montre très nettement le mouvement vertical des feuilles pendant une période de 24 heures, lorsqu'elles sont soumises à l'illumination naturelle. L'auteur a observé que les plantes placées dans l'obscurité, ou bien dans une lumière parfaitement constante, donc non périodique, continuaient à se mouvoir avec une période

24. Il est à noter que cette fois Van der Pol fait référence à la traduction anglo-saxonne de l'article original de Volterra [1926].

25. La terminologie électronique n'est pas encore d'actualité.

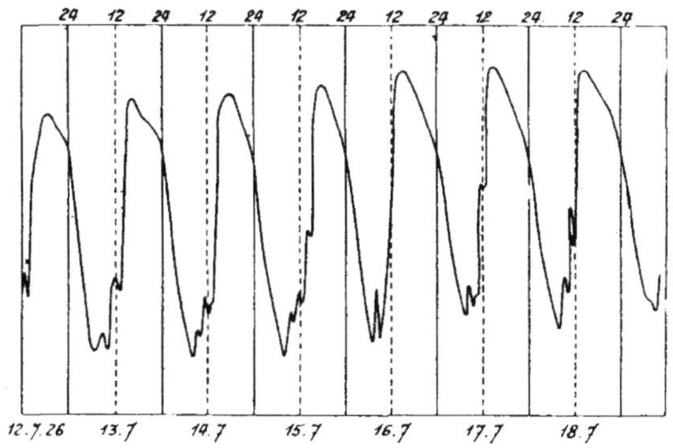

Fig. 19. — Le sommeil des plantes est encore une oscillation de relaxation. (La courbe ci-dessus montre le mouvement diurne d'une feuille de *Canavalia*).

D'environ 24 heures, dont la phase par rapport à l'heure de la journée pouvait prendre toutes les valeurs possibles. Une influence régulatrice de la température, de la conductivité ou de la lumière étant ainsi complètement exclue, il devient manifeste que ces mouvements peuvent être considérés comme des oscillations de relaxation dont la période est déterminée par une durée de la nature d'une durée de diffusion, puisqu'une action de masse est ici hors de question.

---

(1) Mlle A. KLEINHOONTE. – *De door het licht geregelde autonome bewegingen der* Canavalia *bladeren*[26] – Delft, 1928. » [Van der Pol 1930, p. 312]

Van der Pol fait ainsi reposer ses affirmations sur le travail de thèse d'Antonia Kleinhoonte aujourd'hui considéré par Chandrashekaran [1996] ou Daan [2010] comme fondamental puisqu'il vient confirmer les découvertes du botaniste Jagadish Chandra Bose (1858-1937) sur les mouvements diurnes des feuilles des plantes et les rythmes circadiens [Bose, 1919]. On peut également signaler les recherches de Labrique [1968].

À une époque où la crise de 1929 commence à faire ressentir ses effets en Europe, Van der Pol rappelle dans sa conclusion tout l'intérêt de ses travaux en économie qu'il fait cautionner par le Dr. Ludwig Hamburger de La Haye :

> « Je suis d'avis que la seule conception des cycles économiques comme des oscillations de relaxation peut donner une base rationnelle et suffisante pour une explication de ces phénomènes. » [cité in Van der Pol 1930, p. 312]

26. Le mouvement autonome des feuilles de Canavalia contrôlés par la lumière. La référence de Van der Pol est de nouveau inexacte : *De door het licht geregelde autonome bewegingen der* Canavalia *bladeren*, Arch. Neer. Sci. Exca. Natur. Ser. III, B, t. V, p. 1-110, (1929).

4.2 Le IIIe Congrès International de Mécanique Appliquée

Entre le 24 et 29 août 1930, Balthasar Van der Pol participe aux côtés d'Alfred Liénard et de Philippe Le Corbeiller au IIIe Congrès International de Mécanique Appliquée qui se déroule à Stockholm. Van der Pol [1931] y présente ses travaux sur les oscillations de relaxation devant un public différent et dans un autre contexte. La manière avec laquelle il établit l'équation différentielle (V_9) caractérisant les oscillations de relaxation montre qu'il a parfaitement intégré les résultats de Liénard [1928] au point de se les approprier.

> « The general properties of relaxation oscillations were first investigated by the writer from the differential equation
>
> $$y'' + f(y) \cdot y' + \omega^2 y = 0$$
>
> This equation is of fundamental importance for the general study of maintained oscillations, either electrical, mechanical or biological. » [Van der Pol 1931, p. 178]

En effet, c'est à partir de cette équation[27], plus générale que celle de Van der Pol, que Liénard [1928, p. 901] avait démontré l'existence et l'unicité d'une solution périodique stable dans son étude sur les oscillations entretenues (voir *supra* Partie I). Après avoir rappelé que la fonction $f(y)$ s'écrit : $f(y) = -\alpha + \beta y + \gamma y^3$ dans laquelle le second terme peut être pris égal à zéro pour des raisons de symétrie, Van der Pol [1931, p. 179] introduit un changement de variables qui lui permet d'aboutir à l'équation (V_9). Il explique alors :

> « It is found that (V_9) provides an interesting instance of the general theorems, first derived by POINCARÉ, concerning « cycles limites ».[1]
>
> ---
>
> [1] ANDRONOW, Les cycles limites de POINCARÉ et la théorie des oscillations auto-entretenues, C.R. 189, 559, 1929. » [Van der Pol 1931, p. 179]

Van der Pol prend de nouveau acte du résultat d'Andronov qu'il considère comme un « exemple intéressant ». Puis, il ajoute :

> « This periodic solution, giving the prototype of relaxation oscillations, is characterized by the fact, that the time period is not any more given by 2π, but now is proportional to ε, a relaxation time. » [Van der Pol 1931, p. 179]

réaffirmant[28] ainsi que l'équation (V_9) constitue le prototype des oscillations de relaxation. En ce qui concerne les exemples de systèmes, sièges d'oscillations de relaxation, Van der Pol présente

27. Cette équation est différente de celle de Liénard [1928, p. 901] : $x'' + \omega f(x) x' + \omega^2 x = 0$.
28. Voir Van der Pol [1930, p. 299]. Voir *infra*.

naturellement ceux qui appartiennent au domaine de la mécanique et occulte volontairement les battements du cœur. Dans les dernières lignes du compte-rendu de sa présentation il propose une illustration très étonnante des oscillations de relaxation :

> « Finally a slow-motion demonstration of a relaxation oscillation produced through Coulomb friction is obtained in the following way. When a weight is placed on a horizontal table, a piece of rubber being attached to this weight, and when further the other end of the piece of rubber is moved in a horizontal direction with a constant speed, the weight will move discontinuously with jumps, owing to the non linear behaviour of the solid friction terms in the equation, the period being again determined by a relaxation time or, strictly speaking, by a degeneration thereof. » [Van der Pol 1931, p. 179]

En effet, ce problème deviendra un peu plus tard l'un des exemples emblématiques d'oscillations de relaxation (voir *infra* Andronov et Khaikin [1937, p. 159], Minorsky [1947, p. 420], Abarbanel, Rabinovich et Sushchik [1993, p. 36]). Il est également important de noter que dans le *Proceedings* du congrès la présentation de Liénard [1931] et celle de Van der Pol [1931] se suivent.

Au fil des conférences qu'il a données en France et à l'etranger, Van der Pol forge ainsi le concept d'oscillations de relaxation et son domaine d'applicabilité. Pour y parvenir Van der Pol a procédé en plusieurs étapes. Il met tout d'abord en évidence l'existence de systèmes auto-entretenus, *i.e.* comportant un composant analogue à une résistance négative qui entretient les oscillations au lieu de les amortir. Puis, il montre que les équations différentielles du second ordre habituellement utilisées pour décrire les phénomènes oscillatoires devaient être modifiées pour pouvoir représenter les oscillations de relaxation. Pour rendre compte de la rétroaction permettant l'auto-entretien des oscillations, il établit l'équation différentielle qui désormais porte son nom, puis démontre (graphiquement) que la période des oscillations ne peut plus être fournie par la formule de Thomson mais par une expression qui correspond à un temps de relaxation, c'est-à-dire, à la durée de décharge d'un condensateur à travers une résistance. Ceci lui permet d'introduire une nouvelle terminologie pour décrire le phénomène oscillatoire dont ces systèmes auto-entretenus sont le siège : les *oscillations de relaxation*. Procédant par analogie, il explique enfin que ces oscillations sont présentes dans de nombreux domaines des sciences comme l'électricité, la biologie, l'économie,... et sont régies par une seule et même équation dont il a établi le prototype.

Ainsi, la démarche de Van der Pol consiste à fournir une représentation mentale abstraite et générale, objective et stable d'un nouveau type d'oscillations auquel il adjoint une terminologie. Cette démarche aboutit à l'émergence du concept d'oscillations de relaxation. De notre point de vue, ce concept qui rejoint le concept d'auto-oscillations proposé par Andronov ne va pas aussi loin. Si Van der Pol est parvenu à décrire parfaitement les oscillations de relaxation dont les systèmes auto-entretenus peuvent être le siège [29], il n'a en revanche pas été en mesure d'établir leur stabilité. C'est Andronov (voir *infra*) qui fournira, vingt ans après Poincaré (voir *supra* Partie I), la condition de stabilité des oscillations auto-entretenues et par conséquent celle des oscillations de relaxation. Il définira ensuite le concept de systèmes auto-entretenus (dissipatifs) qui recouvre une classe plus vaste de systèmes et englobe le concept d'oscillations de relaxation. Il démontrera alors que l'oscillateur à relaxation de Van der Pol est un auto-oscillateur mais que d'autres systèmes [30] qui ne sont pas régis par l'équation prototype de Van der Pol admettent également une solution périodique qui est un cycle limite stable de Poincaré.

29. En effet, lorsque le paramètre ε est petit le système de Van der Pol est bien auto-entretenu mais n'est plus le siège d'oscillations de relaxation comme le précise d'ailleurs Van der Pol [1926d, p. 983].

30. Voir *infra* Kolmogorov [1936] et Andronov [1937].

Chapitre 5

Les notes d'Andronov : *vers le concept d'auto-oscillations*

Contrairement à ce qu'affirment Diner [1992, p. 339] et Dahan [1996, p. 21], la célèbre note d'Aleksandr Aleksandrovich Andronov [1929a] (1901-1952) [1] publiée aux *C.R.A.S.* ne constitue que le titre et le résumé de son mémoire de diplôme comme l'explique Andronov dans une notice autobiographique :

> « Эта работа, краткое изложение которой было опубликовано порусски в 1928 г. и в другой редакции по-французски в « Докладах Парижской Академии » в 1929 г., определила область моей дальнейшей научной деятельности - теория колебаний и смежные вопросы математики и теоретической физики. [2] » [Andronov 1943, p. 1]

L'année de la soutenance paraît bien être 1929 comme le corrobore Andronov :

> « В 1929 г. окончил аспирантуру. Тема моей заключительной диссертации - « Предельные циклы Пуанкаре и теория Колебаний ». [3] » [Andronov 1943, p. 1]

1. Après des études secondaires Aleksandr Aleksandrovich Andronov (1901-1952) intègre en 1920 l'École Technique Supérieure de Moscou, au Département de Génie Électrique où étaient proposés des cours de spécialisation en radiotechnique. L'année suivante il assiste à des conférences de physique mathématique à l'université de Moscou. En 1924, il est nommé assistant à l'Institut Pédagogique d'État de Moscou où il enseigne la Mécanique et la Physique théorique. Il obtient en 1925 un diplôme de physique théorique de l'université de Moscou et débute en 1926 une thèse de doctorat sous la direction de Leonid Isaakovich Mandel'shtam (1879-1944). Ce personnage charismatique est à l'origine de ce qu'il nomme lui-même une « pensée non linéaire » [Mandel'shtam 1947-1955, vol. 3, p. 52] et considère que dans l'univers tout est vibration. Sa philosophie qui trouve sa source dans l'œuvre d'Henri Poincaré va avoir une influence décisive sur l'orientation des recherches d'Andronov.

2. « Ce travail, dont un résumé a été publié en 1928 puis dans une autre version en français aux Comptes Rendus de l'Académie de Paris en 1929, a défini le domaine de mes futurs travaux de recherche - la théorie des oscillations et des questions connexes en mathématiques et en physique théorique. » [Andronov 1943, p. 1]

3. « En 1929, je suis diplômé de l'École d'Études Supérieures. Le thème de mon mémoire de fin d'étude – « Les cycles limites de Poincaré et la théorie des oscillations ». » [Andronov 1943, p. 1]

Cependant le texte intégral de son mémoire ainsi que la référence qui devrait lui être associée semblent, pour l'instant, introuvables. On n'en trouve trace ni dans la *Théorie des Oscillations* [Andronov et Khaikin, 1937], ni dans ses œuvres complètes [4] [Andronov, 1956]. Nous avons cependant retrouvé la trace d'une publication antérieure à la note aux $C.R.A.S.$

5.1 Le congrès des physiciens russes de 1928 : *des cycles limites aux auto-oscillations*

Dès l'été 1928, le jeune Andronov présente un résumé de ses travaux de recherches au VIe congrès des physiciens russes à Moscou (voir Appendice B.2). Ce congrès s'est tenu entre les 5 et 16 août 1928 et rassemble de prestigieux physiciens russes parmi lesquels se trouvent Mandel'shtam, Kryloff, Bogoliouboff... Dans cet exposé ayant pour titre « Les cycles limites de Poincaré et la théorie des oscillations », Andronov [1928] pose les fondements de ce qui va devenir la théorie des oscillations non linéaires. Il commence par donner la définition d'un système susceptible d'entretenir lui-même ses propres oscillations [5] :

> « Существует ряд устройств, могущих генерировать незатухающие колебания за счет непериодических источников знергии. [6] » [Andronov 1928, p. 23]

Puis, il ajoute que ces systèmes n'étaient pas jusqu'alors dotés d'une théorie mathématique :

> « Однако до сих пор нет достаточно строгой и общей теории таких автоколебаний. Между тем имеется адекватная математическая конструкция, созданная вне всякой связи с теорией колебаний, позволяющая установить общую точку зрения на все подобные процессы для случая одной степени свободы Эта конструкция-теория « предельных циклов » Пуанкаре [7]. » [Andronov 1928, p. 23]

Il relie ainsi l'étude de ces dispositifs aux travaux de Poincaré [1882, p. 261]. Andronov [1928, p. 23] fournit alors l'équation différentielle non linéaire qui représente l'évolution des systèmes qu'il a défini :

$$\frac{d^2x}{dt^2} = F\left(x, \frac{dx}{dt}\right) \qquad (A_1)$$

4. D'après Boyko [1983, p. 30] ce document n'a pas été conservé.
5. Andronov [1928, p. 24] qualifie ces systèmes d'auto-oscillateurs.
6. « Il existe un certain nombre de dispositifs susceptibles de générer des oscillations entretenues à partir de sources d'énergie non-renouvelables. » [Andronov 1928, p. 23]
7. « Toutefois, il n'existe pas pour l'instant de théorie générale suffisamment rigoureuse pour de telles oscillations. En attendant, il y a un schéma ou modèle mathématique adéquat, créé sans aucun lien avec la théorie des oscillations, qui permet d'établir une vision commune de tous ces processus pour le cas d'un degré de liberté. Ce concept est celui de la « théorie des cycles limites » de Poincaré. » [Andronov 1928, p. 23]

Il se place ensuite dans le plan de phase en posant : $\frac{dx}{dt} = y\,;\ \frac{d^2x}{dt^2} = y\frac{dy}{dx}$ et obtient l'équation suivante :

$$\frac{dy}{dx} = \frac{F(x,y)}{y} \qquad (A_2)$$

Si le changement de variable est totalement identique à celui utilisé par Poincaré [1908, p. 390] (voir *supra* Partie I) il semble néanmoins peu probable qu'Andronov ait pu avoir accès à ce travail. Si tel avait été le cas il l'aurait certainement cité pour conforter sa démarche qui n'est justifiée que par la simple référence à Poincaré. Andronov explique ensuite que :

> « При некоторых ограничениях, наложенных на $F\left(x, \frac{dx}{dt}\right)$, эти замкнчтые решения уравнения (A_2) могут быть только двух типов : или это так называемые « центральные » решения, или это « предельные циклы ».[8] » [Andronov 1928, p. 23]

Il précise alors que la solution de type centre correspond au cas idéal d'un système mécanique conservatif et ajoute :

> « Если же уравнение (A_2) имеет предельный цикл, т. е. если все кривые, находящнеся в некоторой области, стремятся при $t \to \pm\infty$ к предельному циклу, то это значит, что соответствующие решения уравнения (A_1) стремятся к периодическому решению, амплитуда и период которого не зависят от начальных условий.[9] »
>
> [Andronov 1928, p. 23]

Il met ainsi en évidence la différence fondamentale entre la solution de type *centre* d'un système conservatif comme le pendule sans frottements par exemple et celle de type *cycle limite* d'un système dissipatif comme les oscillations d'une triode. Ces caractéristiques seront qualifiées par la suite par Mandel'shtam *et al.* [1935, p. 82] d'*extrinsèques* et d'*intrinsèques*.

Dans sa conclusion qui n'est pas sans rappeler celle de Poincaré [1908, p. 391], Andronov introduit un néologisme afin de caractériser ce type de systèmes :

> « Стационарные движения, которые устанавливаются в приборах, способных к автоколебаниям, всегда соответствуют некоторым продольным циклам.[10] »
>
> [Andronov 1928, p. 24]

---

8. « En vertu de certaines conditions imposées à $F\left(x, \frac{dx}{dt}\right)$, les solutions fermées de l'équation (A_2) ne peuvent être que de deux types : soit une solution que l'on appelle « centre » , soit un « cycle limite ». [Andronov 1928, p. 23]

9. « Si l'équation (A_2) possède un cycle limite, c'est à dire, si toutes les courbes qui sont dans une certaine région tendent vers le cycle limite lorsque $t \to \pm\infty$, cela signifie que les solutions correspondantes de l'équation (A_1) tendent vers la solution périodique dont l'amplitude et la période ne dépendent pas alors des conditions initiales. »

[Andronov 1928, p. 24]

10. « Les mouvements stables qui sont présents dans des dispositifs capables d'auto-oscillations doivent toujours correspondre à des cycles limites. » [Andronov 1928, p. 24]

5.2 La note aux *C.R.A.S.* en 1929 : *des auto-oscillations aux oscillations auto-entretenues*

Le lundi 14 octobre 1929 le mathématicien français Jacques Hadamard (1865-1963) présente à l'Académie des Sciences de Paris une note transmise par Andronov. Qu'Hadamard soit à l'origine de cette présentation n'est pas étonnant puisque, lui-même analyste, il était également correspondant de l'Académie des Sciences de Russie depuis 1922 et membre étranger de l'Académie des Sciences de l'U.R.S.S.depuis 1929 [11]. Ce travail qu'il a très probablement expertisé [12] s'intitule curieusement : « Les cycles limites de Poincaré et la théorie des oscillations auto-entretenues » [Andronov, 1929a]. Ainsi, le néologisme *auto-oscillations* introduit par Andronov [1928] dans la version russe de son article a été transformé en *oscillations auto-entretenues*. L'analyse de l'original de la note d'Andronov (voir Appendice B.2) annotée des corrections de l'expert ne comporte cependant aucune modification quant au choix du titre. Ainsi, l'origine de l'emploi de cette terminologie – introduite par Blondel [1919c] (voir *supra* Partie I) – qui apparaît dans le titre et dans la première phrase de cette note ne peut pour l'instant être expliquée.

Andronov [1929a] considère ensuite des systèmes oscillants qui ne sont pas conservatifs :

> « Citons, pour le cas des équations aux dérivées partielles, le problème déjà ancien de la corde vibrante excitée par un archet ainsi que le problème des Céphéides, tel que le traite Eddington ([1]) ; pour celui des équations différentielles ordinaires, en mécanique le pendule de Froude ([2]), en physique l'oscillateur à triode ([3]), en chimie les réactions périodiques ([4]) ; des problèmes similaires se posent en biologie ([5]).
>
> ---
>
> ([1]) EDDINGTON, *The internal constitution of stars*, p. 2oo (Cambridge, 1926).
>
> ([2]) Lord RAYLEIGH, *The theory of sound*, London 1, 1894, p. 212.
>
> ([3]) Voir par exemple VAN DER POL, *Phil. Mag.*, 7e série, 2, 1926, p. 978.
>
> ([4]) Voir par exemple KREMANN, *Die periodischen Erscheinungen in der Chemie*, p. 124 (Stuttgart, 1913).
>
> ([5]) LOTKA, *Elements of physical biology*, p. 88 (Baltimore, 1925). Voir aussi les récentes recherches de M. Volterra. » [Andronov 1929a, p. 560]

Il semble qu'il y ait dans le choix de ces exemples une volonté de la part d'Andronov de montrer, à toutes les échelles de l'Univers (des plus lointaines étoiles aux plus petits microorganismes), l'existence de processus « non linéaires [13] » . Néanmoins, si l'on retrouve en bonne place la triode associée au nom de Van der Pol, Andronov ne fait aucune allusion au concept d'oscillations de relaxation. De plus, la référence aux travaux de Lotka comme à ceux de Volterra est de nouveau sans

11. Voir Maz'ya et Shaposhnikova [2005, p. 181].
12. Voir Appendice B.2.
13. Voir *supra*.

fondement [14]. Cependant, si l'on compare cette affirmation avec celle de l'article d'Andronov [1928, p. 24] il apparaît que le concept d'auto-oscillateur comprenait alors à la fois les systèmes conservatifs et dissipatifs. Andronov propose ensuite de représenter ces systèmes auto-oscillants par une équation différentielle du second ordre (A_1) qu'il transforme en un système de deux équations différentielles du premier ordre se plaçant ainsi dans le plan de phase de Poincaré :

$$\frac{dx}{dt} = P(x,y) \quad ; \quad \frac{dy}{dt} = Q(x,y) \tag{A_3}$$

Puis, il explique que la solution périodique de ce système (A_3) s'exprime en termes de cycles limites stables de Poincaré :

> « On peut facilement montrer qu'aux mouvements périodiques satisfaisant à ces conditions correspondent, sur le plan *xy*, des courbes fermées *isolées*, dont s'approchent en spirales, de l'intérieur et de l'extérieur (pour t croissant), les solutions voisines. Il en résulte des auto-oscillations qui naissent dans les systèmes caractérisés par les équations du type (A_3) correspondent mathématiquement aux cycles limites stables de Poincaré ([3]). Il est donc clair que la période et l'amplitude des oscillations stationnaires ne dépendent pas des conditions initiales.
>
> ---
>
> ([3]) POINCARÉ, Œuvres, 1, p. 53, Paris (1928). » [Andronov 1929a, p. 560]

Notons qu'Andronov ne démontre [15] pas l'existence de *cycles limites* dans les systèmes qu'il définit par (A_3) mais établit une « correspondance » en faisant appel à l'*analogie*. Il rappelle ensuite comme précédemment (voir *supra*) la propriété fondamentale de ses systèmes, *i.e.* l'indépendance de la période et de l'amplitude des oscillations par rapport aux conditions initiales. Enfin, s'il fait référence aux œuvres complètes de Poincaré [16] c'est-à-dire, au Chapitre VI intitulé « Théorie des cycles limites » plutôt qu'aux célèbres mémoires « Sur les courbes définies par une équation différentielle » [Poincaré 1882, p. 261], c'est probablement parce que le premier tome des œuvres complètes de Poincaré [17] vient de paraître l'année précédente. Il est probable cependant qu'Andronov ait eu accès aux célèbres mémoires de Poincaré [1881-1886] dont il fera éditer une traduction [18] en russe en 1947. Puis, il ajoute :

---

14. En consultant l'original de l'article conservé à l'Académie des Sciences on s'aperçoit que la référence à Volterra a été ajoutée par la personne qui a expertisé cet article, probablement Jacques Hadamard. Voir Appendice B.2. Voir aussi *supra* Partie I.
15. Le format des notes soumises aux *C.R.A.S.* (quatre pages) ne l'aurait pas permis.
16. Les travaux de Poincaré sur la T.S.F. ne seront publiés qu'en 1954 dans le tome X de ses œuvres complètes dans lequel son travail de 1908 n'apparaît pas. Cela pourrait expliquer qu'Andronov n'en fasse pas mention.
17. Une chronologie de la publication des œuvres complètes de Poincaré est présentée en Appendice C.4.
18. Rytov [1957, p. 185] rappelle qu'Andronov avait traduit puis fait éditer une traduction russe des mémoires « Sur les courbes définies par une équation différentielle » de Poincaré en 1947. Voir Poincaré [1947].

« La théorie générale ([4]) des courbes intégrales des équations du type (A_3) permet dans de nombreux cas d'étudier qualitativement ces équations et de tirer des conclusions quant à l'existence, au nombre et à la stabilité des cycles limites.

([4]) POINCARÉ, *loc. cit.* — BENDIXSON, *Acta Mathematica*, 24, 1900, p. 1. »

[Andronov 1929a, p. 560]

Andronov cite le travail d'Ivar Bendixson (1861-1935) permettant de démontrer l'existence d'un *cycle limite* dans ce type de système et aujourd'hui appelé théorème de Poincaré-Bendixson [19]. Mais même si sa démarche est très similaire à celle de Liénard [1928] (voir *infra*), Andronov ne fait référence ni aux travaux de Cartan [1925] ni à ceux de Liénard [1928] car cela limiterait la portée de son résultat en le réduisant aux systèmes de type Liénard-Van der Pol. A tire d'exemple, Andronov étudie ensuite un cas particulier du système (A_3) qu'il a emprunté à Poincaré [1892, p.89] :

$$\frac{dx}{dt} = y + \mu f(x, y : \mu) \quad ; \quad \frac{dy}{dt} = -x + \mu g(x, y : \mu) \tag{A$_4$}$$

où μ représente un paramètre réel que l'on peut choisir suffisamment petit. En suivant la démarche développée par Poincaré [1892] dans le Chapitre III du Volume I des *Méthodes Nouvelles de la Mécanique Céleste* intitulé « Solutions périodiques » Andronov [1929a, p. 560] démontre ainsi l'existence d'une solution périodique pour des petites valeurs du paramètre μ et la stabilité de la solution périodique, *i.e.* du cycle limite pour ce type de système (A_4). Pour y parvenir Andronov emploie une démarche qui est en tous points similaire à celle de Liénard. L'analyse présentée dans le paragraphe suivant a donc pour but de mettre en lumière l'extraordinaire ressemblance qui existe entre les démonstrations de Poincaré, de Liénard et d'Andronov permettant d'aboutir au même résultat, *i.e.* à la stabilité du cycle limite.

5.3 Sur la stabilité du cycle limite : *de Poincaré à Andronov en passant par Liénard*

Dans la seconde partie de son article Liénard [1928, p. 946] étudie l'équation suivante dans le cas où k est très petit :

$$xdx + ydy - kF(x)\,dy = 0 \tag{L$_9$}$$

En se plaçant dans le plan de phase de Liénard [1928, p. 901] on peut alors transformer l'équation (L_1) en un système de deux équations différentielles du premier ordre correspondant au système auto-entretenu (A_4) d'Andronov [1929a, p. 560] (voir Tableau 5.1).

Liénard explique ensuite :

19. Voir Bendixson [1901].

Liénard [1928]	Andronov [1929a]
$\begin{cases} \dfrac{dx}{dt} = y - kF(x) \\ \dfrac{dy}{dt} = -x \end{cases}$	$\begin{cases} \dfrac{dx}{dt} = y + \mu f(x, y; \mu) \\ \dfrac{dy}{dt} = -x + \mu g(x, y; \mu) \end{cases}$

TABLE 5.1 – Système d'équations différentielles de Liénard et d'Andronov.

> « Si l'on fait $k = 0$ dans cette équation [20], elle se réduit à
>
> $$xdx + ydy = 0$$
>
> ou $x^2 + y^2 = constante$. Toutes les courbes intégrales sont des cercles, des courbes fermées par conséquent. » [Liénard 1928, p. 946]

Il est intéressant alors de comparer cette phrase avec celle d'Andronov :

> « Lorsque $\mu = 0$ les équations (A_4) ont une solution $x = R\cos(t)$, $y = -R\sin(t)$; les courbes intégrales forment, sur le plan *xy*, une famille de circonférences. »
>
> [Andronov 1929a, p. 560]

Dans le cas où $k = 0$ (resp. $\mu = 0$) l'équation (L_9) de Liénard tout comme le système d'équations (A_4) d'Andronov se réduisent alors à l'équation d'un oscillateur harmonique dont la solution est un cercle. Tandis que Liénard présente cette solution sous une forme cartésienne, Andronov l'explicite sous forme paramétrique. Ceci lui permet ainsi d'introduire un changement de variables : la transformation de coordonnées cartésiennes en coordonnées polaires. Néanmoins ce changement de variables présente une particularité. En effet, il est d'usage de poser : $x = R\cos(t)$, $y = R\sin(t)$ mais l'ordonnée y d'Andronov est négative. Ceci provient du fait qu'il a tenu compte du sens de parcours de la courbe trajectoire qui évolue sur le cycle limite dans le sens inverse trigonométrique comme l'a démontré Poincaré [1908, p. 390] et revient à remplacer t par $-t$ dans un changement de coordonnées polaires classique (voir Tab. 5.2). Liénard ajoute alors :

> « Mais, parmi cette infinité de cercles, un seul correspond à la limite de la courbe fermée unique qui existe tant que k reste fini. Pour déterminer ce cercle, il suffit de remarquer que la condition $\int Fdy = 0$ caractérisant la courbe intégrale fermée ne se modifie pas par le changement F en kF. Le cercle limite sera donc celui pour lequel on a $\int Fdy = 0$. »
>
> [Liénard 1928, p. 946]

20. Il s'agit de l'équation (L_8).

Andronov écrit de son côté :

« En se servant des méthodes de Poincaré, on voit qu'au cas $\mu \neq 0$ suffisamment petit, il ne reste en général sur le plan *xy* que des courbes fermées isolées, proches de circonférences de rayons déterminées par l'équation

$$\int_0^{2\pi} [f(R\cos(\xi), -R\sin(\xi); 0)\cos(\xi) - g(R\cos(\xi), -R\sin(\xi); 0)\sin(\xi)]d\xi = 0$$

[...] » [Andronov 1929a, p. 560]

Transformation en coordonnées polaires		
Classique	Liénard [1928]	Andronov [1929a]
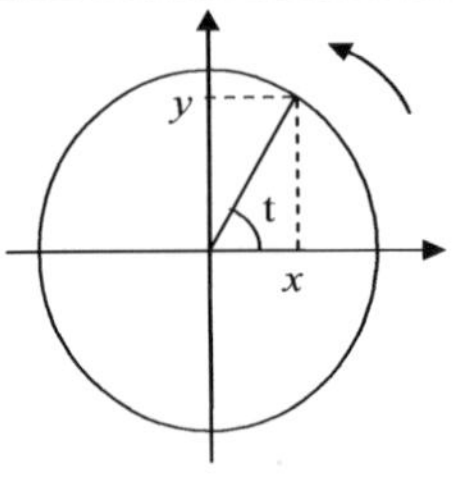	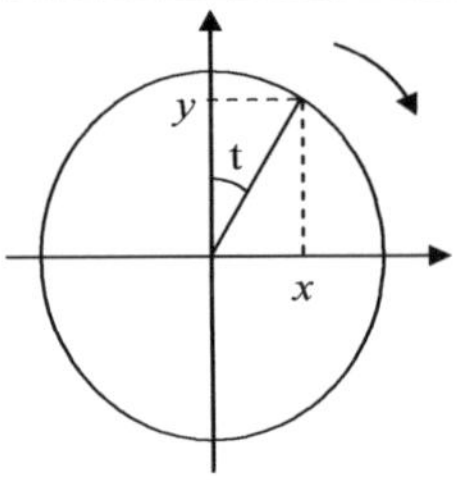	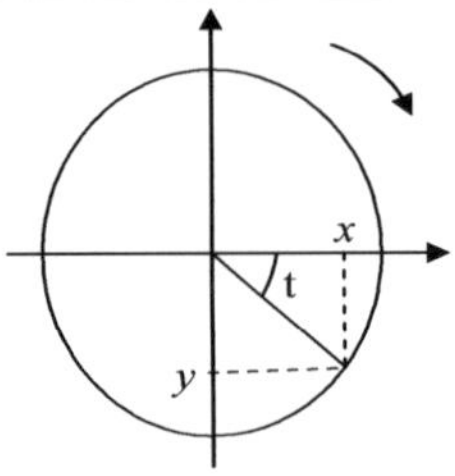
$\begin{cases} x = R\,cos\,(t) \\ y = R\,sin\,(t) \end{cases}$	$\begin{cases} x = R\,sin\,(t) \\ y = R\,cos\,(t) \end{cases}$	$\begin{cases} x = R\,cos\,(t) \\ y = -R\,sin\,(t) \end{cases}$

TABLE 5.2 – Transformation en coordonnées polaires.

On remarque que Liénard parle de « cercle limite » et non de « cycle limite » puisqu'il explique qu'à la limite $k \to 0^+$ la courbe fermée prend alors la forme d'un cercle. On constate également que la démarche d'Andronov suit très exactement celle de Liénard. La seule différence réside dans la fonction F et dans le changement de variable. En effet, contrairement à Andronov, Liénard a choisit de poser : $x = R\sin(t)$, $y = R\cos(t)$. Cependant, comme on peut facilement le vérifier à partir du Tableau 5.2, ces deux changements de variables sont parfaitement équivalents. En posant : $k = \mu$, $f(x, y; \mu) = -F(x)$ et $g(x, y; \mu) = 0$ on constate que le système de Liénard correspond exactement à celui d'Andronov (A_4) et que la condition permettant d'obtenir le rayon du « cercle limite » de Liénard, c'est-à-dire, de la « courbe fermée » d'Andronov sont absolument identiques. Dans les pages suivantes Liénard [1928, p. 906-907] détermine le rayon R de ce cercle dans le cas où la fonction F correspond à la *caractéristique d'oscillation* de la triode de Van der Pol [1920, p. 703] et retrouve ainsi la valeur de l'amplitude ($a = 2$) calculée [21] par Van der Pol [1926d, p. 980]. L'objectif de l'article de Liénard [1928] était de démontrer l'existence et l'unicité de la solution périodique de l'équation de Liénard-Van der Pol sous réserve que la fonction représentant la *caractéristique d'oscillation* vérifie certaines conditions. Pour y parvenir Liénard [1928, p. 906] avait alors établi une condition de stabilité de la « courbe fermée », $i.e.$ du cycle limite qui s'exprimait sous la forme d'une inégalité :

> « Pour toutes courbes intégrales extérieures à la courbe fermée D, $\int F dy$ est négatif et OA_2 est supérieur à OA_1. La courbe intégrale est plus près de la courbe fermée en A_2 qu'en A_1 [...]. On se rend ainsi compte que la courbe intégrale décrit une sorte de spirale tendant asymptotiquement vers la courbe fermée D. Pour les courbes intégrales extérieures à la courbe fermée, c'est OA_2 qui devient inférieur à OA_1. La courbe se rapproche encore de la courbe D, mais par l'extérieur. En raison de ce fait que toutes les courbes intégrales, intérieures ou extérieures, parcourues dans le sens des temps croissants, tendent asymptotiquement vers la courbe D on dit que le mouvement périodique correspondant est un mouvement *stable* » [Liénard 1928, p. 906]

On en déduit la condition de stabilité du cycle limite pour Liénard (voir *supra* Partie I) :

$$\int_{\Gamma} F(x)\, dy > 0 \qquad (L_8)$$

Andronov fournit également une condition de stabilité des « courbes fermées » dans le cas plus général des systèmes auto-entretenus sous la forme :

> « Ces courbes fermées correspondent à des mouvements stationnaires stables au cas où est remplie la condition (A_5)
>
> $$\int_0^{2\pi} \left[f'_x(R\cos(\xi), -R\sin(\xi); 0) + g'_y(R\cos(\xi), -R\sin(\xi); 0)\right] d\xi < 0$$
>
> [...] » [Andronov 1929a, p. 561]

En utilisant la formule de Green [22] et en se replaçant dans un système de coordonnées cartésiennes la condition de stabilité (A_5) d'Andronov s'écrit

$$\int_{\Gamma} \left(f(x, y; \mu) \frac{dy}{dt} - g(x, y; \mu) \frac{dx}{dt} \right) dt < 0 \qquad (A_6)$$

21. Van der Pol l'a également déduite graphiquement. Voir *supra* Partie I.
22. Formule de Green : $\int_{\Gamma} f(x, y)\, dy - g(x, y)\, dx = \iint_{S} \left(f'_x(x, y) + g'_y(x, y)\right) dxdy$

En posant : $k = \mu$, $f(x, y; \mu) = -F(x)$ et $g(x, y; \mu) = 0$ on constate que la condition de stabilité (A_6) d'Andronov est parfaitement identique à celle de Liénard (L_8) :

$$\int_\Gamma \left(-F(x) \frac{dy}{dt} \right) dt < 0 \quad \Leftrightarrow \quad \int_\Gamma F(x)\, dy > 0$$

Or, il avait déjà été établi dans le Partie I, p. 34 que la condition de stabilité (A_6) d'Andronov était identique à celle de Poincaré [1908]. Ainsi, il apparait que les trois conditions de stabilité : celle de Poincaré [1908], celle de Liénard [1928] et celle d'Andronov [1929a] sont totalement identiques. L'ensemble de ces résultats est résumé dans le Tableau 5.3.

Poincaré [1908]	Liénard [1928]	Andronov [1929a]
$\begin{cases} \dfrac{dx}{dt} = y \\ \dfrac{dy}{dt} = -x - \mu\theta(y) \end{cases}$	$\begin{cases} \dfrac{dx}{dt} = y - kF(x) \\ \dfrac{dy}{dt} = -x \end{cases}$	$\begin{cases} \dfrac{dx}{dt} = y + \mu f(x, y; \mu) \\ \dfrac{dy}{dt} = -x + \mu g(x, y; \mu) \end{cases}$
$\int_\Gamma \theta(x') x' dt < 0$	$\int_\Gamma F(x)\, dy > 0$	$\int_\Gamma \left(f(x, y; \mu) \dfrac{dy}{dt} - g(x, y; \mu) \dfrac{dx}{dt} \right) dt < 0$

TABLE 5.3 – Synoptique des systèmes et des conditions de stabilité.

La démarche d'Andronov est plus générale que celle de Liénard et de Poincaré puisqu'elle ne se limite pas à l'étude d'une équation du type Liénard-Van der Pol mais s'étend à toute une catégorie de systèmes auto-entretenus. Cependant, dans sa démonstration de la stabilité du cycle limite Andronov reprend point par point tous les arguments employés par Liénard et Poincaré. S'il cite Poincaré (mais pas l'article de 1908), il ne fait pas référence à l'article de Liénard avant la publication de son livre en 1937. Ce n'est que quelques années plus tard qu'Andronov [1933] publiera une démonstration complète de la stabilité du cycle limite basée sur l'utilisation des « exposants caractéristiques » introduits par Poincaré [1892, p. 176] dans ses *Méthodes nouvelles de la mécanique céleste*.

Soulignons ici que la correspondance fondamentale établie par Andronov est moins celle qui concerne les mémoires « Sur les courbes » de Poincaré [1881-1886] et plus particulièrement le chapitre intitulé « Théorie des cycles limites » [Poincaré 1882, p. 261] que celle qui fait appel au chapitre III : « Solutions périodiques » ainsi qu'au chapitre IV : « Exposants caractéristiques » des *Méthodes Nouvelles* de Poincaré [1892, p. 89 et p. 176]. En effet, ce lien avec la *théorie des perturbations* et l'*analysis situs* [23] constitue véritablement l'amorce d'une *théorie des oscillations non-linéaire* tandis que la correspondance entre solution périodique et cycle limite ne représente qu'une étape mineure dans le processus d'élaboration de ces théories comme en témoigne la conclusion d'Andronov :

> « Ainsi, la théorie des auto-oscillations, où l'on se servait jusqu'à présent presque exclusivement de méthodes non rigoureuses, reçoit, du moins dans le cas le plus simple, une base mathématique solide. Les auto-oscillations électriques sont les plus accessibles à l'étude expérimentale. Il est certain qu'une série de phénomènes caractéristiques accompagnant ces oscillations ([1]) doit se retrouver dans les systèmes auto-oscillatoires, mécaniques ou chimiques.
>
> ---
>
> ([1]) Par exemple le phénomène que les Allemands appellent *Mitnehmen*, voir H. BARKHAUSEN, *Elektronen-Röhren*, 3, p. 32, (Leipzig, 1929). »
>
> [Andronov 1929a, p. 561]

FIGURE 5.1 – Aleksandr Aleksandrovich Andronov, d'après Neimark [2001, p. 231].

Cette allusion au phénomène de *mitnehmen*, *i.e.* de synchronisation laisse entrevoir la perspective des résultats de la seconde note qu'Andronov [1930a] présentera, moins de trois mois plus tard, aux *C.R.A.S.* avec Aleksandr' Witt [24] (1902-1938) et dans laquelle ils vont s'intéresser à la stabilité des solutions périodiques ou quasi-périodiques d'un système auto-oscillant à deux degrés de liberté [25]. Ceci démontre l'avance considérable des savants russes sur les développements qui sont jusqu'alors effectués en Europe. En effet, alors que certains cherchent à mettre en évidence l'existence de cycles

23. Branche autonome des Mathématiques développée par Poincaré [1895] et qui donna naissance à la Topologie.

24. L'affaire Luzin qui débute en 1936 va conduire à l'arrestation de Witt en 1937 puis à sa condamnation à cinq ans de goulag où il meurt le 26 juin 1938. Voir Bendrikov [1981], Bissell [1994] et Dahan [2004a ; 2004b].

25. Ce problème correspond à l'étude des caractéristiques à la surface du tore. Voir Poincaré [1885, p. 220] et Denjoy [1932a, 1932b]. Voir Partie III.

limites dans différents types de systèmes autonomes l'école que va former Andronov à Gorki [26] avec Artemij Majer (1905-1951), Mikhail E. Leontovich (1903-1981) et Nikolaï N. Bautin (1908-1993) et, parallèlement celle constituée à Kiev par Nikolaï M. Kryloff (1879-1955) et son élève Nikolaï N. Bogoliouboff (1909-1992), s'intéressent déjà aux solutions quasi périodiques de systèmes non autonomes et aux problèmes de l'entraînement et de la synchronisation.

5.4 L'assemblée générale de l'U.R.S.I. en 1934

Lors de l'assemblée générale de l'Union Radio Scientifique Internationale (U.R.S.I.) [27] qui se tient à Londres entre les 12 et 18 septembre 1934, Mandel'shtam, Papalexi, Andronov, Khaikin et Witt présentent un article intitulé « Exposé de recherches récentes sur les oscillations non linéaires » [Mandel'shtam *et al.*, 1935]. Ce travail publié en français dans le *Journal de physique technique de l'U.R.S.S.* contient les fondements de la théorie des oscillations non linéaires : le concept de cycle limite comme solution d'un système dissipatif auto-entretenu représenté dans le plan de phase de Poincaré, le concept de bifurcation (de codimension 1) et bien entendu le concept d'oscillations de relaxation sont présentés dès les premiers paragraphes. Les systèmes à oscillations forcées, les phénomènes de résonance, de synchronisation et de démultiplication de fréquences qui sont abordés ensuite feront l'objet d'une autre analyse. Mandel'shtam et ses collaborateurs présentent ainsi le concept de Van der Pol :

> « On voit assez souvent réalisées en radiotechnique les conditions où les oscillations sont à peu près sinusoïdales.* Mais au cours de ces dernières années, et en grande partie grâce encore aux travaux de van der Pol, l'intérêt s'est accru pour les systèmes qui exécutent des oscillations différant fortement de la forme sinusoïdale, ou « oscillations de relaxation ».
>
> ---
>
> * Un système mécanique très simple permettant d'obtenir des auto-oscillations presque sinusoïdales – le pendule de Froud – a été étudié par Strelkov [28]. »
>
> [Mandel'shtam *et al.* 1935, p. 96].

Cet hommage rendu par Mandel'shtam aux travaux de Van der Pol n'est qu'une formule de politesse puisque, à Londres comme à Paris lors de la première conférence internationale de mecanique non linéaire qui a eu lieu l'année précédente (voir *infra*), la délégation soviétique côtoie un Van der Pol qui est d'ailleurs instigateur de la conférence de Paris comme on l'a déjà fait remarquer [29]. Mandel'shtam rappelle ensuite l'équation différentielle du second ordre (V_9) de Van der Pol caractérisant

26. La ville de Gorki est devenue au début des années 1990 Nijni-Novgorod. Sur l'École d'Andronov à Gorki voir Dahan [2004a ; 2004b].

27. Pour une brève histoire de l'U.R.S.I. voir par exemple Van Bladel [2006].

28. Mandel'shtam renvoie à Strelkov : Das Froudsche Pendel., Журнал технической Физики, III, p. 563, 1933.

29. On n'a cependant pas pu déterminer si tous les auteurs de cet « Exposé » étaient présents à Londres à ce congrès.

les oscillations d'une triode et propose d'idéaliser le problème en supposant que l'inductance dans le circuit est nulle. Ce qui a pour effet de ramener l'équation de Van der Pol à une équation du premier ordre intégrable. Il ajoute alors :

> « Après avoir idéalisé ainsi le problème il faut, pour rendre compte du phénomène physique, introduire une nouvelle condition, qui consiste dans notre cas en ce qu'à un certain moment le courant subit une discontinuité, tandis que la tension aux bornes du condensateur reste constante. Ce postulat ou « condition de discontinuité » est justifié physiquement par le fait que l'énergie ne peut varier de façon discontinue. On peut lui donner une autre forme en demandant explicitement la continuité de la variation de l'énergie. Cette théorie « discontinue », jointe à la condition de discontinuité, permet de mettre en évidence des mouvements périodiques « discontinus » et d'en trouver « l'amplitude » et la période.
>
> Cette façon de traiter les oscillations de relaxation, applicable aux systèmes électriques et mécaniques, est analogue, sans leur être identique, aux procédés que l'on emploie en mécanique pour analyser les chocs élastiques. » [Mandel'shtam *et al.* 1935, p. 96].

Dès lors sous l'impulsion de Mandel'shtam, au concept d'oscillations de relaxation de Van der Pol va se substituer celui de « mouvements discontinus » dans les publications d'Andronov (voir *infra*). On assiste ainsi à une véritable « bataille des concepts » . Or, nous avons vu précédemment que le concept d'auto-oscillations englobe celui de cycle limite d'après l'énoncé même d'Andronov [1929a, 560] et celui d'oscillations de relaxation puisqu'un oscillateur à relaxation est nécessairement un auto-oscillateur (la réciproque est fausse, voir *supra*) dont la solution périodique est un cycle limite. Néanmoins, à cette époque l'image de cette représentation (voir Fig. 5.2) est encore floue.

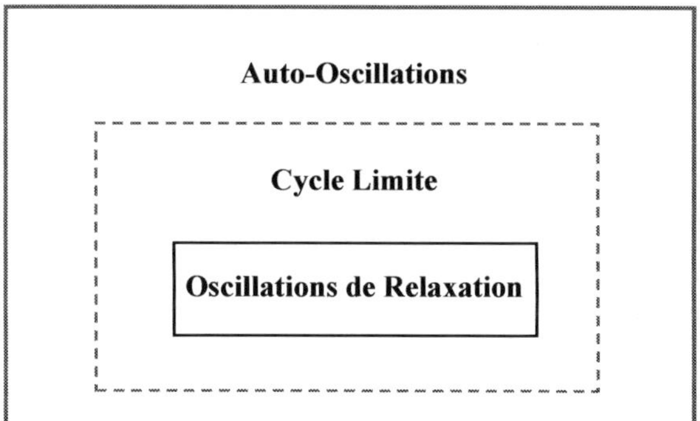

FIGURE 5.2 – Image des concepts d'auto-oscillations, cycle limite et oscillations de relaxation.

Mandel'shtam et son élève Andronov reconnaissent que le concept de Van der Pol est susceptible de décrire avec une seule et même équation prototype un ensemble de phénomènes en apparence très différents. Mais ils lui reprochent son incapacité à expliquer la nature intime des oscillations de relaxation, c'est-à-dire, comment un système « saute » brusquement d'une phase lente à une phase rapide. La façon dont Mandel'stham rebaptise mouvements discontinus les oscillations de relaxation de Van der Pol est une tentative de résoudre le problème posé par la coexistence de deux théories des oscillations : celle de Van der Pol à laquelle il manque un véritable fondement mathématique et la théorie des oscillations non linéaires que sont en train d'élaborer Andronov, Khaikin et Witt.

Chapitre 6

Réception en France des travaux de Van der Pol et d'Andronov

Nous avons vu comment à la fin des années vingt et au début des années trente Van der Pol est invité en France à de nombreuses reprises afin de présenter ses travaux. Il fut également à l'initiative avec Nikolaï D. Papalexi (1880-1947) de la première conférence internationale de non linéaire [1] à Paris les 29 et 30 janvier 1933. Son interlocuteur privilégié à cette époque est Philipe Le Corbeiller. En atteste par exemple la note de bas de page d'une de ses interventions dans laquelle Van der Pol [1930, p. 32] remercie Le Corbeiller « pour les soins qu'il a apportés à la rédaction en français de ses conférences. » .

6.1 Les travaux de Philippe Le Corbeiller : *vers une histoire de la théorie des oscillations...*

Sorti 36ᵉ de l'École Polytechnique en 1913, Philippe Le Corbeiller (1891-1980) intègre l'École Supérieure des Postes et Télégraphes [2] (aujourd'hui Sup'Télécom). L'année suivante, il devient ingénieur chef des télégraphes au laboratoire national d'électricité. Promu sous-lieutenant de réserve il prend une part active à la première guerre mondiale qui lui vaudra d'être décoré de la Croix de Guerre. Après la guerre, il se consacre à la théorie des nombres et soutient en 1926 à l'université de Paris une thèse de doctorat intitulée « Contribution à l'étude des formes quadratiques à indéterminées conjuguées » écrite sous la direction d'Émile Picard (1856-1941). Il devient alors expert en électronique pour les communications, les systèmes électromécaniques et l'acoustique. Il travaille pour le ministère de la communication de 1929 à 1939 avant d'être nommé directeur du programme technique et du réseau national de radiodiffusion français. Il enseigne également à l'École Supérieure

1. Au sujet de cette conférence voir *infra* et Ginoux *et al.* [2010].
2. Telecom ParisTech, Alumni, Annuaire 2009 (document interne).

d'Électricité. Après avoir fui la France occupée, il s'installe aux États-Unis en 1941 et, pendant la Seconde Guerre mondiale, il enseigne l'électronique au personnel de la marine et de l'armée américaine à Harvard avant d'intégrer cette université en 1945 en tant que chargé de cours en physique appliquée puis comme maître de conférences en 1949, professeur et enfin professeur émérite en 1959. Après la disparition de Van der Pol (1889-1959) qui s'était retiré à Wassenaar (Pays-Bas), Le Corbeiller [3] va se rapprocher de sa veuve Pietronetta Posthuma – Van der Pol (1893-1984) au point de l'épouser à New York le 7 mai 1964. En 1968 il devient résident des Pays Bas jusqu'à sa disparition à Wassenaar le 26 juillet 1980 à l'âge de 89 ans [4]. Avec un certain talent de vulgarisateur et à la manière d'un historien des sciences Le Corbeiller va présenter lors de nombreuses conférences une admirable synthèse des différents résultats obtenus dans le domaine des *oscillations de relaxation.* Sa contribution à la compréhension et à la reconstruction des processus d'élaboration de la théorie des oscillations non linéaires est fondamentale dans la mesure où il en rappelle les étapes essentielles qui seraient surement tombées dans l'oubli sans son intervention. À partir de 1930, Le Corbeiller va réaliser plusieurs conférences en France et en Europe :

- les 6 et 7 mai 1931 au Conservatoire National des Arts et Métiers à Paris,
- en septembre 1931 à la réunion de la Société d'Économétrie à Lausanne,
- le 22 avril 1932 à l'École Supérieure des Postes et Télégraphes à Paris,
- le 30 avril 1932 à la Société des Amis de la T.S.F. à Paris,
- le 3 avril 1935 devant la Wireless Section à Londres.

Le Corbeiller participe également avec Liénard et Van der Pol au IIIe Congrès International de Mécanique Appliquée à Stockholm en 1930 qui a fait l'objet d'une discussion spéciale.

6.1.1 Le IIIe Congrès International de Mécanique Appliquée à Stockholm

L'exposé de Le Corbeiller [1931b, p. 205] intitulé : « Sur les oscillations des régulateurs [5] » débute par une remarque sur les analogies entre différents systèmes électriques et mécaniques :

> « Le but de la présente note est d'attirer l'attention sur les analogies de ces oscillations, bien connues à la suite des travaux de nombreux auteurs, avec celles que l'on obtient en radioélectricité au moyen de lampes triodes. Ces analogies s'étendraient bien aisément à d'autres systèmes, soit régulateurs, soit générateurs d'oscillations, et à titre d'exemple nous décrivons un système régulateur continu de température. Nous signalons en terminant la cause générale qui limite l'amplitude des ces oscillations, ainsi que leurs variations de forme, ces deux points résultants des travaux de M. VAN DER POL sur les oscillations de relaxation. » [Le Corbeiller 1931b, p. 205]

3. Il avait épousé Dorothy Leeming le 3 avril 1924.
4. Pour une biographie de Le Corbeiller voir Lindsay [1980] et le New York Times du 27 juin 1980.
5. Ce titre n'est pas sans rappeler celui de J. C. Maxwell [1867] : « On governors ».

Il établit l'équation différentielle du troisième ordre[6] (voir *infra*) permettant de représenter le fonctionnement d'une machine-régulateur[7]. Parallèlement, il décrit un montage électrique comportant une lampe triode parfaitement analogue à ce système et propose une analyse de stabilité. Puis, il explique :

> « Les différences entre le système machine-régulateur et la lampe triode génératrice à circuit oscillant de grille sont à noter aussi bien que leurs ressemblances. La plus manifeste est que les oscillations dites à longue période sont le phénomène que l'on cherche à éviter dans le premier cas, et que l'on veut produire dans le deuxième. »
>
> [Le Corbeiller 1931b, p. 209]

Dans cet extrait, nous remarquons l'allusion aux « oscillations de longue période » observées par Henry Léauté [1885] dans un dispositif hydraulique de contrôle de vannage et qui seront bientôt considérées comme un exemple d'oscillations de relaxation. Soulignons aussi le changement radical de point de vue sur les oscillations qui s'y fait jour, à savoir le fait que l'on ne cherche plus à éliminer les oscillations considérées comme nuisibles mais au contraire à les produire pour les étudier[8]. Dans la conclusion de son exposé Le Corbeiller fait déjà référence[9] aux travaux d'Andronov [1929a] :

> « Si nous savons que le système machine-régulateur présente effectivement des oscillations périodiques, cela signifiera que parmi les courbes intégrales tracées sur la surface caractéristique il y en a au moins *une* qui est une courbe fermée. Mais le système n'étant plus linéaire à coefficients constants, les solutions infiniment voisines ne seront plus homothétiques à cette courbe, mais s'en approcheront asymptotiquement, c'est-à-dire que la solution périodique correspondra à un *cycle limite* de POINCARÉ, comme l'a fait remarquer M. ANDRONOW. Son amplitude sera ainsi bien déterminée. »
>
> [Le Corbeiller 1931b, p. 211]

Le Corbeiller rappelle ici implicitement le résultat de Liénard [1928] concernant l'existence et l'unicité de la solution périodique pour ce type d'oscillateur et souligne explicitement la correspondance établie par Andronov [1929a]. Son article se termine par cette phrase :

> « Je ne puis que renvoyer aux remarquables travaux de cet auteur[10], auxquels M. LIÉNARD et M. ANDRONOW[11] ont apporté des compléments fort intéressants. »
>
> [Le Corbeiller 1931b, p. 212]

6. L'équation (V_9) de la triode oscillatrice établie par Van der Pol [1926d] est une équation différentielle du second ordre dont la solution peut être représentée dans le plan, *i.e.* dans un espace de phase de dimension deux.
7. Voir Appendice B.3.
8. On observera ce même comportement dans des dispositifs électroniques à la fin des années soixante.
9. Il y fera ensuite mention une seconde et dernière fois dans son exposé au C.N.A.M. en 1932. Voir *infra*.
10. Il s'agit de Van der Pol
11. Le Corbeiller renvoie à Liénard [1928], à Andronov [1929a] et à Andronov et Witt [1930].

Ceci est à mettre en parallèle de celle de Van der Pol [1931, p. 179] (voir *supra*). Il est étonnant de constater que dans les deux cas les résultats de Liénard et Andronov soient seulement considérés comme « intéressants » alors qu'ils vont s'avérer être fondamentaux dans les développements à venir de la théorie des oscillations.

6.1.2 Exposé des 6 et 7 mai 1931 au Conservatoire National des Arts et Métiers

Lors de cette première conférence en France intitulée « Les systèmes auto-entretenus et les oscillations de relaxation » Le Corbeiller [1931a] présente les travaux de Van der Pol en surestimant leur portée et passe ainsi de la « théorie des oscillations auto-entretenues » d'Andronov [1929a] à la théorie des oscillations de relaxation de Van der Pol [1926d].

> « Mais c'est un physicien hollandais, M. Balth. van der Pol, qui, par sa théorie des *oscillations de relaxation* (1926) a fait avancer la question d'une manière décisive. Des savants de divers pays travaillent actuellement à élargir la voie qu'il a tracée ; de ces contributions, la plus importante nous paraît être celle de M. Liénard (1928). Des recherches mathématiques fort intéressantes sont poursuivies par M. Andronow, de Moscou. »
>
> [Le Corbeiller 1931a, p. 4]

Comme l'indique d'ailleurs le titre de son exposé il associe la terminologie « introduite [12] » par Andronov [1929a] non pas à un type d'oscillations mais à un type de systèmes susceptibles d'engendrer des oscillations de relaxation. La présentation de Le Corbeiller [1931a] débute alors par des exemples mécaniques comme le vase de Tantale [13] et le culbuteur (voir Fig. 6.1) mais aussi électriques comme les oscillations d'une lampe à néon et le disjoncteur à maximum ayant pour but d'illustrer la définition de système auto-entretenu. À ce moment-là en France, les seules personnes à avoir jamais employé l'expression « auto-entretenue » dans cette acception sont, semble-t-il, Blondel [1919d, p. 118] (voir *supra* Partie I), Pomey [1921, p. 120] (voir Appendice B.1) et Andronov [1929a]. De plus, les deux premiers exemples choisis par Le Corbeiller ont été décrits en détails par Blondel [1919d, p. 124] et Van der Pol [1930, p. 307] :

12. Voir Appendice B.1.

13. Cette dénomination paraît avoir été introduite par Le Corbeiller. Blondel [1919d, p. 118] parlait de siphon auto-amorceur.

« Soit (fig. 2) un *vase de Tantale*, c'est-à-dire un réservoir dans lequel un robinet laisse couler continuellement un filet d'eau ; un gros tuyau recourbé débouche à sa partie inférieure.

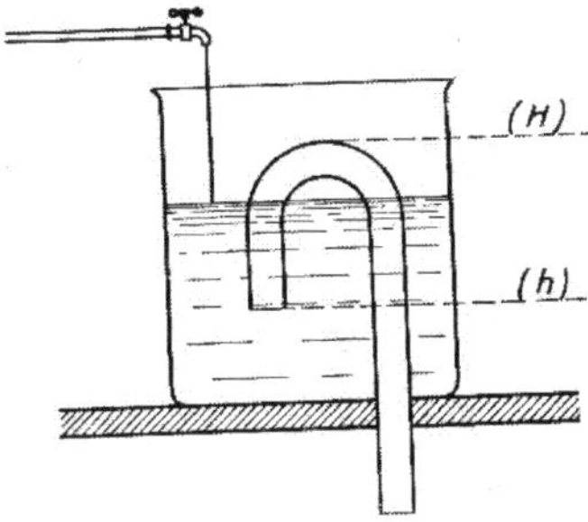

FIG. 2.

Lorsque l'eau atteint le niveau (H), le siphon s'amorce (h), et le phénomène recommence. » [Le Corbeiller 1931a, p. 6]

Il propose aussi un appareil qui correspond exactement à la description faite par Van der Pol [1930, p. 307] lors de ses conférences à l'École Supérieure d'Électricité (voir *supra*) :

FIGURE 6.1 – Vase culbuteur, d'après Le Corbeiller [1931a, p. 42].

Rappelant le principe de la construction de Liénard pour l'intégration graphique de l'équation différentielle d'un oscillateur auto-entretenu, Le Corbeiller explique qu'à la courbe intégrale « correspondra un *cycle limite* et un seul. » [Le Corbeiller 1931a, p. 18].

Étonnamment, il n'est fait allusion ni à Poincaré ni à ses travaux dans cet article. Le Corbeiller précise cependant c'est en suivant la démarche de Curie [1891], permettant par des changements de variables d'obtenir des « équations réduites » en fonction d'un seul paramètre sans dimension, que Van der Pol [1926c] a pu intégrer graphiquement son équation (V_9) en faisant usage de la « méthode classique mais pénible des isoclines. » [Le Corbeiller 1931a, p. 19] (voir *supra* Partie I). Il énonce alors une proposition qu'il attribue à Van der Pol bien que celui-ci ne semble pas l'avoir formulée explicitement :

> « On a alors cette proposition (van der Pol) : *lorsque* ε *croît d'une valeur très voisine de zéro à une valeur très grande, le régime permanent satisfaisant à l'équation* (V_9) *passe d'une manière continue d'une oscillation sinusoïdale (pour* ε *très petit) à une oscillation de relaxation (pour* ε *très grand).* » [Le Corbeiller 1931a, p. 21]

Le passage continu d'un type d'oscillations à un autre n'est absolument pas trivial et fera par la suite l'objet de recherches plus approfondies (voir *infra*). Curieusement, Le Corbeiller ne reviendra sur cette propriété fondamentale que lors de son dernier exposé en Europe (voir *infra*). Dans son exposé du C.N.A.M., il rappelle ensuite les résultats de Van der Pol concernant l'amplitude et la période des oscillations (voir *supra* Partie I) et précise que le calcul de l'amplitude réalisé à partir du terme fondamental du développement de Fourier de l'équation différentielle (V_9) a déjà été effectué par Lord Rayleigh [1883] pour une équation différentielle qui correspond à celle de Van der Pol (voir Appendice A.2). Enfin, il résume les résultats principaux de Van der Pol [1926d, 1930] :

> « Un des apports les plus importants de M. van der Pol a consisté à reconnaître clairement ce fait [14], à donner *un nom* à ces oscillations non sinusoïdales, et à en faire un outil de la recherche physique au même titre que les oscillations sinusoïdales dont elles constituent en fait la contrepartie. » [Le Corbeiller 1931a, p. 22]

Le Corbeiller y décrit aussi ce qu'il appelle « l'expérience de M. Janet » alors qu'il s'agit de l'expérience de Gérard-Lescuyer (voir *supra* Partie I) en insistant davantage sur la forme de la *caractéristique d'oscillation* :

> « [...] la dynamo-série suivie d'une résistance ohmique suffisamment faible (celle de la bobine qui réalise l'inductance L) aura une caractéristique symétrique par rapport à l'origine, analogue à celle de la figure 25.
>
> Elle doit donc entretenir en oscillations un circuit comprenant la dynamo-série elle-même, N, une self L et une capacité C. » [Le Corbeiller 1931a, p.28]

Dans la figure 25 produite par Le Corbeiller, la *caractéristique d'oscillation* de la dynamo-série est représentée par une fonction cubique ce qui implique « qu'un pareil organe présente une *résistance négative*. » [Le Corbeiller 1931a, p. 14]. Cependant, même s'il reconnaît que cette expérience est « familière de tous les ingénieurs qui ont suivi l'enseignement de M. Janet » il ne fait pas référence à la démonstration de Janet [1919] dont il s'inspire manifestement pour établir l'équation du phénomène (voir *supra* Partie I).

14. Il fait ici allusion au fait que dans le cas où le paramètre ε est très grand le nombre d'harmoniques augment e considérablement et le calcul de l'amplitude et de la période par transformation de Fourier devient très difficile.

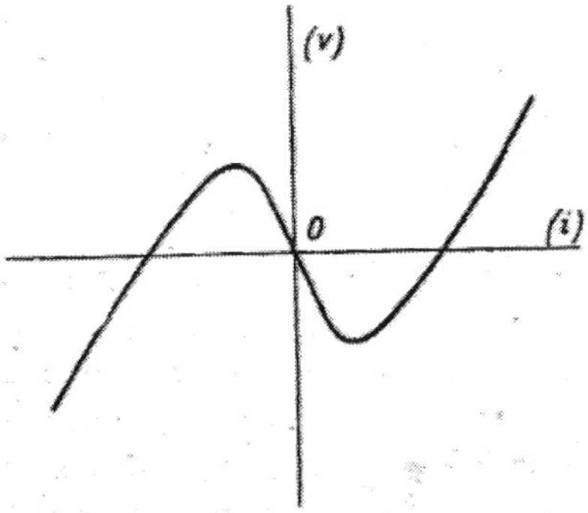

FIG. 25.

« Soit en effet i le courant dans un tel moteur (à courant continu à excitation séparée), ω sa vitesse angulaire, Φ le flux permanent, ν le nombre de conducteurs par radians ($\nu = \frac{N}{2\pi}$), L, R la self et la résistance de l'induit, $\Im$ son moment d'inertie, e la différence de potentiel aux bornes et C le couple sur l'arbre ; on a les équations :

$$\begin{cases} e = L\dfrac{di}{dt} + Ri - \nu\Phi\omega \\ C = \nu\Phi i + \Im\dfrac{d\omega}{dt} \end{cases}$$

Si le moteur tourne à vide on a $C = 0$, d'où :

$$e = L\frac{di}{dt} + Ri + \frac{(\nu\Phi)^2}{\Im}\int idt$$

Le moteur à vide est donc équivalent à une self L, une résistance R et une capacité C en série, la capacité ayant pour valeur $\frac{\Im}{(\nu\Phi)^2}$. » [Le Corbeiller 1931a, p. 29]

En effet, en posant $k = -\nu\Phi$ et $K = \Im$ dans l'article de Janet [1919] on retrouve exactement la même équation. Pour conclure son paragraphe Le Corbeiller [1931a, p. 30] rappelle néanmoins qu'à l'origine cette expérience a été « faite par Gérard-Lescuyer en 1880 ».

Au terme de son exposé, Le Corbeiller insiste sur le caractère incomplet des résultats mathématiques obtenus jusqu'alors par Van der Pol :

« La théorie mathématique des oscillations de relaxation vient seulement d'être amorcée ; plusieurs des phénomènes dont nous avons parlé ne sont connus qu'empiriquement, et par conséquent peuvent nous réserver des surprises [...]. Nous avons en un mot devant nous l'immense domaine des *systèmes non linéaires*, dans lequel nous avons seulement commencé de pénétrer. Je souhaiterais que ces conférences aient montré l'intérêt qui s'attache à son exploration. » [Le Corbeiller 1931a, p. 45]

La conclusion de Le Corbeiller va dans le sens de ce qui a été dit dans la section précédente, c'est-à-dire, que de notre point de vue Van der Pol est bien l'auteur d'un concept d'oscillations de relaxation mais pas d'une théorie mathématique des oscillations de relaxation.

6.1.3 Exposé de septembre 1931 à la Société d'Économétrie de Lausanne

Si le titre de ce nouvel exposé est identique au précédent le contenu et l'auditoire diffèrent totalement. Le Corbeiller commence tout d'abord par rappeler le rôle fondamental joué par l'analogie mécanique durant cette période, qui marque les débuts de l'ère de la modélisation.

> « La recherche de modèles mécaniques des phénomènes électriques a été une des caractéristiques de l'école anglaise de physique au cours du siècle dernier. »
>
> [Le Corbeiller 1933b, p. 328]

Puis, Le Corbeiller lance un appel [15] pour la création d'une *Théorie des Oscillations* :

> « L'idée tend même à se répandre que les méthodes que le hasard a fait naître parmi les ingénieurs téléphonistes doivent se constituer en un corps de doctrine, la *Théorie des Oscillations*, dont les théorèmes seraient en principe indépendants des applications mécaniques, thermodynamiques, électriques, chimiques, physiologiques, biologiques, ou économiques, qu'ils pourraient avoir, mais déjà illustrés par des exemples pris dans tous ces domaines. » [Le Corbeiller 1933b, p. 328]

Remarquons qu'il ne parle plus d'une « théorie mathématique des oscillations de relaxation » mais de méthodes qui « doivent se constituer en un corps de doctrine, la *Théorie des Oscillations* ». Dans ces méthodes, Le Corbeiller paraît inclure celles de Curie [1891], de Poincaré [1892-93-99], de Van der Pol [1926a, 1926b, 1926c, 1926d], d'Andronov [1929a]... De plus, le nom du corps de doctrine semble assez prophétique si l'on songe à celui qu'emploiera quelques années plus tard Andronov [1937] pour le titre de son ouvrage. Le Corbeiller ajoute :

> « [...] j'ai pensé pouvoir vous présenter un compte-rendu succinct d'une avance récente, que je crois importante, de la théorie des oscillations : celle apportée au problème des systèmes auto-entretenus par la découverte des oscillations de relaxation, due au savant hollandais, le Dr. Balth. van der Pol. » [Le Corbeiller 1933b, p. 329]

Ainsi, Le Corbeiller ne considère plus Van der Pol comme l'auteur d'une théorie mais comme le découvreur, l'inventeur d'un nouveau type d'oscillations. De plus, il envisage désormais une théorie générale des oscillations ayant pour objet, entre autres, l'étude des systèmes auto-entretenus pour lesquels la découverte des oscillations de relaxation permet de décrire le phénomène oscillatoire dont ils peuvent être le siège. Cet exposé de Le Corbeiller marque un tournant dans sa perception des

15. Un peu plus tard, N. Kryloff et N. Bogoliouboff [1932c, 1933] lanceront également un appel (voir *infra*).

travaux de Van der Pol, qui va se ressentir encore davantage lors de ses communications suivantes à Paris.

6.1.4 Exposé du 22 avril 1932 à l'École Supérieure des Postes et Télégraphes

Le lieu de cet exposé [16] n'est pas anodin, puisque Le Corbeiller a été élève de cette école jusqu'en 1914. Le Corbeiller [1932] continue d'ailleurs de l'appeler École professionnelle supérieure des Postes et Télégraphes alors qu'elle a perdu le qualificatif « Professionnelle » en 1912 [Atten *et al.* 1999, p. 52]. C'est également le lieu où Poincaré [1908] a fait ses conférences (voir *supra* Partie I). Comment se fait-il que Le Corbeiller n'ait pas eu connaissance des conférences de Poincaré à l'École des Postes ? Tout élève-ingénieur était censé suivre des conférences dispensées par des intervenants extérieurs durant la deuxième année de son cursus. Mais six ans séparent les conférences de Poincaré de l'année de la sortie de Le Corbeiller de l'École. Il semble donc que la mémoire de ces travaux qui nous paraissent remarquables n'ait pas même persisté pendant ce court intervalle.

Dans l'exposé qu'il y fait en 1932, Le Corbeiller commence à nouveau par souligner l'importance de l'analogie :

> « L'analogie des oscillations électriques et des oscillations mécaniques est maintenant bien connue, et il est à peine nécessaire de dire que l'étude des systèmes purement électriques qui va suivre est applicable, *mutatis mutandis*, aux systèmes purement mécaniques. » [Le Corbeiller 1932, p. 698]

Il donne ensuite la définition d'un système auto-entretenu et le choix de la terminologie qu'il emploie (auto-oscillateur) s'appuie sur les travaux d'Andronov [1929a] alors que paradoxalement il n'y fera pas référence dans ce travail.

> « Un tel système, s'entretenant lui-même en oscillations, s'appelle un *système auto-entretenu* ou un autooscillateur, et c'est essentiellement un système *non-linéaire*. »
> [Le Corbeiller 1932, p. 698]

Cet article ne contient plus qu'une seule occurrence de l'expression « oscillation de relaxation » introduite par Van der Pol et pas avant à la dixième page de cet article. A cette expression, Le Corbeiller [1932, p. 704] préfère maintenant ostensiblement celles d'« oscillations autoentretenues ».

Rappelant « la nécessité d'écrire une équation différentielle *non-linéaire* pour rendre compte du régime périodique d'un système autoentretenu a été clairement aperçue par Lord Rayleigh [1883] » [Le Corbeiller 1932, p. 704], Le Corbeiller va beaucoup plus loin en démontrant qu'une correspondance biunivoque existe entre l'équation de Rayleigh (R_5) et celle de Van der Pol (V_9) (voir Appendice A.2). Il attire l'attention sur l'antériorité des travaux de Blondel [1919b] par rapport à ceux de Van der Pol

16. Le titre et le texte de cet exposé sont absolument identiques à celui que Le Corbeiller [1933a] présenta le 30 avril 1932 devant la Société des Amis de la T.S.F.

[1920] en ce qui concerne la mise en équation de la triode, les calculs de l'amplitude et de la période des oscillations (voir *supra* Partie I). Il étudie alors l'équation de Van der Pol (V_9) en précisant que sa solution périodique « correspond [17] » à une courbe intégrale fermée et ajoute :

> « La théorie générale de ces courbes intégrales fermées, ou *cycles limites*, a été faite par H. Poincaré (^{2}) [1] ; la démonstration de l'existence d'un cycle limite unique, dans ce cas actuel, est due à M. Liénard [16].
>
> (^{2}) D'une manière tout à fait générale, l'équation $\frac{dx}{X(x,y)} = \frac{dy}{Y(x,y)}$ équivaut aux deux suivantes : $\frac{d^2x}{dt^2} - y\left(\frac{Y}{X} + x\right) + x = 0,\ y = \frac{dx}{dt}$. Le mémoire cité de Poincaré équivaut donc à l'étude du système oscillant conservatif $\frac{d^2x}{dt^2} + x = 0$, soumis à des forces de dissipation et d'entretien dont la résistance est une force *quelconque* de x et de $\frac{dx}{dt}$:
>
> $$F\left(x, \frac{dx}{dt}\right) = y\frac{Y}{X} + x.$$
>
> [1] H. POINCARÉ, Mémoire sur les courbes définies par une équation différentielle, Deuxième partie, *Journal de Mathém. Pures et app.* 8, 251, 1882 ; et *Œuvres*, T. 1, p. 44.
>
> [16] A. LIÉNARD, Étude des oscillations entretenues, Rev. gén. d'électr., 901 et 946, 1926. »
>
> [Le Corbeiller 1932, p. 708-709].

Cet extrait montre l'évolution du point de vue de Le Corbeiller qui est ainsi passé d'une « théorie mathématique des oscillations de relaxation » de Van der Pol à une « *Théorie des Oscillations* » pour aboutir ici à une « théorie générale » qui aurait été faite par Poincaré. Après s'être fait le « promoteur » d'une théorie des oscillations de relaxation de Van der Pol, il rétablit les mérites de certaines découvertes qui marquent les étapes fondamentales nécessaires à la constitution d'une théorie des oscillations. Il souligne l'importance des travaux de Liénard, mais aborde ceux de Poincaré sur les *cycles limites* qu'il n'avait jusqu'à présent jamais cités. Cette note de bas de page (^{2}) fournit, à ce propos, de précieuses indications sur le niveau de compréhension de Le Corbeiller pour ce problème dont il a déjà visiblement cerné les principaux aspects comme l'indique également la suite du paragraphe.

> « En effet, l'étude qualitative complète des solutions d'une équation différentielle du second ordre (à laquelle se ramènerait celle d'un autooscillateur) est encore à faire, malgré les efforts d'un Henri Poincaré ; on peut apprécier par là combien nous sommes loin de pouvoir aborder l'étude d'une équation d'ordre plus élevé. » [Le Corbeiller 1932, p. 710]

Comme on le voit, Le Corbeiller adopte maintenant le néologisme « autooscillateur » introduit par Andronov [1929b] (voir *supra*) au lieu de « système auto-entretenu » qu'il a utilisé jusqu'alors. On

17. Le Corbeiller [1932, p. 708]. C'est exactement l'expression utilisée par Andronov [1929a]. Voir *supra*.

peut aussi saluer la perspicacité dont il fait preuve à l'égard d'un résultat qui serait l'analogue en dimension trois du théorème de Poincaré-Bendixson [18] et dont on sait aujourd'hui qu'il ne pourra jamais être établi. Il poursuit en rappelant que pour qu'un système soit auto-entretenu, la présence d'un dipôle dont la *caractéristique* [19] *non-linéaire* (i, v) présente une partie « tombante » est nécessaire. Ceci implique que le coefficient directeur de la tangente à la courbe représentative de cette caractéristique $v = f(i)$ soit négatif en tout point de la partie tombante soit : $\frac{dv}{di} < 0$.

> « Cette quantité $\dfrac{dv}{di}$ a les dimensions physiques d'une résistance, aussi l'appelle-t-on fréquemment une *résistance négative*. Bien des confusions, parfois même des erreurs ont été causées par l'usage de cette expression incorrecte. Nous donnerons dans ce qui suit à cette quantité $\dfrac{dv}{di}$ le nom de *variance* proposé par M. Blondel en 1919 dans un important mémoire (^{1}).
>
> 1. L'expression résistance négative est, au contraire, correcte dans le cas d'une dynamo série ou d'un organe ayant des propriétés analogies. »
>
> [Le Corbeiller 1932, p. 717]

Le Corbeiller a donc une parfaite connaissance des travaux de Blondel [1919d, p. 124] et probablement de Janet [1919] comme semble l'indiquer la note de bas de page qui fait référence à l'analogie entre la triode et la machine dynamo-série (voir *supra* Partie I). Dans la dernière partie de son exposé, Le Corbeiller [1932, p. 723] décrit avec précision le principe de la construction de Liénard [1928] (voir Appendice A.4)

6.1.5 Exposé du 3 avril 1935 devant la Wireless Section à Londres

Le 3 avril 1935, Le Corbeiller [1936] délivre devant la Wireless Section of the Institution of Electrical Engineers ce qui paraît être sa dernière conférence en Europe [20]. A cette occasion, il reprend les thématiques abordées dans ses exposés précédents avec cependant quelques modifications. En effet, il décrit à nouveau le principe de la construction de Liénard [1928] permettant d'obtenir la solution périodique de l'équation (V_9) de Van der Pol [21] sous la forme d'un cycle limite de Poincaré qui possède désormais les propriétés suivantes :

> « [...] *the closed curve represents a periodic, sustained oscillation* of our series electrical system. » [Le Corbeiller 1936, p. 364]

18. Ce théorème permet de démontrer l'existence d'une solution périodique, c'est-à-dire, d'un *cycle limite* pour les systèmes auto-entretenus de dimension deux comme par exemple dans celui de Van der Pol.
19. Voir *supra* Partie I.
20. Pendant la Seconde Guerre mondiale il émigre aux États-Unis.
21. Il l'écrit sous la forme de Rayleigh (R_5) en utilisant le *principe de dualité* (voir Appendice A.2)

Il est intéressant de constater que même dans l'Appendice 2, où il résume très succinctement le travail de Poincaré, Le Corbeiller ne traduit pas l'expression *cycle limite* par *limit cycle* mais par *closed curve*. Il reprend ensuite la principale caractéristique énoncée par Andronov [1929a, p. 560] (voir *supra*) sans y faire référence :

> « [...] *there is only one such closed curve, no matter from what initial conditions we may have started* [...] » [Le Corbeiller 1936, p. 364]

Exception faite des travaux de Léauté [1885, p. 76] (voir Appendice B.3), il est l'un des premiers Français à mettre ainsi en évidence le fait que la période et l'amplitude d'un tel système sont « insensibles aux conditions initiales ». Cette propriété remarquable sera reprise quelques années tard par Rocard [1941, p. 38] (voir *infra*). Le Corbeiller rappelle une autre particularité des oscillateurs à relaxation qu'il a déjà relevée [Le Corbeiller 1931a, p. 21] (voir *supra*) :

> « We see, then, that when the parameter ε varies continuously from zero to infinity, the corresponding periodic oscillations vary continuously from the sinusoidal type to the relaxation type. » [Le Corbeiller 1936, p. 366]

Cette « proposition de Van der Pol » fera l'objet d'une étude par Jean Abelé (1886-1961) dans sa thèse de doctorat (voir *infra*). Le Corbeiller revient ensuite sur l'expérience de Gérard-Lescuyer et la machine série-dynamo :

> « Therefore, a series dynamo should be able to sustained oscillations in series circuit (see Appendix 1). » [Le Corbeiller 1936, p. 362]

À la différence de Van der Pol qui avait établi que ce dispositif est le siège d'oscillations de relaxation (voir *supra*, Partie I), Le Corbeiller ne le considère plus comme le plus ancien ayant permis l'observation de ce phénomène oscillatoire et lui préfère l'étude des oscillations d'une lampe néon réalisée par Augusto Righi [1902].

> « Oscillations of the relaxation type had been met with earlier by various physicists, and, to quote an early instance, Prof. Righi had in 1902 given a thorough study of oscillations of a neon lamp. » [Le Corbeiller 1936, p. 366]

Le Corbeiller [1936, p. 374] présente cependant dans l'Appendice 1 l'expérience de Gérard-Lescuyer, auparavant rebaptisée « expérience de Janet » [Le Corbeiller 1931, p. 28] et qu'il appelle maintenant « The Series Dynamo Oscillator ».

> « In the days of d.c. (direct current) power transmission it was found that if a d.c. motor, with separate excitation, were fed by a series dynamo, the motor would reverse periodically. » [Le Corbeiller 1936, p. 374]

Le Corbeiller [1936, p. 374] établit à nouveau l'équation différentielle des oscillations dont l'expérience de Gérard-Lescuyer est le siège en s'inspirant à la fois des résultats de Janet [1919] auxquels il ne fait pas référence et à ceux de Van der Pol [1927c] qu'il cite explicitement. Il met alors en lumière l'analogie que présente cette équation avec celle des oscillations de relaxation, *i.e.* avec celle de Van der Pol [1926d]. De plus, ce n'est plus à Janet [1900, p. 222] qu'il attribue désormais le mérite d'avoir fourni l'explication du phénomène mais à Van der Pol [1927c, p. 117].

> « The explanation given by van der Pol [22], is that between the brushes of the dynamo, D, we have an e.m.f. v depending upon the current i according to equation (8) or Fig. 3. »
>
> [Le Corbeiller 1936, p. 374]

Ainsi, si Le Corbeiller fait montre un certain enthousiasme à l'égard des travaux de Van der Pol, dans sa première conférence de [1931a] en France, allant jusqu'à le présenter comme l'auteur d'une « théorie mathématique des oscillations de relaxation », il change vite de point de vue. Cette amorce de théorie ou plus exactement ce concept doit, selon lui, s'insérer dans le cadre plus large d'une théorie des oscillations (non linéaires) qu'il appelle de ses vœux. Il souligne alors l'importance de la contribution française comme celle de Curie [1891] pour la mise sous forme réduite de l'équation différentielle régissant le phénomène et pour l'intégration graphique, celle de Liénard [1928] pour l'existence et l'unicité de la solution périodique de l'équation et surtout celle de Poincaré. Lors des ses deux autres exposés à Paris, Le Corbeiller [1932] rappelle que la première mise en équation de la triode est due non pas à en Van der Pol [1920] mais à Blondel [1919b] et il démontre que l'équation (V_9) établie par Van der Pol [1926d] pour caractériser les oscillations de relaxation se ramène à celle de Rayleigh [1883] par un simple changement de variables. Il souligne l'importance de la correspondance entre la solution périodique de l'équation (V_9) de Van der Pol et le concept de *cycle limite* de Poincaré [1882] et définit avec précision les systèmes auto-entretenus ou auto-oscillateurs en employant la terminologie même d'Andronov [1929a] sans presque jamais le citer. On peut penser néanmoin qu'il accorde beaucoup plus d'importance qu'il n'y paraît aux travaux de ce dernier que c'est bien dans le cadre conceptuel de la théorie des oscillations auto-entretenues qu'il présente puis englobe les travaux de Van der Pol.

22. Le Corbeiller renvoie à Van der Pol [1927c].

FIGURE 6.2 – Philippe Le Corbeiller (à gauche) et Nicolaas Bloembergen, d'après A.I.P.

6.2 Les travaux d'Alfred Liénard : *des oscillations entretenues aux oscillations autoentretenues*

Au regard de ce qui précède, on serait tenté de croire que les articles de Van der Pol [1926c] et d'Andronov [1929a] ont eu un certain impact sur la communauté scientifique française. En effet, moins de six mois après la publication de la note d'Andronov, Van der Pol [1930, p. 16] reconnaissait lors d'un exposé en France (voir *supra*) que la solution périodique de son équation (V_9) correspondait à un *cycle limite* de Poincaré. Dans les deux années qui suivent Le Corbeiller [1931a, p. 18 ; 1932, p. 708] faisait de même.

Comme on l'a vu, Alfred Liénard s'est intéressé aux oscillations non linéaires et a démontré l'existence et l'unicité de la solution périodique dans un article intitulé : « Étude des oscillations entretenues » [Liénard, 1928]. Il ne prend alors pas en considération le problème de la dualité du phénomène oscillatoire que Van der Pol avait qualifié d'oscillations de relaxation. Trois ans plus tard, invité au IIIe Congrès International de Mécanique Appliquée à Stockholm, il prend partie en faveurs de la terminologie d'Andronov dans son exposé sur les « Oscillations auto-entretenues » [Liénard 1931]. Il rappelle alors les principaux résultats obtenus dans son article de 1928 en ces termes :

> « Si la fonction $F(x)$, négative entre O et une certaine valeur $X_0 > 0$ de x, devient ensuite positive et croissante, ou du moins ne décroissant jamais, il existe une courbe intégrale fermée D et une seule. » [Liénard 1931, p. 176]

Mais il ne fait toujours pas le lien explicite entre cette « courbe intégrale fermée » et un cycle limite de Poincaré telle qu'elle a été établie par Andronov [1929a]. Est-il possible qu'il n'en ait pas eu connaissance ? Dans cet article, Liénard [1931, p. 177] reprend la démonstration d'Andronov et Witt [1930a] sur la « stabilité à la Lyapounow » de la solution périodique, *i.e.* du *cycle limite*. Auparavant, il transforme, par un astucieux changement de variables la forme différentielle de degré un (L_3), en une forme différentielle exacte pour calculer son « exposant caractéristique » (voir *supra* Partie I). Il procède ainsi, à partir de l'équation (L_9) :

$$xdx + (y - F(x))\,dy = 0 \tag{L_9}$$

il fait appel à l'« équation aux variations » introduite par Poincaré [1892, p. 162] qui consiste à remplacer dans l'équation (L_3) le couple (x, y) par le couple $(x + \delta x, y + \delta y)$ où les variations δx et δy sont telles que

$$\delta x = x\delta n \quad \text{et} \quad \delta y = (y - F(x))\,\delta n$$

représentent les paramètres directeurs d'une normale au champ de vecteurs vitesse (L_4). On obtient alors par différentiation et en tenant compte du fait que $F'(x) = f(x)$:

$$d\delta x = xd\delta n + dx\delta n \quad \text{et} \quad d\delta y = (y - F(x))\,d\delta n + [dy - f(x)\,dx]\,\delta n$$

En posant : $u = \left[x^2 + (y - F(x))^2\right]\delta n$ l'équation (L_3) devient

$$du - \frac{f(x)\,dy}{x}u = 0 \tag{L_{17}}$$

qui s'intègre trivialement en

$$u = Ke^{\int \frac{f(x)dy}{x}} \tag{L_{18}}$$

Liénard explique alors que :

> « Si la courbe intégrale primitive est une courbe fermée, le facteur $x^2 + (y - F(x))^2$ a même valeur aux points A_1 et A_3 (fig. 3)[23] et le rapport des valeurs de δn est le même que pour u et il en est encore de même (au signe près) du rapport des valeurs de δy. »
>
> [Liénard 1931, p. 176]

En remplaçant dy par sa valeur $-\omega xdt$ il obtient finalement :

$$Lg\frac{u_{A_2}}{u_{A_1}} = \int_{A_1}^{A_2} \frac{f(x)\,dy}{x} = -\,\omega \int_{A_1}^{A_2} f(x)\,dt$$

23. Voir *supra* Partie I, Fig. 3.11 ou Liénard [1931, p. 175].

Ceci le conduit à une condition de stabilité de la « courbe fermée » :

$$\int_{A_1}^{A_2} f(x)\, dt > 0 \tag{L_{19}}$$

Il est important de remarquer que, contrairement à la condition de stabilité (L_8) (voir *supra*), la condition (L_{19}) est exprimée en coordonnées polaires et non en cartésiennes. Aussi, ce n'est plus avec la condition (A_6) d'Andronov (voir *supra*) qu'il faut établir une comparaison mais avec la condition (A_5) :

$$\int_0^{2\pi} \left[f'_x\left(R\cos(\xi), -R\sin(\xi); 0\right) + g'_y\left(R\cos(\xi), -R\sin(\xi); 0\right)\right] d\xi < 0$$

En comparant le système de Liénard avec celui d'Andronov (voir *supra* Tab. 5.1), en posant : $k = 1$, $f(x, y; \mu) = -F(x)$ et $g(x, y; \mu) = 0$ et, en remplaçant dans (A_5) on obtient :

$$\int_0^{2\pi} -F'(x)dt < 0 \Leftrightarrow \int_0^{2\pi} f(x)dt > 0$$

On en déduit que la condition de stabilité (L_{19}) établie par Liénard [1931] est absolument identique à la condition (A_5) d'Andronov [1929a] et également à la condition (L_8) que Liénard [1928] avait obtenue précédemment (voir *supra*) d'une manière différente.

Dans la suite de son exposé, Liénard [1931] propose de généraliser un résultat fourni quelques mois auparavant par Andronov et Witt [1930a] sur la « stabilité à la Lyapounow » . Pour y parvenir il modifie l'équation (L_1) qu'il avait jusqu'alors utilisée (voir *supra* Partie I) et la remplace par la suivante :

$$\frac{d^2x}{dt^2} + \omega f\left(x, \frac{dx}{dt}\right) + \omega^2 x = 0 \tag{L_{20}}$$

Puis, il écrit :

> « Si l'équation (L_{20}) admet une solution périodique, de période T, la condition pour que cette solution soit stable est que l'intégrale pendant une période de $\dfrac{\partial f(x, x')}{\partial x'}dt$ soit positive. La proposition, établie par Messieurs ANDRONOW et WITT ([24]) dans le cas particulier où la fonction $f(x, x')$ est très petite se généralise immédiatement. »
>
> [Liénard 1931, p. 177]

Cette seconde condition de stabilité de Liénard peut donc s'écrire :

$$\int_0^T \frac{\partial f(x, x')}{\partial x'} dt > 0 \tag{L_{21}}$$

24. Liénard renvoie à Andronov et Witt [1930a].

Le 20 janvier 1930, Jacques Hadamard présente à l'Académie des sciences une note des deux mathématiciens russes Andronov et Witt intitulée : « Sur la théorie mathématique des auto-oscillations » [Andronov et Witt, 1930a]. Remarquons que l'expression « oscillations auto-entretenues » introduite (voir *supra*) par Andronov [1929a] dans sa note précédente est ici remplacée par « auto-oscillations ».

> « Nous nous bornerons dans cette Note à l'étude des solutions périodiques du système d'équations différentielles
>
> $$\ddot{\xi} + \omega_1^2 \xi = \mu f\left(\xi, \dot{\xi}; \eta, \dot{\eta}; \mu\right), \quad \ddot{\eta} + \omega_2^2 \eta = \mu g\left(\xi, \dot{\xi}; \eta, \dot{\eta}; \mu\right) \qquad \text{(AW}_1\text{)}$$
>
> où μ est un paramètre qui peut être choisi arbitrairement petit, et où $\dot{\xi} = \dfrac{d\xi}{dt}, \ddot{\xi} = \dfrac{d^2\xi}{dt^2}$, etc. » [Andronov et Witt 1930a, p. 256]

Il s'agit d'un système à deux degrés de liberté et dont la solution peut être représentée par un enroulement de caractéristiques à la surface d'un tore[25]. Dans le cas où le paramètre μ est nul la solution est périodique et Andronov et Witt [1930a, p. 237] proposent de faire appel aux méthodes de Poincaré :

> « D'après Poincaré ([1]), on obtient facilement une solution périodique pour μ suffisamment petit sous forme de série ordonnée suivant les puissances de μ, convergente pour μ suffisamment petit [...]
>
> ---
>
> ([1]) H. POINCARÉ, Les méthodes nouvelles de la Mécanique céleste, 1, p. 89, Paris, 1892. »
>
> [Andronov et Witt 1930a, p. 237]

C'est donc bien à partir des travaux de Poincaré [1892-93-99] sur les « solutions périodiques » qu'Andronov [1929a] a pu établir la stabilité du *cycle limite* (voir *supra*). En employant la même méthode, Andronov et Witt [1930a, p. 237] établissent la « *stabilité à la Lyapounow* » de ces systèmes auto-oscillatoires. En effet, en écrivant « de la façon habituelle les équations aux variations ([26]) » ils obtiennent les « exposants caractéristiques » qui se réduisent, pour μ suffisamment petit, aux conditions suivantes :

$$\left\{ \begin{array}{l} \int_0^{\frac{2\pi}{\omega_1}} f'_{\dot{\xi}} \left(R\cos\omega_1 q, -\omega_1 R \sin\omega_1 q; 0, 0; 0\right) dq < 0 \\ \int_0^{\frac{2\pi}{\omega_1}} g'_{\dot{\eta}} \left(R\cos\omega_1 q, -\omega_1 R \sin\omega_1 q; 0, 0; 0\right) dq < 0 \end{array} \right. \qquad \text{(AW}_2\text{)}$$

25. Ce problème déjà étudié par Poincaré [1885, p. 220] sera repris deux ans plus tard par Denjoy [1932a, 1932b]. Voir également Arnold [1974, p. 33 et p. 215].

26. Andronov et Witt renvoient de nouveau à Poincaré [1892, p. 162].

Ainsi, c'est en faisant appel à la méthode du « calcul des variations » introduite par Poincaré [1892, p. 162] qu'Andronov et Witt [1930a] puis Liénard [1931] aboutissent à l'expression d'une condition [27] permettant de statuer sur la stabilité de la solution périodique, $i.e.$, du *cycle limite*.

Afin d'établir une comparaison avec la condition proposée par Liénard [1931] on peut mettre les équations d'Andronov et Witt [1930a] et de Liénard [1931] sous une même forme [28] qui est présentée dans le tableau synoptique ci-dessous (voir Tab. 6.1).

Liénard [1931]	Andronov et Witt [1930a]
$\ddot{\xi} + \omega^2 \xi = -\mu F\left(\xi, \dot{\xi}\right)$	$\ddot{\xi} + \omega_1^2 \xi = \mu f\left(\xi, \dot{\xi}; \eta, \dot{\eta}; \mu\right)$

TABLE 6.1 – Équations différentielles de Liénard, d'Andronov et Witt.

On en déduit immédiatement que : $-F\left(\xi, \dot{\xi}\right) = f\left(\xi, \dot{\xi}; \eta, \dot{\eta}; \mu\right)$.

L'intégrande de la première condition (AW_2) s'écrit alors :

$$f'_{\dot{\xi}} = \frac{\partial f}{\partial \dot{\xi}} = -\frac{\partial F}{\partial \dot{\xi}} = -F'_{\dot{\xi}}$$

En remplaçant dans la première condition (AW_2) on a :

$$\int_0^{\frac{2\pi}{\omega_1}} f'_{\dot{\xi}}\left(\xi, \dot{\xi}; 0, 0; 0\right) dt = \int_0^{\frac{2\pi}{\omega_1}} -F'_{\dot{\xi}}\left(\xi, \dot{\xi}\right) dt < 0$$

Finalement, on obtient l'inégalité suivante :

$$\int_0^{\frac{2\pi}{\omega_1}} F'_{\dot{\xi}}\left(\xi, \dot{\xi}\right) dt > 0$$

Dans ce cas particulier on retrouve la condition de stabilité (L_{21}) proposée par Liénard [1931, p. 177] (voir *supra*). Ainsi, la comparaison de ces deux démonstrations semble indiquer que Liénard a non seulement cité mais également étudié attentivement la note d'Andronov et Witt [1930a] pour généraliser leur résultat. Dès lors, il paraît légitime de s'interroger sur les raisons pour lesquelles il n'a pas établi le même type de correspondance qu'Andronov entre la solution périodique de l'équation (L_{20}) et le concept de cycle limite de Poincaré. On serait tenté de croire que cette terminologie

27. Il s'agit de la négativité de l'exposant caractéristique de l'équation différentielle étudiée.

28. On a posé $f = F$ pour la fonction de Liénard afin de la différencier de celle d'Andronov et Witt [1930a]. On a posé : $x = \xi$ et $\omega = \mu$ dans le second membre pour permettre une comparaison.

n'apparaisse pas dans la note d'Andronov et Witt [1930a]. Mais, dès la première page, une note de bas de page y fait référence :

> « (²) Pour la définition des auto-oscillations et la discussion du cas d'un degré de liberté voir A. ANDRONOW, *Les cycle limites de Poincaré et la théorie des oscillations auto-entretenues* (Comptes rendus, 189. 1929. p. 559). »
>
> [Andronov 1929, p. 559]

Il semble donc assez raisonnable de penser que Liénard a au moins vu le titre de la note d'Andronov [1929a] dans lequel cette correspondance est assez explicite. De plus, Liénard, Van der Pol et Le Corbeiller ont tous les trois participé au congrès de mécanique appliquée de Stockholm. Dans l'hypothèse où chacun d'eux n'aurait fait qu'envoyer une contribution écrite celle de Liénard [1931, p. 173-177] précède exactement celle Van der Pol [1931, p. 178-180] dans laquelle ce dernier fait explicitement référence à Poincaré et Andronov (voir *supra*). Il paraît dès lors difficile d'imaginer qu'il n'ait pas au moins lu l'article de Van der Pol. Mais pourquoi alors Liénard n'établit-il pas ce lien ? De tous les mathématiciens concernés par ce problème, comme Élie et Henri Cartan, il semble pourtant avoir été celui qui aurait dû être le mieux à même de réaliser cette correspondance. Il a non seulement démontré l'existence et l'unicité de la solution périodique dans un cas plus général que l'équation de Van der Pol (V_9) mais il a également proposé une méthode d'intégration graphique permettant de représenter cette solution [Liénard 1928, p. 902-906]. Lorsque trois ans plus tard, Liénard rédige et fait publier une notice sur ses travaux scientifiques, le titre de son article de 1928 s'est modifié. De l'« Étude des oscillations entretenues » , on passe à l'« Étude des oscillations auto-entretenues » [Liénard 1934, p. 18]. Mais le résumé qu'il en fait ne mentionne toujours pas le cycle limite de Poincaré. Bien que plusieurs hypothèses puissent être envisagées il semble difficile, en l'état actuel de nos recherches, de se prononcer sur cet étrange silence.

Chapitre 7

Première conférence internationale de non linéaire : Paris 1933

7.1 La première conférence internationale de non linéaire : *la conférence oubliée ?*

7.1.1 L'énigme des trois sources

Dans un célèbre article intitulé « The nonlinear theory of electric oscillations », publié en 1934 dans les *Proceedings of the Institute of Radio Engineers* Balthasar Van der Pol termine son introduction par cette phrase :

> « Although the first researches in connection with our subject date back to 1920 and although the development of this theory has gradually continued ever since, recent years have shown a considerable increase of activity in this field by many research workers scattered all over the world, and a special international conference dedicated solely to the problems arising in the nonlinear oscillation theory was recently held in Paris, on January 28-30, 1933. » [Van der Pol 1934, p. 1051]

Célébrant le centenaire de la naissance de Papalexi en 1981, le russe Vladimir Vasil'evich Migulin raconte que lors de la première Conférence internationale sur les oscillations non linéaires qui eut lieu en janvier 1933 à Paris, Nikolaï Dimitrievich Papalexi présenta deux articles sur les recherches menées en U.R.S.S. dans ce domaine. Vingt-cinq ans plus tard, l'académicien russe Evgenu L'vovich Feinberg écrit dans un hommage à Papalexi :

> « It is not surprising that, when the first international conference on nonlinear oscillations was convened in Paris in 1932 (among its participants were such pioneers in this field as B. Van der Pol, L. Brillouin, and others), it was Papaleksi who represented the Moscow

> school of Mandel'shtam and Papaleksi, their closest disciples and colleagues Andronov, A. A. Vitt, Khaikin, and others, reporting on its achievements. » [Feinberg 2006, p. 67]

À l'exception de ces trois références, cette conférence n'apparaît pas dans la littérature. On n'y trouve aucun élément concernant le lieu où elle est censée s'être déroulée à Paris, la liste des participants, le programme ou le compte-rendu. Aussi, paraissait-il légitime de se demander si cet évènement avait réellement eut lieu, c'est-à-dire s'il avait dépassé le stade d'un « vague projet » énoncé en différentes circonstances mais qui n'aurait pu, pour des raisons indéterminées, voir le jour. De plus, cette conférence internationale n'est mentionnée ni dans les revues scientifiques françaises, telles que les *Comptes rendus de l'Académie des sciences de Paris* ou la *Revue générale des sciences pures et appliquées,* ni dans les journaux comme *Le Figaro* [1].

Le titre de cette conférence rappelle les I.C.N.O. (Conférences Internationale sur les Oscillations Non linéaires). Presque toutes les conférences de la série ont été identifiées à l'exception de la seconde. Bien qu'elle ait été nationale, la « Première Conférence de l'Union Soviétique sur les Oscillations » qui s'est tenue à Moscou en novembre 1931 pourrait être considérée comme la première de la série [2]. Depuis lors, les conférences I.C.N.O. ont eu lieu dans les pays de l'Est tous les trois ans (Voir Tab. 7.1). La première conférence internationale de non linéaire ne peut donc pas être la première I.C.N.O.

International Conference on Nonlinear Oscillations (I.C.N.O.)		
Edition	Année	Lieu
I^{st}	1961	Kiev
IInd	1962	Varsovie
IIIrd	1964	Berlin
IVth	1967	Prague
V^{th}	1969	Kiev
VIth	1972	Poznan
VIIth	1975	Berlin
VIIIth	1978	Prague
IXth	1981	Kiev
X^{th}	1984	Varna

TABLE 7.1 – International Conference on Nonlinear Oscillations (I.C.N.O.).

1. Comme ce fut le cas pour le Congrès international d'Électricité tenue à Paris en Juillet 1932 [*C.R.A.S.* 1932, t. 194, p. 2192], à propos duquel, on peut lire dans *Le Figaro* du 5 Juillet 1932 que la cérémonie d'ouverture a eu lieu au Grand Amphithéâtre de la Sorbonne en présence du Président de la République, M. Albert Lebrun assisté par le ministre de l'Éducation Nationale.

2. Mikhail Rabinovich (communication personnelle).

De plus, alors que Van der Pol [1934] et Migulin [1981] parlent d'une conférence tenue en 1933, Feinberg [2006] affirme que cette première conférence sur les oscillations non linéaires a été décidée en 1932. S'agit-il de la même conférence ? Enfin, Migulin et Feinberg affirment que Van der Pol, Brillouin et Papalexi étaient présents. Des recherches approfondies dans la biographie et la bibliographie des deux premiers n'ont pas permis de trouver une trace de cette conférence. Nous avons cependant pu retrouver une publication de Papalexi relatant cet évènement [3].

Dans un article publié en 1934 dans la revue *Zeitschrift für Technische Physik* et intitulé « Международная нелинейным конференция », c'est-à-dire, « Conférence internationale de non linéaire », Papalexi [1934] présente en détail les minutes de cette réunion dans avec force détails. La traduction de cet article, qui se trouve en Appendice B.6, nous permet de décrire le déroulement de cette première conférence internationale sur les oscillations non linéaires, de même que l'idée d'origine.

> « [...] les chercheurs qui travaillaient dans ce domaine ont eu l'idée pendant le Congrès International d'Électricité qui a eu lieu à Paris en juillet 1932 d'essayer d'établir un contact à une échelle internationale entre les physiciens et les techniciens d'un côté et les mathématiciens d'un autre. » [Papalexi 1934, p. 209]

Après avoir retrouvé la référence de cette conférence, nous avons pu mettre en évidence d'autres sources y faisant allusion. Dans la notice autobiographique d'Andronov, une lettre de recommandation de Mandel'shtam intitulée « Examen des travaux scientifiques d'Andronov » datée du 11 juin 1933 indique :

> « Ценность и значение работ А. А. Андронова и А. А. Витта в области нелинейных колебаний вполне признаны за границей. На конференцию по нелинейным колебаниям, имевшую место в январе сего года в Париже, и А. А. Андронов, и А. А. Витт были приглашены для доклада о своих работах. [4]. » [Andronov 1943, p. 4]

Dans le premier tome des œuvres complètes de Mandel'shtam, un bref compte rendu de sa vie et son activité scientifique rédigé par Papalexi relate aussi cet évènement :

> « На первую Международную конференцию по нелинейным колебаниям в Париже в 1933 г. были приглашены, кроме Леонида Исааковича, одного из инициаторов этой конференции, также Н. Д. Папалекси, А. А. Андронов и А. А. Витт (принимал в ней участие лишь Н. Д. Папалекси), а в 1934 г., по приглашению оргбюро, подробный доклад об исследованиях в области нелинейных колебаний, проведенных у нас, и составленный Л. И. Мандельштамом, Н. Д. Папалекси, А. А. Андроновым, А. А. Виттом

3. Ces recherches ont pu aboutir grâce à la perspicacité de Mlle Gaelle Chapdelaine.

4. « La valeur et l'importance de travaux d'A.A. Andronov et de A. A. Witt dans le domaine des oscillations non linéaires est aussi reconnue à l'étranger. Ainsi, lors d'une conférence sur les oscillations non linéaires, qui a eu lieu en Janvier de cette année à Paris, A. A. Andronov et A. A. Witt, ont été invités à faire un exposé de leurs travaux. » [Andronov 1943, p. 4]

и С. Э Хайкиным, был представлен Конгрессу Радиофизического союза (URSI[5]) в Лондоне[6]. » [Mandel'shtam 1947-1955, vol. 1, p. 30]

Enfin, on trouve également une allusion à cette conférence dans la biographie d'Aleksandr' Adol'fovich Witt réalisée par Bendrikov et Sidorova :

> « В январе 1933 г. в Париже состоялась « Международная нелинейная конференция », на которой присутствовали : Ван-дер-Поль (Голландия), Льенар, Картан, Эксклагон, Абрагам, А. Бриллюэн, ле Корбелье (Франция) и другие видные математики и физики из различных стран [[7]]. От Советского Союза на конференцию были приглашены Л. И. Мандельштам, Н. М. Крылофф, П. Д. Папалекси, А. А. Андронов и А. А. Витт. Однако принять участие в конференции смог лишь Папалекси[8] » [Bendrikov *et al.* 1981, p. 159]

Aucun des Français présents à cette réunion ne semblent pourtant y avoir fait allusion dans leurs publications. Le peu d'impact de cette conférence internationale, la toute première à s'intéresser spécifiquement aux oscillations non linéaires, tenue en France et où les scientifiques français forment la majorité des personnes présentes, est donc source d'interrogations.

7.1.2 Le lieu : l'Institut Henri Poincaré

Comme le raconte Papalexi [1934, p. 210] « La conférence a eu lieu à l'Institut de Recherche Henri Poincaré le 28, 29 et le 30 janvier 1933 » . Malheureusement, des recherches menées à l'Institut Henri Poincaré n'ont pas permis de retrouver trace de cette conférence, même si on sait par ailleurs que Nicolas Kryloff et Nicolas Bogoliuboff y ont été invités plus tard, en 1935[9]. Selon Papalexi, le 30 janvier 1933 a été consacré à la visite du laboratoire d'Abraham à l'École Normale Supérieure, où la conférence s'est achevée. Des investigations ont été également entreprises au sein de cette école avec l'aimable concours de Mme Françoise Dauphragne (responsable des fonds patrimoniaux, bibliothèque de lettres, École normale supérieure de Paris) mais sans aucun résultat.

5. L'auteur renvoie à la version russe de l'article de Mandel'shtam *et al.* [1935]

6. « À la première Conférence internationale sur les oscillations non linéaires à Paris en 1933 avaient été invités, à l'exception Leonid Isaakovich, l'un des initiateurs de cette conférence, l'autre étant Papalexi : A. A. Andronov et A. A. Witt (Papalexi a été le seul à participer). En 1934, à l'invitation du comité d'organisation, un rapport détaillé sur la recherche dans le domaine des oscillations non linéaires, a été effectué et résumé par Mandel'shtam, Papaleksi, A. A. Andronov, A. A. Vitt et S. E. Khaikin et, a été soumis à l'assemblée générale de l'Union Radioscientifique Internationale (U.R.S.I.) à Londres. » [Mandel'shtam 1947-1955, vol. 1, p. 30]

7. Bendrikov et Sidorova renvoient à Papalexi [1934].

8. « En Janvier 1933, se tenait à Paris la conférence internationale de non linéaire, à laquelle participaient : Van der Pol (Pays-Bas), Liénard, Cartan, Esclangon, Abraham, L. Brillouin, Le Corbeiller (France), et d'autres éminents mathématiciens et les physiciens de différents pays []. Les représentants de l'Union soviétique invités à la conférence étaient Mandel'shtam, N. M. Kryloff, N. Papaleksi, A. A. Andronov et A. A. Witt. Toutefois, le seul à prendre part à la conférence a été Papalexi. » [Bendrikov et al. 1981, p. 159]

9. Ces recherches ont été grandement facilitées par Mme Brigitte Yvon-Deyme et M. Dominique Dartron.

FIGURE 7.1 – Institut Henri Poincaré (source Mosseri [1999, p. 121]).

7.1.3 La liste des participants

Concernant les participants, cette conférence était censée rassembler des mathématiciens et des physiciens de renommée internationale comme le rappelle Papalexi :

> « Beaucoup de personnes de différents pays qui travaillent déjà dans ce domaine et dont la collaboration était souhaitée ont été invités à participer à cette conférence. Parmi eux on peut citer le professeur Volterra, qui a fait appel à l'analyse mathématique pour répondre aux questions des fluctuations des espèces animales dans la lutte pour l'existence, des mathématiciens connus comme Hadamard, Cartan, Esclangon ainsi que l'initiateur de cette conférence Van der Pol. Du côté de l'U.R.S.S. les académiciens L. I. Mandelstam, N. M. Kryloff et N. D. Papalexi, auteur de cet article, avaient été invités ainsi que de jeunes étudiants de l'académie de Mandelstam : Andronov et Vitt. »
>
> [Papalexi 1934, p. 210]

Ce qui apparaît comme les plus grands spécialistes mondiaux dans le domaine des oscillations non linéaires ont donc été invités à l'initiative de Van der Pol, dont le rôle fédérateur va être mis en lumière. Malheureusement, en raison de l'épidémie de grippe qui sévissait à cette époque en Europe, une grande partie des personnes invitées n'est pas venue. Cette conférence a finalement eu lieu en présence de :

- Balthasar Van der Pol (Pays-Bas),
- Alfred Liénard (1869-1958), Élie Cartan (1869-1951) et Henri Cartan (1904-2008), Ernest Esclangon (1876-1954), Henri Abraham (1868-1943), Léon Brillouin (1889-1969), Philippe Le Corbeiller (1891-1980), Yves Rocard (1903-1992) et Camille Gutton (1872-1963) (France),
- Charles Manneback (Belgique) et
- Nikolaï Papalexi (URSS).

Selon Papalexi, ce serait Van der Pol lui-même qui aurait choisi les participants :

> « Le but de cette Conférence Internationale sur les oscillations non linéaires (qui est l'objet de cet article et qui a été convoquée à l'initiative de l'un des pionniers de cette branche, le prof. Van der Pol) était de réunir les personnes de différents pays qui travaillaient dans ce domaine et de leur donner l'occasion de discuter et d'échanger leurs avis sur les problèmes des oscillations non linéaires, d'établir une terminologie commune et définir au moins partiellement la direction de recherches futures. » [Papalexi 1934, p. 210]

Même réduite cette liste comporte la majorité des membres de la communauté scientifique française fortement impliqués dans le domaine des oscillations non linéaires. Le belge Charles Manneback (1894-1975), quant à lui, était spécialiste du domaine en électromagnétisme et électrodynamique [10]. Dans leur « Notice sur Charles Manneback » , Marc de Hemptine et Maurice A. Biot mentionne un séjour à l'I.H.P.

> « Ses qualités pédagogiques fort appréciées à l'étranger lui valurent de nombreuses invitations tant en Europe qu'en Amérique, ainsi citons, entre autres en 1932-1933 une invitation pour une série de leçons à l'Institut Poincaré [11]. »

Dans la première partie de son article Papalexi [1934, p. 209-210] souligne alors l'importance des processus d'oscillations non linéaires dans des domaines scientifiques théoriques et appliqués comme la physique, la mécanique, l'acoustique, la biologie et la radiotechnique. Puis, il rappelle qu'une première conférence de ce genre avait eu lieu à Moscou en novembre 1931 et dissipe ainsi toute confusion entre la « Première Conférence de l'Union Soviétique sur les Oscillations » (I.C.N.O. voir *supra*) et cette « Conférence Internationale sur les Oscillations Non linéaires » . Néanmoins, il est important de préciser que ni la Conférence de Moscou ni celle de Paris ne peuvent être considérées comme « Internationale » puisque la première s'est tenue à Moscou et n'a réuni que des membres de la communauté scientifique soviétique et la seconde qui a eu lieu à Paris n'a pu, à cause d'une épidémie de grippe, compter parmi ses invités qu'une majorité de scientifiques français, un belge, un hollandais et un russe.

10. Domaine que l'on appelle aujourd'hui la *Mécanique Quantique*.
11. Voir *Annuaire de l'Académie Royale de Belgique* (1978), p. 14.

7.1.4 Le déroulement de la conférence

L'article de Papalexi [1934] fait le compte-rendu détaillé des discussions et des débats qui ont eu lieu durant cette conférence. En tant qu'organisateur, Van der Pol a prononcé une allocution d'ouverture dans laquelle il déplorait que bon nombre de participants soient absents à cause d'une épidémie de grippe qui sévissait alors en Europe. Le premier intervenant a été Philippe Le Corbeiller.

D'après Papalexi [1934, p. 210], Le Corbeiller a présenté différents types de systèmes auto-oscillants (auto-entretenus) comme l'exemple « métaphorique » du *Vase de Tantale* qu'il a introduit lors de son exposé au $C.N.A.M.$ et comme celui de la lampe néon [Le Corbeiller 1931a, p. 6] pour illustrer le *phénomène de relaxation.* Il ajoute que Le Corbeiller a également inclus dans cette liste d'oscillateurs à relaxation les « fluctuations des espèces animales dans la lutte pour l'existence de Volterra » [Papalexi 1934, p. 210]. Ceci est assez surprenant car le modèle prédateur-proie de Volterra dans sa conception initiale du moins n'est pas le siège d'oscillations de relaxation (voir *supra*). Aussi, il semble peu probable que Le Corbeiller ait mentionné les travaux de Volterra. En revanche, Papalexi fait très explicitement référence à l'ouvrage intitulé « Leçons sur la theorie mathématique de la lutte pour l'existence » de Volterra qui était censé être invité et reprend ainsi l'exemple proposé par Andronov [1929a, p. 560] dans sa note aux $C.R.A.S.$ (voir *supra*). Il précise ensuite que Le Corbeiller a passé en revue les diffférents problèmes rencontrés dans l'étude théorique des oscillations auto-entretenues comme la condition d'existence d'un régime d'amplitude stationnaire et qu'il a aussi rappelé la valeur de la période (voir *supra* Partie I) ainsi que la forme des *oscillations de relaxation* (voir *supra*). Il raconte que Le Corbeiller a fait un résumé historique (probablement à l'image de son exposé au $C.N.A.M.$) :

> « Après avoir rappelé que les méthodes linéaires ne peuvent plus désormais être employées pour analyser ces problèmes il a fait un petit résumé historique de l'évolution de la théorie non linéaire mathématique. Il a alors décrit brièvement les principaux travaux de Van der Pol concernant les oscillations des systèmes de type de Thomson, puis il s'est concentré sur les travaux de Cartan et Liénard et a mentionné le lien entre l'analyse graphique de Van der Pol, la construction géométrique de M. Lienard et la théorie des cycles limites de Poincaré dont l'importance pour les problèmes d'oscillations a été indiquée par nos jeunes scientifiques : A. Andronov et A. Witt. Passant aux oscillations de relaxation, le conférencier a mentionné le rôle qu'ont joué les recherches de Van der Pol dans ce domaine et a indiqué l'approfondissement de la théorie de ces oscillations qui a été fait par les scientifiques de l'U.R.S.S. » [Papalexi 1934, p. 210]

À partir de janvier 1933, les membres les plus représentatifs de la communauté scientifique française travaillant ou ayant travaillé dans le domaine des oscillations non linéaires ne pouvaient donc plus ignorer la correspondance établie par Andronov entre la solution périodique d'un oscillateur de type Van der Pol et la théorie des cycles limites de Poincaré. Des Cartan, Liénard, Abraham et Gutton, aucun n'a fait usage de ce résultat. Pour certains d'entre eux, ce type de recherches n'était plus au centre de leur préoccupations : c'est le cas de Élie et Henri Cartan par exemple. À part Henri Cartan, Brillouin, Le Corbeiller et Rocard tous les autres savants français présents n'étaient plus tout jeunes en 1933 (Liénard (64 ans), Élie Cartan (64 ans), Esclangon (57 ans), Abraham (65 ans), Gutton (61 ans)). Papalexi explique ensuite :

> « Dans la suite de son exposé, Le Corbeiller s'est intéressé au domaine des oscillations quasi-périodiques. Il a fait un résumé du travail de Van der Pol sur le traitement du problème du forçage périodique des systèmes auto-oscillants et s'est arrêté sur les phénomènes de synchronisation forcée (ou « Mitnehmen ») et a souligné l'importance de ces phénomènes du point de vue fondamental et expérimental. En notant l'importance d'une analyse rigoureuse des phénomènes de synchronisation qui a été faite par A. Andronov et A. Witt, il a terminé son discours en rappelant que de nouvelles recherches faites dans le domaine du forçage périodique sur les systèmes non linéaires et des phénomènes des résonances « fractionnaires » devaient être présentées dans le discours du représentant de l'U.R.S.S. » [Papalexi 1934, p. 210]

Pour sa part, Van der Pol présente le résumé historique de ses travaux sans les détailler en indiquant simplement que les références se trouvaient dans le volume spécial du *Zeitschrift für Technische Physik* de l'U.R.S.S, vol. 4, n° 1. La discussion qui a suivi son exposé a eu pour objet le phénomène de synchronisation forcée. D'après Papalexi [1934, p. 211] l'exposé de Liénard qui a suivi rappelle les principaux résultats de son « Étude sur les oscillations entretenues » [Liénard, 1928]. Puis, il ajoute :

> « En partant de sa méthode graphique pour la construction des courbes intégrales des équations différentielles, il a déduit les conditions que doit satisfaire la caractéristique non linéaire du système pour qu'il y ait des oscillations périodiques, c'est-à-dire pour que la courbe intégrale soit une courbe fermée, $i.e.$ un cycle limite. »
>
> [Papalexi 1934, p. 211]

Au regard de ce qui a été présenté concernant Linéard (voir *supra*) cette affirmation doit être considérée avec beaucoup de réserve. En effet, il faut garder à l'esprit que le narrateur possède une excellente connaissance des travaux d'Andronov [1928, 1929a] et que son « compte-rendu » est également destiné aux membres de l'Académie auprès desquels il doit justifier sa présence en France à cette conférence et montrer le niveau de diffusion des travaux soviétiques en Europe. Il raconte alors la discussion qui s'ensuit :

> « Pendant la discussion qui a eu lieu après l'exposé, les chercheurs ont parlé des deux types de caractéristique : caractéristique du type N et S d'après la terminologie de Le Corbeiller. Ces deux types correspondent à deux formes possibles de représentation des caractéristiques comme fonction de la première ou de la deuxième variable ($i = f(v)$ ou

$v = \varphi(i)$) et illustrent deux manières différentes d'inclure dans le circuit une « résistance négative » en parallèle ou en série. » [Papalexi 1934, p. 211]

Ce résultat fait référence, via le *principe de dualité en électrotechnique*, à l'analogie que présentent différents auto-oscillateurs (machine série-dynamo, arc chantant et triode) et établit que l'équation de Van der Pol, prototype des oscillations de relaxation, et celle de Lord Rayleigh sont totalement identiques (voir Appendice A.2). Après Liénard, Henri Abraham expose le résultat d'expériences concernant le comportement des systèmes auto-oscillants à la limite de l'entraînement. Il a montré que sous certaines conditions connues on peut remarquer l'existence de très lentes oscillations de relaxation qui correspondent aux passages de la synchronisation au « battement » et inversement.

Papalexi raconte que ces expériences ont été présentées le lundi 30 janvier 1933 pendant la visite du laboratoire d'Abraham.

Le dimanche 29 janvier 1933, l'astronome Ernest Esclangon (dont il sera beaucoup question dans la Partie III de ce mémoire) présente ses travaux sur les fonctions quasi périodiques et souligne leur importance en particulier pour le traitement des données statistiques. Papalexi explique alors :

> « Pendant les discussions qui ont eu lieu après le discours, les chercheurs ont évoqué la possibilité d'observer des états d'oscillations quasi-périodiques dans les systèmes oscillants non linéaires conservatifs et non conservatifs. » [Papalexi 1934, p. 211]

Papalexi [1934, p. 211] présente ensuite sa propre intervention dans laquelle il a exposé deux méthodes employées pour le traitement des auto-oscillations. La première est la théorie qualitative des équations différentielles non linéaires basée sur la recherche de cycles limites correspondant à de solutions périodiques de ces équations. Il résume alors les travaux d'Andronov [1928, 1929a, 1929a] et d'Andronov et Witt [1930b]. Puis, il précise que la seconde « consiste à trouver les solutions périodiques des équations différentielles en fonction d'un petit paramètre » [Papalexi 1934, p. 211] en faisant appel aux « méthodes de Liapounoff et de Poincaré » permettant ainsi d'établir la stabilité de la solution. Il explique alors que les discussions qui ont suivi son exposé ont été consacrées à la question de la légitimité de l'idéalisation des oscillations de relaxation sous la forme de « mouvements discontinus » appelée « hypothèse du saut » ou « condition de Mandel'shtam » et qui va ensuite donner naissance à la « Théorie discontinue » (voir *supra*). Le lendemain matin Papalexi aborde les phénomènes de résonance et de synchronisation forcée.

Le lundi 30 janvier est consacré la visite du laboratoire d'Abraham à l'École Normale Supérieure [12] [1934, p. 212]. Les différentes expériences dont Abraham a parlé durant son exposé sont ainsi présentées ainsi que les travaux réalisés en collaboration avec Eugène Bloch, notamment l'étalonnage de la fréquence d'un oscillateur à lampe stabilisé par un quartz. Papalexi souligne alors :

12. Voir « À la mémoire de Henri Abraham, Eugène Bloch, Georges Bruhat : Créateurs et Directeurs de ce Laboratoire Morts pour la France », École Normale supérieure, Laboratoire de physique, École Normale Supérieure, imprimerie Lahure, Paris, 1948. Voir *Les trois physiciens Henri Abraham, Eugène Bloch, Georges Bruhat*, éd. Rue d'Ulm 2009.

> « Un des résultats les plus intéressants de cette étude est la découverte de l'influence des variations brusques de pression de l'air extérieur sur la régularité des oscillations dans le quartz piézoélectrique alors que ce dernier était maintenu dans une salle calorifugée au sous-sol à l'intérieur de laquelle la température est maintenue constante. Ainsi qu'il ressort des expériences du professeur Abraham, ces changements ne sont pas directement liés à des changements de température du quartz produits par l'expansion adiabatique et par la compression de l'air qui entoure le quartz. Ces changements disparaissent lorsqu'on rend individuellement étanche l'espace de l'air environnant le quartz. »
>
> [Papalexi 1934, p. 212]

Papalexi fait ici implicitement référence aux tous derniers travaux d'Abraham [1931] intitulé : « Peut-on maintenir une salle à température constante ? » De prime abord, le sujet de cette note peut paraître très éloigné de la thématique de cette conférence sur les oscillations non linéaires. Si l'on garde en mémoire que d'après Mandel'shtam la fréquence (ou la période) d'un oscillateur à relaxation dépend de grandeurs extrinsèques alors que son amplitude dépend de grandeurs intrinsèques, il apparaît que le problème soulevé par Abraham [1931] concerne en réalité la variabilité de la fréquence des oscillations en fonction de la température lors des expérimentations. D'où la nécessité de « maintenir une salle à température constante ».

Après cette visite, Van der Pol prononce un discours de clôture, rappelant que malgré l'absence de beaucoup de personnalités scientifiques dans ce domaine, cette conférence a atteint son but principal qui était de réunir des physiciens de différents pays travaillant dans le domaine des oscillations non linéaires et des mathématiciens. Puis, il ajoute :

> « Puisque cette première expérience a été réussie il faut espérer que de telles rencontres vont se répéter régulièrement. Les principaux exposés de la Conférence devraient être publiés [13] dans la collection « Actualités Scientifiques et Industrielles » (édition Hermann, Paris). » [Papalexi 1934, p. 212]

Du fait des nombreux absents cette conférence n'a pas eu la résonance internationale souhaité par ses organisateurs. Elle n'a pas non plus conduit à la constitution d'une sorte de « communauté du non linéaire » que Van der Pol et d'autres comme Le Corbeiller appellent de leurs vœux. En effet, l'absence des mathématiciens Hadamard et Volterra, probablement les plus à même d'apprécier les travaux de Poincaré a certainement été très préjudiciable tout comme celle de Mandel'shtam et de ses « étudiants » Andronov et Witt ainsi que celle de Kryloff et Bogoliouboff [14] et ce malgré que Papalexi ait, semble-t-il, assez fidèlement résumé leurs travaux.

13. Cette publication n'a bien entendu pas eu lieu.

14. Rappelons à ce propos que quinze jours avant cette conférence Kryloff et Bogoliouboff [1933] publient dans la *R.G.S.P.A.* un article intitulé : « Problèmes fondamentaux de la Mécanique Non linéaire ». Néanmoins, il n'a pas été possible d'établir de lien entre ces deux évènements.

Ainsi, cette réunion entre physiciens et mathématiciens ne paraît avoir eu d'impact sur la communauté scientifique française. Parmi ceux qui poursuivront leur travail dans ce domaine, comme Le Corbeiller et Rocard notamment, aucune forme de collaboration avec des membres de la communauté scientifique soviétique (ni avec Van der Pol d'ailleurs) ne semble se dessiner. Leurs travaux dans ce domaine ne semblent pas avoir été influencés d'une manière significative par les différents exposés notamment celui de Papalexi ou par les discussions qui s'en sont suivies.

L'année suivante Van der Pol qui vient d'être nommé vice-président [15] de l'Union Radio Scientifique Internationale (U.R.S.I.) invitera à nouveau les membres les plus éminents de la communauté scientifique soviétique à présenter leurs travaux [16] lors de l'Assemblée Générale de l'Union Radio Scientifique Internationale (U.R.S.I.) qui eut lieu à Londres entre les 12 et 18 septembre 1934. Cette réunion donnera lieu à deux publications qui marquent une étape dans le processus d'élaboration de la théorie des oscillations non linéaires. La première est celle de Van der Pol [1934] intitulée : « The nonlinear theory of electric oscillations » dans laquelle il réalise une synthèse de ses principaux résultats. La première partie de cet article est consacrée à la présentation de sa « slowly-varying amplitude method » à laquelle Mandel'shtam *et al.* [1935, p. 89] donnera le nom de « méthode de Van der Pol ». Dans la seconde partie, il réalise une synthèse de ses précédentes conférences sur les oscillations de relaxation. Visiblement, Van der Pol essaie de cristalliser l'attention autour de ses travaux afin qu'ils puissent être considérés comme le point de départ d'une théorie des oscillations.

> « The above paragraphs give a connected account of many oscillation phenomena which present themselves to the radio worker and which can only be understood on the basis of a nonlinear theory. » [Van der Pol 1934a, p. 1082]

Ceci peut être corroboré par le fait que la majeure partie des références renvoie à ses articles et dans sa manière de faire passer au second plan un certain nombre de résultats fondamentaux comme par exemple la correspondance établie par Andronov [1929a] qui n'apparaît pas dans cet article. Bien que dans sa conclusion, Van der Pol fasse un très bref « état de l'art » des différents travaux réalisés dans ce domaine, notamment ceux de Mandel'shtam et Papalexi [1932], de Kryloff et Bogoliouboff [1932a, 1932b, 1932c] et ceux de Le Corbeiller [1931a, 1932] auxquels viennent s'ajouter une bibliographie très complète de publications internationales, cela ne modifie en rien la vision subjective qu'il donne de la théorie des oscillations non linéaires.

L'existence de cette première conférence internationale sur les oscillations non linéaires à Paris en 1933 a quelque chose de totalement inattendu. On aurait pu croire en effet, qu'une telle réunion produise sur la communauté scientifique française une sorte d'« électrochoc » l'incitant à s'investir globalement et massivement dans ce domaine émergeant dans lequel la France avait à plusieurs titres apporté sa contribution. Hélas, il n'en fut rien et cette conférence prit plutôt l'allure d'un rendez-vous

15. Durant la période 1934-52 le président de l'U.R.S.I. est Sir Edward Appleton. Voir Van Bladel [2006, p. 11]
16. Le compte-rendu de leur exposé est présenté dans Mandel'shtam *et al.* [1935]. Voir *infra*.

manqué. La recherche en France à cette époque paraît être très orientée vers la mécanique ondulatoire, la radioactivité et la relativité générale (voir Taton [1964, Deuxième partie]). Néanmoins, même s'il est difficile d'imaginer ce qui aurait pu se passer si tous les participants pressentis n'avaient été retenus par la grippe, on peut penser que la situation aurait été la même dans la mesure où cette conférence n'aurait pas forcément joué le rôle d'élément déclencheur de recherches dans ce domaine. C'est seulement lors de la Réunion Internationale de Physique - Chimie - Biologie, organisée l'année de l'inauguration du Palais de la Découverte à Paris en Octobre 1937 que Van der Pol [1938a] aura, semble-t-il, de nouveau l'occasion de faire un exposé en France. Ainsi, il faudra attendre le 18 septembre 1951 pour qu'ait lieu sur l'île de Porquerolles (Var) en présence de MM. Van der Pol, Haag, Minorsky, Vogel, Stoker, Wasow, Lasalle, Graffi,... et sous la présidence de Théodore Von Karman ce que l'on peut considérer comme la « seconde » conférence internationale de non linéaire.

Chapitre 8

Le paradigme des oscillations de relaxation

8.1 Aspects mathématiques : les travaux de Haag et Rocard

8.1.1 Jules Haag : *des oscillations autoentretenues aux oscillations de relaxation*

Au début des années trente Jules Haag publie un certain nombre de publications dans le domaine de la synchronisation des oscillations, des oscillations entretenues et des oscillations de relaxation [1]. Alors que certains comme Andronov [1929a], Liénard [1928, 1931] ou Le Corbeiller [1931a, 1931b] tentent d'élargir le cadre des oscillations de relaxation à celui des oscillations auto-entretenues dans un mouvement qui consiste à aller du particulier au général, Haag va procéder en sens inverse, en allant du général au particulier.

La note aux *C.R.A.S.* de 1934 : *sur les oscillations auto-entretenues*

Ainsi, sa note aux *C.R.A.S.* intitulée « Sur les oscillations auto-entretenues » [Haag, 1934b] débute par ces mots :

> « La théorie mathématique de ces oscillations a été étudiée d'une manière approfondie par différents auteurs, en particulier MM. Van der Pol et Liénard. La recherche des oscillations périodiques se ramène à la détermination de *cycles* d'une certaine équation différentielle du premier ordre, dont M. Liénard a donné une interprétation géométrique très simple. » [Haag 1934b, p. 906]

S'il semble avoir parfaitement saisi la correspondance entre solution périodique et *cycle limite* de Poincaré, Haag ne fait pas usage de cette terminologie et le nom de Poincaré n'apparaît pas dans

1. Après avoir été élève à l'École Normale Supérieure, Haag (1882-1953) est reçu en 1906 à l'agrégation de mathématiques. En 1910 il obtient son doctorat ès sciences sous la direction de Gaston Darboux (1842-1917) dont le titre est : « Familles de Lamé de surfaces égales. Généralisations et applications ». Il enseigne ensuite la Mécanique Rationnelle à la faculté des sciences de Clermont-Ferrand. En 1927 il accepte la direction de l'Institut de Chronométrie de Besançon qui deviendra l'École Nationale Supérieure de Mécanique et Microtechniques (E.N.S.M.M.).

FIGURE 8.1 – Jules Haag (source internet).

cette note. Ceci peut s'expliquer par le fait que Haag a une problématique exactement inverse de celle de ceux qui l'ont précédé. Il ne cherche pas à résoudre une équation différentielle dont la solution périodique est un *cycle limite* mais prétend que l'on « peut aisément trouver des *cycles algébriques* [2] » [Haag 1934b, p. 907] correspondant à des *oscillations de relaxation* qu'il semble considérer comme un cas particulier d'*oscillations auto-entretenues* (voir *infra*).

> « Je me suis proposé de *déterminer le cycle le plus général et la courbe* [3] Γ *qui lui est associée*. Ceci est un petit problème de géométrie, qui ne présente aucune difficulté. »
>
> [Haag 1934b, p. 906]

Mais tous les cycles algébriques ne correspondent pas à des oscillations de relaxation. En effet, si l'on imagine un point mobile astreint à se déplacer sur un tel cycle pour que ce point soit animé de deux vitesses différentes (une lente et une rapide) le cycle algébrique ne peut en aucun cas être un cercle. En procédant par analogie avec la représentation de l'intégration graphique de l'équation (V_9) proposée par Van der Pol [1926d, p. 983] (voir *supra* Partie I) Haag explique qu'un « tel cycle doit être allongé dans la direction Oy. » [Haag 1934b, p. 907]. Il sous-entend implicitement que le cycle (limite) représentant la solution périodique de l'équation (V_9) de Van der Pol n'est pas algébrique. Il fournit alors « le moyen de *déterminer asymptotiquement le cycle*, à partir de la courbe Γ. » [Haag 1934b, p. 908]. D'après Minorsky [1962, p. 87] l'origine de l'emploi de *méthodes asymptotiques* remonte à Poincaré [1892-93-99] et l'une des premières applications à la théorie des oscillations est due à Haag. Ces méthodes sont toujours utilisées aujourd'hui mais portent désormais le nom de *théorie des perturbations singulières*. Dans le cas des oscillations de relaxation elles consistent à « découper » le cycle limite (voir *infra*) solution de l'équation (V_9) de Van der Pol en *arcs successifs*

2. En réalité, la non-algébricité du *cycle limite* de l'équation de Van der Pol (V_9) envisagée par Y. A. Mitropolskii [1965] sera démontrée par K. Odani [1995].

3. La courbe (Γ) correspond à la *caractéristique d'oscillation* de la triode modélisée par Van der Pol [1920, p. 703] par une fonction cubique (voir *supra* Partie I).

et à approximer chaque partie du cycle par un développement asymptotique sous forme d'une série. Les difficultés vont alors survenir au niveau des « raccordements » , c'est-à-dire des points reliant une partie de cycle à une autre. Haag considère dans un premier temps que le cycle n'est pas forcément symétrique. Ensuite, il le découpe en un *arc supérieur* (OA) et un *arc inférieur* (AB) puis divise ce dernier en deux sous-parties qu'il appellera bientôt (voir *infra* Haag [1943, 1944]) *arc de première espèce* (AF) et *arc de seconde espèce* (FB) où A est dénommé le *point terminal*, $i.e.$ le point le plus à droite et F le *point frontière*, $i.e.$ le minimum de la fonction $y = f(x)$ représentant la courbe (Γ). Ce « découpage » va ainsi permettre à Haag de déterminer la valeur de l'amplitude et de la période des oscillations de relaxation avec une approximation bien meilleure que celle fournie par Van der Pol [1927b, p. 114-115] (voir *supra* Partie I).

La note aux $C.R.A.S.$ de 1936 : *sur les oscillations de relaxation*

Sa note aux $C.R.A.S.$ intitulée « Sur l'étude asymptotique des oscillations de relaxation » [Haag, 1936] lui permet de préciser davantage sa méthode, ses notations et ses objectifs :

> « On sait que la détermination des oscillations auto-entretenues se ramène à la recherche des *cycles* de l'équation différentielle
>
> $$xdx + (y - \lambda)\, dy = 0$$
>
> où λ désigne une fonction [4] déterminée de x. » [Haag 1936, p. 102]

Haag démontre ainsi qu'il a parfaitement intégré la correspondance établie quelques années auparavant par Andronov [1929a], c'est-à-dire, qu'une condition nécessaire et suffisante à la possibilité d'auto-oscillations d'un dispositif est l'existence d'un cycle limite dans son portrait de phase. Il affine ensuite la définition du concept d'oscillations de relaxation :

> « Pour obtenir des *oscillations de relaxation*, on doit supposer qu'on multiplie la fonction λ par un facteur très grand que l'on peut appeler $1/\varepsilon$, ε étant infiniment petit. »
>
> [Haag 1936, p. 102]

La présence d'un « facteur très grand » dans l'équation traduit l'existence de deux échelles de temps caractéristiques et souligne l'aspect lent-rapide du phénomène oscillatoire. Haag précise alors :

> « De cette étude découlent la *détermination approchée des cycles* et le *calcul approché des périodes correspondantes.* » [Haag 1936, p. 102]

L'expression « *des périodes correspondantes* » signifie le temps de parcours du point mobile fictif sur chaque partie (arc) du cycle. Il précise alors que dans une note précédente [5] il avait « déjà essayé

4. La fonction λ représente le graphe de la courbe (Γ), $i.e.$ la cubique utilisée par Van der Pol [1920, p. 703] pour modéliser la caractéristique de la triode (voir *supra* Partie I).
5. Voir Haag [1934b].

d'entreprendre cette étude, en partant des équations générales d'un cycle » [Haag 1936, p. 102] sans néanmoins parvenir à des résultats. Cette seconde note sur le sujet lui permet de proposer une première correction de la valeur de l'amplitude, mais qui reste toutefois peu significative. Il soulève alors le problème principal inhérent à la méthode des *arcs successifs* :

> « La grosse difficulté du problème réside dans le *raccordement entre deux arc d'espèces différentes.* » [Haag 1936, p. 103]

Puis, il ajoute :

> « Des particularités beaucoup plus complexes peuvent se produire, si la fonction λ possède plusieurs minima et maxima, et surtout si la courbe Γ possède des points anguleux ou des tangentes horizontales. » [Haag 1936, p. 104]

Haag fait ici allusion au travail de Liénard [1928] qui avait envisagé que la fonction λ possède une allure plus générale que la cubique utilisée par Van der Pol [1920, p. 703]. Ainsi, il expose le principe d'une méthode et les écueils auxquels elle risque d'être confrontée. En ce qui concerne les résultats il faudra attendre ses travaux ultérieurs (voir *infra*).

La note aux *C.R.A.S.* de 1937 : *sur la théorie des oscillations de relaxation*

Le titre de cette troisième contribution aux *C.R.A.S.* : « *Sur la théorie des oscillations de relaxation* » [Haag, 1937] est assez étonnant si on le compare avec les précédents. De prime abord, Haag paraît être passé des *oscillations auto-entretenues* à la *théorie des oscillations de relaxation*. Cependant, il semble que l'emploi de cette expression dans cette note de Haag ait pour but de souligner la difficulté que représente le calcul de l'amplitude et de la période des oscillations qu'il envisage d'effectuer plutôt que de conférer au concept de Van der Pol la valeur d'une théorie. Ceci est d'ailleurs confirmé par le regard que Haag jette sur ses travaux précédents :

> « J'ai indiqué ([6]) une méthode permettant de calculer la partie principale de l'amplitude de la période d'une oscillation de relaxation. Pour me rendre compte de la valeur pratique des formules obtenues, j'ai fait une vérification numérique sur un exemple. Cette vérification m'ayant montré que l'approximation des dites formules était assez médiocre, j'ai entrepris de les améliorer. Cela m'a conduit à approfondir considérablement ma première théorie. » [Haag 1937, p. 932]

L'expression « partie principale » indique clairement que Haag va faire appel dans ses calculs à des développements en série. L'exemple qu'il envisage d'utiliser est celui de Van der Pol [1926d] bien que la méthode qu'il propose puisse être appliquée à l'équation de Liénard [1928], c'est-à-dire pour une *caractéristique d'oscillation* qui n'est pas nécessairement une cubique. Cette note ne constitue qu'une

6. Haag renvoie à sa note précédente aux C.R.A.S. Voir Haag [1936]

déclaration d'intention dans la mesure où aucun résultat concret n'est présenté comme le montre la conclusion :

> « Comme conséquence, on peut enfin calculer *l'amplitude de l'oscillation périodique* en fonction de ε. Quant à la période, je ne m'en suis pas encore occupé ; mais il est vraisemblable que la présente théorie doit permettre également de l'évaluer, avec une erreur d'ordre arbitrairement grand. » [Haag 1937, p. 934]

On remarque ainsi que ce n'est pas au résultat de Van der Pol que Haag donne une valeur de théorie mais bien à ses propres travaux que Minorsky [1967, p. 86] appellera plus tard « théorie asymptotique » (voir *infra*).

La note aux *C.R.A.S.* de 1938 : *formules asymptotiques*

Dans cette quatrième note aux *C.R.A.S.* intitulée : « Formules asymptotiques concernant les oscillations de relaxation » Haag [1938] met en application la *méthode des arcs successifs*. Auparavant, il est important de préciser que cette *méthode*, aujourd'hui appelée : *méthode du tir*, trouve sa source dans les problèmes de balistique extérieure [7]. En effet, dès le début de la première guerre mondiale, Haag [1915a, 1915b, 1915c] s'intéresse aux problèmes auxquels sont confrontés les artilleurs. Il participe à la Commission d'expériences d'artillerie navale de Gâvre [8] sous la Présidence du Général, Prosper-Jules Charbonnier (1862-1936). Quelques années plus tard Haag résume ainsi ses travaux d'alors :

> « À la fin de 1915, aucun progrès nouveau n'avait été fait, à notre connaissance du moins. On ne s'était pas préoccupé de faire une théorie *des erreurs* du calcul par arcs successifs [9], pas plus qu'on n'avait envisagé le *calcul des altérations différentielles produites* par des perturbations données, le long d'une trajectoire. Le but du présent travail est d'exposer les résultats obtenus, dans cette double voie, par l'auteur, à la fin de 1915 et au début de 1916, en partant de la méthode de calcul par arcs utilisée à la Commission de Gâvre ([1]).
>
> ([1]) Un résumé de ces résultats a été communiqué à l'Académie des Sciences en février 1917, mais n'a pas été publié, comme intéressant la Défense nationale. »
>
> [Haag 1921, p. 2]

Cet extrait indique que c'est durant cette période de conflit que Haag s'est intéressé à la méthode des *arcs successifs*. Alors appliquée à la balistique extérieure, c'est-à-dire, à des trajectoires ouvertes,

7. La balistique extérieure est la branche de la balistique qui étudie le vol libre des projectiles sans propulsion interne comme c'était le cas dans l'artillerie lors du premier conflit mondial.
8. Aujourd'hui Gâvres : presqu'île près de Lorient dans le département de Loire Atlantique.
9. D'après Robert D'Adhémar [1934, p. 24] ceux sont Félix Hélie (1795-1885) et Pierre Henri Hugoniot (1851-1887) qui ont préconisé le calcul par *arcs successifs*, dérivé de la méthode d'Euler, en balistique.

Haag va transposer cette méthode aux oscillations de relaxation caractérisées par des cycles limites, *i.e.* par des trajectoires fermées. Le principe de la méthode est le suivant. Considérant une condition initiale, Haag fait agir le flot du système qui génère ainsi une trajectoire, un « tir » . Lorsque le paramètre ε passe de la valeur zéro à une valeur non nulle mais infiniment petite le cycle se déforme et la trajectoire subit une déviation qui modifie la valeur de l'amplitude et de la période des oscillations. En exprimant alors, au moyen de développements asymptotiques, l'amplitude et la période comme des fonctions de cette déviation, Haag [1938] parvient à établir une meilleure approximation de leur valeur que celle fournie par Van der Pol [1927b, p. 114-115] (voir *supra* Partie I). Après avoir explicité les formules relatives aux déviations en plusieurs points du cycle il conclut sa note ainsi :

> « De ces formules, on déduit aisément *l'amplitude de l'oscillation périodique*, sous forme d'un développement comprenant les puissances 2, 3 et 4 de $\varepsilon^{\frac{2}{3}}$. » [Haag 1938, p. 1236]

Au milieu de la seconde guerre mondiale, Haag [1943, 1944] fournira explicitement les développements permettant d'aboutir à une meilleure approximation de la période et de l'amplitude. Dans ces deux imposants mémoires qui mériteraient une étude plus approfondie, Haag [1943, 1944] pose les fondements de la *théorie asymptotique*.

Le mémoire de 1943 : *vers une définition des oscillations de relaxation*

Le premier mémoire : « Étude asymptotique des oscillations de relaxation » [Haag 1943] débute par un paragraphe intitulé *oscillations auto-entretenues* dans lequel Haag [1943, p. 35] établit l'équation différentielle caractérisant ce type d'oscillations.

$$m\frac{d^2x}{dt^2} + \frac{f(x)}{\varepsilon}\frac{dx}{dt} - kx = 0 \qquad (H_1)$$

Il est intéressant de remarquer que son équation transcrit le mouvement d'une masse m assujettie à se déplacer sous l'action d'une force élastique $-kx$ et soumise à une force de frottements $\frac{f(x)}{\varepsilon}\frac{dx}{dt}$, analogue mécanique d'une « résistance négative » (voir *supra* Partie I). Ainsi, en comparant la méthode des *arcs successifs* élaborée par Haag [1915a, 1915b, 1915c, 1921] pour la balistique extérieure et celle qu'il développa pour les oscillations de relaxation, et en assimilant les « altérations » des frottements de l'air aux variations du paramètre ε on retrouve le même effet de déviation des trajectoires. Il est alors possible de considérer que c'est l'analogie entre la force de frottements de l'air et la force de « frottements négatifs » qui l'a conduit à cette transposition d'un domaine à l'autre. Il peut paraître surprenant de prime abord de constater que ce n'est pas sur l'équation (V_9) de Van der Pol [1926d, p. 979], prototype des oscillations de relaxation, que Haag porte toute son attention mais vers l'équation (L_1) de Liénard [1928, p. 901] qui représente les oscillations (auto-)entretenues par une machine série-dynamo. Néanmoins, ce choix paraît être justifié par sa formation de Géomètre et sa fonction de directeur de l'Institut de Chronométrie de Besançon qui l'incite probablement à considérer un problème de Mécanique plutôt qu'une « valve thermoïonique ». Haag [1943, p. 35] se place ensuite dans le plan de phase de Liénard et réduit ainsi l'équation à une forme différentielle de degré un :

$$\varepsilon^2 x dx + (y - \lambda)\, dy = 0 \tag{H$_2$}$$

où $\lambda = \dfrac{1}{m\omega} \int_0^x f(x)\, dx$, $\omega = \sqrt{\dfrac{k}{m}}$, $y = \lambda + \dfrac{\varepsilon}{\omega}\dfrac{dx}{dt}$ et ε une constante positive.

Haag précise alors la définition des oscillations de relaxation qu'il avait jusqu'alors ébauchée (voir *supra*) :

> « Lorsque la constante ε est très petite [10], les oscillations auto-entretenues présentent des caractères très particuliers et portent le nom d'*oscillations de relaxation.* »
>
> [Haag 1943, p. 36].

Ainsi, pour Jules Haag les *oscillations de relaxation* s'inscrivent dans la cadre théorique des oscillations auto-entretenues tel qu'il a été défini par Andronov et Khaikin [1937, p. 201] dans leur ouvrage (voir *infra*). Il indique alors le « découpage » (voir Fig. 8.2) du cycle qu'il n'appelle d'ailleurs pas *cycle limite*.

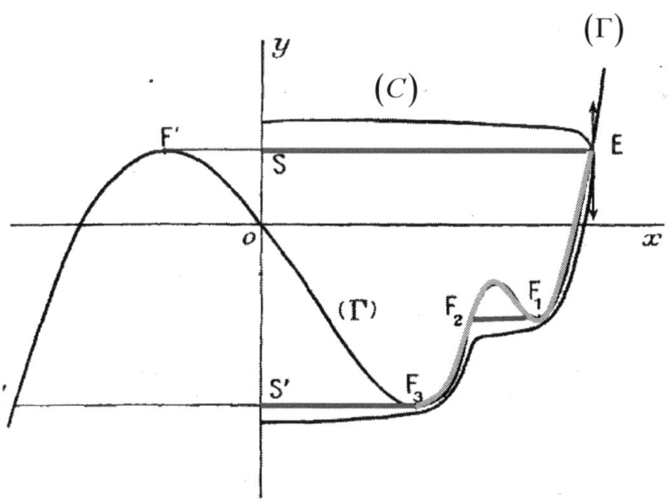

FIGURE 8.2 – « Découpage » du cycle de l'équation (H_2), d'après Haag [1943, p. 36].

10. Haag a choisi un paramètre ε exactement inverse de celui de Van der Pol [1926d] pour permettre des développements asymptotiques. Aussi, il obtient des *oscillations de relaxation* pour $\varepsilon \ll 1$ et non pour $\varepsilon \gg 1$ comme Van der Pol [1926d, p. 981].

Haag [1943, p. 36-37] appelle :

- (Γ) la *courbe fondamentale* représentative de la fonction [11] λ,
- ES l'*arc supérieur* (en bleu sur la Fig. 8.2),
- ES' l'*arc inférieur*,
- $[S'F_3]$et $[F_2F_1]$ les *arcs de première espèce* (en rouge sur la Fig. 8.2),
- F_3F_2et F_1E les *arcs de deuxième espèce* (en vert sur la Fig. 8.2),
- E : le *point terminal*,
- F_3 : le *point frontière de première espèce* (limitant à droite un arc de première espèce),
- F_2 : le *point frontière de deuxième espèce* (limitant à droite un arc de deuxième espèce),
- F_1 : le *point frontière de première espèce* (limitant à droite un arc de première espèce),
- S : le *sommet supérieur*,
- S' : le *sommet inférieur*.

Il considère que la « trajectoire vraie », $i.e.$ l'intégrale de l'équation (H_2) représentée par (C) se situe au-dessous de (Γ) sur l'*arc inférieur* ES' et au-dessus de (Γ) sur l'arc supérieur ES. Le point terminal E, admettant une tangente verticale, est alors son point le plus à droite. Il appelle ensuite « trajectoire limite » $(S'F_3F_2F_1E)$ la courbe « constituée par des segments horizontaux et des arcs de (Γ), qui seront respectivement *arcs de première espèce* et *arcs de seconde espèce* » [Haag 1943, p. 37]. Les hypothèses qu'il formule sur la courbe fondamentale (Γ) montrent clairement qu'il considère une *caractéristique d'oscillation* dont la représentation n'est pas nécessairement une cubique comme dans le cas de Van der Pol [1926d] mais « pouvant présenter quelques points anguleux » [Haag 1943, p. 38] comme dans la généralisation proposée par Liénard [1928]. Ensuite Haag [1943] présente les différents développements de la déviation en série asymptotique. Il est regrettable que la complexité de ses calculs ainsi que le manque de clarté des notations aient rendus presque inaccessible ses résultats à un certain nombre de ses contemporains à l'exception de Flanders et Stoker [1946], de Dorodnitsyn [1947], ... (voir *infra*).

Le mémoire de 1944 : *l'exemple « concret » d'oscillations de relaxation*

Dans ce second mémoire intitulé : « Exemples concrets d'étude asymptotique des oscillations de relaxation » [Haag 1944] il considère deux cas de figures très intéressants de l'équation de Van der Pol. Tout d'abord, Haag [1944, p. 82] suppose que la *caractéristique d'oscillation* est représentée par une *fonction linéaire par morceau* [12]. L'équation de Van der Pol ainsi modifiée présente alors la particularité de pouvoir être intégrée analytiquement. Ensuite, il reprend le modèle classique de Van der Pol [1926d]. Dans les deux cas, Haag fournit une approximation de l'amplitude et de la période

11. Dans le cas de l'équation (V_9) de Van der Pol [1926d, p. 979], Haag choisira $\lambda = \frac{x^3}{3} - x$ (voir *infra*).

12. Ce mode de représentation a été utilisé précédemment par Rocard [1937a]. Il le sera ultérieurement par Stoker [1950, p. 141] qui utilisera ce « piecewise linear model » de Van der Pol. Voir *infra*.

des oscillations. L'exemple du modèle linéaire par morceaux permet de bien comprendre la démarche de Haag. Dans ce cas le cycle limite et la *caractéristique d'oscillation* ont l'allure présentée sur la Fig. 8.3.

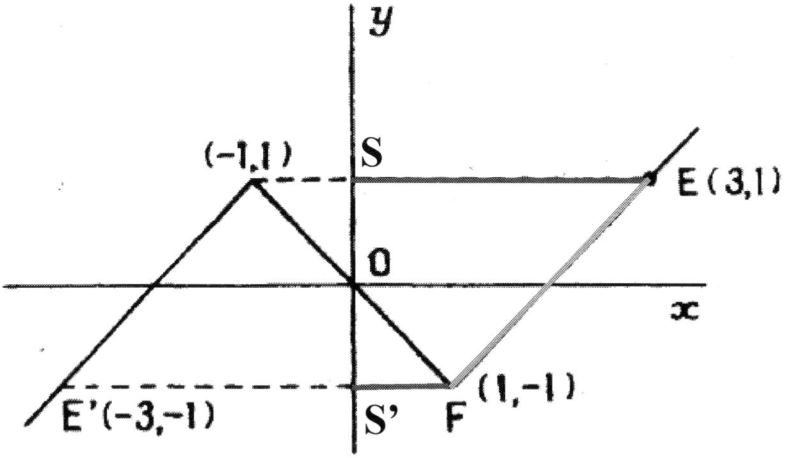

FIGURE 8.3 – Modèle linéaire par morceaux, d'après Haag [1944, p. 93].

Avec le même « découpage » que précédemment (voir *supra*), *i.e.* :
- ES l'*arc supérieur* (en bleu sur la Fig. 8.3),
- ES' l'*arc inférieur*,
- $[S'F]$ l'*arc de première espèce* (en rouge sur la Fig. 8.3),
- FE l'*arc de deuxième espèce* (en vert sur la Fig. 8.3),
- E : le *point terminal*,
- F : le *point frontière*,
- S : le *sommet supérieur*,
- S' : le *sommet inférieur*,

Haag [1944, p. 96] fournit, à partir de développements asymptotiques la valeur de la période pour chaque arc. Il obtient ainsi le temps de parcours :
- pour l'*arc de deuxième espèce* :

$$t_1 = \frac{1}{\varepsilon} Log\,(3) + \varepsilon\,[1 - Log\,(3)] + \varepsilon^3\,[1.5 - Log\,(3)] + \dots$$

- pour l'*arc de première espèce* :

$$t_2 = -\varepsilon Log\left(2\varepsilon^2\right) - \varepsilon^3\left[1 + 2Log\left(2\varepsilon^2\right)\right] + \dots$$

pour l'*arc supérieur* :

$$t_S = [Log\,(2) - Log\,(3) - 2Log\,(\varepsilon)]\,\varepsilon + \varepsilon^3\,[-2 + 3Log\,(2) - Log\,(3) - 2Log\,(\varepsilon)] + \ldots$$

L'intérêt du modèle linéaire par morceaux réside dans le fait que son *intégration directe* par quadratures permet une comparaison numérique des temps obtenus pour chaque arc par les formules asymptotiques avec la valeur fournie par le *calcul direct*. C'est la démarche que suit Haag et qui le conduit à apporter quelques corrections au résultat. Ainsi, la demi-période du cycle limite de ce modèle n'est pas exactement égale à : $t_1 + t_2 + t_S$ comme on aurait pu s'y attendre. En effet, après correction, Haag [1944, p. 96] propose la formule suivante pour la demi-période :

$$\begin{aligned}\frac{T}{2} = &\frac{Log\,(3)}{\varepsilon} + \varepsilon\left[\frac{4 - 10Log\,(\varepsilon)}{3} - Log\,(3)\right] + \varepsilon^3\left[\frac{4}{9} - 4Log\,(2) + 3Log\,(3)\right.\\ &\left. - Log\,(3)\,Log\,(6) - \frac{2}{9}Log\,(\varepsilon) - \frac{2}{3}Log\,(6)\,Log\,(\varepsilon) - \frac{2}{9}Log^2\,(\varepsilon)\right] + \ldots\end{aligned}$$

Après, vérification il conclut dans ce cas :

« Comme on le voit, *la précision de nos formules asymptotiques est excellente*. »

[Haag 1944, p. 99]

Ensuite, Haag reprend l'étude du modèle de Van der Pol [1926d] et donne à la *caractéristique d'oscillation* l'allure d'une fonction cubique : $\lambda = x^3/3 - x$.

En utilisant le même « découpage » que précédemment (voir *supra*), c'est-à-dire :

- ES l'*arc supérieur* (en bleu sur la Fig. 8.4),
- ES' l'*arc inférieur*,
- $[S'F]$ l'*arc de première espèce* (en rouge sur la Fig. 8.4),
- FE l'*arc de deuxième espèce* (en vert sur la Fig. 8.4),
- E : le *point terminal*,
- F : le *point frontière*,
- S : le *sommet supérieur*,
- S' : le *sommet inférieur*,

Haag [1944, p. 96] fournit, à partir de développements asymptotiques la valeur de la période pour chaque arc. Il obtient ainsi le temps de parcours :

- pour l'*arc de deuxième espèce* :

$$t_F = \frac{3 - 2Log\,(2)}{2\varepsilon} + 1.0189\varepsilon^{1/3} + 0.024\varepsilon - 0.531\varepsilon^{5/3} + \frac{1}{3}\varepsilon Log\,(\varepsilon)$$

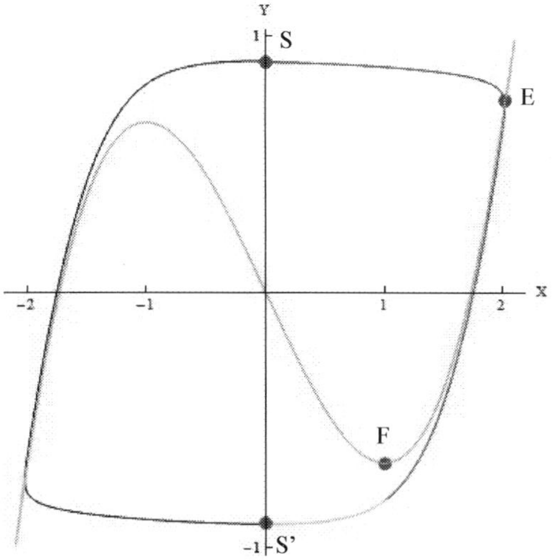

FIGURE 8.4 – « Découpage » du cycle limite (symétrique) de l'équation (V_9).

- pour l'*arc de première espèce* :

$$t_{S'} = 1.31920\varepsilon^{1/3} - 1.15\varepsilon - 0.382\varepsilon^{5/3} - \frac{2}{9}\varepsilon Log\,(\varepsilon)$$

- pour l'*arc supérieur* :

$$t_S = 1.76528\varepsilon - 1.38055\varepsilon^3 - \frac{2}{3}\varepsilon Log\,(\varepsilon) - 1.72104\varepsilon^3 Log\,(\varepsilon) - \frac{16}{81}\varepsilon^3 Log^2\,(\varepsilon)$$

Dans ce cas puisque l'intégration directe n'est plus possible, Haag [1944, p. 103] emploie la *méthode des arcs successifs* afin de vérifier ses résultats. Après correction, il propose pour la demi-période la formule suivante :

$$\frac{T}{2} = \frac{3 - 2Log\,(2)}{2\varepsilon} + 6.445\varepsilon^{1/3} + \left[-3.31 + \frac{19}{9}Log\,(\varepsilon)\right]\varepsilon - 2\varepsilon^{5/3} + \cdots$$

Afin de comparer ce résultat avec la formule (V_{13}) de Van der Pol [1927b, p. 114-115] (voir *supra* Partie I) ou (L_{15}) de Liénard [1928, p. 953] (voir *supra* Partie I) il est nécessaire de remplacer ε par son inverse (voir *supra*) et de multiplier par deux pour avoir la période totale. On obtient alors :

$$T = [3 - 2Log\,(2)]\,\varepsilon + \frac{12.89}{\varepsilon^{1/3}} + \frac{2}{\varepsilon}\left[-3.31 + \frac{19}{9}Log\,(\varepsilon)\right] - \frac{4}{\varepsilon^{5/3}} + \cdots \qquad (H_3)$$

On constate donc qu'au premier ordre en ε les formules (V_{13}), (L_{13}) et (H_3) coïncident parfaitement. De plus, si l'on choisit $\varepsilon = 10$ (cas des *oscillations de relaxation*, voir *supra* Partie I) la période $T \approx 20.4$ soit pratiquement 2ε, c'est-à-dire la valeur escomptée par Van der Pol [1926d, p. 990].

Ainsi, moins de vingt [13] ans plus tard, le travail de Haag [1944, p. 115] conduit (enfin) à une approximation bien meilleure que celle proposée par Van der Pol. Néanmoins, Haag souligne que ses développements asymptotiques sont, par essence, entachés d'une certaine erreur et sont donc perfectibles. C'est le mathématicien russe Anatoly Alekseevich Dorodnitsyn (1910-1994) qui améliorera à son tour le résultat de Haag [1944]. Dans un article publié en russe, Dorodnitsyn [1947, p. 326] fournit le développement suivant :

$$T = [3 - 2Log\,(2)]\,\varepsilon + \frac{7.01432}{\varepsilon^{1/3}} - \frac{22}{9}\frac{Log\,(\varepsilon)}{\varepsilon} + \frac{0.0087}{\varepsilon} + O\left(\varepsilon^{-4/3}\right) \qquad (\mathrm{D}_1)$$

Avec cette formule (D_1) la période des oscillations de relaxation est $T \approx 18.83$ pour $\varepsilon = 10$, soit une valeur toujours assez proche de 2ε mais cette fois légèrement inférieure.

Lorsqu'en 1952 paraît le premier [14] des deux tomes de l'ouvrage de Haag intitulé : « Les mouvements vibratoires » [Haag, 1952] s'il rappelle à nouveau la correspondance établie par Andronov [1929a] en faisant référence [15] à la traduction par Solomon Lefschetz de l'ouvrage d'Andronov et Khaikin [1937], il n'intègre pas le développement (D_1) de Dorodnitsyn mais reproduit le sien. Il est possible que Haag n'en n'ait pas eu connaissance dans la mesure où Lefschetz reprend, dans la version américaine du livre d'Andronov et Khaikin [1949, p. 347], la démonstration de Flanders et Stoker [1946] qui se limite au premier terme du développement mais pas celle de Dorodnitsyn [1947].

8.1.2 Yves Rocard : *oscillations de relaxation et auto-oscillations*

Dès le début des années trente, le physicien Yves Rocard commence, lui aussi, à s'intéresser aux oscillations électriques et aux vibrations mécaniques [16].

La note aux $C.R.A.S.$ de 1932 : *oscillations près de la limite d'entretien*

Dans une contribution aux $C.R.A.S.$ intitulée : « Sur les oscillateurs réglés près de la limite d'entretien » [Rocard, 1932], il établit [17] d'une manière différente l'équation différentielle des oscillations

13. En réalité si l'on compare les développements des mémoires de Haag [1943, 1944] avec les résultats de ses notes publiées aux C.R.A.S. ([Haag, 1934b, 1936, 1937, 1938] on remarque que dès 1938 il avait déjà calculé l'amplitude sinon la période des oscillations de relaxation.

14. Le second tome sera publié après sa mort en 1955 et sera rédigé par Jean Chazy (1882-1955).

15. Voir Haag [1952, p. 204].

16. Au cours de ses études à l'École Normale Supérieure, Rocard (1903-1992) suit les conférences de physique de Henri Abraham et Eugène Bloch. Il entre ensuite à la faculté des sciences de l'université de Paris où il suit les cours de physique de Charles Fabry, Aimé Cotton, Anatole Leduc et Amédée Guillet et obtient les licences ès sciences physiques et ès sciences mathématiques. Lauréat du concours d'agrégation des sciences physiques en 1925, il obtient une bourse Blumenthal pour réaliser des travaux de recherche et obtient en 1927 un doctorat ès sciences mathématiques *L'hydrodynamique et la théorie cinétique des gaz*, puis, l'année suivante, un doctorat ès sciences physiques *Théorie moléculaire de la diffusion de la lumière par les fluides*, thèse préparée au laboratoire d'enseignement de la physique dirigé par Charles Fabry

17. Il retrouve également, sans les citer, les résultats de Blondel [1919b] pour l'amplitude et la période des oscillations (voir *supra* Partie I).

de la triode (V_9) en se plaçant autour du point de fonctionnement ce qui consiste à « linéariser » le problème en développant l'intensité du courant de plaque sous la forme d'une série. La démarche adoptée par Rocard est sensiblement la même que celle utilisée précédemment par Blondel [1919b] (voir *supra* Partie I). Mais, contrairement à Blondel qui forma une série à termes impairs, Rocard conserve tous les termes (pairs et impairs). Après quelques simplifications, il obtient l'équation suivante :

$$\omega^2 v - \varepsilon \left[1 - \alpha v - \beta v^2 - \gamma v^3 - \delta v^4 - \ldots\right] v' + v'' = 0 \qquad (\mathrm{R}_1)$$

Puis, il ajoute :

> « Cette équation est connue, c'est celle dont M. Van der Pol a tiré ses remarquables résultats concernant les oscillations de relaxation. » [Rocard 1932, p. 1326]

Il effectue ensuite ce qu'il appelle une « résolution par approximations successives » [Rocard 1932, p. 1326] bien qu'il s'agisse plutôt de la recherche d'une solution par le biais d'un développement en série de Fourier et calcul l'amplitude de l'harmonique d'ordre 3 (H_3) et celle du fondamental (H_1) en fonction de tous les coefficients du développement ($\varepsilon, \alpha, \beta$ et γ ; δ ayant été négligé). Il démontre ainsi que la pulsation varie avec la proportion harmonique H_3/H_1

Le jubilé de Marcel Brillouin en 1935 : *vers un type nouveau d'oscillations*

Trois ans plus tard, Rocard entreprend des recherches « Sur la stabilité de route des locomotives » [1935b, 1935c]. Le jubilé de Marcel Brillouin (1854-1948) est alors pour lui l'occasion de présenter une partie de ses résultats concernant les oscillations de relaxation. Son exposé intitulé : « Sur certains types nouveaux d'oscillations mécaniques » a pour but d'étudier les oscillations des essieux d'un bogie [18] en représentant leurs déplacements latéraux par une équation différentielle. Il envisage ainsi de mettre en évidence de nouveaux types d'oscillations censés englober les oscillations de relaxation.

> « Nous réservons pour d'autres publications la « théorie de la stabilité de route des locomotives » qu'on peut tirer, et nous voudrions simplement appeler ici l'attention sur la forme de ces équations ; sur de nouveaux types d'oscillations mécaniques qu'elles révèlent, et qui présentent des particularités fort curieuses. Il s'ensuit notamment des généralisations très étendues de la notion d'oscillation de relaxation dont l'équation simple du second ordre de Van der Pol ne donne qu'une idée vraiment par trop particulière. »
>
> [Rocard 1935a, p. 402]

Son attitude à l'égard des travaux de Van der Pol a apparemment quelque peu changé comme l'atteste cet extrait. Après avoir établi l'équation différentielle (d'ordre quatre) du mouvement des

18. Un bogie (ou boggie) est un chariot situé sous un véhicule ferroviaire, sur lequel sont fixés les essieux à l'extrémité desquels se trouvent les roues.

essieux, Rocard [1935a, p. 403] étudie la stabilité de la solution à partir de son équation caractéristique. Il démontre alors que certaines d'entres elles sont instables et explique ainsi le mouvement de « lacet » d'un bogie isolé sur une voie. Il propose ensuite un « montage électromécanique comportant des lampes triodes et des moteurs électriques » [Rocard 1935a, p. 403] ayant pour but de représenter les oscillations produites par l'équation différentielle qu'il vient d'établir. Ceci va lui permettre de mettre en évidence ces « particularités fort curieuses » :

> « Mais, contrairement à ce qui se passe pour les systèmes mécaniques usuels (combinaisons de systèmes à ressorts et à masses couplées), ou pour les circuits électriques (combinaisons de circuits résonnants couplés), l'introduction simultanée de forces de frottement agissant sur chacun des degrés de liberté se révèle incapable de rétablir la stabilité [...] »
> [Rocard 1935a, p. 402]

Rocard s'attaque ici au « dogme » sur lequel repose le concept d'oscillations de relaxation : l'existence d'un composant non linéaire analogue à une « résistance négative » susceptible d'entretenir les oscillations au lieu de les amortir. Quelques années plus tard Rocard [1943, p. 194] démontrera que la présence d'une « résistance négative » n'est pas une condition nécessaire et suffisante à l'établissement d'oscillations auto-entretenues (voir *infra*). De plus, il est possible que le système à quatre degrés de libertés qu'il envisage présente des solutions dont le comportement pourrait être de nature chaotique (voire hyperchaotique) ceci expliquerait l'instabilité observée par Rocard. S'il n'était pas en mesure d'entrevoir ce type de comportement pour la solution de son système il paraissait néanmoins être conscient des différences fondamentales qui existaient entre l'équation différentielle le représentant et celle de Van der Pol.

> « Cependant, cette équation s'écarte beaucoup du type donné par M. Van der Pol, où le caractère à relaxation est obtenu par l'emploi d'une résistance variable en fonction de l'amplitude de la quantité qui oscille (cette résistance est négative pour les petites amplitudes et positive pour les grandes). C'est pourquoi nous pensons être fondé à dire que la conception d'oscillations de relaxation telle qu'on la considérait jusqu'ici peut être notablement étendue et généralisée... à moins qu'on ne préfère introduire une terminologie nouvelle pour caractériser les oscillations plus générales, dont les équations s'obtiennent en remplaçant dans un système d'équations différentielles linéaires simultanées la variable de certains termes par une fonction univoque de cette variable qui ne soit pas une simple proportionnalité. » [Rocard 1935a, p. 402]

Considérant la dénomination de Van der Pol comme trop restrictive, Rocard paraît vouloir en proposer une autre. C'est également ce que fera Andronov [1937, p. 201] dans son ouvrage (voir *infra*). Ainsi, dans cet article, Rocard bât en brèche l'un des fondements du concept d'oscillations de relaxation qu'il cherche à élargir ou plutôt à englober dans une théorie plus générale.

Ceci pourrait expliquer le choix du titre de l'étude qu'il entreprend deux ans plus tard sur « Les phénomènes d'auto-oscillations dans les installations hydrauliques » [Rocard, 1937b]. Bien qu'il s'agisse de toute évidence d'un emprunt à Andronov on ne trouve aucune référence à cet auteur dans l'ouvrage de Rocard, ni aucune définition de cette terminologie. De plus, à la page 41 il fait appel à la « théorie des oscillations de relaxation » [Rocard 1937b, p. 41] pour justifier l'introduction de frottements non linéaires analogues à une « résistance négative ».

La Société française des Électriciens en 1937 : *le modèle linéaire par morceaux*

Le 10 février 1937, invité à présenter une communication devant le Comité d'administration de la Société française des Électriciens et du Comité d'études de la Société française des Radioélectriciens son exposé intitulée : « Relaxation, synchronisation et démultiplication de fréquence » [Rocard, 1937a] débute ainsi :

> « Depuis les mémoires fondamentaux de *Van der Pol*, les oscillations de relaxation ont donné lieu à de nombreux et intéressants travaux, dont certains forts importants du point de vue de la généralité des résultats et de la rigueur mathématique des déductions. Mais la description claire et numérique des phénomènes se réduit encore aujourd'hui à peu de choses près, croyons-nous du moins, aux résultats énoncés par *Van der Pol* concernant son équation simple.
>
> $$\omega^2 v - \varepsilon\,(1 - v^2)\,\dot{v} + \ddot{v} = 0 \qquad (\mathrm{R}_2)$$
>
> [...] » [Rocard 1937a, p. 396]

Comme précédemment, le point de vue de Rocard consiste à souligner l'importance des résultats de Van der Pol tout en mettant en évidence le caractère particulier de l'analyse du phénomène oscillatoire qui se réduit, d'après lui, à l'étude de l'équation (V_9) dont il remet en cause la généricité et la pertinence :

> « Le choix de ce modèle d'équation est évidemment arbitraire. » [Rocard 1937a, p. 396]

Il explique ensuite que c'est pour sa simplicité mathématique que Van der Pol a choisi une fonction cubique pour représenter la *caractéristique d'oscillation* de la triode. Puis, il objecte très légitimement qu'en dehors des régions où ce dispositif se comporte comme une « résistance négative [19] » le modèle de Van der Pol « donnera une allure des phénomènes très différente de la réalité. » [Rocard 1937a, p. 396]. Il propose alors d'aller plus loin dans la simplification et présente un modèle linéaire par morceaux. Il est important de remarquer qu'en dehors d'Andronov et Khaikin [1937, p. 159] il paraît alors être le seul scientifique français à envisager un tel procédé. En effet, plutôt que de représenter

19. Voir *supra* Rocard [1935a, p. 402].

la *caractéristique d'oscillation* par une fonction cubique $f(v) = \varepsilon\left(\frac{v^3}{3} - v\right)$ il emploie la fonction suivante :

$$f(v) = \begin{cases} 2\alpha v + 2v_0 \text{ si } v < 0 \\ 2\alpha v - 2v_0 \text{ si } v > 0 \end{cases}$$

dont il fournit la représentation graphique (voir Fig. 8.5).

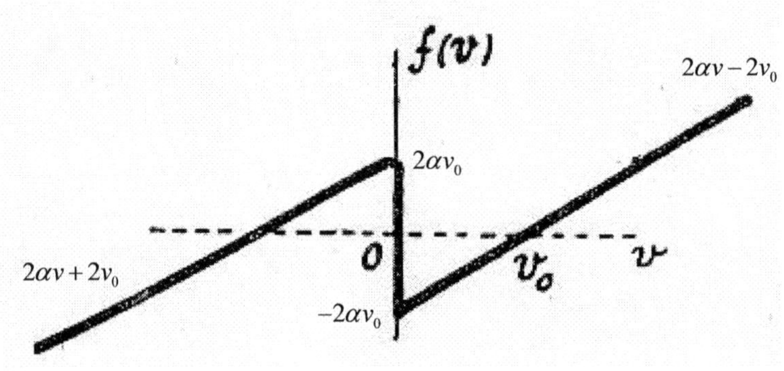

FIGURE 8.5 – Caractéristique d'oscillation linéaire par morceaux, d'après Rocard [1937a, p. 397].

L'équation (R_2) devient alors :

$$\omega^2 v + 2\alpha\dot{v} + \ddot{v} = 0 \qquad (R_3)$$

Lorsque v passe par zéro l'amplitude subit une brusque variation de $-4\alpha v_0$ et l'allure de cette fonction linéaire par morceaux reproduit le comportement de la *caractéristique d'oscillation*. Ainsi, l'intérêt de ce procédé réside dans le fait que l'équation (R_3) est désormais facilement intégrable. Son équation caractéristique s'écrit :

$$r^2 + 2\alpha r + \omega^2 = 0 \qquad (R_4)$$

Les racines complexes conjuguées [20] s'écrivent : $r_{1,2} = -\alpha \pm \sqrt{\omega^2 - \alpha^2}$ à partir desquelles Rocard [1935a, p. 398] explicite la solution de l'équation (R_3)

$$v(t) = Ae^{-\alpha t} sin\left(\sqrt{\omega^2 - \alpha^2} t\right) \qquad (R_5)$$

où A représente l'amplitude des oscillations et $\sqrt{\omega^2 - \alpha^2}$ la fréquence angulaire ou pulsation.

En utilisant la pente de la tangente aux temps $t = 0, \frac{T}{2}, T$ il fournit la représentation graphique de la solution (R_5) (voir Fig. 8.6) et calcule la valeur maximum de l'amplitude v_m et la période des oscillations.

20. Le cas complexe est le seul susceptible de produire des oscillations non-amorties.

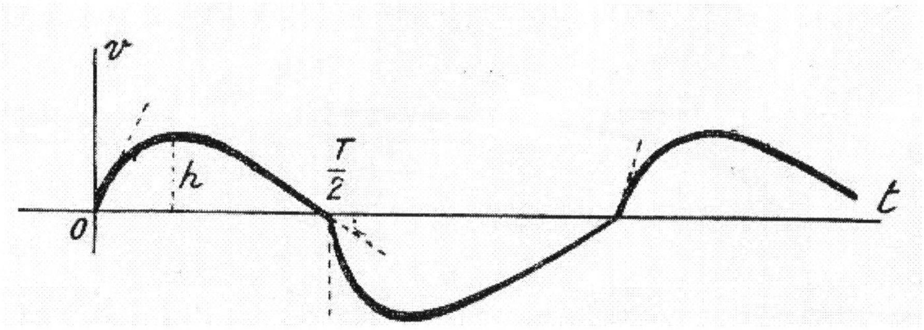

FIGURE 8.6 – Représentation graphique de la solution (R_5), d'après Rocard [1937a, p. 398].

On remarque que la forme de ces oscillations correspond exactement à celle des oscillations de relaxation de Van der Pol [1930, p. 303] (voir *supra*, Fig. 4.8). Mais plutôt que de rapprocher son résultat de celui de Van der Pol en démontrant que la période s'exprime comme un temps de relaxation, c'est-à-dire en fonction des paramètres R et C et non L et C, Rocard porte sur les travaux de Van der Pol un regard très critique :

> « On voit que, bien entendu, α doit être limité à la valeur qui donne l'amortissement critique, sans quoi jamais la première demi-sinusoïde (Fig. 8.6) ne revient jusqu'à l'axe : une telle limitation n'existe pas dans le modèle de M. *Van der Pol.* On voit encore que l'amplitude v_m décroit sans cesse quand α augmente, alors que dans le modèle de M. *Van der Pol* on trouve une amplitude constante pour les grandes et les petites valeurs ε et très peu différente de cette constante pour les valeurs intermédiaires de ε (résultat dû à M. Liénard). Nous tenons à insister sur ces points, pour éviter qu'une généralisation excessive ne soit attribuée à certains résultats obtenus sur des modèles d'oscillateurs particuliers. »
> [Rocard 1937a, p. 399]

La dernière phrase semble traduire une vive réaction à cette « chasse à l'effet relaxation » (voir *supra*) initiée par Van der Pol durant ses nombreuses conférences données en France auxquelles il est possible que Rocard ait assisté [21]. Il conclut alors ce premier exemple ainsi :

> « Notre modèle défini par l'équation (R_3) ou la Fig. 8.5, revient à concentrer autour de $v = 0$ toute la capacité d'auto-oscillation de l'oscillateur, si nous pouvons nous exprimer ainsi. » [Rocard 1937a, p. 399]

Le fait que Rocard emploie le néologisme « auto-oscillation » pour décrire les *oscillations de relaxation* de son modèle *linéaire par morceaux* semble montrer qu'il englobe ce type d'oscillations

21. Comme nous l'avons vu, Rocard était présent lors de la première Conférence Internationale de Non-linéaire à Paris en 1933 sous la Présidence de Van der Pol. Voir *infra*.

dans le cadre plus général d'une *théorie des oscillations* ébauchée quelques années plus tôt par Andronov [1929a] et qui atteindra son apogée avec la publication du livre d'Andronov et Khaikin [1937].

Dans le second exemple qu'il présente, Rocard a nuancé son attitude à l'égard de Van der Pol. Il s'agit à nouveau d'un oscillateur complètement intégrable dans lequel il remplace cette fois la fonction cubique par la fonction suivante :

$$f(v) = \begin{cases} -a\left(v^2 - v_0^2\right) \text{ si } v < 0 \\ +a\left(v^2 - v_0^2\right) \text{ si } v > 0 \end{cases}$$

dont il fournit également la représentation graphique (voir Fig. 8.7).

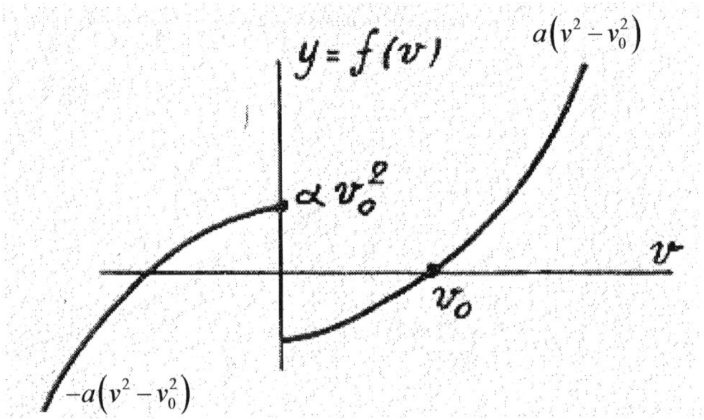

FIGURE 8.7 – Caractéristique d'oscillation parabolique, d'après Rocard [1937a, p. 401].

Mais au lieu d'intégrer comme précédemment l'équation de Van der Pol (R_2), Rocard [1937a, p. 401] intègre l'équation de Liénard (voir *supra* Partie I, Eq. (L_2)) dans laquelle il remplace $F(x)$ par la fonction linéaire par morceaux $f(v)$. En posant $v^2 = u$ il obtient :

$$v(t) = \begin{cases} -\sqrt{C_1 e^{-2ay} - \frac{y}{a} + \frac{1}{2a^2} + v_0^2} \text{ si } v < 0 \\ +\sqrt{Ce^{-2ay} + \frac{y}{a} + \frac{1}{2a^2} + v_0^2} \text{ si } v < 0 \end{cases}$$

Il fournit ensuite une condition de raccordement pour que les deux branches de la solution forment un « cycle limite » (voir Fig. 8.8).

De nouveau, à l'exception d'Andronov et Khaikin [1937, p. 159], il paraît être le premier à représenter le cycle limite d'un modèle intégrable. Il démontre ensuite que l'amplitude des oscillations ne varie pratiquement pas avec a tandis que la période croît lentement avec a. Il en déduit que ses résultats « se rapprochent assez sensiblement de ceux de M. *Van der Pol* » [Rocard 1937a, p. 402]. Rocard considère dans la seconde partie de son article les problèmes de synchronisation et de démultiplication qui feront l'objet d'une étude plus approfondie dans la Partie III (voir *infra*). À la suite de

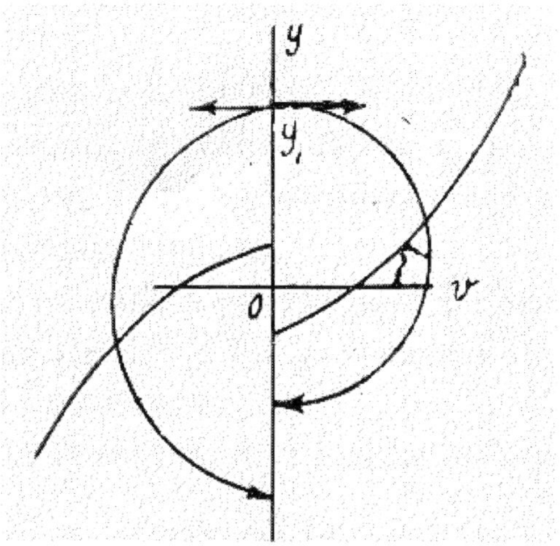

FIGURE 8.8 – Cycle limite du modèle linéaire par morceaux, d'après Rocard [1937a, p. 402].

son exposé une discussion a lieu entre les différentes personnes présentes parmi lesquelles se trouve Alfred Liénard qui précise « qu'il avait envisagé, comme M. Rocard, l'emploi d'une caractéristique de forme anguleuse, afin de simplifier les calculs » [Rocard 1937a, p. 413]. Néanmoins, après cette intervention Liénard ne publiera plus sur ce sujet.

Le Corbeiller qui participait à l'exposé de Rocard présente une note dans laquelle il rappelle :

> « M. van der Pol, dans ses mémoires fondamentaux de 1927, a fait faire à la question un progrès considérable en étudiant un système continu dépendant d'un paramètre arbitraire ε, les discontinuités n'apparaissant que comme un cas-limite pour ε infiniment grand (oscillations de relaxation). A l'autre extrémité de l'échelle les oscillations sinusoïdales se présentent comme un cas-limite pour ε infiniment petit (résultat dû à Lord Rayleigh). »
>
> [Rocard 1937a, p. 417]

Cette conception des oscillations de relaxation déjà présentée par Le Corbeiller [1931a, p. 21] quelques années auparavant (voir *supra*) sera reprise un peu plus tard par Rocard [1941, 1943] (voir *infra*), par Jules Haag [1943, p. 36] (voir *supra*) puis par Jean Abelé [1943, p. 22] dans son mémoire de thèse (voir infra).

Les phénomènes d'auto-oscillations 1937

L'année 1937 est marquée par de nombreuses publications (Andronov et Khaikin [1937], Kryloff et Bogoliouboff [1937], Timoshenko [1937]) dans le domaine des oscillations (voir *infra*). En France, Yves Rocard publie un ouvrage dont le titre : « Sur les phénomènes d'auto-oscillations dans les installations hydrauliques » [Rocard, 1937b] traduit immédiatement sa perception du concept d'oscillation de relaxation et la place qu'il occupe au sein de la théorie des oscillations auto-entretenues ou plutôt des auto-oscillations élaborée par Andronov entre 1929 et 1937. Dans ce livre Rocard étudie un problème de contrôle de vannage qui n'est pas sans rappeler celui abordé un demi-siècle auparavant par Léauté [1885] :

> « Le travail actuel est destiné à aborder l'étude de phénomènes encore plus complexes, ceux où à une conduite est couplé un système mécanique susceptible de mouvement, et dont les déplacements provoquent en retour une réaction sur l'écoulement du fluide. Un tel système peut sous certaines conditions entrer *de lui-même* en oscillation, comme il est bien connu, et la théorie classique du coup de bélier ne peut en aucune manière expliquer la naissance de telles oscillations ni faire prévoir ce qui va en advenir. »
>
> [Rocard 1937b, p. 15]

Dans la première partie de son ouvrage, Rocard [1937b, p. 17] considère une pompe centrifuge dont le débit peut être réglé par des aubes directrices dont le degré d'ouverture est représenté par la variable (angulaire) α.

En appelant :

– i : le coefficient d'inertie,

– K : le coefficient de dureté,

– S : la surface des aubes,

– x : le bras de levier de force correspondante par rapport à l'axe de rotation des aubes,

– u : la vitesse de l'eau,

et en posant $\beta = (\gamma Sx)\,\eta$ Rocard [1937b, p. 20] obtient l'équation différentielle suivante :

$$\left[i\frac{d^2}{dt^2} - f\frac{d}{dt} + K\right]\delta\alpha - \beta u = 0$$

Puis, il ajoute :

> « On remarquera que le coefficient f avec un signe moins apporte un amortissement *négatif* dans le mouvement de α : c'est lui qui sera en général responsable des oscillations [22]. »
>
> [Rocard 1937b, p. 20]

Quelques pages plus loin, il explique que les coefficients de ce type d'équation varient avec l'amplitude et que :

> « Tous ces phénomènes d'autooscillations ont pu être élucidés d'une façon parfaitement claire dans le problème de l'oscillation de lampes triodes à caractéristiques courbes. »
>
> [Rocard 1937a, p. 24]

22. Autooscillations.

Dans la seconde partie de son ouvrage, le paragraphe intitulé « La courbure des caractéristiques entretient et limite l'amplitude des oscillations » [Rocard 1937a, p. 40], il modifie alors le coefficient de frottement en $\frac{d\alpha}{dt}$.

« On obtient une loi de cette sorte en donnant à ce terme l'expression suivante (^{1}) :

$$-\varepsilon\left(1-\frac{\alpha^2}{\alpha_0^2}\right)\frac{d\alpha}{dt}$$

α_0 étant une constante caractérisant une certaine ouverture de vannage.

(^{1}) *Note.* – Nous utilisons ici une représentation d'une résistance de signe variable selon l'amplitude correspondant à celle qui est utilisée dans la théorie des oscillations de relaxation [23]. »

[Rocard 1937a, p. 41]

Rocard [1937a, p. 42] établit alors une équation différentielle complètement similaire au prototype des oscillations de relaxation proposé par Van der Pol [1926d] et qui lui permet de mettre en évidence l'existence d'autooscillations dans des installations hydrauliques. Rocard considère donc les oscillations de relaxation comme un type particulier d'oscillations appartenant au phénomène plus général d'autooscillations. Le problème du *coup de bélier* qu'il étudie s'apparente pourtant beaucoup aux exemples d'oscillations de relaxation décrits par Van der Pol [1928a, p. 371 ; 1930, p. 307] et Le Corbeiller [1931a, p. 42] (voir *supra*).

La théorie des oscillateurs 1941 : *de l'utilité d'une résistance négative*

Durant les années qui suivent Rocard poursuit ses recherches sur la théorie des oscillations. Au début de la seconde guerre mondiale, Rocard [1941] publie un ouvrage dont le titre « Théorie des Oscillateurs » n'est pas sans rappeler celui d'Andronov et Khaikin [1937] dont la première version en russe intitulée « теория колебаний [24] » paraît en 1937. Le chapitre II du livre de Rocard qui en comporte neuf est intégralement consacré aux oscillations de relaxation. Rocard [1941, p. 31] y propose une synthèse des différents travaux effectués dans ce domaine, un résumé de l'article de Van der Pol [1926d] ainsi qu'une définition des oscillations de relaxation :

> « Pour les petites valeurs de ε, l'oscillation tend vers un régime sinusoïdal pur, de pulsation ω. Pour les grandes valeurs de ε, $\varepsilon >> 1$, l'oscillation tend vers un régime oscillant par brusques déclenchements périodiques, qui correspond assez bien au cas physique de notre figure 2 [25], et qui a lieu avec une pulsation $\omega_1 = 2\pi n = 2\pi/T$ telle que la période T soit de l'ordre de ε/ω. » [Rocard 1941, p. 38]

---

23. Il semble que ce soit la seule occurrence de cette expression dans le livre de Rocard [1937a].
24. « Théorie des oscillations » .
25. La figure 2 de Rocard [1941, p. 32] représente un dispositif analogue à celui présenté par Van der Pol [1930, p. 307] et réalisé par Le Corbeiller [1931a, p. 42].

Quelques pages plus loin Rocard établit que $T = \varepsilon/\omega = RC$ puis il écrit

> « Il n'existe pas, à notre connaissance de démonstration mathématique directe de ce résultat qui, est pourtant extrêmement important. » [Rocard 1941, p. 48]

Contrairement à ce qu'il affirme cette démonstration, basée sur l'analyse dimensionnelle, avait déjà été fournie par Van der Pol [1926d, p. 987] (voir *supra* Partie I). Rocard met l'accent sur un point sur lequel Van der Pol n'avait peut être pas suffisamment insisté, c'est-à-dire, l'origine de la terminologie. En effet, il avait fallu attendre deux ans après sa première publication pour que Van der Pol [1928a, p. 369] donne une définition précise du concept qu'il avait introduit (voir *supra*). Il est possible que le niveau de généralisation et d'abstraction qu'il envisageait pour ce nouveau type d'oscillations susceptible de décrire des phénomènes en apparence très différents (électriques, biologiques, économiques, hydrodynamique, ...) ait relégué au second plan ce « résultat qui a suggéré le nom générique d'oscillation de relaxation. » [Rocard 1941, p. 49]

Rocard reproduit ensuite les figures de l'article de Van der Pol [1926d, p. 983-986] représentant la solution périodique de l'équation (V_9) qu'il nomme cycle limite [Rocard 1941, p. 49] sans faire pour autant de référence aux travaux de Poincaré [1882] ni à ceux d'Andronov [1929a]. Il rappelle alors les principaux résultats concernant le calcul de la période et de l'amplitude des oscillations (voir *supra* Partie I) et ajoute :

> « Certains chercheurs ont voulu donner une rigueur mathématique plus grande aux déductions, démontrer l'existence de solutions, etc... Il y dans cette voie d'importants travaux de Kryloff et Bogoliuboff, également Mandelstamm et Papalexi : ils n'apportent guère de nouveautés. » [Rocard 1941, p. 49]

L'attitude, pour le moins condescendante, de Rocard à l'égard des travaux de « l'École Russe » transcrit simplement le fait qu'il n'a pas pris la mesure des résultats d'Andronov [1929a], d'Andronov et Witt [1930a], de Kryloff et Bogoliouboff [1932a, 1932b, 1932c, 1933, 1934, 1935, 1936a, 1936b, 1937] et de Mandel'shtam, Papalexi, Andronov, Chaikin et Witt [1934]. Il est néanmoins peu probable que ce soit par ignorance (voir *infra*). Rocard présente ensuite le principe de la construction de Liénard [1928] pour l'intégration graphique de l'équation (V_9) et expose d'une manière plus approfondie l'intégration des modèles linéaires par morceaux qu'il avait proposée lors de sa communication devant la Société Française des Électriciens. Il aborde alors le troisième chapitre de son ouvrage consacré aux oscillateurs dépourvus de self ou d'inertie et explique :

> « Dans la description par M. Van der Pol des oscillateurs à relaxation, nous nous trouvons toujours dans la même situation, la notion d'un amortissement positif ou négatif suivant que la variable est grande ou petite est introduit, et on en a tiré vraiment le maximum de parti pour expliquer des faits restés prudemment à peu près inétudiés jusque-là. Cependant, l'opposition dune force d'inertie (ou de self-induction) à une force élastique (ou

de capacité) subsiste toujours, et M. Van der Pol le croît si bien nécessaire que quand il nous donne une théorie du multivibrateur, montage qui comporte des lampes triodes, des capacités, des résistances, mais pas de self, il attribue aux fils de connexion une certaine self induction qui lui est nécessaire pour trouver un caractère oscillant au système. »

[Rocard 1941, p. 91]

Rocard sous-entend ainsi que la présence d'un dispositif analogue à une « résistance négative » n'est pas une condition nécessaire et suffisante à l'établissement d'un régime d'oscillations auto-entretenues et que l'interprétation de Van der Pol [1926d, p. 988] concernant le multivibrateur d'Abraham et Bloch est erronée. Il aborde ensuite d'autres sujets comme la synchronisation et la démultiplication de fréquence qui seront traités ultérieurement.

La dynamique générale des vibrations 1943

Deux ans plus tard paraît son désormais célèbre traité sur la *Dynamique générale des vibrations* [Rocard, 1943] dont la première partie : les systèmes vibrants ne comporte pas moins de seize chapitres. Néanmoins, si les chapitres XIV, XV et XVI concernent plus particulièrement le domaine des oscillations non linéaires, Rocard [1943, p. 188, p. 216 et p. 235] préfère la terminologie « autooscillations » à celle de Van der Pol et ne réserve qu'une petite place aux « oscillations de relaxation » dans son ouvrage [Rocard 1943, p. 219-227].

Le paragraphe 114 du chapitre XIV intitulé « Dualité des modes d'autooscillations » reprend *in extenso* la note de Rocard [1942] publiée aux *C.R.A.S.* l'année précédente.

> « On croît généralement que, pour faire autoosciller un circuit résonant, il est nécessaire et suffisant d'y introduire une résistance négative convenablement dosée. L'objet de la présente Note est de montrer qu'il n'en est rien si une résistance négative suffisante parvient toujours à faire naître l'autooscillation, elle n'est nullement nécessaire ; dès qu'on envisage un système à plus de un degré de liberté, on trouve un autre mécanisme capable de déclencher l'autooscillation et consistant à faire tendre l'une vers l'autre deux fréquences propres du système. » [Rocard 1942, p. 601]

Il démontre ainsi qu'un oscillateur ayant plus d'un degré de liberté (ce qui n'est pas le cas de la lampe triode mais bien celui du multivibrateur) la présence d'un composant analogue à une « résistance négative » n'est pas une condition nécessaire et suffisante à l'existence d'autooscillations. En effet dans ce cas, la ou les variables supplémentaires jouent le rôle de facteur limitant l'amplitude des oscillations et engendrant dans l'espace des phases [26] un cycle limite ou un attracteur chaotique. Au paragraphe 128 du chapitre XV, Rocard [1943, p. 220] rappelle à nouveau la méthode de Liénard [1928] pour l'intégration graphique de l'équation (V_9) puis explique :

26. De dimension supérieure ou égale à trois.

> « [...] on constate (comme autrefois H. Poincaré l'a démontré) que la courbe intégrale s'enroule un certain nombre de fois et tend vers une courbe fermée dite *cycle limite*, qui dans cette représentation correspond au régime d'oscillations permanent. »
> [Rocard 1943, p. 220]

À cette première et unique citation de Poincaré n'est associée aucune référence dans ce livre qui ne contient pas de bibliographie. L'attitude de Rocard à ce sujet est assez ambiguë. Ainsi, dans la préface de sa « Théorie des oscillateurs » il affirmait déjà :

> « Ce volume ne comporte pas de bibliographie et nous nous en excusons ; cela tient à l'époque à laquelle il a été écrit (juillet 1940). » [Rocard 1941, p. viii]

Ceci peut paraître surprenant dans la mesure où Rocard qui était devenu maître de conférences de physique à la faculté des sciences de Clermont-Ferrand en 1939 avait été nommé le 1er octobre 1939 maître de conférences en Mécanique Expérimentale des Fluides (puis en Physique) à la faculté des sciences de Paris. Il semble donc raisonnable de penser que durant la période de rédaction de son manuscrit il ait eu accès à différents ouvrages de références. D'autant qu'il écrivait dans sa notice sur ses titres et travaux scientifiques relative à la période 1940-1945 à propos de Jean Cavaillès [27] :

> « Il laissait parfois paraître une souffrance cuisante de voir ses médiations de philosophe, et même son travail technique de logique mathématique, rendus impossibles, et il m'est arrivé de lui faire l'aumône d'aller chercher à la Sorbonne, à lui interdite – sa tête était mise à prix – quelque ouvrage qui lui était un aliment aussi précieux qu'un colis à un prisonnier affamé. » [Rocard, 1962 p. 14]

De plus, dans la préface de sa « Dynamique générale des vibrations » il écrit :

> « Nous n'avons donné que très peu de références bibliographiques, principalement parce que trop souvent nous avons dû reprendre complètement des questions sur lesquelles il n'existait que des exposés bien rudimentaires, et qui n'avait pas été exploitées à fond du point de vue théorique. » [Rocard 1943, p. vi]

L'analyse de son ouvrage montre que les travaux auxquels se réfère Rocard avec beaucoup de précisions sont généralement les siens ou ceux de ses étudiants [28]. De plus, dans le domaine des oscillations non linéaires les livres de Rocard [1941, 1943] ne sont qu'une synthèse de nombreux résultats anciens obtenus par d'autres savants tels que Blondel ou Van der Pol ou par lui-même comme il le rappelle d'ailleurs dans la préface :

27. Jean Cavaillès (1903-1944) était un philosophe des mathématiques français, résistant de la première heure, il est arrêté à deux reprises. Pendant ces incarcérations entre 1942 et 1943 il rédige un traité « Sur la logique et la théorie de la science » [Cavaillès, 1947] avant d'être fusillé par les allemands le 17 février 1944.

28. Comme Jean Abelé voir par exemple Rocard [1943, p. 218].

« M. Van der Pol nous a inspiré tout le début de notre chapitre XV, qui ne fait que reproduire ses travaux. Nous avons également fait d'inévitables emprunts à notre volume *Théorie des oscillateurs*, publié aux éditions de la *Revue Scientifique* en 1941, car nous ne pouvions laisser dans l'ombre dans un ouvrage d'enseignement certaines des questions qui y sont traitées, nous pensons même en avoir amélioré sensiblement la présentation. »
[Rocard 1943, p. vii]

Le paragraphe 130 du chapitre XV intitulé « La relaxation » correspond au chapitre II *de la Théorie des Oscillateurs* de Rocard [1941, p. 31]. Il rappelle ensuite l'un des aspects fondamentaux du phénomène oscillatoire mis en évidence par Van der Pol et rappelé par Le Corbeiller [1931a, p. 21 ; 1936, p. 366] (voir *supra*), *i.e.* le passage continu d'oscillations sinusoïdales aux oscillations de relaxation :

« C'est le grand mérite de M. Van der Pol d'avoir reconnu qu'il était possible d'avoir un passage graduel du type des oscillations pendulaires au type à relaxation, par la considération d'une seule équation où un seul paramètre ε varie. » [Rocard 1943, p. 224].

L'attitude de Rocard à l'égard des travaux de Van der Pol est assez représentative de celle d'autres scientifiques français comme Le Corbeiller, Liénard, et Haag. En effet, s'ils lui reconnaissent unanimement le mérite d'avoir mis en évidence un phénomène oscillatoire d'un genre nouveau auquel il donna le nom d'oscillations de relaxation, ils considèrent en revanche qu'il doit être inclus dans le cadre d'une théorie des oscillations auto-entretenues ou des auto-oscillations qui est alors en train de se constituer. De plus, il semble que le manque de rigueur mathématique dont fit preuve Van der Pol dans les calculs de la valeur de la période et de l'amplitude des oscillations ainsi que sa volonté d'imposer les oscillations de relaxation comme un nouveau paradigme aient engendré un certain scepticisme à l'égard de ses travaux.

FIGURE 8.9 – Yves Rocard (source internet).

8.2 Aspects phénoménologiques : *la « chasse à l'effet relaxation »*

Parallèlement, les oscillations de relaxation engendrent une recherche systématique de ce phénomène dans des domaines aussi nombreux que variés. Comme le rappellent A. V. Gaponov-Grekhov et M. I. Rabinovich évoquant la « chasse à l'effet papillon [29] » qui s'est produite quelques années après la publication de l'article d'Edward Lorenz [1963] :

> « The same thing happened thirty years ago with limit cycles : after Andronov announced a « hunt » for them, they were discovered in chemistry, biology, ecology, and other often unexpected fields, and « there was no getting away from them. » »
>
> [Gaponov-Grekhov 1979, p. 600]

Ainsi, la découverte par Van der Pol [1926d] d'un nouveau type d'oscillations susceptible de caractériser un phénomène périodique pour lequel Andronov [1929a] (voir *supra*) établit que sa représentation mathématique correspond dans l'espace des phases à un *cycle limite stable* déclenche une véritable « chasse à l'effet relaxation [30] » comme en témoigne toute une série de publications en France (Bedeau [1928], Kao [1930], Fessard [1931], Hamburger [1931], Hochard [1933], Gause [1935], Kostitzin [1936, 1937], Eck [1936], Bourrières [1934], Auger [1938], Parodi [1942a, 1942b, 1942c] Parodi et Parodi [1943]) et à l'étranger (Hamburger [1931], Gause [1934], Gause *et al.* [1934, 1935, 1936], Kolmogoroff [1936], Richardson [1937], ...).

8.2.1 François Bedeau : *les oscillations de relaxation dans les C.R.A.S.*

Aussi étrange que cela puisse paraître, Balthasar Van der Pol n'a jamais publié dans les *Comptes Rendus de l'Académie des Sciences de Paris* (*C.R.A.S.*) [31]. On n'y trouve donc de références à ses travaux que par l'intermédiaire d'autres auteurs. Il semble que les premiers à faire allusion aux oscillations de relaxation soient François Bedeau et Jehan-Georges de Mare [1928] dans une note présentée le 17 juillet 1928 par Charles Fabry. Ce dernier avait été nommé en 1921 titulaire de la chaire de Physique de la Faculté des sciences de l'Université de Paris précédemment occupée par Edmond Bouty puis directeur du laboratoire d'enseignement de Physique, avec pour collaborateurs Eugène Darmois, Louis Décombe et François Bedeau.

Dans leur note intitulée « Stabilisation des oscillations de relaxation [32] », Bedeau et Mare considèrent un circuit comportant une résistance, un condensateur et une lampe au néon, ils expliquent :

29. Voir *supra*.
30. Voir *supra*.
31. Il a cependant été élu correspondant de l'Académie des sciences (division des académiciens libres et des applications de la science à l'industrie) assez tardivement : le 6 mai 1957.
32. Une coquille d'impression s'est glissée dans la publication originale qui est intitulée « Stabilisation des oscillations de relation » .

« Van der Pol a donné le nom d'oscillations de relaxation aux oscillations qui se produisent dans le circuit et il a fait remarquer dans une conférence récente que la période de telles oscillations n'était pas très constante. Nous nous sommes proposé de stabiliser de ces oscillations au moyen d'un diapason et de mesurer ensuite la fréquence du diapason. »

[Bedeau et Mare 1928, p. 209]

Il est probable que Bedeau ait été présent lors de la conférence de Van der Pol [1928a] le 24 mai 1928 dans la Salle de la Société de Géographie à Paris dans la mesure où le compte-rendu de cet exposé ne fut publié qu'en septembre 1928 et que la note de Bedeau fut présentée le 17 juillet. Il est possible également que Van der Pol lui ait transmis un tiré à part de son exposé ou que Bedeau [1928], qui publia comme Van der Pol dans la revue l'*Onde Électrique*, ait eu accès à ce document avant sa parution. L'affirmation de Bedeau et Mare concernant la période des oscillations de relaxation reproduit fidèlement la conclusion énoncée par Van der Pol [1928a] lors de cette conférence à propos de la période :

« Le fait que la fréquence de ces phénomènes périodiques n'est pas rigoureusement constante est dû à ce qu'une durée de relaxation est déterminée notamment par une résistance d'un type quelconque et c'est un fait bien connu que des circonstances extérieures peuvent modifier bien plus aisément une résistance qu'une masse ou une élasticité. »

[Van der Pol 1928a, p. 370]

Ainsi, ils sont bien au fait des récents travaux de Van der Pol sur les oscillations de relaxation et des préoccupations de leur époque, à savoir la détermination de la fréquence des ondes radio :

« On observe alors stroboscopiquement des diapasons vibrant librement avec des périodes égales à 10^{-2} et 10^{-1} seconde. On peut ainsi contrôler la fréquence du diapason entretenu électriquement. On pourra vraisemblablement, au moyen de la dernière lampe à néon s'allumant à la fréquence 1, comparer cette fréquence à celle d'une horloge connue, on pourra en déduire, ainsi qu'il a été dit dans la Note citée précédemment, les fréquences utilisées en radiotélégraphie. » [Bedeau et Mare 1928, p. 210]

Néanmoins, si le principe d'étalonnage des fréquences qu'ils emploient est assez proche de celui proposé pendant la guerre par Abraham et Bloch (voir *supra* Partie I) la méthode paraît être plus empirique et imprécise. Dans son ouvrage, Bedeau [1931, p. 237] rappelle les différentes méthodes utilisées comme celle du multivibrateur et du diapason modulateur. Au paragraphe suivant il expose le principe de « l'étalonnement de la fréquence du diapason au moyen des oscillations de « relaxation » de Van der Pol et Van der Mark » Bedeau [1931, p. 240] puis résume les résultats de sa note aux *C.R.A.S.* ainsi que ceux de Van der Pol [1926d] et de Van der Pol et Van der Mark [1928a] dont il semble visiblement s'être inspiré. Ce travail même s'il ne constitue pas véritablement une « chasse à l'effet relaxation » comme ceux qui vont être présentés par la suite représente un premier témoignage de la manière avec laquelle le concept d'oscillations de relaxation a été perçu en France aussitôt après que Van der Pol l'ait mis en évidence.

8.2.2 Panc-Tcheng Kao : *des oscillations de relaxation dans un quartz piézoélectrique*

Panc-Tcheng Kao avait été élève ingénieur de cette École, promotion 1929 [33]. Le 17 novembre 1930 c'est de nouveau Charles Fabry qui présente son unique contribution aux *C.R.A.S.* intitulée : « Oscillations de relaxation produites par un oscillateur à quartz piézoélectrique » [Panc-Tcheng Kao, 1930]. Il considère un montage comportant une triode entre la grille et le filament de laquelle est montée une lame de quartz piézoélectrique [34] ; dans son circuit de plaque se trouvent intercalés en série : un circuit antirésonant et un milliampèremètre. Il explique alors :

> « Dans certains cas, alors que l'on maintient la capacité du circuit antirésonant fixe et égale à la valeur correspondant au décrochage des oscillations du quartz, on observe une fluctuation périodique, dans le milliampèremètre, du courant de plaque. Les oscillations électriques de haute fréquence sont modulées par des battements de périodes assez variables de l'ordre d'une demi-seconde. Nous avons reconnu en ces battements des oscillations de relaxation. » [Panc-Tcheng Kao 1930, p. 933]

Il précise ainsi avoir mis en évidence des « oscillations de relaxation, de très longue période » [Panc-Tcheng Kao 1930, p. 933]. Pour le démontrer, il fait appel à l'analogie, mais au préalable il décrit un dispositif capable de produire ce genre d'oscillations :

> « Considérons le cas typique d'un oscillateur de relaxation ([35]) constitué par un tube à néon déchargeant périodiquement, en s'illuminant, un condensateur que charge continuellement une pile, à travers une forte résistance. Nous retiendrons dans cet exemple l'existence d'un organe C capable d'emmagasiner de l'énergie et d'un phénomène déclenchant le mouvement de retour à l'état initial, dès que l'énergie emmagasinée dans C atteint une certaine valeur. L'organe qui emmagasine de l'énergie est dans notre oscillateur le quartz lui-même, ce qui explique la longue période observée. »
>
> [Panc-Tcheng Kao 1930, p. 934]

Après avoir isolé le composant à *caractéristique non-linéaire*, *i.e.* l'organe susceptible de jouer le rôle du tube néon ou de la triode il fait référence aux travaux de Van der Pol [1930] et montre que le

33. Nous avons pu le vérifier grâce à l'aimable concours de Mme Anne Vidal (Documentaliste) et MM. Jean-Alain Hernandez (Directeur Scientifique) et Renaud Mounier (Service des Archives) de l'Institut Telecom ParisTech anciennement École Supérieure des Postes et Télégraphes.

34. Le quartz est un composant minéral qui présente la particularité d'osciller à une fréquence stable lorsqu'il est traversé par un courant électrique. Les propriétés piézoélectriques du quartz permettent d'obtenir des fréquences d'oscillation très précises.

35. Panc-Tcheng Kao renvoie à Van der Pol [1930]

phénomène oscillatoire observé est « analogue à la décharge disruptive d'un tube néon » [Panc-Tcheng Kao 1930, p. 934]. Cette étude qui fournit un exemple supplémentaire à la longue liste de dispositifs reconnus par Van der Pol (voir *supra*) comme étant le siège d'oscillations de relaxation (triode, machine série-dynamo, arc chantant, interrupteur Wehnelt, les battements du cœur,. . .) demeure très qualitative. Il ne précise rien concernant la forme de la *caractéristique d'oscillation* du quartz (cubique ? quintique ?) et ne propose aucune représentation mathématique du phénomène. Certes, il reconnait qu'il s'agit bien là d'oscillations de relaxation mais c'est seulement grâce à l'analogie. Il « ouvre » ainsi la « chasse à l'effet relaxation » .

8.2.3 Alfred Fessard : *des oscillations de relaxation dans les rythmes nerveux*

En 1931, le neurophysiologiste Alfred Fessard [1931] publie un long article intitulé « Les rythmes nerveux et les oscillations de relaxation » dans la revue *L'Année psychologique*. Cinq ans plus tard, Fessard [1936] soutient sa thèse de doctorat ès sciences consacrée à l'analyse des phénomènes d'autorythmicité que les fibres nerveuses peuvent manifester. [36] Trois ans à peine après que Van der Pol [1928] ait montré que les battements du cœur peuvent être représentés par des oscillations de relaxation, Fessard [1931] établit une nouvelle correspondance entre le concept introduit par Van der Pol et les oscillations observées dans le domaine de la biologie. Dans les deux premières parties de son article qui sont intitulées : activités naturelles et artificielles, il présente les fondements théoriques concernant les rythmes nerveux. Il propose ensuite des « interprétations générales » dans lesquelles il envisage des « rythmes imposés par une périodicité extérieure » , des « phénomènes circulaires » (retour d'un phénomène à son point de départ), des « phénomènes antagonistes » avant d'étudier la possibilité de les représenter par des oscillateurs harmoniques et à relaxation. Après avoir démontré « l'insuccès de la théorie harmonique à rattacher les rythmes nerveux élémentaires à une classe bien définie de phénomènes physiques » [Fessard 1931, p. 83] il se tourne vers les oscillations de relaxation et explique :

> « Il ne manque pas d'exemples de machines périodiques dont la forme d'oscillation, très éloignée de la sinusoïde (autrement dit, développable en série de Fourier très lentement convergente, ce qui ôte tout intérêt à cette représentation), présente, dans ses grands traits,

36. Une biographie de Fessard (1900-1982) publiée dans l'*Encyclopédie Universalis* par P. Buser, Y. Galifret et Y. Laporte indique qu'il avait obtenu une licence de physique en 1920 à la Faculté des Sciences de Paris (Sorbonne), et qu'il avait ensuite fréquenté le laboratoire de psychologie appliquée de l'École Pratique des Hautes Études alors dirigé par Jean-Maurice Lahy (1872-1943). Il y rencontre Henri Piéron (1881-1964), le fondateur de la psychologie expérimentale en France, qui occupait au Collège de France la chaire de physiologie des sensations qui l'accueille dans son laboratoire d'abord comme préparateur, puis, à partir de 1927, comme directeur-adjoint à l'École Pratique des Hautes Études. Fessard crée ensuite au Collège de France son propre laboratoire d'électrophysiologie grâce au soutien de la fondation Singer-Polignac. Après sa thèse, il se voit confié en 1947 par le Conseil National de la Recherche Scientifique (C.N.R.S.), la direction du Centre d'Études de Physiologie Nerveuse et d'Électrophysiologie. Il est élu en 1949 professeur au Collège de France dans la chaire de Neurophysiologie Générale qu'il occupera jusqu'à sa retraite en 1971.

des analogies frappantes avec la forme probable des processus se déroulant dans un neurone qui « pulse ŻŻ. Ces machines, sur lesquelles nous reviendrons plus loin, font partie elles-mêmes de la catégorie plus générale des systèmes auto-entretenus, dont la caractéristique principale est de pouvoir donner une forme intermittente à un débit continu d'énergie. » [Fessard 1931, p. 84]

Dans la première partie de la première phrase Fessard reprend *in extenso* une des conclusions de Le Corbeiller auquel il fait référence :

> « *Cas de* ε *très grand*[37].– Ici la courbe a visiblement un très grand nombre d'harmoniques ; en langage mathématique, la série de Fourier correspondante converge très lentement. Il est donc absolument illusoire de calculer plus ou moins péniblement les un, deux ou trois premiers termes de la série. » [Le Corbeiller 1931a, p. 22]

Ce point essentiel des oscillations de relaxation n'a apparemment pas échappé à ce physicien de formation. Dans la seconde partie, c'est le neurophysiologiste qui parle en faisant de nouveau appel à l'analogie qui existe entre la forme des oscillations de relaxation (voir *supra*) et les oscillogrammes représentant un potentiel d'action[38]. Il emploie l'expression « pulse » qui paraît avoir été introduite par Henri Bouasse [1926, p. 327] et qui a aujourd'hui été remplacée par « burst » ou « spikes » . Dans la dernière phrase Fessard rejoint le point de vue de Le Corbeiller [1931a, p. 45] concernant les oscillations de relaxation qu'il situe dans le cadre plus général des systèmes auto-entretenus. Il précise ensuite :

> « Pour resserrer l'analogie, il faut s'adresser à un type spécial de systèmes auto-entretenus, en le choisissant d'abord parmi les cas simples (nos moteurs usuels sont souvent des combinaisons compliquées de machines appartenant à plusieurs catégories), et en particulier parmi ceux qui présentent certaines oscillations, auxquelles on a récemment donné le nom d'oscillations de relaxation. » [Fessard 1931, p. 84]

Fessard cherche à particulariser le phénomène d'oscillations de relaxation et à l'inclure dans une théorie plus générale comme le fera ensuite Le Corbeiller [1933b, p. 328] (voir *supra*). Il reproduit alors avec beaucoup de pédagogie l'exemple métaphorique caractérisant le concept d'oscillations de relaxation : le vase de tantale exposé par Le Corbeiller [1931a, p. 6] (voir *supra*) et décrit les deux phases de remplissage et de vidange de ce dispositif puis il ajoute :

> « Ce sont les deux processus antagonistes, l'existence de l'un favorisant la production de l'autre : seulement, le passage, au lieu de se faire de façon continue comme dans les oscillations pendulaires ou élastiques, se produit ici très brusquement. Le système fonctionne par « à-coups » . » [Fessard 1931, p. 85]

37. Ce qui correspond au cas des oscillations de relaxation. Le cas ε est celui des oscillations sinusoïdales.

38. Le potentiel d'action est une brusque modification du potentiel de repos. C'est un phénomène électrique qui naît suite à la stimulation électrique d'une cellule nerveuse

Par cet exemple Fessard montre qu'il a parfaitement intégré le concept d'oscillations de relaxation possédant une phase lente et une phase rapide et qui est par conséquent susceptible de caractériser les « pulses » que présente un potentiel d'action. Le concept d'oscillations auto-entretenues n'est en revanche pas abordé ici : c'est l'aspect phénoménologique lent-rapide qui intéresse Fessardv et non le point de vue mathématique lié à la modélisation qu'il envisage cependant un peu plus loin (voir *infra*). Il décrit ensuite les oscillations d'une lampe au néon également présentée par Le Corbeiller [1931a, p. 8] et établit alors un parallèle avec les rythmes nerveux :

> « Du côté nerveux, que voyons-nous ? On sait qu'au moment où la décharge se produit, le nerf entre dans une phase d'inexcitabilité totale, dite période réfractaire absolue, suivie d'une phase de retour lent à l'excitabilité normale, ou période réfractaire relative : c'est la phase de réparation, qu'on peut faire correspondre à une sorte de « remplissage » (ou de « charge »). À un certain moment qui coïncide avec la naissance du potentiel d'action, il se produit quelque chose d'analogue à un « vidage » (ou « décharge ») qui oblige à un nouveau remplissage, et ainsi de suite. Adrian, dès qu'il eut découvert les premiers rythmes nerveux de la fibre isolée ([39]), pensa à les lier à l'existence de la période réfractaire (absolue et relative), et proposa sur cette base une explication ingénieuse de la dépendance entre la fréquence et l'intensité de la stimulation. Il y a là une conception de départ qui paraît solide, et qu'il s'agit seulement d'approfondir en envisageant, pour l'application aux différents cas (récepteurs, centres, effecteurs ou nerfs), les variantes nécessaires. Nous pensons que le rattachement de ces phénomènes nerveux à la classe générale des oscillations de relaxation ne peut qu'enrichir l'hypothèse primitive et orienter les recherches destinées à en vérifier la justesse. » [Fessard 1931, p. 86-87]

C'est toujours et encore l'analogie qui conduit Fessard à rattacher le phénomène oscillatoire observé dans les rythmes nerveux au concept d'oscillations de relaxation. De nouveau c'est une étude qualitative qui se veut avant tout descriptive mais se défend de toute tentative de modélisation.

> « Le terme d'*oscillation de relaxation* est relativement récent, et peu connu. On pensera peut-être qu'une étiquette nouvelle, jointe à la présentation de quelques modèles grossiers – qui ne sont pas sans doute les premiers du genre à être proposés – ne constitue pas un bien gros progrès. En l'absence d'une théorie générale précise, en effet, les étiquettes risquent d'être arbitraires, et les modèles[1] ne sont d'aucun secours – ils peuvent même nous donner des idées fausses – car la connaissance du mécanisme de l'un d'eux ne renseigne aucunement sur le mécanisme d'un autre [. . .]. Or, jusqu'à ces dernières années, les systèmes auto-entretenus avaient bien reçu isolément, de la part des physiciens,

39. Fessard renvoie à Adrian [1930]. Edgar Douglas Adrian (1889-1977) physiologiste britannique qui obtiendra le prix Nobel de Médecine en 1932.

l'attention qu'ils méritaient, mais leur théorie générale restait à faire, bien que le problème ait été posé depuis longtemps sous une forme mathématique (Lord Rayleigh [40]). En 1926, dans le moment même où Adrian découvrait les rythmes nerveux élémentaires, un physicien hollandais, B. van der Pol [41], proposait sa théorie générale des *oscillations de relaxation*, et leur donnait un nom. Depuis lors, d'autres savants se sont attaqués à la question, qui présente encore bien des difficultés à résoudre. Mais un grand pas en avant a été fait, puisque des phénomènes considérés jusqu'a présent comme disparates ont pu être groupés dans une même famille naturelle et que, par conséquent, l'étude d'un système particulier profitera désormais pour une part – celle qu'ils ont en commun – à la connaissance de tout autre. Dire maintenant que les rythmes nerveux élémentaires sont conditionnés par une oscillation de relaxation ne constitue pas, croyons-nous, une affirmation bien audacieuse. Si ce n'est pas a proprement parler une explication, c'est du moins une classification naturelle, – sur laquelle il ne semble pas qu'on puisse réellement chicaner – avec une étiquette encore neuve, qui correspond à une théorie pleine d'avenir.

---

1. Notons d'ailleurs que nous n'avons pas eu l'intention ici de construire un « modèle » nerveux, mais seulement de donner une idée concrète, avec des exemples extrêmement simples, de ce qu'est un système à relaxation. Un véritable modèle des systèmes que nous étudions devrait rappeler davantage les caractéristiques du nerf. » [Fessard 1931, p. 87-88]

Fessard décrit la valeur du concept d'oscillations de relaxation et l'apport des travaux de Van der Pol. Mais il écarte l'hypothèse d'un « effet de mode » ou plutôt d'un « effet relaxation » pourtant déjà bien présent en expliquant que le mérite de Van der Pol qui consiste d'une part à avoir mis en évidence ce nouveau type d'oscillations et, d'autre part à lui avoir donné un nom ne serait qu'une étiquette nouvelle vide de sens si elle n'était pas sous-tendue par une théorie naissante. Il rappelle ensuite la priorité des travaux de Rayleigh [1883] sur ceux de Van der Pol [1926d] suivant en cela Le Corbeiller [1931a, p. 22] (voir Appendice A.1). Enfin, il explique précisément ce qui donne au phénomène d'oscillations de relaxation sa valeur de concept, c'est-à-dire sa capacité à décrire des phénomènes en apparence très différents mais qui sont désormais regroupés dans un même type d'oscillations. En s'appuyant alors sur l'analogie il affirme que les rythmes nerveux peuvent être décrits en termes d'oscillations de relaxation puis il conclut en paraphrasant les propos de Le Corbeiller [1931a, p. 45] (voir *supra*). Dans les paragraphes qui suivent Fessard analyse les travaux de Van der Pol et Van der Mark [1928a] sur les battements du cœur et explique que « si la théorie est applicable avec succès dans le cas complexe du cœur, il est tout indiqué d'y avoir recours en ce qui concerne les rythmes nerveux élémentaires. » [Fessard 1931, p. 90]. Ainsi, Fessard fournit d'une part un nouvel exemple

40. Fessard renvoie à Rayleigh [1883].
41. Fessard renvoie à Van der Pol [1926d, 1930].

neurobiologique d'oscillations de relaxation qui vient s'ajouter à la liste déjà exhaustive de Van der Pol et, d'autre part une analyse des résultats de Van der Pol, certes empreinte de celle de Le Corbeiller [1931a] mais avec le regard extérieur d'un neurophysiologiste. Il donne de plus, une définition claire du concept d'oscillations de relaxation et confère aux travaux de Van der Pol toute leur dimension.

FIGURE 8.10 – Alfred Fessard et Denise Albe-Fessard (source internet).

8.2.4 Étienne Hochard : *des oscillations de relaxation dans les cellules photo-électriques*

Le 27 mars 1933 Paul Villard présente une note d'Étienne Hochard[42] [1933] au titre évocateur : « Sur les oscillations entretenues » . Hochard considère un circuit comprenant une cellule photoélectrique montée en série avec une batterie de tension, une grande résistance R et un condensateur C. Il constate alors que lorsqu'on éclaire la cellule l'établissement du régime permanent n'est pas instantané. Il ajoute que si l'on oriente le flux lumineux convenablement :

> « [...] on peut produire une série de charges et décharges du condensateur et entretenir des oscillations. » [Hochard 1933, p. 905]

42. Il n'a pas été possible de trouver d'éléments biographiques concernant Étienne Hochard. Signalons néanmoins qu'il a participé en 1932 aux côtés de Bernard Champion à la traduction de l'ouvrage de Werner Heisenberg *Les Principes physiques de la théorie des quanta* et qu'il a soutenu en 1935 une thèse à la Faculté des Sciences de Paris pour obtenir le grade de docteur ès sciences physiques, intitulée « Mesure de petits courants thermoélectriques application à l'étude d'un faisceau de rayons infrarouges polarisé elliptiquement » .

Pour ce faire il place dans le circuit un galvanomètre à spot lumineux [43] dont il fait agir le spot sur la cellule photoélectrique. Il vérifie ainsi que la période du phénomène est fonction de C et de R et explique :

> « En enregistrant les déviations du galvanomètre on obtient des courbes de formes très variées ; on peut reproduire en particulier les différents types de courbes décrits par Van der Pol ([44]). On passe de la forme quasi-sinusoïdale à la forme caractéristique des oscillations de relaxation en augmentant l'éclairement du spot. » [Hochard 1933, p. 905]

Il fait lui aussi appel à une analogie entre les courbes qu'il obtient et les oscillogrammes produits par Van der Pol [1930, p. 303] (voir *supra*) pour montrer que la cellule photoélectrique est le siège d'oscillations de relaxation.

8.2.5 Jean-Louis Eck : *des oscillations de relaxation dans les triodes à gaz*

En 1936, Jean-Louis Eck publie dans le Journal de Physique et du Radium un article ayant pour titre « Oscillations de relaxation à période stable obtenues avec une triode à gaz ». Il est alors rattaché au Laboratoire d'Armand Gramont à Levallois-Perret [45]. Dans cet article, Eck démontre que

> « Les lampes triodes à décharge gazeuse permettent de produire des oscillations de relaxation dont l'amplitude dépend de la tension négative appliquée sur la grille. »
> [Eck 1936, p. 227]

Il réalise le même montage que Blondel [1919b] ou Van der Pol [1920] (voir *supra* Partie I) mais emploie un thyratron [46] (voir Fig. 8.11) au lieu d'une lampe triode.

Il trace la *caractéristique d'oscillation* du thyratron (voir Fig. 8.12) Il est intéressant de comparer la Fig. 8.12 représentant la *caractéristique d'oscillation* d'un thyratron avec la *caractéristique dynamique* de l'arc (voir *supra* Partie I, Fig. 1.9). On constate qu'il s'agit de l'observation du même phénomène. Il explique alors que le thyratron fonctionne entre les tensions E_0 et V comme l'indique la Fig. 8.13 :

43. Il s'agit d'un ampèremètre à cadre mobile dont l'aiguille a été remplacée par un miroir qui en réfléchissant un faisceau indique la valeur de l'intensité du courant électrique.

44. Hochard renvoie à Van der Pol [1930].

45. En ce qui concerne son état civil on trouve les dates suivantes pour Jean-Louis Eck (1908-1984) mais il est possible que ce soit un homonyme.En revanche, il semble établi qu'il ait présenté en 1929 un mémoire intitulé « Étude expérimentale de l'effet Peltier et de l'effet Thomson » à la Faculté des Sciences de l'Université de Paris pour l'obtention du Diplôme d'Études Supérieures Sciences Physiques. En 1944, il soutient sa thèse de doctorat à la Faculté des Sciences de Montpellier [Eck, 1947].

46. Il s'agit d'une chambre à décharge remplie de gaz contenant un filament à la cathode, une plaque à l'anode, et une ou plusieurs grilles. Un gaz inerte ou de la vapeur métallique remplit la chambre de décharge. Dans le cas du RCA 885 c'est du Xénon. La grille ne contrôle que le départ du courant et fournit ainsi un effet déclencheur.

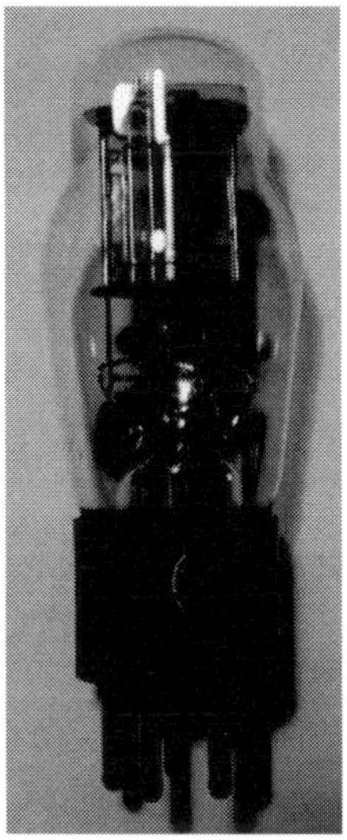

FIGURE 8.11 – Thyratron RCA 885 utilisé par Eck [1936] (source internet).

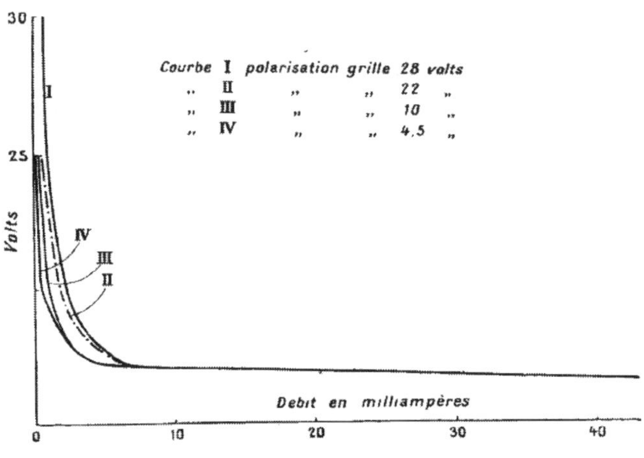

FIGURE 8.12 – Caractéristique du thyratron RCA 885, d'après Eck [1936, p. 227].

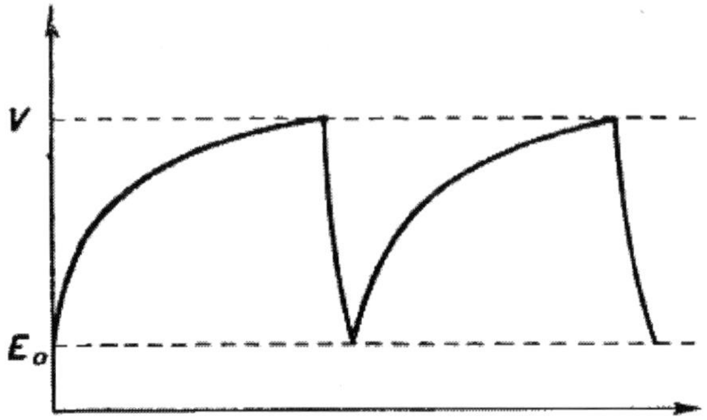

FIGURE 8.13 – Charge et décharge du condensateur, d'après Eck [1936, p. 228].

Il en déduit que le temps t s'exprime par la relation :

$$t = RC\ Log \frac{E - E_0}{E - V}.$$

Il procède ensuite à différents calculs pour rendre cette période indépendante de la tension et parvient à l'expression suivante :

$$t = RC\ Log\,(1 + k)$$

où k représente un facteur d'amplification. Puis, il démontre que l'amplitude des oscillations augmente linéairement avec la tension appliquée. Ceci le conduit à la conclusion suivante :

> « Ainsi, on obtient un système d'oscillations de relaxation à période fixe et à amplitude variable. [...] En résumé les triodes à décharge gazeuse permettent, entre autres usages, de produire des oscillations de relaxation particulièrement stables. » [Eck 1936, p. 229]

Contrairement à ses prédécesseurs, le travail de Eck est essentiellement expérimental.Il parvient néanmoins à « démontrer » sans faire appel à l'analogie et sans faire référence à Van der Pol (ni à qui que ce soit d'ailleurs) que le thyratron est le siège d'oscillations de relaxation.

8.2.6 François-Joseph Bourrières : *des oscillations de relaxation dans les tuyaux d'arrosages*

En 1932, François-Joseph Bourrières[47] publie une première note aux $C.R.A.S.$ intitulée : « Sur les oscillations libres des extrémités de tubes élastiques parcourus par un courant uniforme de fluide »

47. Une biographie de François-Joseph Bourrières (1880-1970) se trouve dans l'ouvrage de Mutabazi et al. [2005, p. 30]. On y apprend qu'il fut tout d'abord étudiant à Bordeaux avec Henri Bénard (1874-1939) et Pierre Duhem (1861-

[Bourrières, 1932]. Il envisage de démontrer l'existence d'auto-oscillations dans un tuyau d'arrosage soumis à un fort courant d'eau. Pour étudier expérimentalement le phénomène il attache une lampe de poche à l'extrémité libre du tuyau d'arrosage et prend des photos du mouvement de sa trajectoire. Dans cette première étude plus qualitative que quantitative il décrit le phénomène observé et affirme qu'il est soumis à des lois qu'il entend préciser :

> « Les mouvements des extrémités de tubes où circule un fluide (air ou eau) sont soumis, à des lois précises et simples. » [Bourrières 1932, p. 50]

Il indique ensuite les raisons qui l'ont poussé à entreprendre cette étude pour le moins étonnante.

> « Le phénomène est périodique quand il se produit dans des conditions fixes. Il a paru intéressant de l'étudier, car il est de ceux où une excitation continue donne naissance à une oscillation. Comme il peut se produire à grande échelle et avec des vitesses modérées, il y avait lieu d'espérer qu'il serait plus facile d'en analyser l'entretien que pour d'autres cas de périodicité à excitation continue (tourbillons de Bénard-Karman, battement des anches, etc.). » [Bourrières 1932, p. 50]

Ainsi, il apparaît que ses travaux vont s'inscrire dans un ensemble d'études menées dans le domaine de l'hydrodynamique (voir Camichel [1927], Camichel *et al.* [1928] et plus tard Camichel *et al.* [1935], Rocard [1937b], Teissié *et al.* [1937], Teissié *et al.* [1938] puis Castagnetto [1939]) et aussi dans celui de l'acoustique (voir Carrière [1924], Foch [1935], Auger [1937-1945], . . .). Il expose alors les trois lois (résumées ci-dessous) qui sont à l'origine de ces oscillations. Au préalable il a pris soin de préciser que l'étude du mouvement s'est effectuée dans le plan.

> **I. La loi des amplitudes** : une longueur minimum de tuyau est nécessaire pour que les oscillations soient « amorcées ».

> **II. La loi des périodes** : la durée des oscillations dépend de la longueur du tuyau et de la pression.

> **III. Loi d'entretien du mouvement** : l'entretien s'explique par la dissymétrie entre les positions initiales du tuyau et celle qu'il occupe après son passage par l'horizontale (voir Fig. 8.14).

On remarque sur cette chronophotographie que la position initiale du tuyau (1re photo à gauche) ne présente pas une valeur symétrique par rapport à l'horizontale (trait rouge sur la Fig. 8.14) à l'amplitude maximum observée sur la 4e photo.

1916) avant de travailler dans le laboratoire de Bénard à l'Institut de Mécanique des Fluides à Issy-les-Moulineaux. C'est M. Emmanuel Delangre, Professeur au Laboratoire de Mécanique des Fluides de l'École Polytechnique, qui a porté les travaux de M. F. J. Bourrières à ma connaissance. Ce paragraphe lui est dédié.

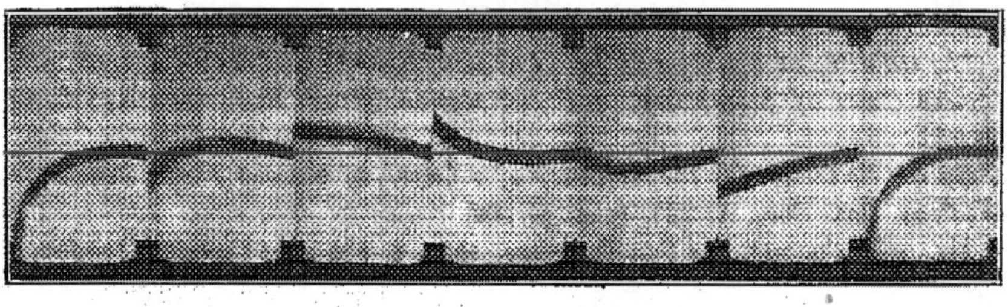

N. B. — Le film ci-dessus montre une période d'oscillation. On y remarque deux positions rectilignes du tube différemment placées, une pour l'aller, l'autre pour le retour. On remarquera sur le film les 7 événements principaux d'une période en allant de gauche à droite : maximum d'élongation en bas, proéminence vers le haut, position rectiligne en haut, maximum d'élongation en haut, proéminence vers le bas, position rectiligne en bas, maximum d'élongation en bas. Le tube est encastré à droite. On n'en voit sur la figure que les deux tiers à partir de l'encastrement.

FIGURE 8.14 – Chronophotographie des oscillations d'un tuyau d'arrosage, d'après Bourrières [1932, p. 51].

D'après les *Annales de l'Université de Paris* [1934, p. 432], Bourrières achève en 1934 la rédaction sa thèse soutenu à la Faculté des Science de l'Université de Paris et intitulée : « Sur un phénomène d'oscillation auto-entretenue en mécanique des fluides » qui ne sera publiée que cinq ans plus tard avec le concours du Ministère de l'Air [Bourières 1939].

Durant l'année 1937, il soumet deux nouvelles notes à l'Académie des Sciences qui sont présentées comme la précédente par Marcel Brillouin. Dans la première, « Sur les oscillations auto-entretenues des extrémités de tubes élastiques déversant un courant continu de fluides et celles d'anches libres encastrées » , présentée le 28 février 1937, il passe de la phénoménologie à l'analyse mathématique. En assimilant le jet liquide à un « fil infiniment souple » il parvient à établir l'équation aux dérivées partielles du mouvement. Puis, il déduit une expression de la période des oscillations qu'il confronte à l'observation stroboscopique du phénomène. La seconde présentée le 5 mai 1937 : « Sur les auto-oscillations de jets réels en milieu identique par autoplissements » relate une nouvelle étude expérimentale ayant pour but de mettre en évidence les auto-oscillations de jets fluides en fonction de l'ajutage[48] adapté à l'embouchure du tuyau. Bourrières emploie les terminologies d'Andronov [1928, 1929a] (voir *supra*). Il passe avec facilité des oscillations auto-entretenues aux auto-oscillations en l'espace de quelques mois. Bourrières s'est intéressé de près au concept d'Andronov mettant ainsi en évidence de nouveaux exemples d'auto-oscillateurs sans pour autant avoir montré ou démontré l'existence d'un cycle limite dans l'espace des phases correspondant à la représentation mathématique du phénomène. Dans l'ouvrage qu'il publie en 1939 il réalise une véritable synthèse de son mémoire de thèse et des deux notes publiées aux *C.R.A.S.* Il y effectue de longs développements mathématiques à partir des équations aux dérivées partielles de la Mécanique des Fluides afin d'établir les

48. Tuyau qu'on adapte à l'orifice d'écoulement d'un fluide sous pression pour modifier le débit ou la forme du jet.

équations du mouvement dans les cas considérés. Néanmoins, conservant toute sa lucidité concernant l'interprétation du phénomène il écrit en note de bas de page :

> « Il faut avoir le courage de reconnaître que pour intéressante que soit la détermination de la période critique d'auto-oscillation par des considérations de *moyenne* énergétique, elle n'analysera pas ce qui se passe durant la période même du phénomène.
>
> Étudier ce qui se passe à l'intérieur même de cette période, serait peut-être aussi difficile d'auto-perturbation en astronomie ou en électricité. Il y aurait à envisager peut-être des questions de cycles et de stabilité. Ceci rapprocherait alors la question du phénomène de *relaxation* (Voir bibliographie).
>
> Le problème serait d'ailleurs plus difficile, car il s'agirait de stabilité ou d'instabilité, non plus autour de position d'équilibre statique, mais autour de trajectoires en *équilibre dynamique*. » [Bourrières 1939, p. 44]

L'analogie qu'il propose avec l'astronomie ou l'électricité n'est pas le fruit du hasard comme le confirme la bibliographie qui renvoie aux travaux de Le Corbeiller [1931a], Andronov [1929a], Van der Pol [1926d] et Liénard [1928]. La « stabilité autour de trajectoires dynamiques » dont parle Bourrières n'est autre que la stabilité des cycles limites (voir *supra* Partie I). Sa phrase résume le demi-siècle écoulé durant lequel les savants sont passés de l'étude de la « stabilité linéaire » à celle de la « stabilité à la Liapounow » .

Revenant à son étude expérimentale qui consiste à fixer une lampe de poche à l'extrémité libre d'un tuyau d'arrosage il observe que le mouvement de sa trajectoire décrit une courbe en forme de huit et explique :

> « Plus tard, nous nous sommes demandés si le *huit* décrit, au deuxième ordre d'approximation, par l'extrémité du tube, *était partie essentielle du mécanisme d'auto-entretien* et s'il ne fallait pas expliquer celui-ci par le fait d'une fonction non uniforme de mouvement, dû à des phénomènes d'instabilités statiques ou dynamiques, comme dans les phénomènes généraux si intéressant d'*auto-relaxation* ([49]). » [Bourrières 1939, p. 60]

Dans cet extrait, il s'interroge sur la nature intime du phénomène auto-entretenu qui pourrait également être le siège d'oscillations de relaxation, ce qui se traduirait par le fait que l'extrémité du tuyau décrive effectivement un huit mais présentant des parties lentes et des parties rapides. Cette idée lui suggère un néologisme *auto-relaxation* qui aurait d'ailleurs pu être utilisé pour décrire un système auto-entretenu, siège d'oscillations de relaxation. Les nombreux exemples proposés par van der Pol auraient pu être qualifiés ainsi : la triode, la machine série-dynamo, l'arc chantant, ...

Aux pages 79 et 80 de son mémoire sont présentées les planches V (reproduites ci-dessous). On y observe la trajectoire de l'extrémité du tuyau décrivant un huit. Notons que la trajectoire ne peut

49. Bourrières renvoie à Le Corbeiller [1931a].

dans l'espace des phases s'intersecter elle-même [50]. De plus, il apparaît que la trajectoire observée par Bourrières présente toutes les caractéristiques d'un *cycle limite*.

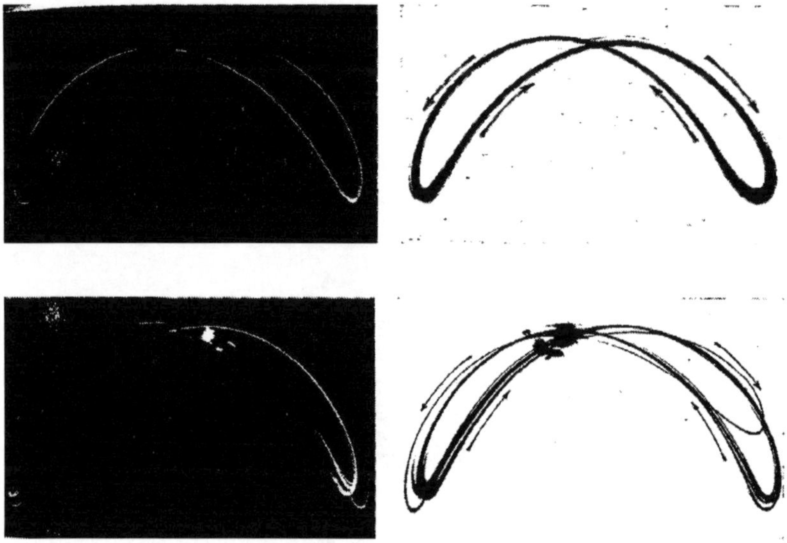

FIGURE 8.15 – Auto-oscillations d'un tuyau d'arrosage, d'après Bourrières [1939, p. 79].

Bourrières a réalisé ces clichés en utilisant un appareil photo dont l'obturateur est ouvert. Ce qui lui a permis de mettre en évidence de manière expérimentale se qui s'apparente à des « cycles limites » caractérisant les oscillations auto-entretenues d'un tuyau d'arrosage. Contrairement à ses prédécesseurs il fournit ainsi un exemple supplémentaire d'auto-oscillateur potentiellement susceptible de produire des oscillations de relaxation. Ce qui laisse supposer qu'il a réellement observé des « cycles limites » et non des oscillations sinusoïdales qui produiraient des trajectoires elliptiques voisines de celles en forme de huit qu'il a pu photographier c'est que quelles que soient les conditions initiales l'amplitude de la trajectoire est toujours la même. Ceci est d'ailleurs confirmé par Henri Bénard dans la préface de l'ouvrage de Bourrières :

> « Mais nous n'avons pas cherché la forme non périodique que pourrait avoir le mouvement à partir de conditions initiales quelconques (on y arriverait probablement en se laissant guider par une analogie avec la solution donnée par H. RESAL pour les verges) ; ni la raison qui, en cas d'auto-oscillation, fait tendre plus ou moins rapidement le système vers un *cycle-limite* toujours le même, quelles que soient les conditions initiales. »
>
> [Bourrières, 1939]

50. Du point de vue de la théorie des systèmes dynamiques cela signifierait que pour une même condition initiale une trajectoire peut avoir deux futurs différents. Voir Bergé [1988, p. 120].

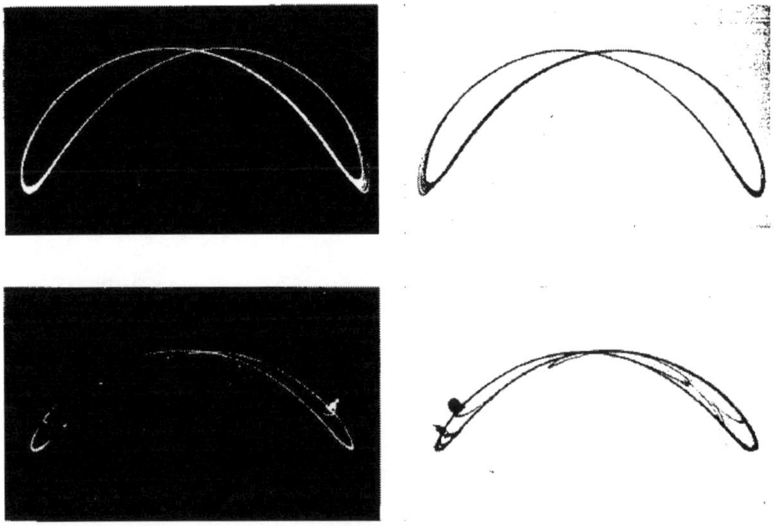

FIGURE 8.16 – Auto-oscillations d'un tuyau d'arrosage, d'après Bourrières [1939, p. 79].

Bénard rappelle de plus dans cette préface que ce problème n'est pas nouveau :

> « L'auto-oscillation de tubes de caoutchouc, déversant un courant continu de fluide, avait été remarquée dès 1885 par mon maître Marcel BRILLOUIN, qui en avait noté les particularités dans des notes de laboratoires restées inédites. » [Bourrières, 1939]

8.2.7 Léon Auger : *des oscillations de relaxation dans les tuyaux sonores*

En 1943, Louis Auger soutient une thèse à la Faculté des Science de l'Université de Paris intitulé « Oscillations auto-entretenues dans les tuyaux sonores à anches battantes » qui sera publiée en 1945 chez Gauthier-Villars sous l'égide du ministère de l'air [51]. Si les deux premières notes d'Auger [1932, 1937] aux *C.R.A.S.* présentent un caractère très expérimental la troisième intitulée : « Sur l'accord des tuyaux sonores à anche battante considéré comme phénomène de relaxation » [Auger, 1938] va lui permettre de fournir un exemple de plus d'oscillations de relaxation. Pour réaliser son étude Auger adapte une anche [52] à un tuyau relié à un résonateur. Il fait alors varier la longueur de l'anche et

51. On trouve un certain nombre d'éléments biographiques concernant Léon Auger (1886-1964) dans la nécrologie réalisée par Rochot [1965]. Ancien élève de l'École Normale d'Auteuil, il avait enseigné la Physique à Saint-Maur, puis aux Écoles Arago, Turgot et Lavoisier avant de se tourner vers des recherches dans le domaine de l'acoustique. Il publie durant les années trente aux *C.R.A.S.* une série de notes présentées par Henri Villat sur ce sujet [Auger, 1932, 1937, 1938, 1939]. Après avoir soutenu sa thèse, Auger s'oriente vers des études de lettres et présentera sur les conseils de Gaston Bachelard (1884-1962) une thèse sur Roberval. Il consacre ensuite ses recherches à l'Histoire des Sciences.

52. Lamelle de roseau ou de métal placée sur divers instruments à vent et qui, mise en vibration par le passage de l'air, produit le son.

mesure la fréquence du son émis. Il représente ensuite sur un diagramme la fréquence en fonction de la longueur de l'anche duquel il déduit :

> « En somme, l'oscillation auto-entretenue de l'anche s'ajuste suivant AB sur la période propre du résonateur fermé au petit bout. Le caractère relaxatif du phénomène se trouve ainsi confirmé ([53]). » [Auger 1938, p. 218]

L'année suivante il reprend son étude et publie une quatrième note intitulée « Sur la stabilité des sons émis par un tuyau à anche soumis à une pression constante » [Auger, 1939]. Si le titre est moins explicite que celui de sa précédente note sa démonstration est plus convaincante. Auger présente le graphique reproduit ci-dessous (Fig. 8.17)

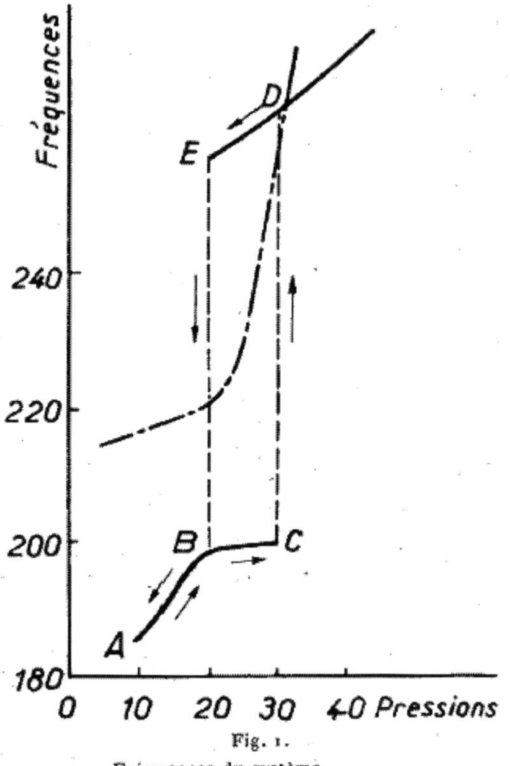

FIGURE 8.17 – Cycle d'hystérésis d'un tuyau sonore à anche battante, d'après Auger [1939, p. 509].

53. Auger renvoie à chapitre VI de l'ouvrage de Foch [1935, p. 55] consacré aux oscillations de relaxation.

Auger explique que lorsque la pression augmente à partir de zéro, le point figuratif de la fréquence décrit l'arc ABC. Puis à la fréquence de 30 le point figuratif « saute » de C en D. Si la pression diminue le point suit la courbe DE et « tombe brusquement » en B lorsque la fréquence atteint la valeur 19. Le phénomène de « sauts brusques » décrit par Auger caractérise précisément le concept d'oscillations de relaxation de Van der Pol avec sa phase lente et sa phase rapide. Il poursuit son étude expérimentale dans sa thèse [54] par une analyse plus approfondie de ce système auto-entretenu [Auger, 1945] et aboutit, bien qu'il n'en prenne pas conscience, à la mise en évidence d'un nouvel exemple de dispositif étant le siège d'oscillations de relaxation.

8.2.8 Hippolyte Parodi : *des oscillations de relaxation dans la marche des trains*

Durant la seconde Guerre Mondiale, l'ingénieur Hippolyte Parodi va publier plusieurs notes aux *C.R.A.S.* dont une avec son fils aîné Maurice Parodi (1907-1992) sur la marche des trains et les oscillations de relaxation [55].

L'Analyse phénoménologique

La première contribution aux *C.R.A.S.* de Parodi [1942], présentée le 20 juillet 1942 par Albert Caquot (1881-1976), a pour but de rattacher la représentation du mouvement des trains au phénomène de relaxation. Il commence par écrire l'équation de la traction qui n'est que la traduction mathématique du principe fondamental de la dynamique ou seconde loi de Newton :

54. Soutenue le 17 juin 1943 devant MM. Bruhat (Président), Foch et Rocard (Examinateurs).

55. Il existe de nombreuses biographies d'Hippolyte Parodi (1874-1968) comme par exemple celle de Darrieus [1968], Peychès [1970] ou de Merger [1997]. Il est le second fils de Dominique Alexandre Parodi (1840-1901), homme de lettres et écrivain installé à Paris. Après de brillantes études au lycée Condorcet Hippolyte prépare, en suivant l'exemple de son frère, le concours d'entrée à l'École Normale Supérieure et à l'École Polytechnique. Reçu aux deux concours il opte pour Polytechnique qu'il intègre en 1893. C'est au cours de ces années qu'il rencontre Paul Langevin (1872-1946). Licencié ès Science en 1900 il entame sa carrière au Service Traction de la Compagnie Française Thomson Houston (C.F.T.H.) ce qui lui permet de compléter sa formation et d'élargir sa compétence au problème des réseaux électriques. Il participe ensuite à l'électrification de la ligne de chemin de fer Paris-Invalides-Les Moulineaux-Versailles Rive gauche puis de la ligne Paris-Juvisy. Il met ainsi au point une méthode d'intégration graphique par arcs successifs des équations différentielles de la marche des trains. Parodi s'engage dans le premier conflit mondial et retrouve son uniforme d'artilleur comme simple lieutenant après avoir renoncé au grade de commandant que lui conférait sa situation dans les chemins de fer. Il élabore des abaques de tir et devient au début de l'année 1917 directeur de la section Balistique et des tables de tir. Après la guerre il réalise alors une première mondiale : l'électrification d'un réseau à grand trafic. Dans le même temps, il établit un projet d'électrification des chemins de fer français. Il deviendra professeur à l'École nationale des Télécommunications (1927), au Conservatoire National des Arts et Métiers (1933), à l'École Nationale de l'Aéronautique, puis à l'École Supérieure d'Électricité. En 1944, il est appelé à siéger au sein de la Commission de Mécanique du C.N.R.S. Après la seconde Guerre Mondiale, il devient membre de l'Académie des Sciences en 1949. Il est honoré par de nombreuses distinctions : prix Ancel (1929), prix Montyon de Mécanique de l'Institut de France (1930) puis Chevallier (1946) de la Société des Ingénieurs Civils qu'il préside par la suite. Il publie de nombreux articles sur la traction électrique dans différentes revues comme la Lumière Électrique, la Revue Générale de l'Électricité, le Bulletin de la Société Française des Électriciens, la Revue Générale des Chemins de Fer, ... mais aussi des notes aux C.R.A.S. sur l'intégration graphique et sur les équations de la marche des trains [Parodi, 1931, 1942a, 1942b, 1942c ; Parodi *et al.*, 1942, 1943].

FIGURE 8.18 – Hippolyte Parodi (source : Archives des Chemins de Fer).

$$m\frac{d^2s}{dt^2} = \varphi_1(v) - \varphi_2(v) - \varphi_3(s) \tag{Pa$_1$}$$

où $\varphi_1(v)$ représente l'effort moteur, $\varphi_2(v)$ la résistance à l'avancement et $\varphi_3(s)$ les efforts positifs ou négatifs dus aux rampes, courbes ou pentes. Il rappelle alors qu'« en vue de sa résolution graphique » il a mis quarante ans auparavant Parodi [1909] l'équation (Pa_1) sous la forme :

$$v\frac{dv}{ds} = \gamma_1(v, s) + \gamma_2(s) \tag{Pa$_2$}$$

Puis, il explique que l'équation des oscillations de relaxation, *i.e.* n'est qu'un cas particulier de l'équation (Pa_2).

> « Les équations de relaxation ne sont qu'un cas particulier des équations de la traction électrique dans lequel $\gamma_1(v, s)$ serait mis sous la forme $v\,f(s)$ et $\gamma_2(s)$ sous la forme ks. » [Parodi 1942a, p. 170]

Pour le démontrer il suffit de reprendre l'équation (V_9) de Van der Pol (voir *supra* Partie I) et de poser en suivant Van der Pol [1926d, p. 982] : $\dot{v} = z$. On obtient ainsi une équation différentielle du premier ordre que Van der Pol [1926d, p. 982] avait qualifiée de « super-Riccatti » :

$$\frac{dz}{dv} - \varepsilon(1 - v^2) + \frac{v}{z} = 0 \tag{V$_{17}$}$$

En la multipliant par z l'équation (V_{17}) s'écrit :

$$z\frac{dz}{dv} - \varepsilon(1 - v^2)z + v = 0 \tag{V$_{18}$}$$

En remplaçant alors $z \to v$ et $v \to s$ on a :

$$v\frac{dv}{ds} = \varepsilon(1 - s^2)v - s \tag{V$_{19}$}$$

En posant : $\gamma_1(v,s) = v[\varepsilon(1-s^2)] = v\, f(s)$ et $\gamma_2(s) = -s$ l'identité entre (V_{18}) et (Pa_2) apparaît alors clairement. Parodi explique ensuite que ce « cas particulier » correspond à celui de la traction électrique automatique. Il démontre alors que, sur une ligne à profil parabolique, le changement de variables précédent est pleinement justifié. On pourrait objecter néanmoins que dans le cas d'un train $v\, f(s)$ n'est pas forcément égale à $v[\varepsilon(1-s^2)]$. Il représente dans ce qu'il nomme « diagramme espaces-vitesses » et qui correspond à ce que l'on appelle aujourd'hui « plan de phase » la solution de l'équation (Pa_2).

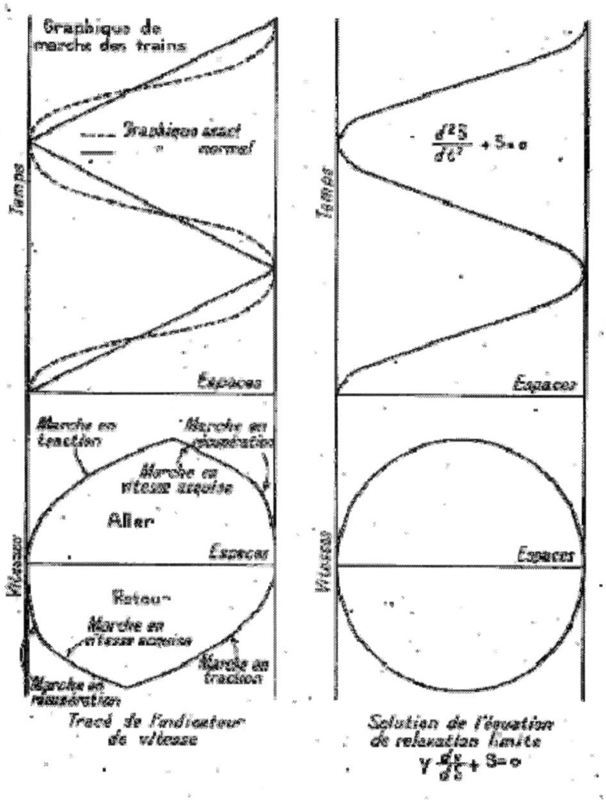

FIGURE 8.19 – Cycle limite représentant la marche des trains, d'après Parodi [1942a, p. 170].

Puis, il ajoute :

> « En donnant à la vitesse des valeurs positives pour le parcours aller et négatives pour le parcours retour, on trouve que la représentation du *mouvement*, normalement employée dans les réseaux de chemin de fer, se confond avec celle des solutions des équations de

relaxation ; le diagramme espaces-vitesses est un cycle de la solution de relaxation, et le graphique de la marche des trains est une forme simplifiée ou non (suivant que l'on tient compte ou non de la signalisation) des courbes espaces-temps solutions de l'équation primitive dont dérive l'équation de relaxation. » [Parodi 1942a, p. 171]

Cet extrait montre que Parodi comme ses prédécesseurs fait aussi appel à l'analogie. En effet, il reconnait en la forme de sa solution « un cycle de la solution de relaxation ». Ce qui lui permet de rattacher la marche des trains à ce phénomène. Néanmoins, il n'est nullement question, pour l'instant, de « cycle limite » ou « d'oscillations auto-entretenues ».

La représentation du « cycle limite »

Dans cette seconde note qui fait suite à la première, Parodi [1942b] remplace l'équation différentielle non linéaire (Pa_2) par un système d'équations différentielles linéaires par morceaux [56]. Auparavant, il rappelle le phénomène d'oscillations de relaxation en des termes qui montrent qu'il a parfaitement intégré le concept introduit par Van der Pol :

> « Nous savons que les phénomènes représentés par une équation de relaxation sont caractérisés, au point de vue dynamique, par une absorption d'énergie pendant une partie du parcours et par une restitution durant le reste du parcours. » [Parodi 1942b, p. 125]

On peut rapprocher sa description du phénomène de relaxation de l'exemple du *vase de Tantale* (voir *supra*). Le récipient emmagasine de l'énergie pendant la phase (lente) de remplissage et la restitue pendant la phase (rapide) de vidange. En considérant l'effort moteur constant pendant le parcours de $-s_0$ à $+s_0$ et égal à γ et l'effort de freinage également constant et égal à f pendant le reste du parcours sur une ligne de faible déclivité à profil parabolique. Il obtient alors le système de six équations différentielles linéaires intégrables suivant [57] :

$$(1)\; v\frac{dv}{ds} + f + s = 0 \text{ pour } -\infty < s < -s_0$$
$$(2)\; v\frac{dv}{ds} - \gamma + s = 0 \text{ pour } -s_0 < s < +s_0$$
$$(3)\; v\frac{dv}{ds} + f + s = 0 \text{ pour } +s_0 < s < +\infty$$
$$(4)\; v\frac{dv}{ds} - f + s = 0 \text{ pour } +\infty > s > +s_0$$
$$(5)\; v\frac{dv}{ds} + \gamma + s = 0 \text{ pour } +s_0 < s < -s_0$$
$$(6)\; v\frac{dv}{ds} - f + s = 0 \text{ pour } -s_0 > s > -\infty$$

56. Piecewise linear system ou (PWL) system dans la terminologie anglosaxonne.
57. Les numéros des équations correspondent à leur domaine de validité. Voir Fig. 8.20.

En utilisant une « linéarisation par morceau » combinée avec la méthode d'intégration graphique par arcs successifs qu'il a mise au point pour la balistique et la marche des trains, Parodi est en mesure de représenter le « cycle limite » solution de l'équation différentielle non linéaire (Pa_2). Ce procédé de linéarisation avait déjà été mis en œuvre par Rocard [1937a, p. 397] (voir *supra*). Parodi précise auparavant :

> « Nous allons montrer l'analogie que présente ce problème de traction avec les oscillations de relaxation. » [Parodi 1942b, p. 126]

Il fournit alors la représentation reproduite sur la Fig. 8.20 et ajoute le commentaire suivant :

> « La figure montre que ces arcs de courbe successifs forment une spirale s'enroulant de l'intérieur vers l'extérieur si la vitesse initiale est faible, de l'extérieur vers l'intérieur si elle est forte. Ces deux spirales tendent vers un cycle-limite. Il apparaît donc qu'au bout d'un certain temps, pour une vitesse initiale quelconque, le mouvement tend vers un régime périodique et que, pour une vitesse initiale bien déterminée, ce régime est atteint immédiatement. » [Parodi 1942b, p. 127]

En rapprochant cet extrait de la définition que Poincaré [1886, p. 30] donne du concept de cycle limite (voir *supra* Partie I) le doute n'est pas permis et l'on constate que c'est bien dans cette acception que Parodi emploie cette terminologie. Néanmoins, il est surprenant de ne trouver aucune référence à Poincaré, à Liénard ou à Andronov. D'autant que Parodi paraphrase presque intégralement la conclusion de Liénard [1928, p. 906] (voir *supra* Partie I). Il rappelle la propriété fondamentale d'indépendance par rapport aux conditions initiales mise en évidence par Andronov [1928, p. 24 ; 1929a, p. 560] (voir *supra*) mais ne parle pas de systèmes auto-entretenus. Il ne s'intéresse pas non plus, pour le moment, à la stabilité de ces oscillations alors qu'il affirme que l'on tend vers ce cycle limite quelle que soit la condition initiale choisie à l'intérieure ou l'extérieure.

L'intégration graphique I

Cette troisième note aux $C.R.A.S.$ intitulée « Détermination graphique du cycle limite solution des équations de relaxation » [Parodi, 1942c] a pour but d'exposer une méthode d'intégration graphique basée sur la construction de « courbes isogrypes » et non sur la construction de « courbes isoclines » élaborée par Parodi plusieurs années auparavant pour l'étude de la marche des trains et le calcul des trajectoires balistiques. Ces méthodes ont déjà fait l'objet d'une présentation détaillée (voir Appendice A.4). Parodi propose d'obtenir la solution de l'équation de relaxation (Pa_2) qu'il écrit désormais en tenant compte des changements de variables :

$$v\frac{dv}{ds} + v\,f\,(s) + s = 0 \qquad (Pa_3)$$

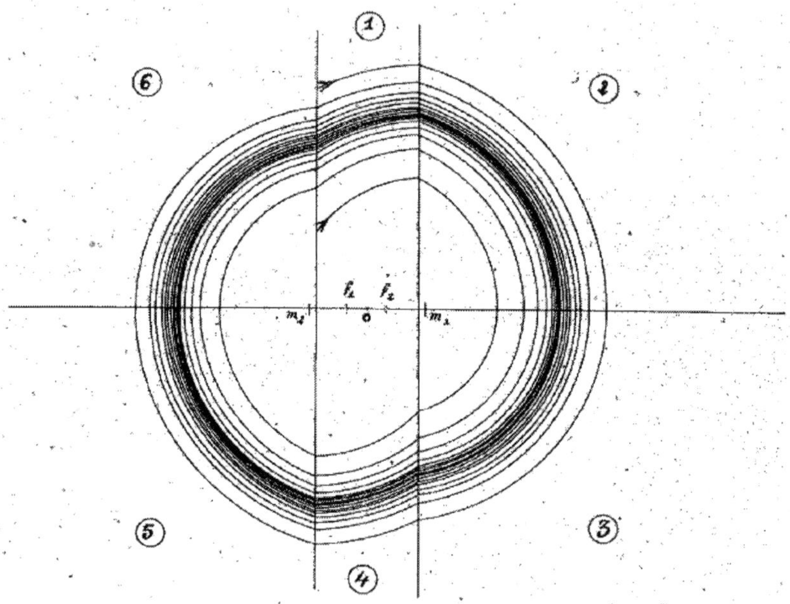

FIGURE 8.20 – Cycle limite représentant la marche des trains, d'après Parodi [1942b, p. 127]

et explique alors que la solution s'obtient facilement à partir de la détermination graphique de la tangente et du centre de courbure et se présente « sous forme de spirales d'allure d'autant plus tourmentée que la fonction $f(s)$ est plus compliquée » [Parodi 1942c, p. 197]. Puis, il ajoute :

> « Un régime stable s'établit cependant pour une certaine valeur de la vitesse initiale, c'est-à-dire de la constante d'intégration [...] Ce régime stable correspondant au cycle limite de Poincaré, s'établit quand il y a compensation exacte des pertes par la fourniture d'énergie faite par le réseau (dans le cas de la traction électrique automatique). »
>
> [Parodi 1942c, p. 197]

Il fait maintenant référence à Poincaré mais pas directement à ses travaux dans cette conclusion qui paraît lui avoir été inspirée par la note d'Andronov [1929a, p. 560] (voir *supra*), à moins que ce ne soit la lecture de l'article de Le Corbeiller [1931b, p. 211] présenté au IIIe Congrès International de Mécanique Appliquée à Stockholm (voir *supra*). Néanmoins, il ne les cite ni l'un, ni l'autre et ne démontre pas la stabilité du régime.

L'intégration graphique II

Dans cette quatrième contribution sur les oscillations de relaxation, coécrite avec son fils aîné, Parodi et Parodi [1942] fournissent les éléments nécessaires à la compréhension de la méthode d'intégration par arcs successifs présentée dans les notes précédentes [Parodi, 1942a, 1942b, 1942c]. L'année suivante Parodi et Parodi [1943] publient un article dans *La revue scientifique* reprenant *in extenso* le contenu de ces quatre notes mais comportant des développements mathématiques plus complets. Partant de l'équation (Pa_3) ils expliquent de nouveau le principe de la linéarisation par morceaux en considérant que la fonction $f(s)$ est supposée constante sur chacun des intervalles délimitant les régions (1) à (6) (voir Fig. 8.20) et égale à sa valeur moyenneε_p. Ils ajoutent :

> « La solution de l'équation (Pa_3), non-intégrable, sera ainsi ramenée à la solution d'un certain nombre d'équations différentielles intégrables
>
> $$v\frac{dv}{ds} + \varepsilon_p v + s = 0 \qquad (Pa_4)$$
>
> ε_p valeur moyenne de $f(s)$ dans le domaine $s_p s_{p+1}$. » [Parodi et Parodi, 1942, p. 268]

Pour résoudre l'équation différentielle linéaire du premier ordre (Pa_4), ils emploient la méthode développée par Gaston Darboux [1878] dans son mémoire « Sur les équations différentielles algébriques du premier ordre et du premier degré ». En effet, il écrit :

> « L'équation (Pa_4) admet des solutions de la forme
>
> $$(v + as)^{\lambda}(v + bs)^{\mu} = k$$
>
> satisfaisant aux relations
>
> $$\lambda + \mu = 1, \quad ab(\lambda + \mu) = 1,$$
>
> $$\mu a + b\lambda = 0, \quad \lambda a + \mu b = \varepsilon.$$
>
> L'intégrale de (Pa_4) est donc (²)
>
> $$\left[v + s\left(\frac{\varepsilon}{2} - \sqrt{\frac{\varepsilon^2}{4} - 1}\right)\right]^{\lambda - \frac{\varepsilon}{\sqrt{\varepsilon^2 - 4}}} \left[v + s\left(\frac{\varepsilon}{2} + \sqrt{\frac{\varepsilon^2}{4} - 1}\right)\right]^{\lambda + \frac{\varepsilon}{\sqrt{\varepsilon^2 - 4}}} = K'$$
>
> ---
>
> (²) Si $\varepsilon = \pm 2$ la solution est $L\frac{v - s}{v_0 - s_0} = \frac{s}{v_0 - s_0} - \frac{s_0}{v_0 - s_0}$ »
>
> [Parodi et Parodi 1942, p. 268]

Dans son mémoire Darboux [1878] étudie des équations différentielles de la forme :

$$L(ydz - zdy) + M(zdx - xdz) + N(xdy - ydx) = 0 \qquad (Da_1)$$

où L, M et N sont des polynômes homogènes de degré m. Darboux [1878, p. 65] montre alors que dans le cas de deux variables cette équation se ramène à

$$(M - Ny)\, dx + (Nx - L)\, dy = 0 \tag{Da$_2$}$$

La méthode de Darboux [1878] [58] consiste à rechercher des « intégrales particulières algébriques » *i.e.* des polynômes, pour déterminer une intégrale première [59] de cette équation formée par le produit de ces polynômes. Dans ses mémoires, Darboux [1878, p. 79] indique le nombre et le degré de ces polynômes.

- Leur nombre est donné par la relation : $q = M_n + n - 1$ où $M_n = \begin{pmatrix} m+n-1 \\ n \end{pmatrix}$,
- Leur degré est : $m - 1$.

n représente l'ordre de l'équation différentielle avant transformation (le nombre de variables) et m le degré des polynômes.

En réécrivant l'équation (Pa$_4$) sous la forme de Darboux, *i.e.* en posant : $v = y$ et $s = x$ on a

$$(x + \varepsilon_p y)\, dx + y dy = 0 \tag{Da$_3$}$$

Il apparaît donc que : $M = x + \varepsilon_p y$, $N = 0$ et $L = -y$. Par conséquent, puisque $n = 2$ et $m = 1$ on obtient : $q = 2$. La méthode de Darboux indique alors que l'équation (Da$_3$) possède deux « intégrales particulières algébriques » permettant de former une intégrale première, c'est-à-dire une intégrale générale qui peut s'écrire de la même manière que celle choisie par MM. Parodi :

$$\phi\,(x, y) = (x + ay)^{\lambda}\,(x + by)^{\mu}$$

D'après Darboux [1878, p. 73], $\phi\,(x, y)$ est intégrale première si et seulement si :

$$M\frac{\partial \phi}{\partial x} + L\frac{\partial \phi}{\partial y} = 0 \tag{Da$_4$}$$

On en déduit un polynôme homogène de degré deux.

$$[-a\lambda - b\mu + \varepsilon\,(\lambda + \mu)]\, x^2 + [(\lambda + \mu) - ab\,(\lambda + \mu) + (a\mu + b\lambda)\,\varepsilon]\, xy + (a\mu + b\lambda)\, y^2 = 0$$

58. Résumée dans Ginoux [2009, Ch. 5, p. 85].
59. Dans le cas d'une équation du premier ordre il s'agit d'une intégrale générale. Voir Ginoux [2009, p. 94].

En annulant chacun de ses coefficients on obtient :

$$\begin{cases} -a\lambda - b\mu + \varepsilon(\lambda + \mu) = 0 \\ (\lambda + \mu) - ab(\lambda + \mu) + (a\mu + b\lambda)\varepsilon = 0 \\ (a\mu + b\lambda) = 0 \end{cases}$$

De ce système on déduit facilement :

$$\begin{cases} a\lambda + b\mu = \varepsilon(\lambda + \mu) \\ ab(\lambda + \mu) = (\lambda + \mu) \\ (a\mu + b\lambda) = 0 \end{cases}$$

En posant pour simplifier $\lambda + \mu = 1$, on retrouve exactement le système obtenu par Parodi et Parodi [1942, p. 268] qui conduit à la détermination des constantes a, b, λ et μ. En le résolvant on trouve en effet :

$$a = \frac{\varepsilon}{2} - \sqrt{\frac{\varepsilon^2}{4} - 1},\, b = \frac{\varepsilon}{2} + \sqrt{\frac{\varepsilon^2}{4} - 1},$$

$$\lambda = \frac{1}{2}\left[1 - \frac{\varepsilon}{\sqrt{\varepsilon^2 - 4}}\right] \text{ et } \mu = \frac{1}{2}\left[1 + \frac{\varepsilon}{\sqrt{\varepsilon^2 - 4}}\right]$$

Il semble que ce soit bien ainsi que Parodi et Parodi [1942, p. 268] aient obtenus l'intégrale générale de l'équation (Pa_4). Néanmoins, il n'y a aucune référence à Darboux [1878]. Les travaux de Gaston Darboux (1842-1917) sur l'intégration des équations différentielles ont rarement été utilisés dans d'autres domaines que celui des mathématiques et ils n'ont été « redécouverts » par le Prof. Dana Schlomiuk [1993] qu'au début des années quatre-vingt-dix. Les Parodi précisent ensuite que selon les valeurs de ε^2 supérieure ou inférieure à 4 la solution est réelle ou imaginaire. Aussi, ils effectuent un changement de variables dans le but de transformer le système de coordonnées cartésiennes en coordonnées polaires. La solution de l'équation (Pa_4) s'écrit alors :

$$\rho^2\left(1 + \frac{\varepsilon}{2}\sin 2\theta\right) e^{\frac{\varepsilon}{\sqrt{4-\varepsilon^2}}\omega} = K'' \text{ avec } \omega = -2\arctan\frac{\tan\theta + \frac{\varepsilon}{2}}{\sqrt{1 - \frac{\varepsilon^2}{4}}} \qquad (Pa_5)$$

Ils expliquent alors que l'expression (Pa_5) représente l'équation d'un spirale et que selon le signe de ε son amplitude augmente ou décroit exponentiellement. Puis, ils ajoutent que pour mettre en œuvre la méthode d'intégration par arcs successifs il est préalablement nécessaire de construire des tables d'une fonction U comprenant l'expression ω. L'article se termine par cette phrase :

> « Le cycle limite que nous cherchons ne peut se trouver que par approximations successives ; la méthode utilisée sera indiquée dans une publication ultérieure. »
>
> [Parodi et Parodi 1942, p. 270]

En effet, dans un article plus détaillé publié l'année suivante Parodi et Parodi [1943] reprennent le texte de ces quatre notes et y ajoutent quelques compléments. Le dernier paragraphe en particulier fournit une méthode permettant de déterminer graphiquement le cycle limite. Puisqu'il n'est pas systématique d'atteindre directement le cycle limite à partir d'une condition initiale choisie au hasard. Avec les travaux de Parodi on assiste à une synthèse assez inattendue des travaux de Poincaré, Van der Pol et Andronov et à une mise en application des concepts de cycles limites, d'oscillations de relaxation et d'oscillations auto-entretenues. Cependant, aucune référence, aucune interprétation en termes d'échelles de temps caractéristique ni aucune condition de stabilité du cycle limite n'est proposée. Parodi démontre seulement que la marche des trains est bien un phénomène de relaxation.

Les travaux de MM. Hamburger, Gause et Kostitzin, présentés ci-dessous, font partie des recherches réalisées à l'étranger. Cependant, puisqu'ils ont fait l'objet de publications en France (et en français) il paraît raisonnable de considérer qu'ils ont pu avoir un impact (néanmoins assez difficile à mesurer) sur la communauté scientifique française.

8.2.9 Ludwig Hamburger : *des oscillations de relaxation dans les cycles économiques*

Bien que l'une des contributions les plus importantes du Dr. Ludwig Hamburger [1930] ait été publiée en Néerlandais, une version française de cet article fut éditée en janvier 1931 dans le *Supplément aux Indices du Mouvement des Affaires* de l'Institut de Statistique de l'Université de Paris [Hamburger, 1931]. Dans l'introduction de son article Hamburger [1930, p. 1] rend hommage aux travaux de Van der Pol [1926a, 1926b, 1926c, 1926d, 1927b, 1927c, 1928a, 1928b] qu'il considère comme le « découvreur » des oscillations de relaxation. Il rappelle alors que c'est à la suite d'une conférence de Van der Pol [60] donnée le 7 mai 1928 devant la société de philosophie qu'il a « évoqué la possibilité que le comportement des crises chroniques appartiennent à cette catégorie d'oscillations » [Hamburger 1931, p. 4]. Il explique ensuite que la récurrence chronique de la récession économique devrait être interprétée comme étant essentiellement un phénomène de relaxation composite. Puis, il ajoute que cette conception rend possible la compréhension de la comparaison fondamentale de l'amplitude des cycles économiques à diverses époques dans un pays, et la fonction des ratios d'amplitude persistant entre les différents pays techniquement développés. Il effectue un rappel sur « la nature des oscillations de relaxation » dans lequel il suit la présentation de l'article de Van der Pol [1926d] en

60. Hamburger renvoie à la version originale néerlandaise de l'article de Van der Pol [1928a, 1928b] sur les battements du cœur : De hartslag als relaxatietrillingen en een electrisch model van het hart, *Werk. Genoot. Nat., Genees- en Heelk*, **12** (1928), p. 614-618.

l'adaptant aux problèmes de crises économiques. Pour illustrer son propos il reprend l'exemple de Van der Pol [1930, p. 307] (voir *supra*) qu'il assortit d'un dessin (voir Fig. 8.21).

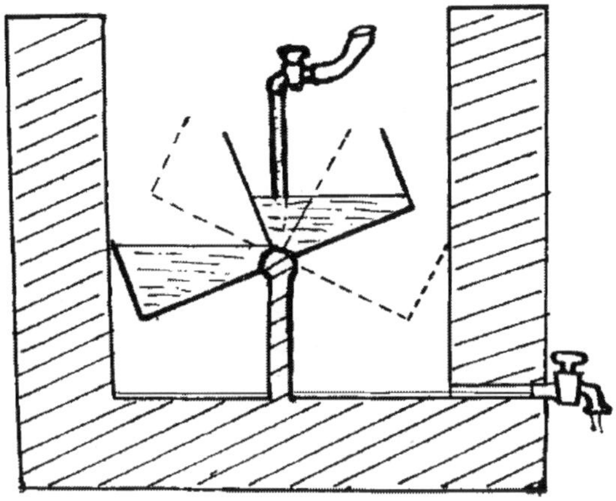

FIGURE 8.21 – Exemple d'oscillations de relaxation, d'après Hamburger [1931 p. 15].

Il précise alors que les perturbations récurrentes en économie – parfois de nature « externe » mais le plus souvent « interne » – présentent les *caractéristiques d'oscillations* de relaxation et joue un rôle central dans la genèse des cycles économiques. Il fait ensuite remarquer que la possibilité d'influencer par des moyens relativement petits la fréquence des oscillations de relaxation économiques s'harmonise avec l'opinion selon laquelle les effets des politiques de crédits systématiques sont significatifs pour le cycle économique. Il propose aux autorités d'adopter d'une part une politique sociale constructive au sein de laquelle le cours saccadé du développement économique soit partiellement lissé et, d'autre part d'engager une coopération avec un institut de statistiques bien développé et avec divers bureaux spécialisés dans la recherche économique afin de fournir des pronostics sur la situation économique plutôt que des diagnostics (*a posteriori*). Dans cet article Hamburger [1931, p. 21] établit une analogie entre certaines courbes de croissance et de recul de cycles économiques et la forme caractéristique des oscillations de relaxation (voir *supra*) ce qui lui permet d'affirmer qu'ils appartiennent bien à des phénomènes de relaxation. Hamburger se focalise sur l'aspect « lent-rapide » du concept introduit par Van der Pol qui lui permet de décrire d'une manière très précise l'évolution de ces cycles et sur la capacité du modèle de Van der Pol, représenté par son équation générique (V_9), à prédire leur évolution.

8.2.10 Georgii F. Gause : *des cycles limites dans les associations biologiques*

Biologiste russe à l'Institut Zoologique de l'Université de Moscou Georgii Frantsevich Gause (1910-1989) est à l'origine du célèbre « principe d'exclusion compétitive [61] » qui constitue l'un des fondements de l'Écologie. Au milieu des années trente, Gause [1934, 1935] va réaliser un certain nombre d'expériences *in vitro* ayant pour but de fournir une vérification expérimentale des trois lois énoncées [62] par Vito Volterra [1931] dans ses « Leçons sur la théorie mathématique de la lutte pour la vie ». Il coécrit alors plusieurs articles avec le mathématicien russe Aleksandr' Witt puis avec le biologiste Wladimir Wladimirovich Alpatov [63] (1898-1979) qui dirigera sa thèse en 1940 [64]. Au milieu des années trente, Gause [1934] publie un ouvrage intitulé « The struggle for existence » qui deviendra une référence dans ce domaine. En 1935, Georges Teissier (1900-1972) alors sous-directeur de la Station Biologique de Roscoff et directeur de la collection « Actualités Scientifiques et Industrielles » chez Hermann lui propose de présenter ses recherches. Dans ce fascicule d'une soixantaine de pages Gause [1935] rappelle tout d'abord les équations établies par Volterra [1926] et Lotka [1932] puis, considère la croissance de populations de protozoaires : *Paramecium aurelia* et *Glaucoma scintillans*.

Cette étude lui permet dans un premier temps d'introduire le concept de « niche écologique ». Puis, dans un second temps, Gause [1935, p. 7] fait appel à la « méthode de Poincaré » pour déterminer quelle est l'espèce qui subsiste à l'intérieur de la niche. Il en résulte une totale remise en cause du modèle prédateur-proie utilisé jusqu'alors qui a pour effet de modifier les réponses fonctionnelles de la proie et du prédateur afin d'introduire un « effet stabilisateur ». Il met alors en évidence la coexistence de deux espèces et écrit :

> « [...] l'action réciproque des deux espèces ne s'interrompt jamais (nous avons déjà remarqué auparavant (GAUSE, 1934) que ces fluctuations ont apparemment des « cycles limites »). » [Gause 1935, p. 47]

Il montre ainsi expérimentalement que les fluctuations de deux espèces dont l'une se nourrit de l'autre peuvent atteindre un régime périodique stable qui correspond mathématiquement à un cycle limite. Bien qu'il ne fasse aucune référence à Poincaré [1882] ni à Andronov [1929a] il s'agit d'une des premières utilisations de ce concept en biologie mathématique.

En poussant plus loin l'analyse sur la nature des fluctuations Gause écrit :

> « De cette façon il se crée un type tout à fait nouveau de fluctuations dans les associations

61. Ce principe stipule que les populations de deux espèces exploitant une ressource unique, ne peuvent coexister indéfiniment dans un milieu stable et homogène, la plus compétitive des deux espèces finissant à plus ou moins long terme par éliminer l'autre.

62. Loi du cycle périodique, loi de la conservation des moyennes, loi de la perturbation des moyennes [Volterra 1931, p. 19-27]. D'après Israel [1996, p. 64], Gause qui semblait être en mesure de vérifier la première loi écrivit à Volterra qui lui manifesta son soutien. Hélas, la suite fut décevante.

63. Alpatov qui a été l'élève du statisticien Raymond Pearl (1879-1940) aura une grande influence sur Gause.

64. Voir Gause *et al.* [1934, 1935, 1936].

biologiques, ce que les physiciens nomment des *oscillations de relaxation.* »

[Gause 1935, p. 59]

Il établit alors également un lien avec le concept introduit par Van der Pol [1926d] et en donne une définition assez précise :

« Ainsi que le remarque VAN DER POL (1934) ce qui est caractéristique pour les oscillations de relaxation c'est le fait que pendant la partie la plus grande de la période le phénomène a une conduite typique apériodique ou asymptotique (population pure de victimes) et, après cela, le système devient soudain instable (les agresseurs ou l'infection bactérienne peuvent s'acclimater), et le désordre passe d'une manière discontinue à une autre valeur et ensuite le même phénomène de décharge se répète de nouveau, etc., de sorte qu'une oscillation de relaxation a le caractère d'un phénomène de décharge qui toujours se répète. La période de temps est donnée par un temps de relaxation, d'où le nom du phénomène. » [Gause 1935, p. 59]

Il reproduit alors l'exemple du vase de Tantale proposé par Le Corbeiller [1931a, p. 6] (voir *supra*). Puis, il conclut le paragraphe par cette phrase :

« Revenant à nos associations biologiques, nous pouvons noter que la fluctuation ininterrompue classique et la fluctuation de relaxation discontinue ne représentent que deux types extrêmes nettement exprimés et que dans le milieu complexe des systèmes biologiques véritables des éléments des deux types peuvent évidemment participer. »

[Gause 1935, p. 60]

Il est intéressant de remarquer que Gause emploie la terminologie qu'introduira Andronov *et al.* [1937] pour décrire les oscillations de relaxation (voir *infra*). Dans ce travail Gause [1935] a établi d'une part une correspondance entre les fluctuations périodiques d'associations biologiques et les cycles limites et il a, d'autre part caractérisé la « cinétique » de ces fluctuations en montrant qu'elles appartiennent à la classe des phénomènes de relaxation.

8.2.11 Vladimir Kostitzin : *des oscillations de relaxation dans les associations biologiques*

Professeur à la Faculté des Sciences de Moscou et Directeur de l'Institut de Géophysique de Moscou, Vladimir Aleksandrovich Kostitzin (1883-1963) est un mathématicien russe qui a émigré en France. En 1929 il est invité à l'Institut Henri Poincaré, nouvellement créé, pour y présenter ses travaux mathématiques (voir Appendice B.4). Ses deux conférences données le 27 et 29 mai 1929 (voir Appendice B.4) seront ensuite publiées dans les Annales de l'Institut Henri Poincaré [Kostitzin, 1930]. Au milieu des années trente, à la suite des travaux de Lotka [1925] et de Volterra [1926, 1928,

FIGURE 8.22 – Georgii Frantsevich Gause (source internet).

1931] il s'intéresse à la biologie mathématique et publie un certain nombre de contributions dans ce domaine [Kostitzin, 1931, 1932, 1934]. Ainsi, Kostitzin publie en 1936 une note aux *C.R.A.S.* intitulée : « Sur les solutions asymptotiques d'équations différentielles biologiques » dans laquelle il reprend une étude réalisée la même année par un de ses compatriotes : Andreï Nikolaïevich Kolmogoroff (1903-1987). Dans cette étude du cas de deux espèces dont l'une dévore l'autre, Kolmogoroff [1936] avait mis en évidence l'existence d'un cycle limite bien que jusqu'alors seule une solution (graphique) de type « centre » pour cette équation différentielle représentant une interaction de type prédateur-proie avait été envisagée par Volterra [1926, p. 38 ; 1928 ; 1931, p. 14].

Kostizin démontre dans cette note l'existence d'une solution asymptotique pour ce genre d'équation dont l'existence « résulte immédiatement des recherches bien connues de H. Poincaré et de M. E. Picard » [Kostitzin 1936, p. 1124]. Il considère alors le système suivant d'équations différentielles :

$$\begin{cases} x' = \varepsilon x - \lambda y - x\left(\alpha^2 x^2 + \beta^2 y^2\right) \\ y' = \varepsilon y + \lambda x - y\left(\alpha^2 y^2 + \beta^2 x^2\right) \end{cases} \qquad (\mathrm{Ko}_1)$$

Et précise que contrairement au modèle « classique » de Volterra [1926, p. 38; 1928; 1931, p. 14] la réponse fonctionnelle caractérisant la prédation est cubique et non quadratique ce qui est d'ailleurs légitimé par les récentes recherches d'un de ses compatriotes Giorgii Fransevich Gause [1935a, 1935b]. Il effectue un changement de variables dans le but de transformer le système de coordonnées cartésiennes en coordonnées polaires et obtient le système suivant :

$$\begin{cases} \dfrac{r'}{r} = \varepsilon - r^2\left[\alpha^2 \cos^2 2\theta + \dfrac{1}{2}\left(\alpha^2 + \beta^2\right)\sin^2 2\theta\right] \\ \theta' = \lambda - \dfrac{r^2}{2}\left(\beta^2 - \alpha^2\right)\sin 2\theta \cos 2\theta \end{cases} \qquad (\mathrm{Ko}_2)$$

Pour démontrer l'existence d'une courbe fermée il suppose que le rayon r est constant et que le coefficient ε est positif ce qui le conduit à :

$$r' = 0\,, \quad r^2 = \frac{\varepsilon}{\alpha^2 \cos^2 2\theta + \dfrac{1}{2}(\alpha^2 + \beta^2)\sin^2 2\theta} \tag{Ko$_3$}$$

Il explique que la courbe définie par $\theta' = 0$ découpe le plan en une sorte de croix (voir Fig. 8.23). Puis, il ajoute :

> « Dans ces conditions, un état (x, y) se trouvant à l'intérieur de la courbe fermée (Ko_3) passe au bout d'un temps fini dans la région extérieure ; de même, un état se trouvant à l'extérieur, passe au bout d'un temps fini à l'intérieur de la courbe (Ko_3). Il est facile de montrer que, pour t indéfiniment croissant, n'importe quelle courbe intégrale du système (Ko_1) s'approche de plus en plus d'une certaine courbe fermée limite, et le processus tend vers un état limite périodique. » [Kostitzin 1936, p. 1125]

Il est frappant de constater d'une part que la référence à Poincaré (et à Picard) n'est assortie d'aucune citation et, d'autre part qu'il n'emploie pas l'expression cycle limite mais préfère parler « d'une certaine courbe fermée limite ». Ceci est d'autant plus surprenant pour un mathématicien russe apparemment très au fait des travaux de ses compatriotes.

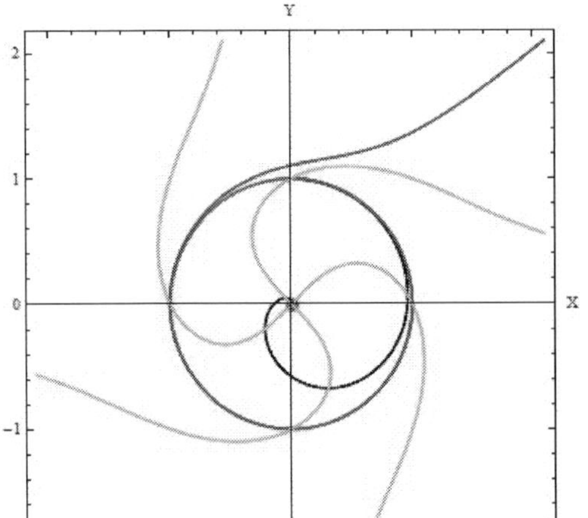

FIGURE 8.23 – Courbe fermée limite du système[65] de Kostitzin [1936].

On remarque que les courbes isoclines séparent bien le plan de phase en quatre régions formant ainsi une croix et que les courbes extérieures (*resp.* intérieures) se rapprochent asymptotiquement du cycle limite (en rouge).

Kostitzin conclut alors par cette phrase :

> « On a ainsi, avec les périodicités de relaxation, un type du périodomorphisme qui doit être assez fréquent dans la nature et qui contribue à l'ordonnement du chaos et à la réalisation locale des états rares. » [Kostitzin 1936, p. 1126]

Il fait ici allusion au concept de Van der Pol [1926d] et qualifie ce nouveau type d'oscillations de « périodomorphisme ». Il sous-entend ainsi que cette forme caractéristique d'oscillations est assez répandue dans la nature et que les interactions de type prédateur-proie peuvent être rattachées au phénomène de relaxation. De plus, si le mot nature est pris au sens propre il est possible qu'il ait fait référence aux différents exemples de Van der Pol (voir *supra*). Néanmoins, il n'établit aucun lien avec le concept de système auto-entretenu d'Andronov [1929a] et n'aborde pas non plus la question de la stabilité.

Dans son ouvrage intitulé « Biologie Mathématique » et publié l'année suivante Kostitzin [1937] consacre plusieurs chapitres aux différents modèles mathématiques [66] susceptibles de représenter la croissance d'une population (loi de Malthus, de Verhulst ou loi logistique dont il fournit une généralisation), aux relations entre espèces (compétition, coopération et prédation) et aux lois biologiques de Volterra. S'il aborde tous les aspects de ce que l'on appelle aujourd'hui la modélisation de la dynamique des populations : l'influence de l'âge des proies, l'hétérogénéité de l'espèce prédatrice, la migration, la saisonnalité… il ne fait pas état d'une situation dans laquelle la limitation de la réponse fonctionnelle de la croissance de la proie et de celle du prédateur [67] conduit à une solution périodique qui revêt la forme d'un cycle limite stable de Poincaré alors que Kolomogoroff [1936] l'a déjà établi (voir *infra*). Il est important de rappeler que Kostitzin participa en 1937 aux côtés de Jean Painlevé (1902-1989) à la réalisation d'un film intitulé « Images mathématiques de la lutte pour la vie » conservé aux archives du Palais de la Découverte [68] et qui constitue un témoignage de la grande connaissance des « biomathématiciens » de cette époque.

Il représente à la fois une mise en image et une véritable synthèse des travaux de Lotka [1925], Volterra [1926, 1928, 1931], Gause [1935a, 1935b] et de Kostitzin [1936, 1937].

Le tableau ci-dessous (voir Tab. 8.1) propose une présentation synoptique des différents exemples d'oscillations de relaxation abordés dans cette partie. Afin d'avoir une image globale des recherches menées dans le domaine des oscillations non linéaires il conviendrait de réaliser le même type d'étude à partir des travaux entrepris en Angleterre par Adrian [1930], Leyshon [1923, 1930, 1931], Eccles *et al.* [1930], Richardson [1937], … en Allemagne par Barkhausen [1920, 1929], par Heegner [1924, 1927], … en Italie par Tricomi [1933], par Graffi [1940, 1942, 1951], par Sansone [1949a, 1949b], … Si une telle étude dépasse largement le cadre de ce travail, soulignons aussi l'intérêt d'une analyse

66. Il propose également des modèles comportant au moins trois espèces.

67. Ce qui se traduit par un effet de saturation de la prédation.

68. Ce film a été porté à notre connaissance par le Prof. Giorgio Israel [1996, p. 63] et une copie nous a été aimablement transmise par le Prof. Pascal Acot [1997, p. 473].

de la réception des concepts d'Andronov et de Van der Pol aux États-Unis, qui reste à faire. Les publications que l'on peut considérer comme les plus représentatives sont celles de Timoshenko [1928], de Den Hartog [1934, 1936], de Levinson et Smith [1942], de Friedrichs et Stoker [1943], de Flanders et Stoker [1946], de Minorsky [1947], de Lasalle [1949], ... mais surtout à travers la « traduction [69] » du livre d'Andronov et Khaikin [1937] par Solomon Lefschetz [Andronov et Khaikin, 1949].

En U.R.S.S. aussi, le concept d'oscillations de relaxation apparaît bien dans la version originale de l'ouvrage d'Andronov et Khaikin [1937], mais sous une terminologie différente de celle introduite par Van der Pol [1925, p. 793]. Dans leurs contributions françaises et dans leur livre publié en russe [70] en 1937, Kryloff et Bogoliouboff [1932a, 1932b, 1932c, 1933, 1934, 1935, 1936a, 1936b, 1937] montreront une totale adhésion à ce concept ainsi qu'aux recherches de Van der Pol notamment celles qui concernent la démultiplication de fréquence et la synchronisation.

8.3 Les thèses sur les oscillations non linéaires soutenues en France (1936-1949)

Durant cette même période plusieurs thèses de doctorat [71] sont soutenues en France dans le domaine des oscillations :

- « Étude des oscillations de relaxation et des différents modes d'oscillations d'un circuit comprenant une lampe néon » soutenue par R. Morched-Zadeh en octobre 1936 à la Faculté des Sciences de l'Université de Toulouse devant la commission d'examen composée de MM. Charles Camichel (Président), Marcel Lamotte et Pierre Dupin (Examinateurs).
- « Contribution à l'étude des tourbillons alternés de Bénard-Karman » soutenue par Luis Castagnetto en 1939 à la Faculté des Sciences de l'Université de Toulouse devant la commission d'examen composée de MM. Charles Camichel (Président), Max Teissié-Solier et Pierre Dupin (Examinateurs).
- « Étude d'un système oscillant entretenu à amplitude autostabilisée et application à l'entretien d'un pendule élastique » soutenue par Jean Abelé en 1943 à la Faculté des Sciences de l'Université de Paris devant la commission d'examen composée de MM. Henri Villat (Président), François Croze et Yves Rocard (Examinateurs).
- « Les oscillations de relaxation dans les tubes à décharge : application à l'étude de l'allumage » soutenue par Jean Moussiegt en 1949 à la Faculté des Sciences de l'Université de Grenoble [72].

69. La traduction proposée par Lefschetz présente des différences très importantes avec l'œuvre originale d'Andronov et Khaikin [1937].

70. Ce livre fera également l'objet d'une traduction par Lefschetz qui se révèlera être plus fidèle à l'original.

71. Ces mémoires ont été « retrouvés » à partir d'éléments bibliographiques. Les thèses françaises de l'entre-deux-guerres qui sont actuellement d'ê numérisées et sont accessibles à l'adresse : http://www.numdam.org.

72. La commission d'examen de cette thèse n'était pas spécifiée sur le document transmis par l'I.N.I.S.T.

Dispositif	Domaine	Auteurs
Interrupteur Wehnelt	Chimie	Van der Pol [1926a,b,c,d]
Triode Multivibrateur	Électrotechnique	Van der Pol [1926a,b,c,d]
Triode à gaz		Eck [1936]
Dynamo-série		Van der Pol [1926b,c]
Arc Chantant		Van der Pol [1930]
Tube néon		Van der Pol [1926a], Morched-Zadeh [1936], Moussiegt [1949]
Quartz piézoélectrique		Panc Tcheng Kao [1930]
Cellule photoélectrique		Hochard [1933]
Marche des trains		Parodi [1942a,b,c], Parodi et Parodi [1943]
Battements du cœur	Biologie Médecine	Van der Pol [1926b]
Rythmes nerveux		Fessard [1931]
Associations biologiques		Gause [1934, 1935], Kostitzin [1936, 1937]
Tuyaux d'arrosages Tuyaux sonores	Hydrodynamique	Bourrières [1934], Auger [1938]
Tourbillons de Bénard-Karman		Foch [1935], Castagnetto [1939]
Cycles économiques	Économie	Hamburger [1930, 1931]

TABLE 8.1 – Synoptique d'exemples d'oscillations de relaxation.

8.3.1 La thèse de Morched-Zadeh

Étudiant iranien, R. Morched-Zadeh présente une thèse qui constitue une véritable synthèse des travaux ayant joué un rôle fondamental dans le processus d'élaboration de la théorie des oscillations non linéaires [73]. La bibliographie détaillée qu'il fournit permet de reconstituer les différentes étapes de ce processus.

Le premier chapitre débute par un panorama historique de « quelques phénomènes naturels considérés comme oscillations de relaxation [74]. »

> « En effet, depuis quelques années les oscillations non-sinusoïdales ont attiré l'attention de nombreux savants et en particulier celle de M. VAN DER POL. L'étude de ces oscillations a été très féconde et a permis de mettre en évidence l'existence d'un nouveau type dit de « relaxation ». » [Morched-Zadeh 1936, p. 1]

Morched-Zadeh adopte le point de vue de Le Corbeiller [1931a, p. 22] (voir *supra*) et situe les résultats de Van der Pol au niveau de l'invention, c'est-à-dire de la découverte d'un nouveau type d'oscillation. Ensuite, il rappelle les principaux exemples de dispositifs qui sont le siège d'oscillations de relaxation :

> « On peut encore citer, dans le domaine électrique : l'oscillation de l'arc électrique étudiée par M. BLONDEL, l'expérience de la dynamo série de M. JANET et le multivibrateur d'ABRAHAM et BLOCH ; en hydraulique, les tourbillons alternés de BENARD-KARMAN. » [Morched-Zadeh 1936, p. 1]

Alors que les trois premiers ont déjà été présentés par Van der Pol et Le Corbeiller (voir *supra*) le quatrième, les tourbillons alternés de Bénard-Karman est nouveau. Cependant, il n'est pas inconnu des membres de son jury : Charles Camichel, Pierre Dupin et Max Teissié-Solier qui travaillent dans le domaine de l'hydraulique sur ce problème [75]. Le second paragraphe intitulé « Un système de relaxation autoentretenu primitif » [Morched-Zadeh 1936, p. 2] correspond à la présentation faite par Le Corbeiller [1931a, p. 44] au C.N.A.M. et dans laquelle il faisait référence aux travaux de Villard de Honnecourt [76]. Morched-Zadeh le conclut par ces mots :

> « Les oscillations de relaxation, comme ont montré BARKHAUSEN et VAN DER POL, ont une période irrégulière. » [Morched-Zadeh 1936, p. 3]

Il paraît alors confondre les *oscillations de relaxation* de Van der Pol [1926d] et les oscillations de Barkhausen [1907] ce qui tend à démontrer que la distinction n'est à cette époque pas encore très

73. On ne dispose que de peu d'éléments biographiques concernant R. Morched-Zadeh, étudiant iranien, qui ne possède cependant aucun lien de parenté avec Lotfi Zadeh (Communication personnelle).

74. Voir Morched-Zadeh [1936, p. 1]

75. Voir Camichel [1927] et Camichel, Dupin et Teissié-Solier [1927].

76. Voir Fremont [1915].

marquée. Ensuite, il souligne le fait que la période des oscillations de relaxation que Van der Pol [1926d, p. 987] avait tout d'abord déduite graphiquement puis approximée [Van der Pol 1927b, p. 114-115] (voir *supra* Partie I) est irrégulière.

Dans les paragraphes qui suivent Morched-Zadeh rappelle l'« expérience de la dynamo série de M. Janet » en faisant néanmoins référence à Gérard-Lescuyer [1880a], retranscrit l'explication de Witz [1889a] ainsi que les résultats expérimentaux de Trutat et Bouttes [1925]. Apparemment les travaux de du Moncel [1880] semblent être restés dans l'oubli. Il poursuit son « état de l'art » par une « étude théorique des systèmes autoentretenus » dont le prototype n'est autre que l'équation (R_1) de Rayleigh [1883] puis écrit sans aucune forme d'explication :

> « Au point de vue théorique, les cycles limites de H. POINCARÉ prennent une grande place dans la théorie des oscillations autoentretenues comme l'ont démontré A. ANDRONOW et A. WITT. » [Morched-Zadeh 1936, p. 3]

S'il rappelle la correspondance établie par Andronov [1929a] il cite l'article d'Andronov et Witt [1930a, 1930b] qui concerne les systèmes à deux degrés de liberté et qui traite de la condition de « stabilité à la Lyapounow ». C'est là sa seule et unique référence aux travaux de Poincaré et d'Andronov.

Il effectue ensuite un « aperçu » du travail de Blondel [1919b] sur les oscillations d'une triode et reproduit sa mise en équation ainsi que le calcul de la valeur de l'amplitude et de la période (voir *supra* Partie I). Le second chapitre reprend les principaux résultats présentés dans les différents articles de Van der Pol [1920, 1926a, 1926b, 1926c, 1926d, 1927a, 1927b, 1927c, 1928a, 1930]. Au second paragraphe intitulé : « Équation différentielle d'un système autoentretenu » Morched-Zadeh établit l'équation (V_7) de Van der Pol [1926d] (voir *supra* Partie I). De nouveau la confusion s'installe entre auto-oscillateur et oscillateur à relaxation. Il n'est pas certain cependant qu'il y ait eu à cette époque, excepté peut-être chez Haag [1943, p. 36] (voir *supra*), une prise de conscience du fait qu'un oscillateur à relaxation est un auto-oscillateur. Morched-Zadeh conclut alors en rappelant que l'amplitude des oscillations tend vers une limite finie et précise que ce résultat avait déjà été obtenu par Rayleigh [1883] et Blondel [1919b]. Puis, il revient sur la *caractéristique d'oscillation* de la triode et explique :

> « Nous avons vu comment nous sommes arrivés au choix de l'équation de la caractéristique sous la forme
>
> $$i = \alpha v - \gamma v^3$$
>
> et plus généralement à
>
> $$i = \alpha v - \gamma v^3 + \mu v^5$$
>
> pour avoir des oscillations auto-entretenues. La présence d'un terme βv^2 qui est bien connu à exprimer la détection et modulation n'est pas nécessaire. Les termes γv^3 et μv^5

> sont nécessaires pour nous sortir du domaine élémentaire et nous guider à approfondir davantage les phénomènes oscillatoires qui ne peuvent être compris sur la base de la théorie linéaire des oscillations. » [Morched-Zadeh 1936, p. 27]

Le « choix » d'une *caractéristique d'oscillation* de degré cinq semble avoir été suggéré par la lecture des articles de Blondel [1919b], d'Appleton et Van der Pol [1922] et de Rocard [1932]. Morched-Zadeh veut « sortir du domaine élémentaire », c'est-à-dire de la partie linéaire de la caractéristique afin d'étudier non pas l'amorçage mais l'entretien des oscillations avec l'aide d'une théorie non linéaire qui est train de se constituer. Le paragraphe suivant traite des oscillations libres et forcées de l'équation prototype de Van der Pol et rappelle les différents résultats obtenus.

Au troisième chapitre Morched-Zadeh présente les travaux des Cartan [1925] ainsi que le principe de la construction de Liénard [1928]. Il reprend ainsi la démonstration de Liénard [1928] conduisant à l'existence et l'unicité d'une solution périodique stable, *i.e.* d'un *cycle limite stable* (voir *supra* Partie I) et écrit :

> « On voit que les courbes extérieures et intérieures parcourues dans le sens des temps croissants, tendent asymptotiquement vers la courbe fermée D ; d'où le mouvement périodique correspondant est stable. » [Morched-Zadeh 1936, p. 58]

Cette conclusion, à la limite de la paraphrase, montre d'une part une parfaite assimilation des travaux de Liénard mais d'autre part une absence totale de prise de conscience de l'importance fondamentale du résultat d'Andronov. En effet, Morched-Zadeh aurait tout aussi bien pu qualifier la « courbe fermée D » de « cycle limite ». Il reprend ensuite le calcul de l'amplitude et de la période des oscillations de Liénard [1928]. Le paragraphe suivant intitulé : « Existence de plusieurs courbes intégrales fermées » est assez inattendu dans la mesure où Morched-Zadeh [1936, p. 67] fait implicitement référence à la seconde partie du seizième problème de Hilbert [1900], c'est-à-dire au problème du nombre maximal et de la position mutuelle de cycles limites que possède une équation différentielle polynomiale plane de degré donné[77]. Le chapitre s'achève par une citation de Le Corbeiller [1931a, p. 21] (voir *supra*) sur le passage continu d'oscillations sinusoïdales aux oscillations de relaxation et une comparaison de ces deux types d'oscillations. Le quatrième chapitre comporte également un certain nombre de rappels sur la lampe triode, le multivibrateur d'Abraham et Bloch [1919a, 1919e], sur le modèle électrique du cœur de Van der Pol et Van der Mark [1928a, 1928b] et enfin sur la lampe au néon dont l'étude va constituer la problématique centrale de la thèse de Morched-Zadeh.

Le cinquième et dernier chapitre a pour objet l'étude des oscillations produites par une lampe au néon. En effet, comme l'avait rappelé Morched-Zadeh [1936, p. 11] dès le début de son mémoire la lampe au néon est le siège d'oscillations. L'année précédente Le Corbeiller [1936, p. 366] avait précisé lors de son exposé devant la Wireless Section (voir *supra*) qu'il s'agissait d'oscillations de relaxation

77. Cette question est aujourd'hui encore ouverte.

observées pour la première fois par Righi [1902]. Pour mener à bien cette étude expérimentale des différents régimes oscillatoires de la lampe au néon, Morched-Zadeh utilise un oscilloscope cathodique (voir Appendice A.5) et fournit des clichés (voir Fig. 8.24) de ce qu'il observe et qu'il appelle les « caractéristiques dynamiques » (voir *supra* Partie I).

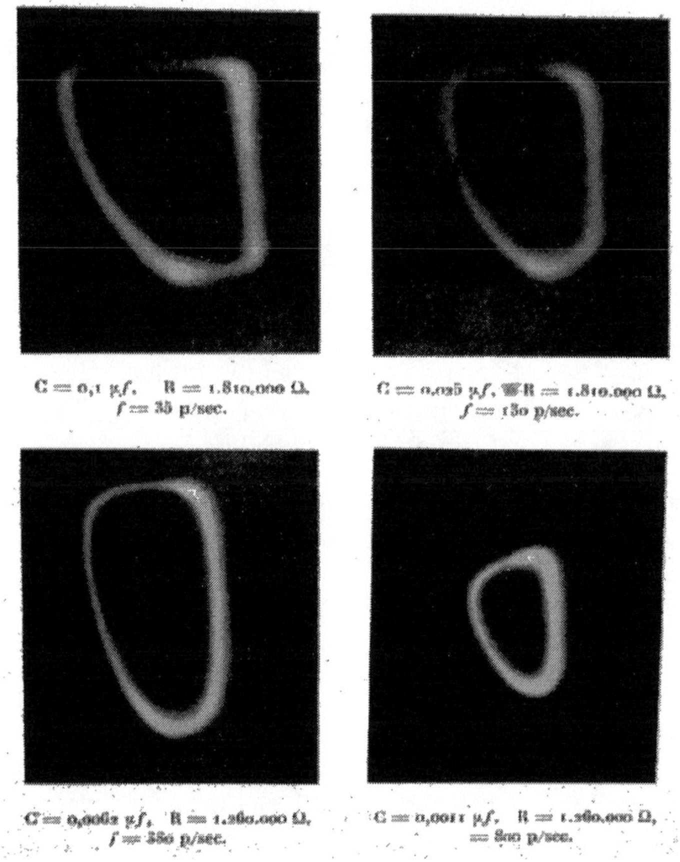

FIGURE 8.24 – Caractéristiques dynamiques, d'après Morched-Zadeh [1936, p. 127].

« Dans la conférence faite par M. LE CORBEILLER sur les systèmes auto-entretenus et les oscillations de relaxation à la page 8 et à la page 9, on trouve l'équation suivante :

$$(1) \qquad (E - Ri_N) - v = CR\frac{dV}{dt}$$

(i_N = courant passant dans la lampe au néon) : (voir figure 41).

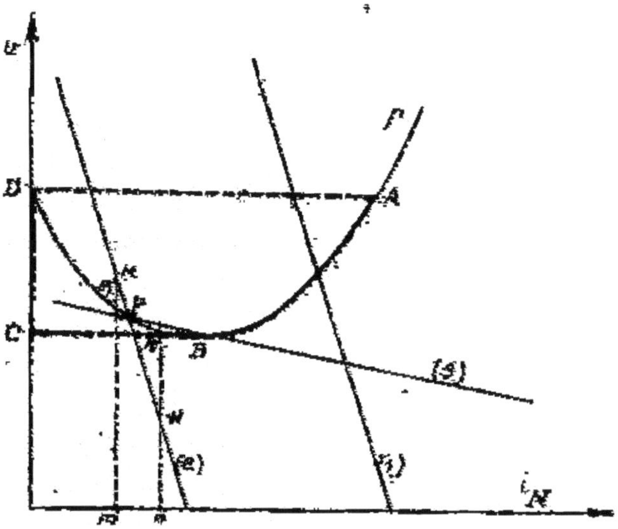

Fig. 51.

Prenons la caractéristique de la lampe au néon en régime permanent (Γ) d'équation $V\ (i_N), i_N$ étant le courant dans la lampe et V la tension à ses bornes. La droite $E - Ri_N = e$ rencontre la caractéristique (Γ) en un point donné. Si ce point de rencontre est sur la partie montante (droite 1) on a un régime permanent dans la lampe, car l'équilibre est stable, tandis que si ce point est sur la partie DB tombante de la caractéristique (droite 2), on a un régime oscillant, car ce point est instable. Il existe alors un régime variable périodique compatible avec l'équation (1), c'est celui dans lequel le point représentatif décrit indéfiniment le cycle ABCDA, en sautant brusquement de B en C, puis de D en A. On constate que la lampe au néon donne périodiquement un éclat bref qui correspond à la partie AB du cycle pendant laquelle le condensateur se décharge. »

[Morched-Zadeh 1936, p. 148]

Grâce à cette l'analogie, Morched-Zadeh démontre ainsi que son étude l'a conduit à observer expérimentalement des oscillations de relaxation dans une lampe au néon. Bien que cette thèse reprenne pour l'essentiel un certain nombre de travaux déjà connus comme ceux de Blondel [1919b], de Cartan [1925], de Van der Pol [1926d], de Liénard [1928], d'Andronov [1929a], de Le Corbeiller [1931] ... elle constitue l'un des premiers travaux dans le domaine des oscillations non linéaires et fournit ainsi de précieuses indications sur la manière avec laquelle les concepts d'Andronov et de Van der Pol ont été perçus.

8.3.2 La thèse de Castagnetto

Concernant la biographie de Louis Castagnetto on dispose de très peu d'éléments excepté le fait qu'il ait publié pendant et après sa thèse plusieurs articles aux *C.R.A.S.* [Teissié-Solier et Castagnetto, 1937, 1938 ; Castagnetto, 1958 ; Castagnetto et Matheau 1961a, 1961b]. Son mémoire intitulé « Contribution à l'étude des tourbillons alternés de Bénard-Karman » comporte trois chapitres. Le premier consiste en une description du matériel et des différentes méthodes utilisés pour mener à bien cette étude. Dans le second « les résultats obtenus dans l'étude de divers phénomènes qui accompagnent la production de tourbillons alternés dans un milieu » [Castagnetto 1939, p. 71] sont présentés. Le troisième et dernier chapitre a pour but d'étudier certaines caractéristiques de ces tourbillons afin de les rattacher aux oscillations de relaxation. Au premier chapitre Castagnetto propose un rappel historique du phénomène de tourbillons alternés de Bénard-Karman [78] :

FIGURE 8.25 – Tourbillons alternés de Bénard-Karman, d'après Van Dyke [1982, couverture].

> « En 1908, M. Henri Bénard ([79]), dans une note à l'Académie des Sciences, expose les résultats de ses recherches entreprises en 1906. Plus tard, en 1912, Karman et Rubach ([80]) publient un mémoire sur la résistance des liquides et de l'air, dans lequel ils donnent la condition théorique de stabilité de la rue de tourbillons alternés. »
>
> [Castagnetto 1939, p. 72]

On retrouve ici l'origine de la terminologie anglo-saxonne *vortex street*. Ensuite, Castagnetto rappelle les principaux travaux menés dans ce domaine en particulier ceux de MM. Camichel, Dupin et

78. Une allée de tourbillons alternés de Bénard-Karman (*vortex street* en anglais) est un motif périodique de tourbillons causés par la séparation instable d'un écoulement autour d'un corps (généralement un cyclindre) et se formant dans son sillage. Voir Fig. 8.25.
79. Castagnetto renvoie à Bénard [1908].
80. Castagnetto renvoie à Karman et Rubach [1912].

Teissié-Solier [1927, 1928] et de M. Villat [1929]. Après cet « état de l'art », Castagnetto aborde dans le second chapitre l'étude de tourbillons alternés dans le sillage d'un cylindre immergé dans un champ de vecteurs vitesses uniforme. Le troisième et dernier chapitre intitulé « Sur les tourbillons alternés et les oscillations de relaxation » a pour but de démontrer analytiquement que lors de l'établissement d'un régime pour lequel on observe des tourbillons alternés la loi de variation de l'amplitude des oscillations du sillage est conforme aux résultats de Van der Pol pour l'amplitude des oscillations d'une lampe triode. Dès l'introduction il rappelle que c'est Adrien Foch qui a été l'un des premiers à mettre en évidence l'existence d'oscillations de relaxation dans les tourbillons alternés de Bénard-Karman :

> « Ainsi que l'a signalé M. A. Foch ([81]), les tourbillons alternés appartiennent à la catégorie des phénomènes de relaxation. » [Castagnetto 1939, p. 119]

Puis, à partir des résultats préalablement établis par MM. Camichel et Teissié-Solier [1935], il explique

> « a) Que la loi de variation de l'amplitude y des oscillations du sillage d'un obstacle en régime de Poiseuille à la suite d'une perturbation est caractérisée par une valeur bien déterminée du facteur d'amortissement. Ils ont pu, en particulier vérifier la loi suivante :
>
> $$y = Ea\,(t) \sin(\omega t + \varphi) \text{ avec } Ea\,(t) = Ae^{-\varepsilon' t} \qquad (C_1)$$
>
> b) Que lors de l'établissement des tourbillons alternés, la loi de l'accroissement de l'amplitude des oscillations du sillage en un point est de la forme :
>
> $$y = Ee\,(t) \sin(\omega t + \varphi) \text{ avec } Ee\,(t) = \sqrt{\frac{a}{1 + be^{-\varepsilon t}}} \qquad (C_2)$$
>
> Résultats conformes aux travaux de M. Van der Pol ([82]) sur les oscillations sinusoïdales et de relaxation. Nous verrons plus loin que l'équation (C_1) n'est qu'une forme particulière de l'équation (C_2) et qu'une seule loi peut s'appliquer, soit à la croissance, soit à l'amortissement des oscillations. » [Castagnetto 1939, p. 119]

Il est important de remarquer que l'équation (C_2) correspond exactement à l'expression de l'amplitude décrite par Van der Pol [1930, p. 255] (voir *supra*) mais qu'elle n'est valable que pour des valeurs de $\varepsilon \ll 1$.

Dans le premier paragraphe intitulé « Oscillations de relaxation » Castagnetto se défend de vouloir faire l'historique de ce type d'oscillations mais rappelle cependant les noms des principaux savants comme Van der Pol [1926d, 1930], Van der Pol et Van der Mark [1927], Liénard [1928], Cartan [1925], Andronov [1929a], Andronov et Witt [1930a], Le Corbeiller [1931a, 1932], Kryloff et Bogoliouboff [1932a, 1932b, 1932c, 1933]. Cette bibliographie très complète s'achève par une référence

81. Castagnetto renvoie à Foch [1935].
82. Castagnetto renvoie à Van der Pol [1926c, 1927c].

à la thèse de Morched-Zadeh [1936] également soutenue à la Faculté des Sciences de l'Université de Toulouse et devant la même commission.

Il précise ensuite :

> « Néanmoins, quoique la théorie mathématique des oscillations de relaxation vienne seulement d'être amorcée, plusieurs des phénomènes dont nous aurons à parler par la suite, y étant intimement liés, nous serons obligés de rappeler brièvement quelques résultats capitaux dus pour la plupart à M. Van der Pol. » [Castagnetto 1939, p. 120]

Contrairement à ce qu'affirme Castagnetto dans cette citation directement inspirée de celle de Le Corbeiller [1931a, p. 45] (voir *supra*) ce n'est pas la théorie mathématique des oscillations de relaxation qui vient d'être amorcée mais plutôt l'assimilation de la théorie des oscillations auto-entretenues par la communauté scientifique française. À partir de l'équation différentielle caractérisant les oscillations d'une triode il obtient ensuite l'équation (V_9) de Van der Pol, prototype des oscillations de relaxation :

$$y'' - \varepsilon (1 - y^2) y' + y = 0 \tag{C_3}$$

Puis, il ajoute :

> « Pour ε positif mais très petit, les oscillations s'établissent lentement et ont une forme à peu près sinusoïdale, Van der Pol donne pour l'équation approchée de la courbe enveloppant ces oscillations
>
> $$y = \sqrt{\frac{a}{1 + be^{-\varepsilon t}}} \tag{C_4}$$
>
> Pour $\varepsilon = 1$, on trouve une allure un peu différente et l'amplitude finale est atteinte au bout d'un nombre d'oscillations plus petit que dans le cas précédent. Pour ε très supérieur à l'unité, la forme diffère très fortement de la sinusoïde et sa forme périodique est pratiquement atteinte au bout d'une période. Pour $\varepsilon = 0$, les oscillations sont sinusoïdales. »
>
> [Castagnetto 1939, p. 121]

L'équation (C_4) correspond à la valeur approchée de l'amplitude fournie par Van der Pol [1926d, p. 980] dans son célèbre article puis corrigée lors de son exposé à l'École Supérieure d'Électricité en mars 1930 [Van der Pol 1930, p. 254] (voir *supra*). Il rappelle alors la proposition attribuée par Le Corbeiller [1931a, p. 21] (voir *supra*) à Van der Pol et reprise par Morched-Zadeh [1936, p. 70] sur le passage continu d'oscillations sinusoïdales aux oscillations de relaxation et reproduit les courbes de Van der Pol [1926d, p. 986] (voir *supra* Partie I) après avoir fait une brève allusion à la méthode graphique de Liénard [1928]. Il indique ensuite des propriétés caractéristiques des oscillations de relaxation :

> « La période est donnée par le produit ou le quotient des deux grandeurs physiques caractérisant le système tandis que dans les oscillations sinusoïdales elle est donnée par la racine carrée du produit ou du quotient des deux grandeurs physiques qui caractérisent le système. » [Castagnetto 1939, p. 123]

Il pose ici la base de la démonstration qu'il envisage de faire puisque son travail a pour but d'une part de montrer que l'amplitude des oscillations du sillage en un point est de la forme (C_4) et, d'autre part que leur période est le quotient de deux grandeurs qu'il va définir.

Pour y parvenir Castagnetto [1939, p. 123-126] va tout d'abord montrer que l'équation (C_1) est effectivement une forme particulière de l'équation (C_2) et remplacer ces deux expressions par les suivantes :

– Pour l'établissement :

$$y = \sqrt{\frac{a}{1 + be^{-\varepsilon t}}} \quad \text{avec} \quad \varepsilon > 0 \qquad (C_5)$$

– Pour l'amortissement :

$$y = \sqrt{\frac{a}{1 + be^{\varepsilon t}}} \quad \text{avec} \quad \varepsilon > 0 \qquad (C_7)$$

En effet, en faisant appel à un développement limité de Taylor à l'ordre un en ε Castagnetto [1939, p. 127] montre que l'équation (C_7) se réduit à l'expression (C_1) Ainsi, il obtient une seule et même formule (au signe près) pour l'enveloppe des oscillations. Cependant, il souligne :

> « Notons enfin que pour les ε dont la valeur n'est pas très petite par rapport à l'unité, les approximations théoriques faites lors de l'établissement des formules (C_5) et (C_7) cessent d'être valables. » [Castagnetto 1939, p. 131]

Il va alors démontrer que les courbes définissant la variation d'amplitude du sillage, relevées expérimentalement, peuvent être représentées par les fonctions (C_5) et (C_7). Il considère les courbes $Ea\,(t)$ indicées par la lettre a pour **a**mortissement et les courbes $Ee\,(t)$ indicées par la lettre e pour **é**tablissement (voir Fig. 8.26 et 8.27).

Il va donc déterminer, à partir de ces courbes (Fig. 8.26 et 8.27), les trois paramètres a, b et ε des fonctions (C_5) et (C_7). De plus, pour que ses calculs restent valables, il doit également contrôler que le paramètre ε reste petit devant l'unité. Aussi, après avoir posé $\varepsilon = 2\varepsilon'$ il construit la courbe de variation de ε' en fonction de la vitesse V du fluide (voir Fig. 8.28).

On remarque que ε' reste petit devant l'unité dans un domaine de vitesse situé entre 9 et 10 mm/sec (voir Fig. 8.28 cercle rouge). Ce qui conduit Castagnetto à la remarque suivante :

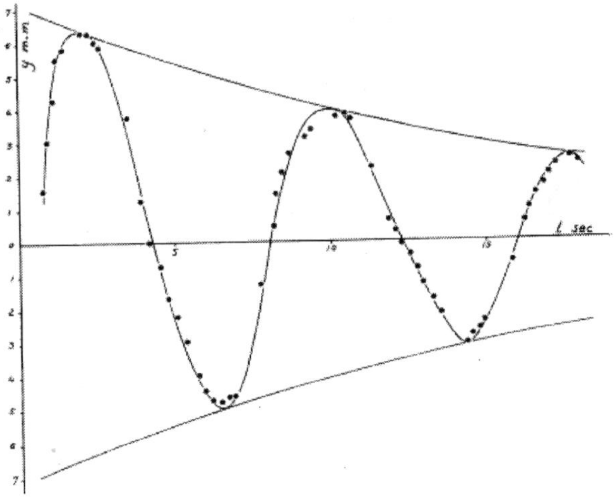

FIGURE 8.26 – Variation en un point de l'amplitude du sillage pendant un amortissement, d'après Castagnetto [1939, p. 132].

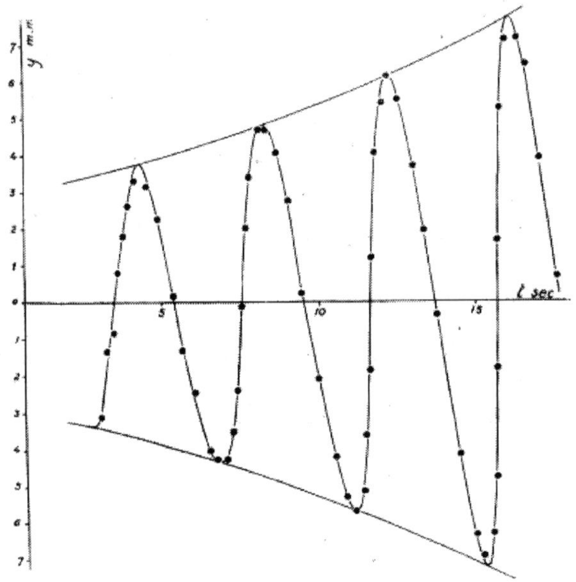

FIGURE 8.27 – Variation en un point de l'amplitude du sillage pendant un amortissement, d'après Castagnetto [1939, p. 132].

« D'autre part, ainsi que l'indique M. C. Camichel et comme il résulte des formules (C_5) et (C_7), la définition théorique du critérium des tourbillons alternés correspond à $\varepsilon' = 0$, ce qui, dans le domaine physique, se traduit par le fait qu'une oscillation prenant naissance dans le sillage de l'obstacle est susceptible de se maintenir indéfiniment sans croître ni décroître. » [Castagnetto 1939, p. 146]

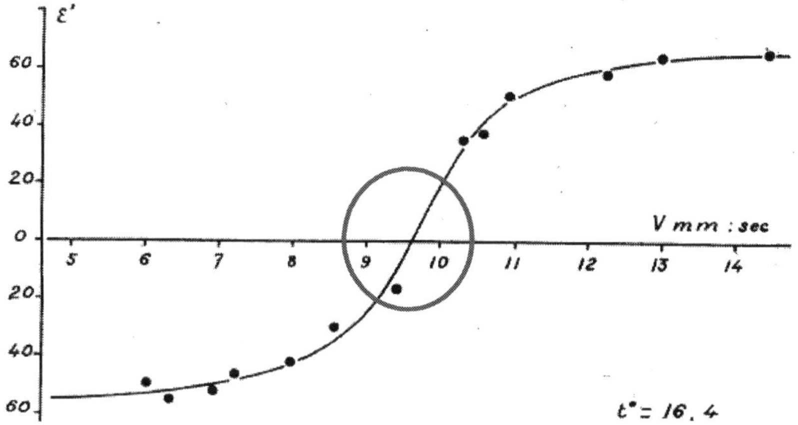

FIGURE 8.28 – Variations de ε' en fonction de la vitesse V du fluide, d'après Castagnetto [1939, p. 145].

Bien que son étude se situe dans le domaine des oscillations sinusoïdales plutôt que dans celui des oscillations à relaxation puisque le paramètre ε' doit rester petit devant l'unité afin de conserver aux formules (C_5) et (C_7) toute leur validité, Castagnetto retrouve l'un des aspects des oscillations de relaxation, à savoir que l'amplitude demeure inchangée.

Il obtient par simple lecture sur la Fig. 8.28 la valeur de la vitesse du fluide V = 9.55 mm/sec pour laquelle $\varepsilon' = 0$.

Enfin, pour démontrer que les oscillations du sillage, $i.e.$ que les tourbillons de Bénard-Karman se rattachent aux phénomènes de relaxation, Castagnetto doit établir que leur période s'exprime comme le produit ou le quotient de variables « analogues hydrauliques » à un temps de relaxation. Il aboutit à :

« $T = \dfrac{5D}{V}$, relation qui définit la période des tourbillons alternés par le quotient des deux grandeurs caractérisant le système. Or, c'est bien là une des caractéristiques des oscillations de relaxation [83]. » [Castagnetto 1939, p. 149]

83. D représente le diamètre de l'obstacle (cylindre) et V la vitesse du fluide.

8.3.3 La thèse d'Abelé

La biographie de Jean Abelé (1886-1961) a pu être établie grâce à une notice nécrologique rédigée par Georges Bouligand [1961] dans la *Revue Générale des Sciences Pures et Appliquées* [84]. Durant les années quarante il publie de nombreux articles scientifiques [Abelé, 1942a, 1942b, 1943, 1945a, 1945b, 1945c, 1946, 1947]. Ainsi, outre sa thèse, sa contribution à la théorie des oscillations non linéaires est très importante, notamment en ce qui concerne la classification des oscillations (voir *infra*). Son mémoire de thèse comporte deux parties : une partie théorique et une partie technique qui ne présente pas d'intérêt pour cette étude. Aussi, seule la partie théorique va faire l'objet d'une analyse.

Dans son introduction Abelé [1943, p. 9-12] fait un constat sans appel sur le rapport entre théorie et technique des oscillations auto-entretenues :

> « Cependant la théorie est en retard sur la technique. » [Abelé 1943, p. 12]

Cette phrase paraît décrire assez bien la situation de la communauté scientifique française surtout si l'on songe par exemple aux travaux d'Abraham concernant d'une part la mise au point de la lampe T.M. et, d'autre part pour la réalisation avec Bloch du multivibrateur (voir *supra* Partie I). Abelé rappelle ensuite les étapes de l'élaboration de la théorie des systèmes auto-entretenus :

> « On peut les ramener à deux principales que nos désignerons à la suite de Van der Pol [85], sous les noms de *théorie linéaire* et *théorie non-linéaire* des systèmes autoentretenus.
>
> La théorie linéaire recherche les conditions auxquelles doit satisfaire un oscillateur donné pour que l'autoentretien soit *possible*. [...]
>
> La théorie non linéaire se propose d'appliquer les ressources du calcul infinitésimal au problème plus complexe de la *stabilité* des oscillations. [...]
>
> Les équations représentant le fonctionnement *stable* d'un oscillateur autoentretenu ne peuvent donc être que des équations *non-linéaires*. » [Abelé 1943, p. 13]

84. Né à Reims le 15 mai 1886, il est à la fois physicien, philosophe et écrivain. Il fait ses premières années d'études au Collège Saint-Joseph de Reims avant d'entrer à la Compagnie de Jésus. Il obtient ensuite une Licence ès Lettres et étudie la philosophie et les sciences à Saint-Hélier (île de Jersey) puis à l'École d'Antoing (Belgique). Il complète alors sa spécialisation en physique à Paris, sous la direction d'Édouard Branly, et devient licencié ès Sciences. Il est mobilisé pendant la Première Guerre mondiale aux côtés du Général Gustave Ferrié dans la section de radiogogniométrie. Il étudie ensuite la théologie à Enghien et devient professeur de Physique à Vals (1923-1961). Travaillant dans un laboratoire modeste, il fait néanmoins breveter plusieurs de ses inventions, comme un dispositif pour recevoir et amplifier les hautes fréquences des oscillations électriques (1924), et un cadre récepteur pour la radiotélégraphie et la radiotéléphonie (1926). Il obtient un doctorat ès Sciences de la Faculté des Sciences de l'Université de Paris en 1943. Son mémoire de thèse remporte en 1948 le Prix du Général Ferrié. Philosophe et thomiste convaincu il enseigne à partir de 1937 la cosmologie à Vals, et pour une année à l'Université Grégorienne à Rome. À partir de 1948, il est nommé directeur des études à Vals. En 1945, il devient membre du Centre national de la Recherche Scientifique. En 1949, il présente un exposé lors du Congrès International de Philosophie des Sciences qui eut lieu à Paris. En plus des travaux qu'il publie dans la revue Études, il collabore aux Archives de philosophie dont il est membre du conseil exécutif.

85. Abelé renvoie à Van der Pol [1934]

Abelé donne ici une définition des deux principales méthodes employées jusqu'alors en France pour étudier les oscillations entretenues. La première qu'il qualifie de théorie linéaire avait pour simple but de déterminer, en se plaçant au voisinage du point de fonctionnement, une condition d'amorçage appelée également condition d'entretien des oscillations. Cette condition se présentait généralement sous la forme d'une inégalité qui reliait les différentes variables du système. La seconde qu'il appelle théorie non linéaire se situait à l'étape suivante. Une fois le système « amorcé » la question était de savoir si l'amplitude des oscillations allait croître ou décroître exponentiellement ou se « stabiliser » à un certain régime correspondant à une condition qu'il devenait alors impératif de déterminer afin de réaliser, par exemple, des systèmes de radio transmission fiables.

C'est précisément ce qu'ont réalisé Poincaré [1908] et Andronov [1929a] (voir *supra* Partie I) dans leurs travaux en fournissant une condition d'existence d'un cycle limite stable qui est l'expression mathématique d'un régime oscillatoire pour lequel l'amplitude est stabilisée.

Le premier chapitre intitulé : « Fondements de la théorie non linéaire des systèmes autoentretenus » débute par la présentation de l'équation différentielle non linéaire du second ordre d'un système oscillant mécanique qui prend la forme suivante :

$$m\frac{d^2z}{dt^2} + F\left(z, \frac{dz}{dt}\right) + sz = 0 \tag{Ab$_1$}$$

Bien qu'Abelé affirme fonder ses travaux sur ceux de Van der Pol [1930, 1934], de Liénard [1928] et de Le Corbeiller [1931a, 1933a] ce n'est pas l'équation (V_9) de Van der Pol, prototype des oscillations de relaxation, qu'il présente mais une équation plus générale qu'il considère comme « fondamentale dans la théorie non linéaire » [Abelé 1943, p. 18]. De plus, Abelé [1943, p. 17] a ajouté en note de bas de page qu'au moment où son mémoire était achevé l'ouvrage de Rocard [1941] dont le second chapitre traite des oscillations de relaxation venait de paraître. Ceci ajoute à nouveau une confusion entre oscillations auto-entretenues et oscillations de relaxation. Il montre ensuite que par un simple changement de variable, $i.e.$ en posant $v = dz/dt$ on ramène l'équation (Ab_1) à une équation différentielle du premier ordre :

$$mv\frac{dv}{dt} + F(z, v) + sz = 0 \tag{Ab$_2$}$$

Il propose alors une « interprétation géométrique » qui consiste à se placer dans le plan (z, v), c'est-à-dire dans le plan de phase de Poincaré et il rappelle :

> « À un mouvement périodique *stable* correspond une courbe intégrale fermée *dont s'approchent asymptotiquement en spirales, de l'intérieur et de l'extérieur, pour t croissant, les solutions voisines*. Un des problèmes fondamentaux de la théorie non linéaire consiste dans la recherche de ces courbes fermées, dites *cycles limites*[86]. » [Abelé 1943, p. 18]

86. Abelé renvoie à Andronov [1929a].

Cet extrait est une paraphrase des travaux de Liénard [1928, p. 906] (voir *supra* Partie I), d'Andronov [1929a, p. 560] (voir *supra*) et de Haag [1934b, p. 906] (voir *supra*) bien que ce dernier ne figure pas dans la bibliographie. Il est également surprenant qu'il n'y ait pas de citation directe de Poincaré ni même de référence.

Après avoir dédimensionné l'Eq. (Ab_2) en posant $x = z\sqrt{s/2}$ et $y = v\sqrt{m/2}$: il envisage une « interprétation énergétique » de l'équation suivante :

$$xdx + ydy + E(x,y)\,dx = 0 \qquad (Ab_3)$$

Il est alors intéressant de comparer cette équation avec l'équation (P_4) écrite par Poincaré [1908, p. 390] (voir *supra* Partie I) :

$$Ly\frac{dy}{dx} + \rho y + \theta(y) + Hx = 0 \qquad (P_4)$$

En la multipliant par dx et en négligeant la résistance ρ de la self on obtient :

$$Hxdx + Lydy + \theta(y)\,dx = 0 \qquad (P_8)$$

Abelé constate que les deux premiers termes de l'équation (Ab_3) représentent les énergies potentielle et cinétique de l'oscillateur pendant l'intervalle dt. Il fait ensuite appel au *principe de conservation de l'énergie mécanique* pour expliquer que le troisième terme représente l'énergie perdue ou gagnée pendant cet intervalle ce qui correspond à ce que Van der Pol [1928a, p. 367 ; 1930, p. 300] et Andronov [1928, p. 23] (voir *supra*) ont appelé une « source d'énergie continue non-renouvelable ». C'est également à partir de ce *principe* que Poincaré [1908] avait pu établir la condition de stabilité du cycle limite (voir *supra* Partie I). De plus, il apparaît que les équations (Ab_3) et (P_8) sont totalement identiques.

Il présente ensuite l'équation et la construction de Liénard ainsi que l'équation de Van der Pol comme des cas particuliers de son équation (Ab_3), prototype des oscillations auto-entretenues. À propos des travaux de Van der Pol il rappelle :

> « L'intérêt de cette étude, qui constitue une remarquable application de la théorie non linéaire, est de montrer qu'en donnant à ε une variation continue, on réalise un passage également continu, entre deux types d'oscillations apparemment très différentes : les oscillations sinusoïdales et celles que M. Van der Pol a nommées : *oscillations de relaxation*. Dans les oscillations rigoureusement sinusoïdales une certaine quantité d'énergie se transforme périodiquement d'énergie potentielle en énergie cinétique et réciproquement, l'énergie dissipée étant nulle ou exactement compensée par l'apport d'une source d'énergie. Dans les oscillations de relaxation l'énergie fournie par la source est progressivement accumulée sous forme potentielle ou cinétique et, dès qu'elle a atteint une valeur déterminée, brusquement dissipée. Si l'équation de Van der Pol permet de relier deux types

> aussi opposés de régimes oscillatoires par un vaste domaine intermédiaire, l'oscillation sinusoïdale et l'oscillation de relaxation n'en restent pas moins des *bornes extérieures* à ce domaine. » [Abelé 1943, p. 22]

Si à son tour Abelé rappelle la proposition que Le Corbeiller [1931a, p. 21] (voir *supra*) avait attribuée à Van der Pol et qui avait été reprise par Morched-Zadeh [1936, p. 70] (voir *supra*) la manière qu'il a de présenter le passage continu d'oscillations sinusoïdales aux oscillations de relaxation offre plus de clarté et semble constituer une sorte de trait d'union entre la théorie linéaire et la théorie non linéaire. Ce *continuum* réversible est assez inhabituel dans la mesure où il permet de passer d'oscillations linéaires à des oscillations non linéaires et inversemment. Ce qui n'est le pas cas par exemple en Mécanique. On peut passer, via la transformation de Lorentz, de la Mécanique Relativiste à la Mécanique Classique mais pas l'inverse. Enfin, dans ce passage Abelé paraît finalement adopter la terminologie « source » de Van der Pol et d'Andronov pour désigner le troisième terme de l'équation (Ab_3).

Au second chapitre, il propose « une généralisation de l'équation de Liénard » [Abelé 1943, p. 28] représentant le fonctionnement d'un oscillateur à amplitude autostabilisée et précise que :

> « Cet oscillateur vise en effet à concilier la sinusoïdalité et la stabilité des oscillations engendrées. » [Abelé 1943, p. 28]

Partant de considérations de symétries et en faisant appel au *Principe de Dualité* (voir Appendice A.2) il propose les deux équations suivantes :

$$xdx + ydy + 2R\,(x,y)\,ydx = 0 \qquad (Ab_4)$$

$$xdx + ydy + 2S\,(x,y)\,xdy = 0 \qquad (Ab_5)$$

où les fonctions $R\,(x,y)$ et $S\,(x,y)$ dépendent de la disposition du circuit respectivement en série et en parallèle. Abelé précise de plus que la sinusoïdalité se traduit par l'équation d'un cercle : $x^2 + y^2 = A^2$ et que la stabilité exige que ce cercle soit solution des deux équations (Ab_4) et (Ab_5). Ce qui implique que les fonctions $R\,(x,y)$ et $S\,(x,y)$ contiennent en facteur l'expression $x^2 + y^2 - A^2$. Il est à noter que l'équation (Ab_4) qui constitue, d'après Abelé, une généralisation de l'équation de Liénard [1928, p. 901] a déjà été obtenue par Liénard [1931, p. 177] (voir *supra*). Au chapitre suivant il établit une relation entre l'amplitude ou plutôt la « fonction amplitude » $A\,(x,y)$ et les fonctions $R\,(x,y)$ et $S\,(x,y)$ pour qu'elle soit « autostabilisiée ». Il obtient ainsi pour le circuit série et pour circuit en dérivation les expressions suivantes :

$$A\,(x,y) = +\sqrt{x^2 + 2Rxy + y^2} \qquad (Ab_6)$$

$$A\,(x,y) = +\sqrt{x^2 + 2Sxy + y^2} \qquad (Ab_7)$$

Le quatrième chapitre est consacré à la « formation de l'équation d'un oscillateur à amplitude autostabilisée » qu'il fournit dans le cas du circuit série [87]. Pour y parvenir il pose dans (Ab_4) : $R = -a + bA(x, y)$, puis en résolvant par rapport à R, il obtient l'équation (Ab_8) :

$$xdx + ydy + 2\left[-\left(a - b^2xy\right) + \sqrt{\left(a - b^2xy\right)^2 - a^2 + b^2\left(x^2 + y^2\right)}\right]ydx = 0$$

En se plaçant dans le plan de phase de Poincaré on peut alors transformer l'équation (Ab_8) en un système de deux équations différentielles du premier ordre correspondant au système auto-entretenu (A_4) d'Andronov [1929a, p. 560] (voir Tableau 8.2).

Abelé [1943]	Andronov [1929a]
$\begin{cases} \dfrac{dx}{dt} = y \\ \dfrac{dy}{dt} = -x - 2R(x,y)\,y \end{cases}$	$\begin{cases} \dfrac{dx}{dt} = y + \mu f(x,y;\mu) \\ \dfrac{dy}{dt} = -x + \mu g(x,y;\mu) \end{cases}$

TABLE 8.2 – Équations différentielles d'Abelé [1943] et d'Andronov [1929a].

Dans les deux derniers chapitres de la première partie de sa thèse, Abelé démontre d'une part que son oscillateur possède un *cycle limite* d'équation :
$x^2 + y^2 = a^2/b^2$ qui est solution de l'équation (Ab_8) et, fournit d'autre part les conditions d'existence de ce cycle limite portant sur les paramètres a et b. Il établit ainsi que : $0 < a < 0.995$ et $b > 0$. En choisissant par exemple $a = 0.2$ et $b = 1$ on vérifie au moyen d'une intégration numérique (voir Fig. 8.29) que l'équation (Ab_8) d'un oscillateur d'amplitude autostabilisée possède bien un cycle limite.

La courbe en bleu correspond au cycle limite d'équation $x^2 + y^2 = a^2/b^2$. Le point de couleur verte représente le point fixe $O(0,0)$, celui de couleur bleue la condition initiale $I(0.1, 0.1)$. On remarque comme le démontre Abelé [1943, p. 49] que les courbes intégrales intérieures au cercle s'en rapprochent asymptotiquement.

On peut néanmoins s'interroger sur la raison pour laquelle Abelé n'a pas fait appel à la méthode de Liénard [1928] pour démonter l'existence et l'unicité du cycle limite ni à celle employée par Andronov [1929a] pour établir sa stabilité. Ce troisième mémoire de thèse fournit également de précieuses indications sur le niveau d'assimilation des concepts d'oscillations de relaxation et d'oscillations auto-entretenues par la communauté scientifique française. Il montre en particulier comme dans les cas précédents que l'importance des travaux de Poincaré et d'Andronov ne paraît pas avoir été perçue à cette époque.

87. Une simple permutation des variables x et y conduit à l'équation correspondant au circuit en dérivation.

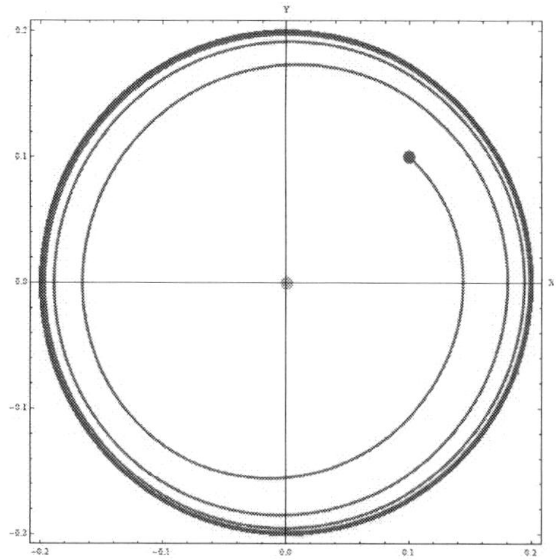

FIGURE 8.29 – Intégration numérique (Mathematica 7) del'équation (Ab_8) pour $a = 0.2$ et $b = 1$.

8.3.4 La thèse de Moussiegt

Le peu d'éléments biographiques concernant Jean Moussiegt (1910-1992) m'ont été transmis directement par son fils (Denis). Jean Moussiegt a soutenu sa thèse intitulée : « Les oscillations de relaxation dans les tubes à décharges : application à l'étude de l'allumage » en 1949 aux Laboratoires d'Électronique et de Radioélectricité de la Faculté des Sciences de l'Université de Grenoble [88]. Son mémoire de thèse consiste pour l'essentiel en une étude expérimentale de la décharge intermittente d'un courant à travers un gaz sous une faible pression contenu dans un tube néon. Néanmoins, la bibliographie ainsi que certains chapitres de la seconde partie sont du plus grand intérêt car ils fournissent une idée de la réception du concept d'oscillations de relaxation après-guerre.

Dans l'introduction, Moussiegt [1949, p. 593] rappelle tout d'abord que cette décharge intermittente est habituellement considérée comme appartenant au type d'oscillations de relaxation puis il ajoute :

> « L'étude des oscillations de relaxation a progressé par la considération de la *caractéristique*, courbe représentant les variations de la tension en fonction du courant, en régime continu. En particulier un mémoire célèbre de B. Van der Pol expose une théorie générale des oscillations, incluant les oscillations de relaxation ; celles-ci apparaissent comme des oscillations sinusoïdales déformées. Les développements ultérieurs de cette théorie s'éloignent de plus en plus du schéma simple précédent et ne paraissent pas se préoccu-

88. En 1955, il est Chef de travaux du Laboratoire de Radioélectricité. En 1965 il est nommé Directeur des études de l'école d'ingénieur de Grenoble. Il devient ensuite le tout premier directeur de l'Institut Universitaire Technologique (I.U.T.) de Nice en 1970 et participe à la création du Laboratoire d'Électronique de Nice en 1973.

per de vérifications expérimentales précises, du moins en ce qui concerne les oscillations produites au moyen d'un tube à décharge. » [Moussiegt 1949, p. 594]

Moussiegt attribue à Van der Pol le mérite d'avoir élaboré une « théorie générale des oscillations » . Ce qui paraît quelque peu exagéré au regard des références bibliographiques qu'il fournit puisqu'il renvoie seulement aux travaux de Van der Pol [1926c, 1926d, 1927c, 1930] et d'autant que n'apparaissent ni les articles d'Andronov [1929a], d'Andronov et Witt [1930a], ni même l'ouvrage d'Andronov et Khaikin [1937] dont la traduction de Lefschetz [Andronov, 1949] était publiée en cette même année 1949. Il semble donc concentrer son étude sur le concept d'oscillations de relaxation de Van der Pol, c'est-à-dire, l'aspect lent-rapide du phénomène oscillatoire plutôt que sur celui d'oscillations auto-entretenues d'Andronov dans la mesure où le concept de *cycle limite* de Poincaré est totalement absent de ce mémoire. En effet, il remplace la terminologie de Poincaré par les expressions « capacité limite de relaxation » [Moussiegt 1949, p. 601] et « cycle de relaxation » [Moussiegt 1949, p. 606] dont la signification n'a que peu de rapport avec celle de Poincaré.

Dans le premier paragraphe de sa bibliographie générale intitulé « oscillations de relaxation et théorie générale des oscillations » il cite (entres autres) : Abraham et Bloch [1919e], Abelé [1942a, 1942b, 1946], Liénard [1928], Rocard [1937a, 1941] mais également Richardson [1937] et Shohat [1943, 1944] (voir *infra*).

Au chapitre III de la première partie il propose une « étude expérimentale du cycle de relaxation » et fournit les relevés oscillographiques de la *caractéristique dynamique* (voir Fig. 8.30 et Fig. 8.31) en précisant que de tels oscillogrammes ont déjà été obtenus par Richardson [1937] et Leyshon [1930].

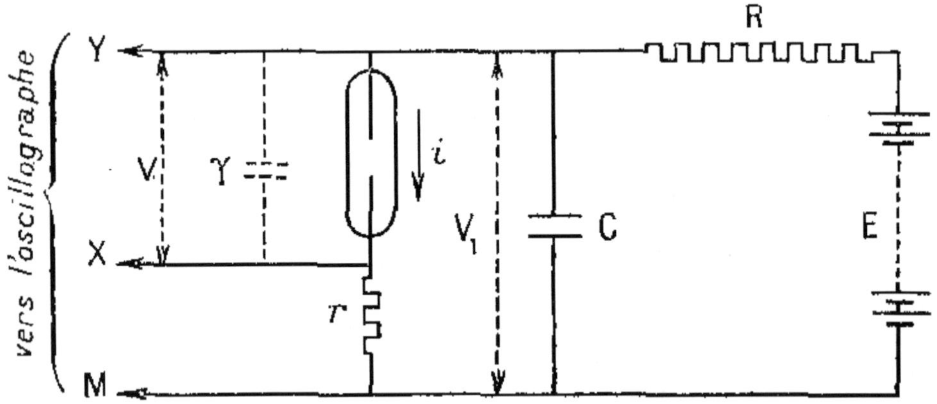

FIGURE 8.30 – Schéma du montage pour l'observation des cycles de relaxation à l'oscillographe cathodique, d'après Moussiegt [1949, p. 606].

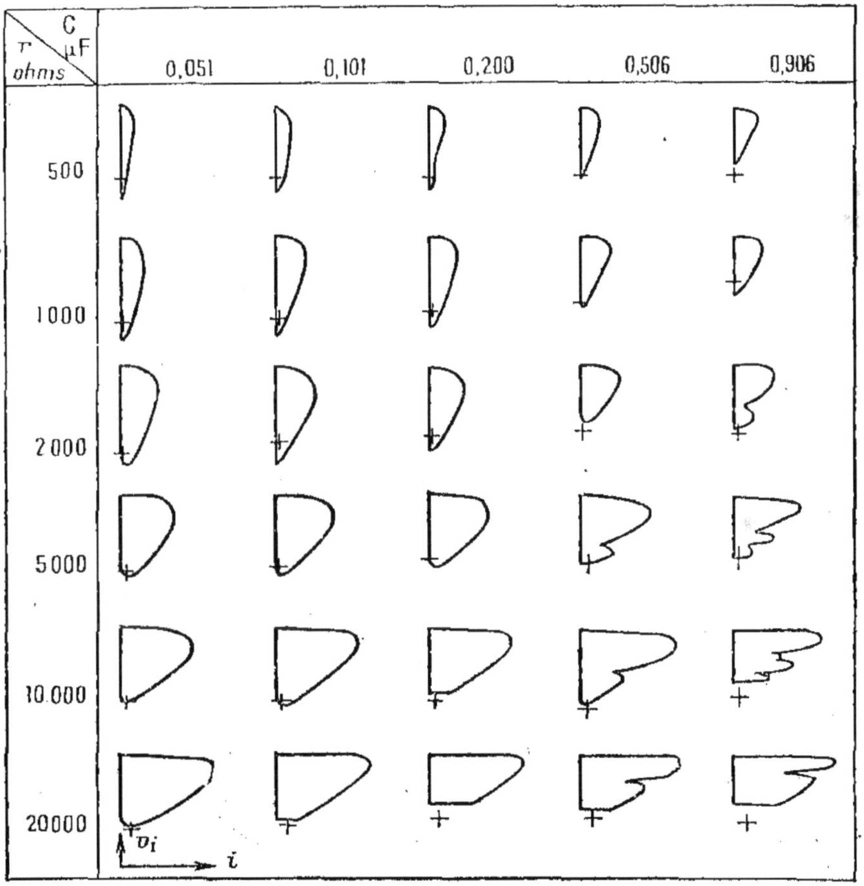

FIGURE 8.31 – Cycles de relaxation, d'après Moussiegt [1949, p. 606].

Il commente alors ces figures par cette phrase :

> « La *caractéristique dynamique* du fonctionnement intermittent apparaît comme une courbe fermée, que j'appellerai aussi le cycle de relaxation. » [Moussiegt 1949, p. 608]

Il semble qu'il n'ait absolument pas intégré la correspondance d'Andronov [1929a] (voir *supra*) probablement par méconnaissance. Le premier chapitre de la seconde partie de sa thèse intitulé « Théorie des oscillations de relaxation » débute par un rappel sur les oscillations produites par une décharge intermittente. Moussiegt reproduit alors un diagramme qui avait été présenté par Le Corbeiller [1931a, p. 9] et repris ensuite par Morched-Zadeh[89] [1936, p. 148] (voir *supra*). Il représente la *caractéristique statique* du tube néon (voir Fig. 8.32 courbe en rouge), les droites d'équations $v = v_1 - ri$ et $v = E - (R + r)\,i$.

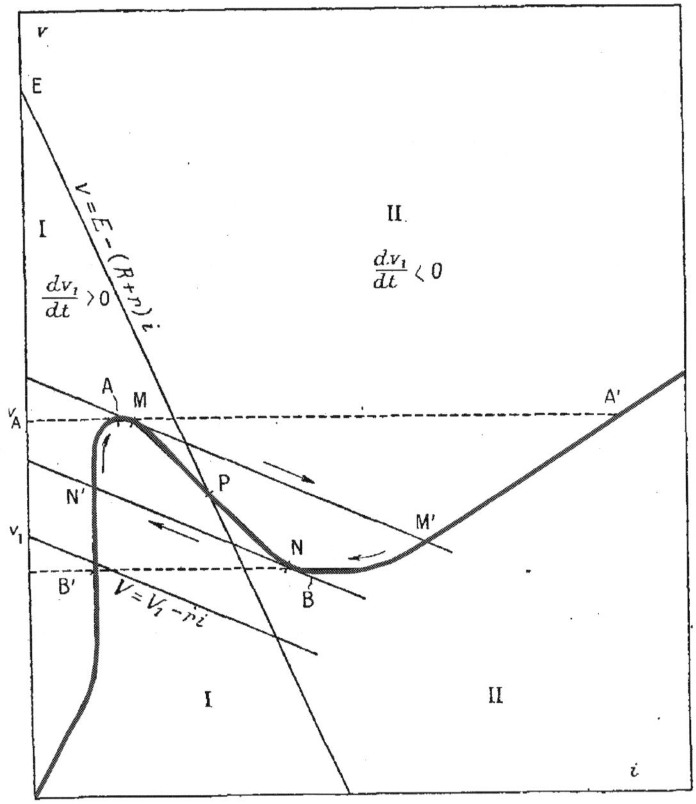

FIGURE 8.32 – Caractéristique du tube néon, d'après Moussiegt [1949, p. 622].

89. À propos de ce dernier il est curieux de constater que son travail ne soit pas cité par Moussiegt.

Puis, il explique que lorsque la droite d'équation $v = v_1 - ri$ qui se déplace parallèlement à elle-même dans le sens des v croissants devient tangente en M à la *caractéristique statique* l'allumage se produit le long de la droite MM' et le courant décroît ensuite jusqu'à l'extinction faisant passer de N en N'. Il remarque ensuite que la droite d'équation $v = E - (R + r)\, i$ sépare le plan de phase (i, v) en deux domaines distincts I et II. Il en déduit le signe de la variation de v_1 par rapport au temps ce qui lui permet de conclure :

> « *On voit ainsi comment le point* P *demeure inaccessible et dans quelles conditions se trouve engendré le fonctionnement intermittent suivant le cycle* $MM'NN'$. »
>
> [Moussiegt 1949, p. 623]

De nouveau on constate que l'expression cycle limite est absente. Il fait alors référence aux travaux de Le Corbeiller en lui adressant cette critique :

> « On trouve dans un ouvrage de Ph. Le Corbeiller (*Les systèmes auto-entretenus et les oscillations de relaxation*, Hermann, Paris, 1935) l'indication d'un tel cycle sur une figure, mais le texte ne donne pas d'explications. » [Moussiegt 1949, p. 623]

Il analyse ensuite la « déformation du cycle de relaxation aux petites capacités » et poursuit son étude expérimentale. Ce mémoire d'après-guerre qui est davantage l'œuvre d'un électronicien que celle d'un mathématicien met en lumière une méconnaissance totale des travaux d'Andronov [1929a] sur les oscillations auto-entretenues, ce qui se traduit par une absence de prise de conscience de l'importance du concept de cycle limite dans la théorie des oscillations. En revanche, le concept d'oscillations de relaxation de Van der Pol [1926d] paraît avoir été assez bien perçu même s'il semble relever de « l'effet relaxation ».

Chapitre 9

Hadamard et son séminaire : *au carrefour des idées et des théories*

Tout au long de cette étude le nom de Jacques Hadamard (1865-1963) a été évoqué à plusieurs reprises, notamment, à propos de la transmission de nombreuses notes aux Comptes rendus de l'Académie des sciences de Paris : celles d'Andronov [1929a], d'Andronov et Witt [1930a], de Kryloff et Bogoliouboff [1932a, 1932c, 1934e, 1935a], etc. Hadamard faisait également partie des personnalités scientifiques invitées à participer à la première Conférence Internationale du Non-linéaire qui eut lieu en janvier 1933 à l'Institut Henri Poincaré. De par sa formation et la place qu'il occupe au moment de la disparition de Poincaré en 1912, Hadamard paraît être le mathématicien le plus à même d'appréhender ses travaux.

En novembre 1897, il devient suppléant de Maurice Lévy (1838-1910) à la chaire de Mécanique analytique et mécanique céleste du Collège de France. C'est à cette époque qu'il publie ces deux mémoires intitulés : « Sur certaines propriétés des trajectoires en Dynamique » [Hadamard, 1897] et « Sur les surfaces à courbures opposées et les lignes géodésiques » [Hadamard, 1898] [1]. En 1909, il devient titulaire de la chaire de Mécanique analytique et de mécanique céleste au Collège de France. Trois ans plus tard, il succède à Henri Poincaré (1854-1912) à l'Académie des sciences et à Camille Jordan (1838-1922) à l'École Polytechnique.

Dans l'entre-deux-guerres, il joue un rôle essentiel dans la communauté mathématique française et internationale [2]. L'une des manifestations essentielles de ce rôle est le « séminaire » qu'il a organisé au Collège de France et sur lequel plusieurs témoignages de participants nous sont parvenus [3]. Cependant, nous allons utiliser ici une source dont l'intérêt pour cet objet a été mis en évidence par

1. Voir l'article de Jean-Luc Chabert [1992].
2. Voir H. Gispert et J. Leloup [2009, p. 70-75].
3. Voir, par exemple, dans Maz'ya et Shaposnnikova [1998/2005], où est citée la présence parmi les conférenciers de : Émile Borel, Paul Montel, Henri Lebesgue, Paul Lévy, Maurice Fréchet, Jean Chazy, Henri Villat, Gaston Julia, Arnaud Denjoy, Georges Valiron, Élie Cartan, André Weil, Vito Volterra, Tulio Lévi-Civita, George Birkhoff.

J.-L. Chabert et C. Gilain dans leurs travaux sur Hadamard autour de la Première Guerre mondiale : il s'agit de *l'Annuaire du Collège de France*, qui contient, à partir de 1900, les « Résumés des cours » de chaque année scolaire, rédigés par le professeur. Il en ressort qu'Hadamard a transformé, dès l'année 1913-14, mais surtout à partir de l'année 1920-21 [4], une partie croissante de ses séances de cours au Collège de France en « Analyses de mémoires scientifiques », exposés par des mathématiciens jeunes ou confirmés, français ou étrangers, avec une grande place laissée aux discussions. Cette partie « séminaire » finira par occuper toutes les séances de cours d'Hadamard. Ces documents contiennent plusieurs informations qui intéressent directement le sujet de cette thèse. Nous présenterons la partie magistrale du cours d'Hadamard avant la partie séminaire.

9.1 La diffusion de l'héritage de Poincaré

9.1.1 Les leçons au Collège de France

Les leçons d'Hadamard portent, bien sûr, souvent sur ses propres recherches ou sur des recherches récentes d'autres mathématiciens dont les thèmes sont liés à ses centres d'intérêt, qui sont souvent issus des travaux de Poincaré. Certaines leçons sont ainsi consacrées aux travaux de Liapounov en 1907-1908, alors que le mémoire de celui-ci venait d'être traduit en français. En 1910-1911, les leçons portent sur « Les fonctions quasi périodiques et leurs applications à la Mécanique analytique et à la Mécanique céleste ». Il y expose notamment les travaux de Bohl et d'Ernest Esclangon [5]. Cependant, à partir de l'année 1919-20 jusqu'à l'année 1924-25, les leçons d'Hadamard sont consacrées à l'exposé systématique de l'œuvre de Poincaré. Par exemple, en 1924, on peut lire :

> « Le cours de 1923-1924 a été, comme celui des années précédentes, composé de deux parties distinctes. Le premier cours a été consacré *aux premières années de l'œuvre de Poincaré*. Les Mémoires examinés précédemment étaient ceux qui traitaient de l'Arithmétique et de la Théorie des fonctions ; cette fois, ont été étudiés ceux qui traitaient de la théorie des équations différentielles, en commençant par ceux où cette théorie est examinée au point de vue proprement analytique, c'est-à-dire au point de vue des singularités tant réelles que complexes et des développements en séries propres à représenter les solutions.
>
> Le point de vue opposé, c'est-à-dire le point de vue réel et qualitatif, représenté par les quatre célèbres Mémoires *Sur les courbes définies par les équations différentielles* (Journal de Math., 1880-1885) a été abordé vers la fin du cours. Son étude sera continuée cette année. » [*ACF*, 1923-1924, p. 38]

4. Et jusqu'en 1937, année de sa retraite.
5. Voir Esclangon [1902, 1904] et Bohl [1893, 1904, 1906].

On peut voir là, de la part d'Hadamard, une volonté de transmettre à la nouvelle génération de mathématiciens un héritage qui pourrait se perdre, au moins en partie, du fait de la disparition prématurée de Poincaré en 1912, suivi de la longue période de guerre.

9.1.2 Les conférences d'Hadamard à l'étranger

Par-delà son importante contribution au numéro des *Acta mathematica,* dédié à Poincaré, numéro publié en 1921 mais préparé avant la guerre, d'autres éléments confirment cette volonté « militante » d'Hadamard. Ce sont les conférences qu'il donne à l'étranger sur l'œuvre de Poincaré dans la même période 1920-1925. Au printemps 1920, Hadamard avait présenté lors d'une série de conférences données au *Rice Institute* (Houston, Texas) « The early scientific works of Henri Poincaré » [Hadamard, 1920]. L'année suivante, son intervention à l'*Institut d'Études Catalanes*, à Barcelone [6], avait pour titre : « Poincaré I la Teoria de les equacions diferencials [7] » [Hadamard, 1923]. En 1925, il délivre une seconde série de conférences au *Rice Institute* intitulée « The Later Scientific Work of Henri Poincaré » [Hadamard, 1933]. Mais, une autre façon de faire vivre l'héritage de Poincaré consiste à favoriser le développement de nouvelles recherches prolongeant l'œuvre du maître et ce sera une des fonctions de la partie séminaire de son cours au Collège de France.

9.2 La partie séminaire du cours d'Hadamard : *quelques thèmes abordés*

9.2.1 Les travaux de George Birkhoff

Les travaux de Birkhoff seront à plusieurs reprises au programme du séminaire. En 1922-23, est étudiée sa démonstration complète du dernier théorème de Poincaré, qui avait arrêté ce dernier peu de temps avant sa mort, avec la valeur symbolique d'une prise de relais. Ce théorème de point fixe permet « d'établir l'existence d'un nombre illimité de solutions périodiques dans un cas du problème des trois corps plus général que tous ceux qu'il avait envisagés jusque-là [8] ». Publiée en janvier 1913 dans les *Transactions of the American Mathematical Society* [Birkhoff, 1913], elle paraît en français l'année suivante (voir Birkhoff [1914]).

Le séminaire étudie aussi, la même année les travaux de Birkhoff sur les mouvements « récurrents » [Birkhoff, 1912], puis son mémoire sur les transformations ponctuelles des surfaces, en 1925-26. Birkhoff lui-même viendra faire des conférences au séminaire en 1930-31, alors qu'il était invité

6. Le Professeur Emma Sallent del Colombo, épistémologue au département de Physique de l'Université de Barcelone, m'a indiqué qu'Hadamard s'était aussi rendu à Madrid à l'invitation de la *Junta de Ampliación de Estudios* (*Conseil des études supérieures*) pour présenter un cycle de conférences sur les travaux de Poincaré.

7. Poincaré et la théorie des équations différentielles.

8. Voir Darboux [1914, p. 145].

FIGURE 9.1 – Jacques Hadamard (Studio Harcourt, source internet).

au Collège de France [9] à titre de conférencier Michonis [10]. Ainsi, les compléments apportés aux questions laissées en suspens par Poincaré font l'objet de présentations, de discussions et de débats lors du séminaire Hadamard. Ce sera également le cas du problème posé par Poincaré [1885, p. 220] dans son « Étude particulière du tore ».

9.2.2 Les phénomènes non linéaires

Dans l'esprit de Poincaré, Hadamard insiste à plusieurs reprises dans les résumés de ses cours sur l'importance d'être attentif aux liaisons qui peuvent s'établir entre les mathématiques pures et les autres disciplines. Ainsi, en 1931 :

> « Mention toute spéciale doit toujours être faite, écrit Hadamard, des relations entre les mathématiques pures et les applications : les séances consacrées à cet ordre d'idées ont été cette année particulièrement intéressantes et c'est ainsi qu'ont été exposées les applications qu'ont récemment reçues, dans des domaines purement pratiques et professionnels, quelques-unes des plus belles idées émises par Poincaré dans ses mémoires sur les courbes définies par une équation différentielle. » [*ACF*, 1930-31, p. 39]

On peut penser que l'extrait précédent a un lien avec le fait qu'Hadamard venait de présenter à l'Académie des sciences la note d'Andronov, le 14 octobre 1929, puis celle d'Andronov et Witt, le 20 janvier 1930 (voir *supra*, partie II).

Les recherches de Van der Pol

Au cours de l'année scolaire 1931-1932, Philippe Le Corbeiller fut invité à présenter les travaux de Van der Pol :

> « Par deux fois, écrit Hadamard, nous avons eu la bonne fortune de nous voir non seulement indiquer des résultats, mais surtout poser des problèmes qui appellent de nouvelles recherches : une fois par M. Léon Brillouin (*Mécanique atomique des réseaux cristallins*) et une fois par M. Le Corbeiller (*Généralisation des recherches de Van der Pol à des systèmes d'équations différentielles*). » [*ACF*, 1931-32, p. 39]

Le fait qu'une thématique en lien avec le domaine non linéaire, alors en plein essor, ait été abordée lors du séminaire Hadamard révèle l'intérêt que suscitent ces nouvelles recherches pour la communauté scientifique française. Il est important de rappeler que durant les années qui précèdent cette

9. Une jeune mathématiciennne, Marie Charpentier (1903-1904) ira après sa thèse travailler à Harvard avec Birkhoff, à l'aide d'une bourse Rockfeller Elle améliorera plusieurs résultats de Birkhoff (voir Charpentier [1934a, 1934b] .

10. En 1903, M. G. Michonis légua au Collège de France une somme dont les revenus doivent servir à « faire faire, toutes les fois que ce sera possible, par un savant ou un penseur étranger désigné par les professeurs ou l'administrateur du Collège de France, et qui sera, autant que les circonstances le permettront, au moins une fois sur trois un philosophe ou un historien de sciences religieuses, une série de conférences ». L'exécution des volontés de M. Michonis débuta en 1905.

première intervention de Le Corbeiller au Collège de France, Van der Pol avait déjà été invité deux fois à Paris pour y exposer ses travaux, en 1928 et 1930 (voir *supra* Partie II). Enfin, Le Corbeiller [1931a] avait donné trois conférences sur ces thèmes en 1931 et 1932. Notons que, bien qu'il ait obtenu en 1926 le grade de docteur ès sciences mathématiques de la Faculté des Sciences de Paris, Le Corbeiller appartenait au milieu des ingénieurs (X 1910 et E.S.P.T. 1914) et plus particulièrement celui des ingénieurs en T.S.F. Il est donc *a priori* assez surprenant de le retrouver dans une pareille assemblée. Cela témoigne de l'ouverture disciplinaire voulue par Hadamard et de la demande pressante de nouveaux moyens mathématiques pour traiter les problèmes d'ingénierie électrotechnique. Au cours de l'année scolaire 1934-1935, Le Corbeiller sera de nouveau invité au Collège de France :

> « Avec M. LE CORBEILLER, nous avons vu comment un problème d'application électrotechnique, tout particulièrement actuel, soulève une série de questions d'analyse d'ordres divers. » [*ACF*, 1934-35, p. 63]

Entre ces deux interventions de Le Corbeiller, plusieurs évènements marquants, on le sait, se seront produits à Paris : la tenue du Congrès International d'Électricité en juillet 1932 au cours duquel se sont rencontrées un grand nombre de personnalités scientifiques internationales impliquées dans le domaine de la T.S.F. et des oscillations non linéaires comme Van der Pol, Appleton, Blondel, Gutton, Bethenod, Kryloff et Bogoliouboff ; la tenue de la première Conférence Internationale du Non linéaire à laquelle était convié Hadamard et qui comptait parmi ses participants Philippe Le Corbeiller. Il est donc possible que cette seconde invitation au séminaire de ce dernier fasse suite à cet évènement et marque une volonté renforcée de la part d'Hadamard d'établir des liens entre sciences et techniques.

Les travaux de Kostitzin

Vladimir Kostitzin avait été invité dès 1929 à présenter ses travaux à l'Institut Henri Poincaré [11] (voir Appendice B.4). Ses recherches se situaient à la confluence de celles de Poincaré et de Vito Volterra, *i.e.* à l'interface des domaines de la théorie qualitative des équations différentielles et de la « physique héréditaire [12] ». Hadamard avait présenté au début des années 1930 les notes de Kostitzin [1932, 1933] à l'Académie des sciences. Ce dernier avait alors été convié à exposer ses travaux lors du séminaire Hadamard au cours de l'année scolaire 1934-1935 :

> « Un exemple traité par M. KOSTITZIN, celui des phénomènes d'élasticité héréditaire, montre quelle vive lumière le traitement, mathématique peut parfois jeter sur les difficultés d'un problème physique : dans le cas dont il s'agit, l'interprétation d'expériences récentes prouve que l'on ne peut continuer, à « linéariser » le problème »
>
> [ACF, 1934-35, p. 62]

11. Voir Kostitzin [1930].
12. Ce qui impliquait de faire appel au noyau intégral de Volterra pour rendre compte d'un certain retard entre l'effet et la cause dans une relation de type prédateur-proie. Voir Volterra [1931, p. 141 et suivantes].

Cette dernière phrase, qui annonce la fin des méthodes de linéarisation, paraît quelque peu en décalage avec les nombreux travaux exposés précédemment et qui tendent à démontrer que, bien avant 1934, bon nombre de scientifiques comme Blondel, Van der Pol, Le Corbeiller et Andronov pour ne citer que les principaux avaient déjà franchi cette étape. Néanmoins, les interventions de Kostitzin et de Le Corbeiller permettent de montrer d'une part que les phénomènes non linéaires suscitent auprès des mathématiciens et des physiciens présents au séminaire Hadamard un intérêt grandissant et, d'autre part que la nécessité de rechercher des applications possibles des différents concepts et théories semble se faire ressentir de plus en plus. Ainsi, il apparaît que le séminaire Hadamard, centre intellectuel de la vie mathématique dans l'entre-deux-guerres, n'est pas resté indifférent aux développements de la théorie des oscillations non linéaires dont les premiers résultats fondamentaux étaient publiés en France durant cette période.

9.2.3 Le problème des caractéristiques à la surface du tore

Les travaux de Denjoy

Dans un article écrit peu après la disparition de Poincaré et intitulé « L'œuvre mathématique de Poincaré », Hadamard rappelait ce problème en ces termes :

> « Lorsque, après l'étude de la sphère, Poincaré entreprend, au même point de vue, celle du tore, il constate que ce second cas peut offrir une foule de circonstances nouvelles que le premier ne permettait nullement de prévoir. Encore s'en faut-il qu'il arrive toujours à déterminer exactement ce qui se passe. Les difficultés, elles aussi, sont nouvelles, et telles qu'il est obligé de se poser un certain nombre de questions sans les résoudre. Ces questions, qui soulèvent des problèmes ardus d'arithmétique, sont, depuis, restées sans réponse. » [Hadamard 1921, p. 247]

Arnaud Denjoy a présenté ses travaux sur la question au séminaire Hadamard en 1931-1932, comme l'indique le résumé écrit par Hadamard :

> « Enfin, les échanges de vues qui se sont produits à nos réunions ont eu une répercussion scientifique très directe en provoquant, à court intervalle, le travail consacré à la fonction (x) de Minkowski par M. Denjoy, lequel a également exposé à nos séances la belle découverte par laquelle il a résolu la question, relative aux courbes définie par une équation différentielle sur la surface d'un tore, que Poincaré avait dû laisser sans réponse. »
>
> [*ACF*, 1931-1932, p. 39]

Poincaré avait consacré à une " Étude particulière du tore » dans ses mémoires « Sur les courbes définies par une équation différentielle » [Poincaré 1885, p. 220]. Cette surface de genre un peut être représentée en coordonnées cartésiennes par l'équation suivante :

$$z^2 + \left(R - \sqrt{x^2 + y^2}\right)^2 = r^2 \qquad (DP_1)$$

où R représente le rayon du cercle générateur et r le rayon du cercle méridien (voir Fig. 9.2)

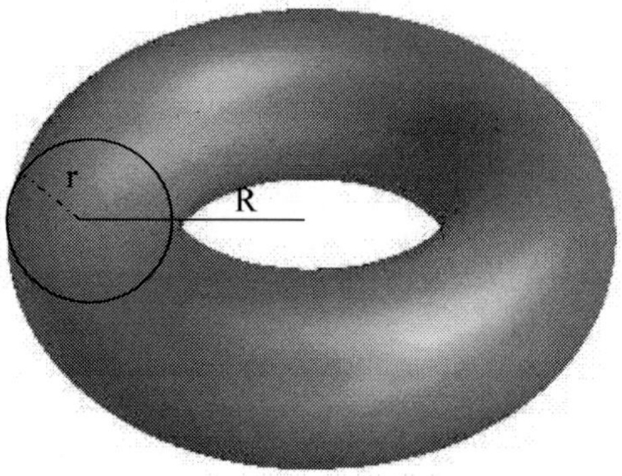

FIGURE 9.2 – Tore (surface de genre un).

Poincaré considère alors une équation différentielle du premier ordre dont la solution est astreinte à évoluer sur la surface du tore. En utilisant la représentation paramétrique du tore :

$$\begin{cases} x = (R + rcos(\theta))\, cos(\varphi) \\ y = (R + rcos(\theta))\, sin(\varphi) \\ z = rsin(\theta) \end{cases} \qquad (DP_2)$$

Il obtient le système d'équations différentielles suivant :

$$\begin{cases} \dfrac{d\theta}{dt} = \Omega(\varphi, \theta) \\ \dfrac{d\varphi}{dt} = \Phi(\varphi, \theta) \end{cases} \qquad (DP_3)$$

Le rapport de ces deux équations le conduit à l'équation suivante :

$$\frac{d\theta}{d\varphi} = A(\varphi, \theta)\, ; A(\varphi, \theta) = \frac{\Omega(\varphi, \theta)}{\Phi(\varphi, \theta)} \qquad (DP_4)$$

Il considère ensuite une famille de trajectoires sur le tore définie par l'équation :

$$\frac{d\theta}{d\varphi} = \alpha \qquad (DP_5)$$

et définit ainsi le « nombre de rotation » α qui peut être interprété comme le rapport de deux fréquences de rotation de la trajectoire sur le tore : la première ω_1 selon le cercle générateur, la seconde ω_2 selon le cercle méridien. Il démontre alors que :

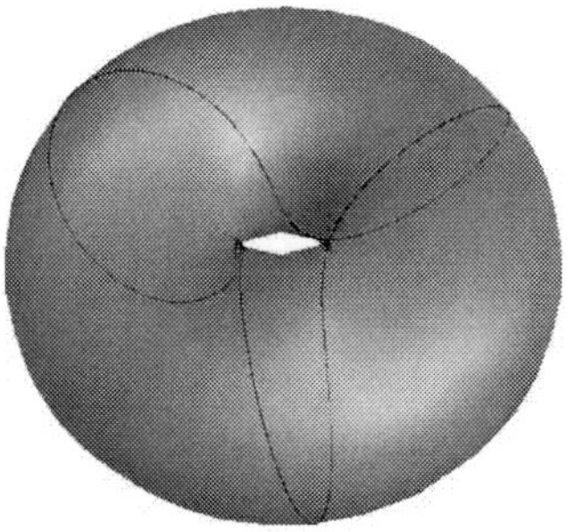

FIGURE 9.3 – Caractéristiques à la surface du tore, d'après Ginoux [2009, p. 36].

- si α est rationnel, *i.e.* si ω_1 et ω_2 sont rationnellement dépendants alors toute trajectoire de (DP_4) est fermée (cycle limite) sur le tore (voir Fig. 9.3).
- si α est irrationnel, *i.e.* si ω_1 et ω_2 sont rationnellement indépendants alors toute trajectoire de (DP_4) est dense sur le tore [13] (voir Fig. 9.4).

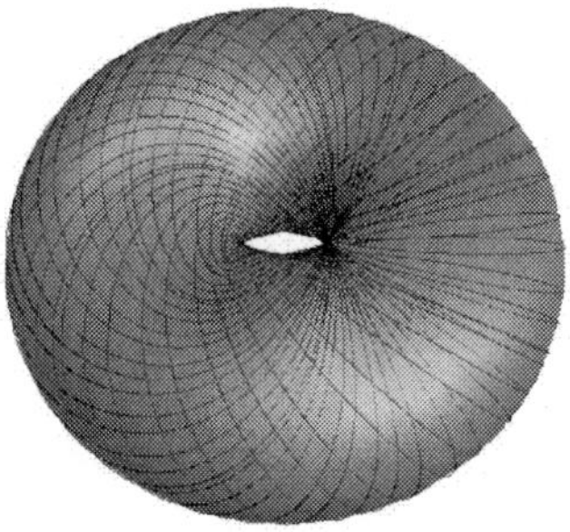

FIGURE 9.4 – Caractéristiques à la surface du tore, d'après Ginoux [2009, p. 36].

Les solutions de (DP_4) sont alors périodiques dans le premier cas et quasi périodiques dans le second. Sa note est présentée aux *C.R.A.S.* par Jacques Hadamard le 7 mars 1932 il complète le résultat de Poincaré [1885, p. 220] et démontre :

> « En particulier *quand* $A(\theta,\varphi)$ *est holomorphe* (hypothèse de Poincaré) *si* α *est irrationnel, toutes les caractéristiques passent indéfiniment au voisinage de tout point du tore.* »
>
> [Denjoy 1932a, p. 833]

Il expose ensuite ce résultat d'une manière plus détaillée dans un article publié dans le *Journal de mathématiques pures et appliquées*

13. Voir Poincaré [1885, p. 220], Niemytsky et Stepanoff [1960, p. 55], Pliss [1966, p. 120] et Arnold [1973, p. 213].

« Donc, *dans le cas où* $\frac{\partial A}{\partial \theta}(\varphi, \theta)$ *est en* θ *à variation totale uniformément bornée dans un champ* $\varphi_0 \leq \varphi < \varphi_0 + 2\pi$, $\theta_0 < \theta < \theta_0 + 2\pi$ *et dans le cas où le nombre* α *est irrationnel, les caractéristiques de l'équation* (DP_4) *coupent tout méridien* C *en un ensemble partout dense.* Toute caractéristique passe une infinité de fois au voisinage de tout point du tore. Selon l'expression de Poincaré, les trajectoires définies par l'équation (DP_4) sont *stables*.

En particulier il en sera ainsi quand $\frac{\partial^2 A}{\partial \theta^2}$ *est continu* (ou simplement borné) sur tout le tore, et *a fortiori si* $A(\varphi, \theta)$ *est holomorphe* en φ et θ hypothèse où se plaçait Poincaré. » [Denjoy 1932b, p. 375]

Le lien de cette étude avec les problèmes non linéaires est souligné par Denjoy en 1935, à l'occasion de son analyse de l'article de Kryloff et Bogoliouboff sur les « Problèmes fondamentaux de la Mécanique Non Linéaire », dans la *Revue générale des sciences* [14] :

« Le cas le plus remarquable, le plus parfait mais aussi le plus accidentel, et partant le moins important pour les applications à la physique ou à la mécanique céleste, est celui des solutions périodiques. H. Poincaré et Liapounoff ont montré le rôle fondamental de ces intégrales quand elles existent et ils en ont fondé la théorie dans des mémoires depuis longtemps classiques. Une circonstance plus générale est celle des solutions quasi périodiques, envisagées pout la première fois par P. Bohl, fondateur de la théorie des fonctions de même nature. Seulement, avant les travaux de N. Kryloff, l'existence des solutions quasi périodiques n'avait été établie avec une rigueur suffisante que pour des classes très étroites d'équations différentielles. Cependant, en étudiant d'une façon approfondie un cas remarquablement simple, celui des caractéristiques à la surface du tore, H. Poincaré avait mis en évidence certains ordres de faits susceptibles de se manifester sous une forme analogue dans des cas beaucoup plus étendus. J'ai moi-même en 1932 complété les résultats de H. Poincaré sur ce point, en établissant la quasi-périodicité dans tous les cas où il n'y a aucune solution périodique. G. Birkhoff a étudié dans la voie tracée par H. Poincaré, les systèmes à plusieurs degrés de liberté et a obtenu des résultats fondamentaux relativement à l'existence des solutions quasi périodiques et aux propriétés des mouvements dits *récurrents*. » [Denjoy 1935, p. 390]

14. Il semble que Kryloff et Denjoy se connaissaient et s'estimaient, comme en témoigne la dédicace de Kryloff à Denjoy sur sa monographie sur les méthodes de la mécanique non linéaire, écrite avec Bogoliouboff [1934d], ainsi que sa correspondance pour inviter Kryloff à l'Institut Henri Poincaré à Paris (voir chap. 3).

Les travaux de Weil

Durant cette même période le mathématicien français André Weil (1906-1998), l'un des fondateurs du groupe Bourbaki, s'est aussi intéressé au problème des courbes sur le tore. En 1932, il proposa une méthode pouvant servir à l'étude de la question qui fut publiée dans le *Journal of the Indian Mathematical Society* [Weil, 1932]. L'année suivante, l'Annuaire du Collège de France révèle qu'il fit plusieurs exposés lors du séminaire Hadamard, mais on ne peut affirmer que ce fut sur ce sujet car Weil était un participant actif du séminaire, ayant exposé sur beaucoup de sujets. En revanche quelques années plus tard, Weil [1936] publia un article intitulé « Les familles de courbes sur le tore » dans lequel il rappelait :

> « Le problème a été traité pour la première fois par Poincaré, dans sa théorie des équations différentielles ; il supposait que la famille est définie par une équation différentielle
>
> $$\frac{dx}{X(x,y)} = \frac{dy}{Y(x,y)},$$
>
> où X, Y sont périodiques en x et y de période 1, satisfont à des conditions de Lipschitz et ne s'annulent pas simultanément. Ces hypothèses, au point de vue de l'étude de la famille, ne sont pas vraiment restrictives ; mais Poincaré supposait de plus que X ne s'annule jamais, ce qui signifie que, dans le plan (x, y), qui est la surface de recouvrement universelle du tore étudié, toute courbe coupe chaque verticale $x = C$ en un point et un seul : on dit, dans ce cas, que les méridiens $x =$ sont des courbes de section, et l'on constate aisément que le problème revient à l'étude des invariants topologiques d'une transformation homéomorphique d'un cercle en lui-même, Poincaré démontra qu'il y a, pour une telle transformation, trois cas possibles : ou bien les transformés d'un même point forment (quel que soit d'ailleurs ce point) un ensemble partout dense, et alors la transformation est topologiquement équivalente à une rotation d'angle irrationnel : cet angle (le „nombre de rotation") est alors l'unique invariant ; ou bien ces transformés ont pour points d'accumulation un ensemble parfait non dense ; ou bien enfin il existe un point au moins dont les transformés sont en nombre fini, c'est-a-dire (en revenant au tore) une courbe fermée appartenant a la famille. Depuis Poincaré, divers auteurs se sont occupés du même problème : le résultat le plus intéressant est celui de Denjoy, qui démontre l'impossibilité du second cas quand la fonction définissant la transformation satisfait a certaines conditions très larges de régularité. » [Weil, 1936, p. 779]

Notons que, plus tard, dans son article « L'avenir des mathématiques », Weil [1948] affirmera :

> « [...] l'étude des équations de Van der Pol, et des oscillations dites de relaxation, l'une des très rares questions intéressantes qui aient été posées aux mathématiciens par la physique contemporaine ; car l'étude de la nature, autrefois l'une des principales sources de

> grands problèmes mathématiques, semble, dans les dernières années, nous avoir emprunté beaucoup plus qu'elle nous a rendu. » [Weil 1948, p. 316-317].

Affirmation peu fidèle à l'esprit d'Hadamard, mais qui n'est sans doute pas sans rapport avec ce qu'il avait entendu au séminaire du Collège de France sur les oscillations non linéaires.

Conclusion générale

Depuis une trentaine d'années au moins, on s'étonne de l'étrange oubli dans lequel les travaux de Poincaré sur les équations différentielles de la mécanique céleste ont semblé être tombés avant de retrouver une nouvelle jeunesse dans le cadre de la théorie moderne des systèmes dynamiques. Il a paru difficile d'expliquer les processus complexes suivant lesquels l'héritage scientifique de Poincaré a pu être recueilli, parfois après un délai de plusieurs décennies, par des communautés diverses de mathématiciens, d'astronomes, de physiciens, d'ingénieurs, voire de chimistes ou de biologistes. Comme le rappellent David Aubin et Amy Dahan [2002] les travaux mathématiques de Poincaré mobilisés par les spécialistes de la théorie du chaos n'ont jamais sombré dans l'oubli. Il restait cependant à examiner finement, dans un cas précis et bien circonscrit, que l'œuvre mathématique de Poincaré, ne s'était pas limitée à l'étude des phénomènes de la mécanique céleste, mais avait trouvé de nombreuses applications dans le domaine de la radiotechnique. Dans l'entre-deux-guerres, une théorie générale des oscillations non linéaires est née, comme nous l'avons étudié en détail, de la rencontre singulière entre les travaux mathématiques de Poincaré et l'étude des phénomènes oscillatoires produits et mis en évidence par certains dispositifs radiotechniques. Dans ce travail, nous avons cherché à reconstituer les dynamiques historiques qui sont à l'origine de cette difficile rencontre. Entre l'introduction du concept de cycle limite par Poincaré [1882] et le moment où ce concept est implicitement mis en application par Balthasar Van der Pol [1926d] et où la correspondance explicite est enfin établie par Aleksandr Andronov [1929a], près d'un demi-siècle s'est écoulé. Mais il ne s'agit pas d'un « saut » : comme nous avons pu le voir, un grand nombre de travaux techniques, physiques et mathématiques ont en effet contribué à rendre possible cette rencontre.

On s'était aussi étonné du rôle particulier qu'avait joué la France dans cette histoire. Alors que les travaux du grand savant français qu'est Poincaré sont repris dans la note d'Andronov — une note écrite en français, comme on l'a souligné, qui paraît dans les *Comptes rendus de l'Académie des sciences* de Paris —, Van der Pol fait de la France la scène privilégiée de diffusion de ses travaux. Mathématiciens, physiciens et ingénieurs français semblent être pour lui des interlocuteurs de premier choix et ceux-ci développent en retour sa pensée dans de nombreuses directions. Notre étude s'est donc attachée tout particulièrement à analyser la place tenue par la France dans l'élaboration de la théorie des oscillations non linéaires. Il nous est apparu que si la communauté scientifique française contribue bel et bien à la constitution de cette théorie, son rôle dans cette histoire est d'abord celui de se situer au « carrefour » où se croisent divers courants participant à l'élaboration d'une théorie des oscillations non linéaires.

Le carrefour français est significatif à plus d'un terme. Dans un premier temps, nous avons vu que le travail des ingénieurs et physiciens français sur quatre dispositifs électrotechniques (la machine série-dynamo, l'arc chantant, la triode et le multivibrateur d'Abraham et Bloch), bien qu'il se situe dans un contexte international, est déterminant dans la mise en évidence et la compréhension théorique d'un nouveau type d'oscillations qu'on nomme alors « oscillations entretenues » puis « auto-entretenues ». Dans ce contexte dynamique, ce sera Poincaré lui-même qui montrera que les méthodes mathématiques qu'il a élaborées pour l'étude de la mécanique céleste peuvent y trouver une application non triviale. En étudiant l'arc chantant, il montre que la condition nécessaire et suffisante à l'établissement d'un régime stable d'ondes auto-entretenues est — bien qu'il n'utilise pas ce terme — l'existence d'un cycle limite stable. Nous avons eu l'occasion de rappeler combien il est surprenant, d'un point de vue rétrospectif, de constater le peu d'écho que cette conférence a eu à l'époque ou par la suite.

L'étude de l'équation prototypique de Van der Pol montre, d'une autre manière, l'importance du carrefour français, puisque cette équation apparaît d'abord *de facto* dans les travaux d'André Blondel sur la triode, dès 1919. De même, le multivibrateur d'Abraham et Bloch semble être à l'origine du concept d'« oscillations de relaxation » introduit par Van der Pol pour décrire ce nouveau type de phénomènes oscillatoires caractérisé par la coexistence de deux échelles de temps caractéristiques. C'est encore en France que paraissent dans un premier temps les travaux mathématiques les plus originaux sur l'équation de Van der Pol. En 1925, ignorant probablement les travaux de Poincaré, Paul Janet soumet le problème de l'étude des solutions de l'équation différentielle non linéaire représentant les oscillations de la machine série-dynamo aux mathématiciens Élie et Henri Cartan qui démontrent l'existence d'une solution périodique et en déterminent les caractéristiques. En 1928, l'ingénieur et mathématicien Alfred Liénard considérant une équation différentielle du second ordre plus générale établit, sous certaines conditions, l'existence et l'unicité d'une solution périodique, sans non plus faire le lien avec le concept de cycle limite de Poincaré.

À la fin des années 1920, deux conceptions de la théorie des oscillations non linéaires sont proposées et la France est peut-être l'endroit au monde où elles se croisent et se confrontent l'une à l'autre le plus directement. Alors que Van der Pol publie son célèbre article sur les oscillations de relaxation dans lequel il représente au moyen d'une intégration graphique la solution de cette équation sous la forme d'une courbe fermée, sans y faire la correspondance avec le cycle limite de Poincaré, Andronov publie sa note au *C.R.A.S.* où il retrouve indépendamment le résultat fondamental établi par Poincaré en 1908. Andronov y introduit le concept d'« auto-oscillation » qui se pose, d'une certaine manière, comme concurrent des oscillations de relaxation dans l'étude des oscillations non linéaires.

À ces deux cadres conceptuels, les savants français réagissent de manière contrastée. Alors que les travaux scientifiques d'Andronov ne reçoivent qu'une relative indifférence, un engouement extraordinaire se produit en faveur des idées de Van der Pol et déclenche ce que nous avons appelé une « chasse à l'effet relaxation ». Malgré le déséquilibre en faveur du second, la scène scientifique française permet bel et bien de suivre le développement de ces deux concepts, de même que leur confrontation. Les différents exposés de Van der Pol à Paris, le nombre important de publications russes aux *C.R.A.S.* et dans d'autres périodiques français, et enfin la tenue de la première conférence internationale sur les oscillations non linéaires à l'Institut Henri Poincaré en 1933 — une conférence presque oubliée dont nous avons réussi à retrouver la trace et le compte rendu — montrent bien que la France reste ce carrefour où se rencontrent plusieurs contributions à la théorie des oscillations non linéaires. L'échec et l'oubli de cette conférence mettent cependant en lumière l'incapacité de la communauté scientifique française à fédérer ses propres résultats autour d'une thématique commune, préalable nécessaire à l'élaboration d'un cadre théorique formel.

C'est en étudiant les différentes méthodes mathématiques développées pour étudier le comportement oscillatoire des solutions de systèmes forcés ou couplés, omniprésents dans la radiotechnique que le rôle fédérateur de la communauté scientifique française apparaît le plus franchement. Dans ce dernier volet de notre étude, c'est — étonnamment peut-être — la rencontre entre les recherches des astronomes et des mathématiciens qui développent la théorie des fonctions quasi-périodiques et tentent de résoudre le délicat problème des caractéristiques à la surface d'un tore laissé en suspens par Poincaré qui permet d'amorcer la transition vers une nouvelle théorie, celle des systèmes dynamiques.

Si nous ne pouvons pas prétendre, malgré l'étendue de notre travail, avoir fait le tour de la question de l'héritage scientifique de Poincaré, même en se restreignant au domaine des systèmes dynamiques, nous espérons avoir contribué à en démêler l'écheveau. Bien qu'il ne s'y soit trouvé aucun savant capable de reprendre le flambeau et proposer le genre de vision synthétique suggérée par un Van der Pol ou un Andronov — pas même Jacques Hadamard qui pourtant connaissait parfaitement l'œuvre de Poincaré — la France, comme nous avons pu l'établir, constitue bien une arène privilégiée pour l'étude et le développement continu de cet héritage. Pourquoi la synthèse entre les méthodes mathématiques en physique, astronomie et radiotechnique s'est-elle, malgré tout, effectuée de manière moins fulgurante à Paris qu'à Gorki ou Eindhoven ? Comment le rôle privilégié du carrefour français mis en lumière pour les années d'entre-deux-guerres a-t-il pu contribuer à placer le pays dans une position déterminante après la Seconde Guerre mondiale ?

Si nous ne voulons pas pour l'instant donner l'impression que nous avons répondu de façon tout à fait satisfaisante à ces questions, nous espérons avoir fourni un certain nombre d'éléments qui aideront à poursuivre ces recherches sur l'origine et le développement de la théorie des systèmes dynamiques.

Annexe A

Appendice de la Partie I

A.1 Les oscillations entretenues de Lord Rayleigh

En Angleterre, le XIXe siècle est marqué par l'apparition de problèmes d'oscillations non-linéaires. Le premier d'entre eux survient en Mécanique Céleste en 1840 à l'Observatoire de Greenwich où l'astronome Sir George Biddell Airy (1801-1892) s'intéresse à la stabilité des régulateurs susceptibles d'obtenir un mouvement uniforme permettant le suivi équatorial d'un télescope [1]. Pour ralentir le mécanisme d'horlogerie il utilise un régulateur à boules qui produit des frottements générant des « auto-oscillations » ou « oscillations auto-entretenues » identiques à celles qui seront observées par Léauté [1885] dans les dispositifs hydrauliques de contrôle de vannage. De la même manière, ces oscillations du télescope perturbent fortement les observations. Dans une publication intitulée « On the Regulator of the Clock-work for effecting uniform Movement of Equatoreals » Airy [1840] est le premier [2] à modéliser un système dynamique dissipatif au moyen d'une équation différentielle non-linéaire. Dans sa conclusion il esquisse les contours du concept de résistance négative :

> « It is difficult to make an assumption which will exactly represent the case of friction; but considering the change in the nature of the forces depending on the sign of ζ already mentioned, considering also that (in almost every construction) there may be a sensible yielding of some part of the mechanism when the pressure which causes the friction comes upon it, and at any rate that in the balls will not assume exactly the expansion which they would it free, and will exert a pressure nearly proportional to defect of expansion; it will appear that the law of force $-\beta\zeta$ will approximately represent the combined effect of friction and maintaining power. » [Airy 1840, p. 264]

1. Pour compenser le mouvement de rotation de la Terre sur elle-même qui perturbe les observations du ciel les astronomes ont du inventer des dispositifs basés sur la motorisation des montures équatoriales ou azimutales. Aujourd'hui un moteur pas à pas permet de résoudre ce problème mais à l'époque d'Airy c'est un mécanisme d'horlogerie (« clockwork ») qu'il fallait préalablement stabiliser pour y parvenir.

2. Voir la thèse de Patrice Remaud [2004, p. 58] et Stuart Bennett [1979, p. 51-95].

En 1861, la *British Association for the Advancement of Science* propose d'établir les valeurs étalons des grandeurs électriques. Le protocole expérimental mis en œuvre pour la détermination de la valeur de l'Ohm nécessite de maintenir constante la vitesse d'un disque à l'aide d'un régulateur. En 1868 James Clerk Maxwell (1831-1879) publie un mémoire intitulé : « On Governors » [Maxwell, 1868] dans lequel il fournit les conditions de stabilité de ce régulateur après avoir établi l'équation différentielle de son mouvement[3]. D'après Rytov [1957, p. 170] il formule ainsi les premières conditions d'auto-excitation qui seront ensuite généralisées par Routh [1877] puis par Hurwitz [1895]

En 1877, paraît le traité de John William Strutt (1842-1919) (Lord Rayleigh) intitulé « The Theory of Sound » [Rayleigh, 1877] dans lequel il applique le principe de l'analyse harmonique de Fourier à l'étude des vibrations et démontre que tout son, ou toute vibration est décomposable d'une manière unique en une superposition de sons simples :

- le son fondamental (de période T) et les harmoniques (de périodes kT avec k entier).

D'après Abraham et Shaw [1982 part.1, p. 71] : « His efforts to explain the production of sound by musical instruments became the theory of nonlinear oscillations. »

Rayleigh s'intéresse ensuite à la manière d'entretenir une vibration. Ses résultats apparaissent non pas dans son célèbre traité[4] mais dans un article publié en 1883 dans le *Philosophical Magazine* sous le titre « On Maintained Vibrations[5] » [Rayleigh, 1883].

Dans un système mécanique, les forces de frottements étaient jusqu'alors définies par la loi de Georges Stokes (1819-1903) comme étant linéairement proportionnelles à la vitesse. Rayleigh imagine qu'elles dépendent non-linéairement d'une puissance supérieure de la vitesse. Dans ce cas les frottements, au lieu de s'opposer au mouvement, l'entretiennent pendant un certain temps. Il forme ainsi une équation différentielle non-linéaire qui qui correspond selon le principe de dualité établi dans l'Appendice A.2. à celle qu'obtiendra Van der Pol [1926d] quarante ans plus tard.

Rayleigh [1883, p. 229] commence par considérer un système oscillant soumis à des forces dissipatives. Ce qui le conduit à écrire l'équation différentielle d'un oscillateur amorti :

$$\frac{d^2\theta}{dt^2} + \kappa\frac{d\theta}{dt} + n^2\theta = 0 \qquad (1)$$

où κ est une constante positive. Il indique alors que dans ce cas la solution de cette équation différentielle est exponentiellement décroissante et les oscillations ne peuvent par conséquent pas être maintenues. Il ajoute que pour ce faire il est nécessaire que le système oscillant soit en connexion avec une source d'énergie. Sous cette condition, il distingue deux classes d'oscillations entretenues.

3. Voir Remaud [2004, p. 59] et Chris Bissell [2009].

4. La première édition du traité de Rayleigh : Theory of Sound fut publiée en 1877 et ne peut donc contenir cet article écrit en 1883 contrairement à ce que l'on peut lire parfois. En revanche, il fut incorporé à la seconde édition de 1894 et à toutes celles qui lui sont postérieures. Notamment, à celle publiée par Dover depuis 1945. Il correspond au § 68a p. 79-81 dans l'édition de 1894.

5. Cet article n'apparaîtra que dans la seconde édition de « Theory of Sound » [Rayleigh, 1894, p. 79].

La première, que Blondel [1919c, p. 118] puis Andronov [1929a] qualifieront d'oscillations auto-entretenues, pour laquelle il considère que la force agissant sur le système par le biais de la source d'énergie est proportionnelle à l'amplitude. Il précise :

> « The first class is by far the more extensive, and includes vibrations maintained by wind (organ-pipes, harmonium-reeds, Aeolian harps, &c.), by heat (singing flames, Rijke's tubes, &c.), by friction (violin-strings, finger-glasses, &c.), as well as the slower vibrations of clock-pendulums and of electromagnetic tuning-forks. »
>
> [Rayleigh 1883, p. 230]

Il est intéressant de comparer cette liste avec celle des exemples d'oscillations de relaxation que proposera un demi-siècle plus tard Van der Pol :

> « Ainsi dans le cas d'une harpe éolienne comme dans celui du vent qui souffle dans les fils télégraphiques en produisant un son sifflant, la période du son produit est déterminée par une durée de relaxation et n'a absolument rien de commun avec la période naturelle de la corde vibrant d'une manière sinusoïdale. » [Van der Pol 1928b, p. 371]

Bien que Van der Pol n'ait pas fait à cette époque [6] référence à Rayleigh [1883] il paraît, au regard de ces listes, peu probable qu'il n'ait pas lu ses travaux.

Laissant de côté la seconde classe d'oscillations qui correspond aux oscillations forcées, Rayleigh [1883, p. 230] envisage le cas où la constante κest négative. Il rappelle que dans cette circonstance de petites oscillations peuvent croitre mais vont rapidement atteindre des valeurs pour lesquelles l'équation différentielle (1) cesse d'être applicable. Il propose donc :

> « We may form an idea of the state of things which then arises by adding to equation (1) a term proportional to a higher power of the velocity. » [Rayleigh 1883, p. 230]

Il obtient alors l'équation différentielle suivante :

$$\frac{d^2\theta}{dt^2} + \kappa\frac{d\theta}{dt} + \kappa'\left(\frac{d\theta}{dt}\right)^3 + n^2\theta = 0 \tag{R$_1$}$$

Puis, en utilisant un développement en série de Fourier, il calcule la valeur A de l'amplitude des oscillations en première approximation :

$$\kappa + \frac{3}{4}\kappa' n^2 A = 0 \tag{R$_2$}$$

De cette dernière relation on peut tirer :

$$A = \frac{2}{n}\sqrt{\frac{-4\kappa}{\kappa'}} \tag{R$_3$}$$

6. Exception faite de la publication de Van der Pol [1920, p. 708].

On peut alors dédimensionner l'équation de Rayleigh (R_1) en posant :

$$t' = nt \quad ; \quad \theta = \sqrt{\frac{-\kappa}{\kappa'}}\nu \quad ; \quad \varepsilon = \frac{-\kappa}{n} \tag{R$_4$}$$

Ce changement de variables en tous points analogue à celui de Curie [1891, p. 310] et de Van der Pol [1926d, p. 979] conduit à l'équation différentielle suivante :

$$\ddot{v} - \varepsilon\left(1 - \frac{\dot{v}^2}{3}\right)\dot{v} + v = 0 \tag{R$_5$}$$

Or, il apparaît que l'équation (R_5) n'est pas identique à celle de Van der Pol [1926d, p. 979] :

$$\ddot{v} - \varepsilon\,(1 - v^2)\,\dot{v} + v = 0 \tag{V$_9$}$$

Cependant, il sera démontré dans l'appendice A.2 que ces deux équations se correspondent par *dualité électrotechnique* mais également par une simple dérivation.

Après la publication des travaux de Van der Pol [1926a, 1926b, 1926c, 1926d, 1927a, 1927b, 1928a, 1928b, 1930] l'un des premiers à mettre en lumière cette correspondance entre les équations (R_5) et (V_9) est Philippe Le Corbeiller (1891-1980). Considérant l'équation de Van der Pol (V_9) il explique :

> « [...] il est raisonnable de chercher à calculer le terme fondamental de son développement en série de Fourier. C'est ce qu'à fait Lord Rayleigh (aux notations près) pour l'équation différentielle :
>
> $$z'' + \varepsilon\left(-z' + \frac{z'^3}{3}\right) + z = 0$$
>
> qui correspond à l'équation (5 *bis* [7]). » [Le Corbeiller 1931a, p. 22]

La même année c'est le neurophysiologiste Alfred Fessard (1900-1982) qui rappelle que les travaux de Van der Pol trouvent leur origine dans ceux de Rayleigh :

> « Or, jusqu'à ces dernières années, les systèmes auto-entretenus avaient bien reçu isolément, de la part des physiciens, l'attention qu'ils méritaient, mais leur théorie générale restait à faire, bien que le problème ait été posé depuis longtemps sous une forme mathématique (Lord Rayleigh [8]). » [Fessard 1931, p. 87-88]

Cependant, Fessard [1931, p. 115] faisant, dans sa longue bibliographie, référence à Le Corbeiller [1931a] il est probable que ce soit la lecture de son article [9] qui lui ait inspiré cette allusion.

7. C'est-à-dire l'équation (V_9).
8. Fessard renvoie à Rayleigh [1883].
9. L'article de Le Corbeiller [1931a] correspondant au texte de conférences délivrées au C.N.A.M. les 6 et 7 mai 1931, il est également possible que Fessard y ait assisté.

Lors d'une communication faite le 30 avril 1932 à la Société des Amis de la T.S.F., Le Corbeiller [1932] rappelle à nouveau :

> « La nécessité d'écrire une équation différentielle *non-linéaire* pour rendre compte du régime périodique d'un système autoentretenu a été clairement aperçue par Lord Rayleigh dès 1883. » [Le Corbeiller 1932, p. 704]

Puis, il reprend *in extenso* la démonstration de Rayleigh [1883]. Le Corbeiller [1936, p. 362] en fera de même lors d'une conférence donnée devant la Wireless Section le 3 avril 1935. En revanche, il faudra attendre son exposé lors de la Réunion Internationale de Physique – Chimie – Biologie au Palais de la Découverte en octobre 1937 pour que Van der Pol [1937, p. 71] y fasse référence.

Trente ans plus tard, Le Corbeiller va mettre en application le *principe de dualité* de Sire de Vilar [1901] pour établir la correspondance entre l'équation (V_9) de Van der Pol [1926d] et l'équation (R_5) de Rayleigh [1883]. Lors d'une communication devant les Amis de la T.S.F.

A.2 La dualité en électrotechnique

A.2.1 Les travaux d'Henri Sire de Vilar

Le *principe de dualité*, prototype d'une *analogie interne* (voir Appendice A.3), est un principe général de correspondance réciproque entre circuits électriques. D'après Le Corbeiller :

> « Ce principe, qui remonte, au fond, à Maxwell, revient à intervertir les rôles de l'énergie électrostatique $\frac{1}{2}Cv^2$ et de l'énergie électromagnétique $\frac{1}{2}Li^2$, ou encore du champ électrique E et du champ magnétique H. Il a été très clairement exposé par H. Sire de Vilar en 1901, ainsi que son application aux dynamos et aux machines synchrones. »
>
> [Le Corbeiller 1932, p. 132]

Dans son article Henri Sire de Vilar en rappelle tout d'abord les fondements :

> « On sait qu'au moyen de la transformation dite *par polaires réciproques*, à toute figure donnée, on peut en faire correspondre une autre et qu'à toute propriété descriptive d'une figure correspond une propriété corrélative de la figure réciproque [. . .]. On appelle *principe de dualité* cette remarquable réciprocité, cette double vue sur les propriétés descriptives des figures. » [Sire de Vilar 1901, p. 252]

Ainsi, c'est par le biais d'une *analogie* que Sire de Vilar introduit l'application de ce *principe de dualité* à l'Électricité :

> « Or, il existe en électricité deux cas de dualité aussi remarquables que la dualité géométrique [. . .]. Cette dualité une fois reconnue et démontrée, nous pourrons l'ériger en

principe et sa fécondité sera aussi grande qu'en géométrie. Toute propriété, tout théorème démontré pour un circuit électrique quelconque, le sera par le fait même pour le circuit réciproque qui se dérivera du précédent d'une manière analogue à celle dont une figure dérive d'une autre par des polaires réciproques. » [Sire de Vilar 1901, p. 252]

Il revient alors sur ce qu'il appelle l'« origine de la dualité ». Ceci lui permet d'une part de présenter une nouvelle approche des lois de l'Électricité à partir de laquelle il redémontre la loi d'Ohm et d'autre part, de prouver l'efficacité de son *principe de dualité*.

Sa présentation qui est basée sur une correspondance de points de vue géométriques entre des éléments *linéaires* et *aréolaires*, *i.e.* entre des éléments de courbe et de surface est très pédagogique. En effet, il sépare « la page en deux, mettant d'un côté les propriétés et propositions directes et de l'autre, en face, les propriétés et propositions réciproques ».

En appelant F l'intensité du champ électrique, Φ le flux de ce champ de vecteur, V la différence de potentiel, dl un élément de courbe et $d\omega$ un élément de surface Sire de Vilar met en correspondance les deux points de vue

« 1° Des éléments *linéaires* : [...] Le produit géométrique $\overline{Fdl}$ est la *différence de potentiel* élémentaire [...] Si au lieu d'un élément de courbe on considère une courbe finie AB, la différence de potentiel totale sera $V = \int_A^B \overline{Fdl}$	2° Des éléments *aréolaires* : [...] Le produit géométrique $\overline{Fd\omega}$ est le *flux de force élémentaire* [...] Si au lieu d'un élément de surface on considère aire finie S, le flux total sera l'intégrale de surface $\Phi = \iint_S \overline{Fd\omega}$

[Sire de Vilar 1901, p. 253]

Ceci lui permet d'établir que

« En un point le *champ est égal à la dérivée*

du potentiel le long de la ligne de force qui passe par ce point	*du flux sur la surface de niveau* qui passe par ce point. »

[Sire de Vilar 1901, p. 253]

Il obtient alors les formules classiques suivantes qui découlent implicitement du théorème de Green-Ostrogradski [10] :

$$F = \frac{dV}{dl} \qquad\qquad F = \frac{d\Phi}{d\omega}$$

10. Pour plus de détails on pourra se reporter au Chapitre 1 de l'ouvrage *Électricité* de Georges Bruhat [1924].

Il en déduit ainsi l'égalité :

$$\frac{dV}{dl} = \frac{d\Phi}{d\omega}$$

Cette dernière va lui permettre, moyennant une hypothèse, de retrouver la loi d'Ohm.

> « On suppose en outre que l'intensité du courant, c'est-à-dire la quantité d'électricité qui traverse un élément de surface de niveau dans l'unité de temps est proportionnelle au flux de force qui traverse le même élément. En d'autres termes, on pose
>
> $$di = ad\Phi$$
>
> L'équation précédente peut alors s'écrire
>
> $$\frac{di}{d\omega} = a\frac{dV}{dl}$$
>
> Cette équation n'est autre chose que l'expression de la loi d'Ohm pour un conducteur de forme quelconque. » [Sire de Vilar 1901, p. 254]

En effet, en résolvant cette équation par rapport à i et par rapport à V et en intégrant il aboutit à la formule :

$$\frac{i}{S} = a\frac{V}{L}$$

Il peut ensuite établir que :

> « Si I est constant, c'est-à-dire le long d'un même tube de force constitué par des conducteurs en série, le potentiel varie proportionnellement à
>
> $$R = \frac{L}{aS}$$
>
> Cette quantité est la *résistance* du conducteur.
>
> Si V est constant, c'est-à-dire entre deux surfaces de niveau comprenant des conducteurs en dérivation l'intensité varie proportionnellement à [11]
>
> $$K = \frac{1}{a}\frac{S}{L}$$
>
> Cette quantité est la *conductance* du conducteur. »
>
> [Sire de Vilar 1901, p. 255]

D'où il déduit immédiatement que

« La résistance totale des conducteurs en série est la somme des résistances partielles.	La conductance totale des conducteurs en dérivation est la somme des conductances partielles. »

[Sire de Vilar 1901, p. 255]

Cette formulation est en réalité le point de départ du *principe de dualité* qui consiste à faire correspondre à tout couple dipôles connectés en *série* un couple de dipôles connectés en *dérivation.* Ainsi, après avoir défini la *résistance* et la *conductance* va alors, selon le *principe de dualité*, exprimer la loi d'Ohm sous deux formes :

« La différence de potentiel entre deux points est égale au produit de la résistance par l'intensité du courant.	L'intensité du courant qui circule dans un conducteur entre deux points est égale au produit de la conductance par la différence de potentiel.

Et l'on aura les deux formules :

$V = RI$	$I = KV$

Ces formules montrent la réciprocité qui existe entre

la *résistance*	et	la *conductance*
la *différence de potentiel*	et	l'*intensité.* »

[Sire de Vilar 1901, p. 255]

Sire de Vilar [1901] généralise et étend ensuite ses résultats aux lois de Kirchhoff ainsi qu'au calcul de puissances et de pertes par effet Joule. Dans la seconde partie de son article [12] Sire de Vilar [1901, p. 281] propose un exemple de circuits en *série* et en *dérivation* qui se correspondent par application de son *principe de dualité* (Voir Fig. A.1).

Au-delà de l'*analogie interne* que constitue la correspondance entre circuits réciproques l'aspect le plus intéressant de cet article est le paragraphe 12 dans lequel Sire de Vilar [1901, p. 282] applique son *principe de dualité* à la détermination de la *caractéristique courant-tension* d'une *machine série-dynamo* à partir de celle d'une *machine dynamo-dérivation* et inversement. La *machine série-dynamo* dont le fonctionnement est équivalent à celui d'une ancienne [13] dynamo de bicyclette reliée en série à un moteur va jouer un rôle très important dans la suite de cette étude puisqu'elle constitue le premier exemple d'*oscillateur à relaxation.*

12. Cette partie n'est pas toujours bien référencée. Voir Sire de Vilar [1901, p. 278-285].
13. Les nouvelles dynamos de bicyclettes sont en effet des alternateurs produisant du courant alternatif.

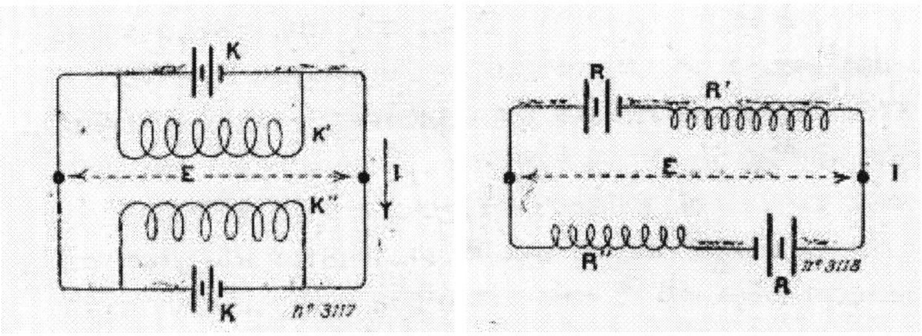

FIGURE A.1 – Circuits en correspondance réciproque par dualité, d'après Sire de Vilar [1901, p. 281].

Dans cette ultime partie de son article Sire de Vilar [1901, p. 282-285] va alors mettre en parallèle l'étude de la *machine série-dynamo* et *dynamo-dérivation* :

> « Machine série
> La caractéristique interne est la courbe représentant la force électromotrice en fonction du courant. Malgré la simplicité de la définition, il semble qu'on ne puisse pas déterminer directement cette courbe.
>
> Machine dérivation
> La caractéristique interne est la courbe représentant l'intensité de court-circuit en fonction de la différence de potentiel aux bornes. Il semble qu'on ne puisse pas déterminer directement cette courbe. »

[Sire de Vilar 1901, p. 284]

Par « directement » il rappelle qu'il n'existe alors pas de loi (analogue à la loi d'Ohm) susceptible de mettre en relation (en équation) la tension avec l'intensité. Il démontre ensuite que l'on peut déduire la caractéristique interne de la *machine dynamo-dérivation* de celle de la *machine série-dynamo*. Il s'intéresse alors à leur *caractéristique externe* qu'il considère comme « la plus importante à étudier, car c'est la relation entre des deux éléments immédiatement mesurables pendant le fonctionnement de la machine » [Sire de Vilar 1901, p. 284]

Il expose ensuite un moyen de la déduire de la *caractéristique interne* (voir Fig. A.2).

« Machine série	Machine dérivation
On a en effet	On a en effet
$\varepsilon + E + R_i I = 0$	$\Im + I + K_i E = 0$
D'où	D'où
$-E = \varepsilon + R_i I$	$-I = \Im + K_i E$

Or la caractéristique interne nous donne ε en fonction de I. Il suffira donc d'ajouter aux ordonnées de la caractéristique externe celles de la droite	Or la caractéristique interne nous donne ε en fonction de E. Il suffira donc d'ajouter aux abscisses de la caractéristique interne celles de la droite
$e_i = R_i I$	$i_i = K_i E$

[Sire de Vilar 1901, p. 285]

Ainsi, il établit selon le *principe de dualité* une correspondance biunivoque entre les deux caractéristiques. On remarque qu'un simple changement de variable : $x \to -x$ ou $y \to -y$, c'est-à-dire, une symétrie permet de montrer que la courbe représentative de ces deux caractéristiques prend la forme de la lettre N ou S. En prenant par exemple, pour la caractéristique de la *machine série* : $E = f(i) = i^3/3 - i$ et, pour la caractéristique de la *machine dérivation* : $i = f(E) = u^3/3 - u$ on obtient ces formes particulières (voir Fig. A.3).

A.2.2 Les travaux de Philippe Le Corbeiller

Trente ans plus tard, Le Corbeiller va mettre en application le *principe de dualité* de Sire de Vilar [1901] pour établir la correspondance entre l'équation différentielle (V_9) (p. 66) de Van der Pol [1926d] représentant les oscillations d'une triode et les équations (B_6) (p. 78) et (V_{14}) (p. 79) représentant celles de l'arc chantant et de la machine série-dynamo. Lors d'une communication devant les

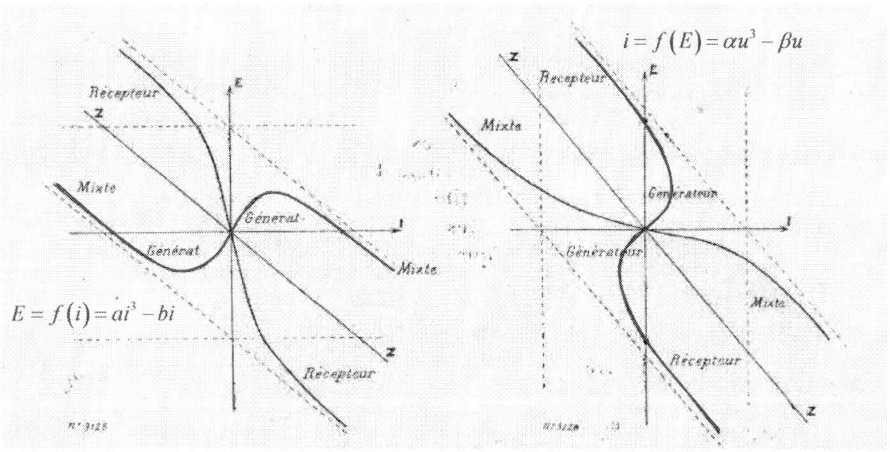

FIGURE A.2 – Machine série (à gauche) et machine dérivation (à droite), d'après Sire de Vilar [1901, p. 285].

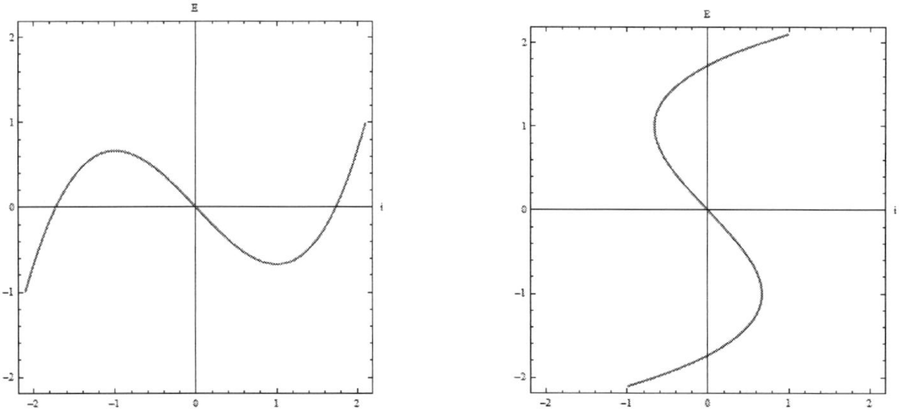

FIGURE A.3 – Machine série (à gauche) et machine dérivation (à droite).

Amis de la T.S.F. le 30 avril 1932, Le Corbeiller [1932] considère les deux circuits suivants (Figures A.4) l'un en dérivation, l'autre en série et reliés à une source d'énergie de *f.é.m.* non-linéaire $i = f(u)$ (*resp.* $u = f(i)$). Il est important de remarquer qu'ils correspondent aux schémas proposés par Sire de Vilar [1901, p. 281]. Le Corbeiller [1932, p. 132] rappelle que d'après le *principe de dualité* on fait correspondre à tout couple de dipôles connectés en série un couple de dipôles connectés en dérivation et qu'il suffit alors d'intervertir dans les équations l'intensité $i$avec la tension u, l'inductance L avec C et la résistance R avec la conductance G.

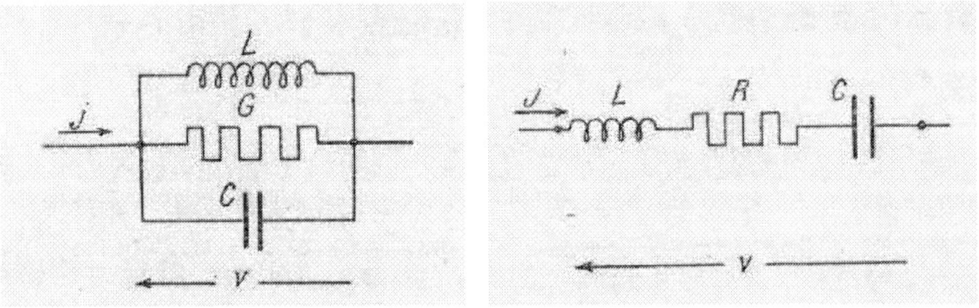

FIGURE A.4 – *Circuit en dérivation* (à gauche) et *circuit série* (à droite).

Le Corbeiller [1932, p. 132] établit alors l'équation différentielle de chacun des circuits et obtient :

– pour le circuit en dérivation (Fig. A.4a) : $i = C\dfrac{du}{dt} + Gu + \dfrac{1}{L}\int udt$

– pour le circuit en série (Fig. A.4b) : $u = L\dfrac{di}{dt} + Ri + \dfrac{1}{C}\int idt$

En dérivant chacune de ces équations pour éliminer l'intégrale il a finalement :

– pour le circuit en dérivation (Fig. A.4a) : $\dfrac{di}{dt} = C\dfrac{d^2u}{dt^2} + G\dfrac{du}{dt} + \dfrac{1}{L}u$

– pour le circuit en série (Fig. A.4b) : $\dfrac{du}{dt} = L\dfrac{d^2i}{dt^2} + R\dfrac{di}{dt} + \dfrac{1}{C}i$

La première correspond à l'équation différentielle caractérisant les oscillations de la triode (voir *supra* Eq. (V_2)) tandis que la seconde représente celles de l'arc chantant (voir *supra* Eq. (B_6)) et de la machine série-dynamo (voir *supra* Eq. (V_{14})).

Le premier membre di/dt de la première équation correspond à la caractéristique de la triode (voir *supra* Eq. (V_1)) : $i = f(u) = \alpha u - \gamma u^3$ (avec $\beta = 0$)

Tandis que le premier membre du/dt de la seconde équation représente la caractéristique de

– l'arc chantant (voir *supra*) : $u = f(i) = hi - pi^2 - qi^3 + \dots$

– la machine série-dynamo (voir *supra*) : $u = f(i) = R_0 i - \gamma i^3$

Après avoir dédimensionné chacune de ces deux équations et incorporé leur *f.é.m.* respectives on obtient pour la première (*resp.* la seconde) l'équation (V_9) en tension (*resp.* en intensité) :

$$\ddot{v} - \varepsilon\left(1 - v^2\right)\dot{v} + v = 0$$

Le Corbeiller [1932, p. 132] démontre ainsi que l'analogie de Janet [1919] (voir *supra*) repose sur le *principe de dualité électrotechnique* de Sire de Vilar [1901].

Le Corbeiller [1932, p. 140] considère ensuite les deux équations sous leur forme initiale (voir *supra*) et envisage de les comparer en les explicitant en fonction de la charge q :

– pour le circuit en dérivation (Fig. A.4a) : $i = C\dfrac{du}{dt} + Gu + \dfrac{1}{L}\int udt$

En posant : $i = f(u) = \alpha u - \gamma u^3$. Puis, en dérivant et en prenant alors pour variable principale la charge $q = Cu$ il obtient :

$$C\frac{d^2q}{dt^2} + G\frac{dq}{dt} - \left(\alpha - 3\gamma q^2\right)\frac{dq}{dt} + \frac{1}{L}q = 0$$

Ce qui le conduit, après avoir de nouveau dédimensionné cette équation, à l'équation (V_9) de Van der Pol [1926d, p. 979] :

$$\ddot{v} - \varepsilon\left(1 - v^2\right)\dot{v} + v = 0 \qquad (V_9)$$

– pour le circuit en série (Fig. A.4b) : $u = L\dfrac{di}{dt} + Ri + \dfrac{1}{C}\int idt$

En posant : $u = f(i) = ai - bi^3$ et $i = \dfrac{dq}{dt}$ il obtient :

$$L\frac{d^2q}{dt^2} + R\frac{dq}{dt} - \left[a\frac{dq}{dt} - b\left(\frac{dq}{dt}\right)^3\right] + \frac{q}{C} = 0$$

Ce qui le conduit, après avoir de nouveau dédimensionné cette équation, à l'équation (R_5) de Rayleigh (voir Appendice A.1) :

$$\ddot{v} - \varepsilon\left(1 - \frac{\dot{v}^2}{3}\right)\dot{v} + v = 0 \qquad (R_5)$$

Bien que Le Corbeiller ait établi que ces deux équations (V_9) et (R_5) se correspondent par dualité il n'en demeure pas moins qu'elles sont en apparence différentes. Le Corbeiller [1932, p. 140] va alors démontrer que l'équation (V_9) se ramène à l'équation (R_5) par un simple changement de variables. En effet, en considérant les équations sous cette forme :

$$y'' - \varepsilon\left(1 - y^2\right)y' + y = 0 \tag{V_9}$$

$$z'' - \varepsilon\left(1 - \frac{z'^2}{3}\right)z' + z = 0 \tag{R_5}$$

En dérivant l'Eq. (R_5) par rapport au temps on a : $z''' - \varepsilon\left(1 - z'^2\right)z'' + z' = 0$

Puis en posant : $z' = y$, on obtient l'Eq. (V_9) : $y'' - \varepsilon\left(1 - y^2\right)y' + y = 0$

Le Corbeiller [1932, p. 140] démontre ainsi qu'au point de vue mathématique l'équation de Rayleigh ne diffère pas de l'équation de Van der Pol puisqu'un simple changement de variable permet de retrouver cette dernière. Il ajoute :

> « On voit donc qu'étant donné deux autooscillateurs équivalents se correspondant par dualité, on peut bien leur faire correspondre la même équation différentielle, avec des variables principales différentes ; ou bien, comme nous venons de le faire, leur faire correspondre deux équations distinctes, en gardant la même variable principale. La première méthode paraît préférable en électricité, la seconde en mécanique. »
>
> [Le Corbeiller 1932, p. 141]

Cette démonstration sera ensuite reprise par Kryloff et Bogoliouboff [1937, p. 22], par Flanders et Stoker [1946, p. 51] puis par Lasalle [1949, p. 1].

A.3 L'analogie électromécanique

Comme le rappelle Philippe Le Corbeiller [1932, p. 132], il est important de souligner en premier lieu que c'est James Clerk Maxwell (1831-1879) dans un article intitulé *On Faraday's Lines of Force* [1890, t. I, p. 176] qui le premier établit l'*analogie électromécanique* aussi appelée, pour cette raison, *analogie de Maxwell* (Cf. Mathieu *et al.* [1983, p. 16]). En France, c'est dans un travail publié en 1891 dans la revue *La Lumière Électrique* et au titre peu évocateur : « Équations réduites pour le calcul des mouvements amortis » que Pierre Curie (1859-1906) va établir l'existence de ce que Janet [1919] appellera plus tard une *analogie électrotechnique*. Dans ce travail il va également souligner, pour un système oscillant, la nécessité de mettre l'équation différentielle qui lui correspond sous une forme sans dimension qu'il nomme « réduite » et dont il démontre qu'elle n'est pas unique. Enfin, il propose une méthode d'intégration graphique analogue à celles des isoclines (voir Appendice A.4).

A.3.1 Équations sans dimension ou « équations réduites »

Afin de démontrer la nécessité de mettre sous une forme sans dimension les équations différentielles qui transcrivent les oscillations de systèmes Électrique et Mécanique Curie [1891] effectue l'étude des amortissements dans un galvanomètre de Deprez-d'Arsonval. Cet appareil, ancêtre de l'ampèremètre, avait été initialement conçu en 1880 par le physicien Arsène d'Arsonval (1851-1940), par ailleurs médecin, dans le but de mesurer les courants électriques dans le corps humain et de développer des thérapies basées sur l'électricité (électrophysiologie). Il présente la particularité d'être à « cadre mobile », c'est-à-dire, que le courant à mesurer traverse un fil conducteur enroulé sur un cadre mobile qui est suspendu à fil métallique vertical appelé fil de torsion positionné de telle manière que son élasticité (couple de rappel) le ramène toujours à une position d'équilibre marquant l'absence de courant. On peut remarquer tout d'abord que le choix de cet instrument n'est peut être pas totalement anodin puisqu'il allie de part sa conception même Électricité et Mécanique (voir Fig. A.5).

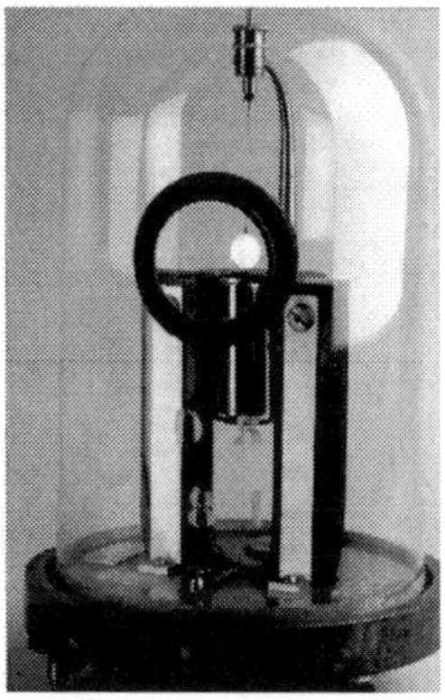

FIGURE A.5 – Le galvanomètre de Deprez-d'Arsonval (1880).

L'équation différentielle à laquelle obéit la déviation angulaire α de l'aiguille en est une frappante illustration puisqu'elle a pour coefficients : le moment d'inertie du cadre mobile $\sum mr^2$, le couple de torsion du fil $-c\alpha$ et le couple $+nBsi$ provenant de l'action du champ magnétique B sur le courant i, s étant la surface moyenne d'une spire « bobinée » sur le cadre et n le nombre de spires. Après avoir supposé d'une part qu'il n'y pas d'autres forces électromotrices (*f.é.m.*) que celles provenant des effets d'induction pendant le mouvement, en négligeant d'autre part les effets de self-induction et en appelant R la résistance du cadre mobile et R' celle qui ferme le circuit du galvanomètre il écrit une équation qui paraît relier Électricité et Mécanique :

$$i\left(R+R'\right) = nsB\frac{d\alpha}{dt} \tag{1}$$

En réalité, cette équation (1) est le résultat de la loi de Lenz-Faraday et de celle de Pouillet. La première établit qu'un circuit traversé par un flux φ variable est le siège d'une f.é.m. d'induction e proportionnelle à la dérivée du flux par rapport au temps :

$$e = -\frac{d\varphi}{dt} \tag{2}$$

La seconde qui est une généralisation de la loi d'Ohm exprime que l'intensité dans un circuit en série est égale au rapport de la somme de toutes les *f.é.m.* par la somme de toutes les résistances qui le composent et se traduit par :

$$i = \frac{\sum e_i}{\sum R_i} \tag{3}$$

Ainsi, en divisant l'équation (1) par la somme des résistances on retrouve la loi de Pouillet et on en déduit que le numérateur découle de la loi de Lenz-Faraday [14].

À partir de l'équation (1) Curie [1891] établit alors l'équation différentielle à laquelle obéit la déviation angulaire α :

$$\sum mr^2 \frac{d^2\alpha}{dt^2} + \frac{n^2 s^2 B^2}{R + R'} \frac{d\alpha}{dt} + c\alpha = 0 \tag{4}$$

Il redéfinit ensuite les paramètres en posant :

$$a = \frac{n^2 s^2 B^2}{2\,(R + R') \sum mr^2} \quad \text{et} \quad b^2 = \frac{c}{\sum mr^2}$$

Ce qui le conduit à une forme « réduite » de l'équation différentielle (4).

$$\frac{d^2\alpha}{dt^2} + 2a\frac{d\alpha}{dt} + b^2\alpha = 0 \tag{5}$$

Cette « équation réduite » est bien sans dimension car on peut démontrer que les coefficients a et b qui ne sont plus désormais rattachés par leurs unités à un problème Électrique ou Mécanique ont la dimension de l'inverse d'un temps.

De plus, on peut s'interroger sur la manière, qui n'est d'ailleurs pas unique (voir *infra*), de les redéfinir, en particulier sur la présence du 2 au dénominateur du coefficient a et sur le fait que le coefficient b soit au carré. En fait, la résolution de l'équation différentielle (5) s'effectue par l'intermédiaire d'une équation appelée caractéristique qui s'écrit :

$$X^2 + 2aX + b^2 = 0 \tag{6}$$

14. Pour plus de détails on pourra consulter l'ouvrage d'*Électricité* de Georges Bruhat [1924, p. 402-404].

et dont la nature de la solution dépend du signe du discriminant $\Delta = 4\,(a^2 - b^2)$. Ainsi, il apparaît clairement que dans le coefficient a le 2 est un artifice de calcul permettant une factorisation par 4 au sein du discriminant alors que la puissance de deux pour le coefficient b assure que les unités soient homogènes à l'inverse d'un temps au carré. Dans cette étude préliminaire Curie [1891] démontre donc qu'une équation différentielle comportant des paramètres Électrique et Mécanique peut être ramenée à une « équation réduite » dont les coefficients ont la dimension de l'inverse d'un temps et qui constitue une *équation générique* lui permettant d'établir l'*analogie électromécanique*.

A.3.2 Analogie électromécanique

Il étudie ensuite les oscillations électriques de la charge q d'un condensateur de capacité C associé à une résistance R et à une bobine d'induction L et forme l'équation différentielle à laquelle obéit la charge q du condensateur :

$$L\frac{d^2q}{dt^2} + R\frac{dq}{dt} + \frac{1}{C}q = 0 \tag{7}$$

Il redéfinit par le même procédé les paramètres en posant :

$$a = \frac{R}{2L} \quad \text{et} \quad b^2 = \frac{1}{LC}$$

On remarque alors que le coefficient bn'est autre que la pulsation ω qui d'une part a bien la dimension de l'inverse d'un temps et qui d'autre part, conduit à la formule de Thomson [15].

La forme « réduite » de l'équation différentielle (7) s'écrit :

$$\frac{d^2q}{dt^2} + 2a\frac{dq}{dt} + b^2q = 0 \tag{8}$$

Curie explique alors :

> « Cette équation montre que le problème des oscillations de l'électricité est le même que celui des oscillations de la matière. En effet, dans un système matériel on a
>
> $$M\frac{d^2x}{dt^2} + \gamma\frac{dx}{dt} + Ex = 0 \tag{9}$$
>
> M étant la masse, γ le coefficient de frottement ou force antagoniste par unité de vitesse, x le déplacement et E le coefficient élastique ou force antagoniste pour l'unité de déplacement. » [Curie 1891, p. 204]

15. Sir William Thomson (1824-1907) alias Lord Kelvin détermina théoriquement la durée T de la décharge d'un condensateur de capacité C associé en série à une bobine d'inductance L : $T = 2\pi\sqrt{LC}$. Voir Thomson [1855, p. 393].

Il est assez étonnant de constater que cette dernière équation est « rapportée » au problème des oscillations électriques sans qu'aucun lien véritable ne soit mis en évidence mise à part une certaine ressemblance. De plus, alors qu'on aurait pu croire que c'est par l'*analyse dimensionnelle* [16] des coefficients respectifs de chaque équation que Curie [1891, p. 204] allait établir l'*analogie électromécanique* alors que c'est en réalité en comparant ces équations qu'il y parvint. Plus exactement, c'est en utilisant une relation de transitivité dont la structure analogique peut être résumée ainsi : puisque les oscillations électriques sont analogues à l'« équation réduite » et que les oscillations de la matière lui sont également analogues, comme il est facile de le vérifier en redéfinissant les paramètres, alors les oscillations électriques sont analogues des oscillations de la matière. Il peut donc écrire :

> « Les deux équations sont intéressantes à comparer : on voit que le coefficient de self-induction joue un rôle analogue à celui de la masse dans le système matériel. La résistance électrique et le coefficient de frottement ont des rôles semblables. L'inverse de la capacité intervient comme un coefficient élastique [...]. Enfin, la quantité d'électricité intervient non comme une matière, mais comme un déplacement. » [Curie 1891, p. 204]

Ainsi, la méthode qu'il emploie paraît donc relever davantage de la comparaison que de la démonstration. Il suffit pour s'en convaincre de placer les deux équations (7) et (9) l'une en dessous de l'autre et de comparer les coefficients deux à deux pour « voir » l'*analogie électromécanique*. Néanmoins, il ne faut pas perdre de vue que cette comparaison n'aurait pu se faire sans l'intervention de l'« équation réduite » qui joue en quelque sorte le rôle d'intermédiaire entre les deux équations puisque c'est elle qui permet la comparaison. André Blondel [1893c, p. 507] est l'un des premiers à souligner l'importance des résultats de Curie auquel il fera souvent référence tout au long de ses recherches (voir Blondel [1923, p. 381]). Puis, c'est Philippe Le Corbeiller [1931, p. 19] qui rappellera, lors d'un exposé au C.N.A.M., les travaux de Curie. Si à l'étranger l'*analogie électromécanique* est présentée par Kryloff et Bogoliouboff [1937, p. 173] dans la version russe de leur *Introduction à la Mécanique Non-Linéaire* avec une référence à Curie [1891], par Solomon Lefschetz dans la traduction qui s'ensuivra en 1943 (Voir Kryloff et Bogoliouboff [1943, p. 66]), elle reste, en France, assez peu utilisée et assez peu citée. Au point qu'elle apparaît dans tous les livres d'enseignement de la Physique sans être rattachée au nom de Pierre Curie.

A.3.3 Équations réduites : générique mais pas unique

Dans la seconde partie de son travail Curie [1891, p. 270] pose les fondements de sa méthode en rappelant tout d'abord qu'elle fut inaugurée par Van der Waals (1837-1923) avec son équation d'état. Il insiste ensuite sur l'importance d'obtenir « une relation homogène par rapport à un système

16. L'analyse dimensionnelle est un procédé de recherche de la forme d'une équation à partir des dimensions des grandeurs physiques mises en jeu. Cf. Esnault-Pelterie [1945] pour une histoire de l'analyse dimensionnelle.

quelconque d'unités fondamentales ». Puis il revient sur son *modus operandi* en expliquant que la comparaison « peut n'être pas directement visible » mais que néanmoins on peut mettre « sous une forme tangible cette proposition que toute relation mécanique ou physique résulte de la comparaison des grandeurs de même espèce ». Il rappelle ensuite que la mise sous forme « réduite » permet de diminuer « notablement le nombre des quantités entrant dans une équation [...] qui doit du reste être considérée comme une relation purement numérique ». Curie [1891, p. 271] précise ici que sa méthode s'adresse à des théoriciens qui vont chercher à déduire des équations des informations sur la nature des oscillations (amorties, périodiques ou pseudo-périodiques) et non à des expérimentateurs qui ont besoin d'intervenir sur plusieurs paramètres physique et pas sur un seul qui contiendrait intrinsèquement tous les autres. Enfin, il démontre que l'on « peut constituer une infinité d'équations réduites pour une même équation ». Son raisonnement est basé sur le choix « absolument arbitraire » de coefficients numériques à l'intérieur des paramètres. En effet, comme on l'a vu précédemment la présence du 2 dans le coefficient a était un simple artifice de calcul permettant une factorisation. On aurait pu tout aussi bien mettre un 1 ou n'importe quel autre chiffre. En réalité le seul aspect véritablement important dans la redéfinition des paramètres est qu'ils conduisent à une « équation réduite » sans dimension.

Ainsi, Curie [1891] établit que son « équation réduite » même si elle n'est pas unique peut, par analogie, être considérée comme représentative de phénomènes oscillatoires Électriques ou Mécaniques dont elle constitue par conséquent une équation générique.

A.3.4 Classification des oscillations

Considérant à nouveau l'équation (8) :

$$\frac{d^2q}{dt^2} + 2a\frac{dq}{dt} + b^2q = 0,$$

Curie [1891, p. 209] propose une classification des oscillations en fonction du *degré d'amortissement du système* : $n_a = a/b$. Le discriminant de l'équation caractéristique s'écrit alors $\Delta = 4\left(a^2 - b^2\right) = 4b^2\left(n_a^2 - 1\right) = 4b^2\left(n_a + 1\right)\left(n_a - 1\right)$. Son signe ne dépend plus que de celui de $n_a - 1$. Curie calcule ensuite les solutions de l'équation différentielle (8). Il pose :

$$n_\alpha = \frac{\alpha}{\alpha_0} \quad \text{et} \quad n_t = \frac{t}{T_0} = \frac{b}{2\pi}t$$

où n_α et n_t sont les « variables réduites » de la déviation angulaire, α_0 étant la déviation à l'origine, *i.e.* la position d'équilibre de l'aiguille et T_0 la période du mouvement non-amorti, *i.e.* la période propre.

Curie [1891, p. 208] obtient les solutions suivantes :

I. Pour $a = 0$, $i.e.\ n_a = 0 : n_\alpha = \cos(2\pi n_t)$

II. Pour $a < b$, $i.e.\ n_a < 1$:

$$n_\alpha = e^{-(2\pi n_a)n_t}\left[\cos\left(2\pi n_t\sqrt{1-n_a^2}\right) + \frac{n_a}{\sqrt{1-n_a^2}}\sin\left(2\pi n_t\sqrt{1-n_a^2}\right)\right]$$

III. Pour $a = b$, $i.e.\ n_a = 1 : n_\alpha = e^{-2\pi n_t}\left[1 + 2\pi n_t\right]$

IV. Pour $a > b$, $i.e.\ n_a > 1$:

$$n_\alpha = \frac{e^{-(2\pi n_a)n_t}}{2}\left[\left(1 + \frac{n_a}{\sqrt{n_a^2-1}}\right)e^{\left(2\pi\sqrt{n_a^2-1}\right)n_t} + \left(1 - \frac{n_a}{\sqrt{n_a^2-1}}\right)e^{-\left(2\pi\sqrt{n_a^2-1}\right)n_t}\right]$$

Il étudie le comportement asymptotique de ces solutions et les représente sur le diagramme suivant (voir Fig. A.6) :

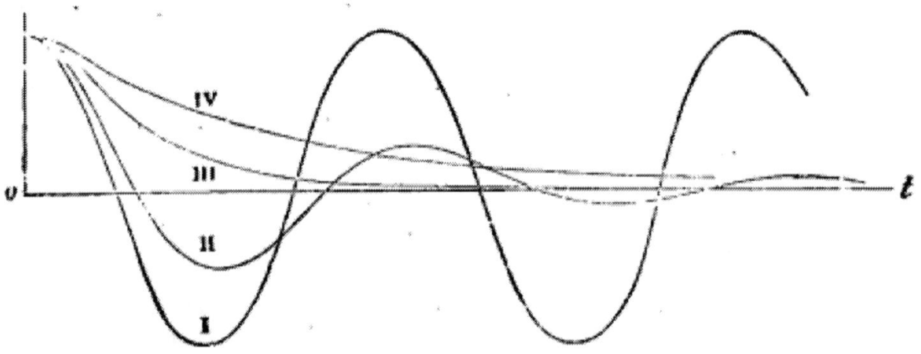

FIGURE A.6 – Solutions de l'équation d'un oscillateur amorti, d'après Curie [1891, p. 205].

Ceci le conduit à une classification des différents types d'oscillations selon les valeurs de n_a :

> « Pour $n_a = 0$, mouvement oscillatoire pendulaire.
>
> Pour $n_a < 1$, mouvement oscillatoire amorti.
>
> Pour $n_a = 1$, mouvement apériodique critique.
>
> Pour $n_a > 1$, mouvement apériodique de plus en plus lent quand n_a tend vers ∞. »
>
> [Curie 1891, p. 209]

La classification de Curie concerne un oscillateur linéaire. Aussi la mise en évidence d'un nouveau type d'oscillateur non-linéaire comme la *machine série-dynamo*, l'*arc chantant* ou la *triode* nécessitera de la modifier. En particulier, le dernier cas ($n_a > 1$) donnera lieu à la création du néologisme « solution quasi-apériodique » par Van der Pol [1926d, p. 981].

Grandeurs Mécaniques		Grandeurs Électriques	
déplacement	x	q	charge électrique
vitesse	$v = \dot{x}$	$\dot{q} = i$	courant
force	F	u	tension
masse	m	L	inductance
élasticité	$1/k$	C	capacité
amortissement	λ	R	résistance

TABLE A.1 – Analogie électromécanique.

A.4 Méthodes d'intégration graphique

Les techniques et les instruments utilisés pour l'intégration graphique ont déjà fait l'objet de nombreuses recherches comme celles de Tournès [2003a, 2003b, 2003c]. Néanmoins, entre la fin du XIXe siècle et le milieu des années vingt l'étude de phénomènes oscillatoires dans lesquels intervenaient des équations différentielles ordinaires engendra l'élaboration de méthodes d'intégration graphique comme celle de Curie [1891], de Parodi [1909], de Robb [1922], de Van der Pol[17] [1926d] et de Liénard [1928] qui ne semblent pas avoir été analysées jusqu'à présent. Cet appendice a pour but de les présenter.

17. Concernant Van der Pol il s'agit en réalité de la méthode des isoclines inaugurée par Junius Massau.

A.4.1 La méthode de Pierre Curie (1891)

Dans l'Appendice A.3 il a été rappelé que Curie [1891, p. 202] avait établit l'équation différentielle à laquelle obéit la déviation angulaire α :

$$\sum mr^2 \frac{d^2\alpha}{dt^2} + \frac{n^2 s^2 B^2}{R + R'} \frac{d\alpha}{dt} + c\alpha = 0 \tag{4}$$

En redéfinissant les paramètres ainsi :

$$a = \frac{n^2 s^2 B^2}{2\left(R + R'\right) \sum mr^2} \quad \text{et} \quad b^2 = \frac{c}{\sum mr^2}$$

il avait été conduit à une forme « réduite » (sans dimension) de l'équation différentielle (4).

$$\frac{d^2\alpha}{dt^2} + 2a\frac{d\alpha}{dt} + b^2\alpha = 0 \tag{5}$$

dont la résolution s'effectue par l'intermédiaire d'une équation appelée caractéristique :

$$X^2 + 2aX + b^2 = 0 \tag{6}$$

la nature de la solution dépendant du signe du discriminant $\Delta = 4\left(a^2 - b^2\right)$.

Dans la seconde partie de son travail Curie [1891, p. 272] va ensuite s'intéresser à nouveau à l'« équation réduite » à laquelle obéit la déviation angulaire α du galvanomètre, *i.e.* l'équation (5). Il va alors étudier les trois types de régimes oscillatoires qui dépendent de la valeur de l'amortissement a et donc du signe du discriminant de l'équation caractéristique (6).

Puis, il va se concentrer sur le cas où le « mouvement toujours apériodique, devient de plus en plus lent », ce qui correspond aux valeurs de $b$pour lesquelles $\Delta = 4\left(a^2 - b^2\right) > 0$. Dans la dernière partie de son travail Curie va justifier les raisons de ce choix :

> « L'étude expérimentale d'un mouvement apériodique est plus difficile que celle d'un mouvement périodique, parce que l'on n'a pas des points de repères faciles donnés par les oscillations successives. » [Curie 1891, p. 311]

Le mouvement dans ce cas n'est pas décrit par une courbe régulière de type sinusoïdale et son tracé nécessite une application particulière afin de pouvoir en déduire certaines propriétés caractéristiques (Cf. *infra*). Ainsi, Curie [1891, p. 208] explicite la solution de l'équation différentielle (5) dans le cas du régime apériodique sous une forme également réduite :

$$\begin{aligned} n_\alpha = f\left(n_t, n_a\right) = {} & \frac{e^{-(2\pi n_a) n_t}}{2} \left(1 + \frac{n_a}{\sqrt{n_a^2 - 1}}\right) e^{\left(2\pi\sqrt{n_a^2-1}\right) n_t} \\ & + \frac{e^{-(2\pi n_a) n_t}}{2} \left(1 - \frac{n_a}{\sqrt{n_a^2 - 1}}\right) e^{-\left(2\pi\sqrt{n_a^2-1}\right) n_t} \end{aligned} \tag{10}$$

où $n_\alpha = \alpha/\alpha_0$ et $n_t = \frac{t}{T_0} = \frac{b}{2\pi}t$ sont les « variables réduites[18] » de la déviation angulaire et du temps et $n_a = a/b$ représente le degré d'amortissement. Curie [1891, p. 272] va ensuite faire effectuer les calcules relatifs à ce mouvement apériodique par M. Langevin pour divers degrés d'amortissement ($n_a > 1$) ce qui conduit à un tableau à double entrée donnant les valeurs de n_α en fonction de celles de n_t pour différentes valeurs de n_a. À l'aide de ce tableau Curie [1891, p. 274] va pouvoir tracer les courbes représentatives du mouvement apériodique pour différentes valeurs du degré d'amortissement n_a (voir Fig. A.7). Il se place ensuite dans la situation d'un expérimentateur qui mesurerait le temps t mis par l'aiguille du galvanomètre pour atteindre telle ou telle graduation α tout en ignorant le degré d'amortissement n_a de l'appareil et qui effectuerait une série de n mesures : (α_i, t_i) avec $i = 1, ..., n$. Les courbes théoriques de la Fig. A.7 constituent alors pour lui une sorte d'abaque à partir duquel il va pouvoir déduire le degré d'amortissement n_a de l'appareil. Il procède de la sorte :

> « On détermine à partir d'une certaine déviation α_0 pour laquelle la vitesse est nulle, les temps t_1 et t_2 nécessaires pour arriver à des déviations α_1 et α_2. Les déviations réduites correspondantes seront
>
> $$n_{\alpha_1} = \frac{\alpha_1}{\alpha_0} \quad \text{et} \quad n_{\alpha_2} = \frac{\alpha_2}{\alpha_0}$$
>
> D'autre part, le rapport des temps est le même que le rapport des temps réduits
>
> $$\frac{n_{t_2}}{n_{t_1}} = \frac{t_2}{t_1}$$
>
> D'où la méthode suivante. Sur la figure 2 on mène des parallèles à l'axe des temps à des distances n_{α_1} et n_{α_2} de cet axe, on cherche ensuite par tâtonnements quelle est la courbe qui coupe ces parallèles en des points dont les abscisses n_{t_1} et n_{t_2} soient entre eux dans le rapport connu $\frac{t_2}{t_1}$. » [Curie 1891, p. 311]

La construction de Curie consiste donc à trouver la courbe $n_\alpha = f(n_t, n_a)$ reliant différents points du plan dont les abscisses et les ordonnées sont dans un même rapport. On peut l'illustrer en supposant par exemple[19] que dans une série de mesures on ait obtenu les deux points suivants : $I_1\,(t_1 = 15, \alpha_1 = 2)$ et $I_2\,(t_2 = 5, \alpha_2 = 6)$ dont le rapport des abscisses est $\frac{n_{t_2}}{n_{t_1}} = \frac{t_2}{t_1} = \frac{1}{3}$. En suivant les indications de Curie [1891, p. 311] on mène sur la Fig. A.7 les parallèles à l'axe des temps à des distances $n_{\alpha_1} = 0.2$ et $n_{\alpha_2} = 0.6$ de cet axe. On constate alors sur la Fig. A.7 qu'une courbe coupe ces parallèles aux points d'abscisses $n_{t_1} = 1.5$ et $n_{t_2} = 0.5$ dans le même rapport. C'est celle qui correspond à la valeur de l'amortissement $n_a = 3$. On peut alors en déduire la valeur de la période T_0 du mouvement non-amorti en écrivant :

18. α_0 étant la déviation à l'origine, *i.e.* la position d'équilibre de l'aiguille et T_0 étant la période du mouvement non-amorti, *i.e.* la période propre.

19. On choisit arbitrairement $\alpha_0 = 10$ pour simplifier les calculs.

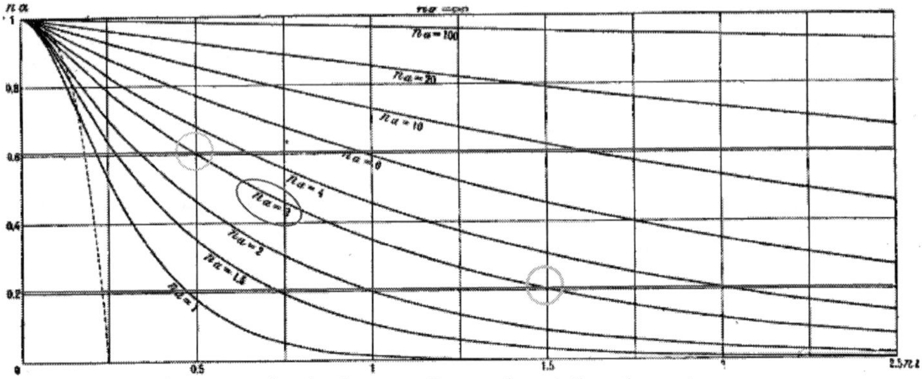

Fig. 2. — nα fonction de nt pour diverses valeurs de l'amortissement, na = 1.

FIGURE A.7 – $n_\alpha = f\,(n_t, n_a)$ pour diverses valeurs de l'amortissement, d'après Curie [1891, p. 274].

$$n_{t_2} = \frac{t_2}{T_0} \quad \Leftrightarrow \quad T_0 = \frac{t_2}{n_{t_2}} = \frac{5}{0.5} = 10s$$

Bien entendu dans cet exemple les valeurs des deux « mesures expérimentales » avaient été choisies *ad hoc* pour coïncider avec celles d'une des courbes ce qui est assez rare dans la réalité. Curie très conscient de ce fait ajoute :

> « En procédant par ces méthodes graphiques, on ne tombera pas en général exactement sur une des courbes construites pour représenter exactement le mouvement cherché ; mais on pourra trouver les deux courbes les plus voisines de part et d'autre de celle qui satisferait complètement au problème. » [Curie 1891, p. 312]

C'est donc l'utilisation de ces « abaques » (voir Tournès [2003c, p. 70] qui a permis à Curie de déterminer graphiquement la solution de l'équation différentielle d'un oscillateur amorti et d'en déduire certaines de ses propriétés.

A.4.2 La méthode d'Hippolyte Parodi (1909)

Concernant Hippolyte Parodi ce sont dans des domaines très différents de celui des oscillations qu'il fut amené à élaborer une méthode d'intégration graphique :

> « Depuis 1900, nous utilisons des méthodes d'intégration graphique pour l'étude de la marche des trains ([2]) et nous avons appliqué ces méthodes au calcul des trajectoires balistiques pendant la guerre de 1914-1918 ([3]).

(2) *Bull. Soc. Int. des Électriciens*, **9**, 1909, p. 151. (3) CHARBONNIER, *Traité de balistique extérieure*, Paris, 1927, t. I, Chap. II, pp. 350 et 392. » [Parodi 1942, p. 196]

Dans une publication coécrite avec son fils Maurice et dédiée aux équations de relaxation, Parodi [1943] donne les détails de sa méthode graphique. Il l'applique alors au cas de l'équation de la marche d'un train analogue électromécanique de l'équation (V_9) de Van der Pol. En appelant s l'espace parcouru et v la vitesse du train il obtient l'équation différentielle non-linéaire (non-intégrable) du second ordre suivante :

$$\frac{d^2s}{dt^2} + f(s)\frac{ds}{dt} + s = 0 \qquad (Pa_1)$$

En posant $v = \dfrac{ds}{dt}$, il la ramène à une équation différentielle du premier ordre :

$$\frac{dv}{ds} + vf(s) + s = 0 \qquad (Pa_2)$$

Il propose alors une construction géométrique permettant d'obtenir la solution graphique de l'équation (Pa_2). Considérant le point $M(s, v)$ d'une courbe intégrale de (Pa_2), il explique que le produit $v\frac{dv}{ds}$ représente la sous-normale[20] au point M (voir Fig. A.8) définie par :

$$\overline{Nm} = v\frac{dv}{ds} \qquad (Pa_3)$$

En portant, à partir de m, un segment mN de mesure algébrique :

$$\overline{mN} = -v\frac{dv}{ds} = s + vf(s)$$

Il obtient alors la normale au point M en joignant le point N ainsi trouvé à M.

Si le principe de la construction paraît facile il lui faut cependant déterminer graphiquement la sous-normale au point $M(s, v)$. Pour y parvenir il procède ainsi : tout d'abord il trace la courbe (C) représentative de la *caractéristique d'oscillation* $v\ f(s)$ en supposant $v = 1$ et la droite (D) d'équation $v = s$. Il note f le point d'intersection d'un point M quelconque de l'espace des phases avec (C) et f' sa projection orthogonale sur l'axe vertical.

Il trace ensuite la droite (Δ) d'équation $OM_0 = 1$ $(v = 1)$. Puis, il forme les droites (MM_0) et $(f'\mu)$ qui rencontre la verticale (mM) en p.

20. Elle est définie ainsi dans les ouvrages de Géométrie Différentielle. Voir par exemple Delachet [1964, p. 8].

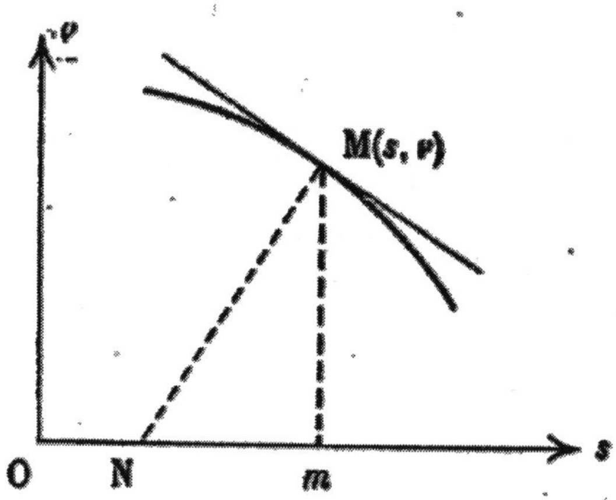

FIGURE A.8 – Construction de la sous-normale au point M, d'après Parodi [1943, p. 114].

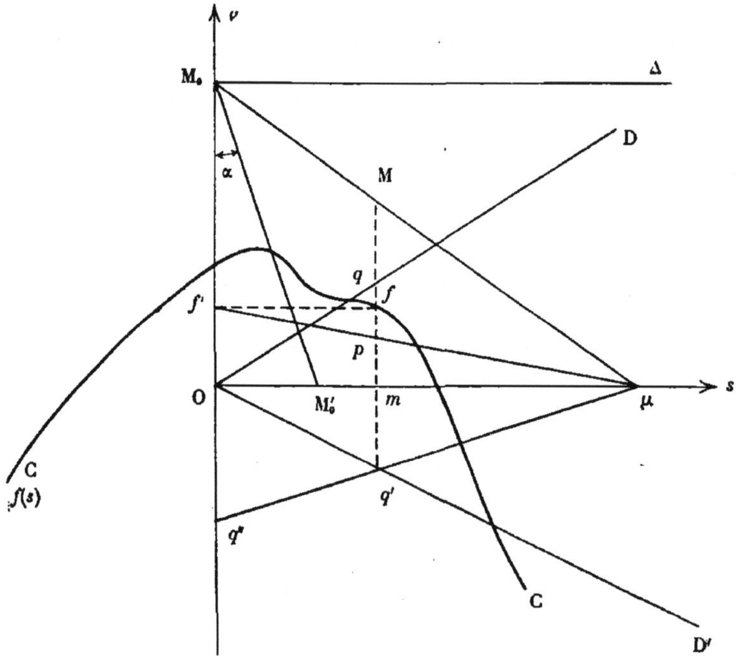

FIGURE A.9 – Construction de la normale au point M, d'après Parodi [1943, p. 115].

En faisant alors appel aux propriétés des triangles semblables [21] il démontre que

$$\overline{mp} = vf(s) \tag{Pa$_4$}$$

Enfin, en considérant la droite (D') symétrique de la droite (D) par rapport à l'axe horizontal il établit que la sous-normale $\overline{mN}$ est telle que

$$\overline{mN} = \overline{q'p} \tag{Pa$_5$}$$

Il en déduit que :

> « Le point N est facilement déterminé ; la construction de la tangente en M est immédiate » [Parodi 1943, p. 115]

Au paragraphe 5 de cet appendice il sera démontré que la méthode de Parodi contient en essence le principe de la construction de Liénard [1928]. En effet, le procédé élaboré par Parodi consiste à utiliser la sous-normale au point M dont la détermination s'obtient par l'intersection de la projection [22] du point M avec la *caractéristique d'oscillation* puis par la projection de ce point d'intersection sur l'un des deux axes de coordonnées. Cependant, il apparaît clairement que le fait de ne pas se placer dans le plan de Liénard rend plus complexe la détermination de la sous-normale et par conséquent de la normale. C'est probablement l'une des raisons pour lesquelles la méthode de Parodi n'a pas été beaucoup employée.

A.4.3 La méthode d'Alfred Robb (1922)

Au début des années vingt le physicien britannique Alfred Arthur Robb (1873-1936) s'intéressa à l'intégration graphique d'une classe d'équations différentielles présente dans le domaine de la Télégraphie Sans Fil. Robb [1922] publia alors dans le *Philosophical Magazine* un article comportant une note d'Edward Victor Appleton (1892-1965). Ce dernier qui travaillait à cette époque avec Balthasar Van der Pol (1889-1959) est probablement à l'origine de ce travail. Robb considère l'équation différentielle suivante :

$$\frac{d^2V_1}{dt^2} + f(V_1)\frac{dV_1}{dt} + m^2V_1 = 0 \tag{R$_1$}$$

Il précise alors :

> « Such equations occur in the theory of the production of sustained electrical oscillations by various types of generators, such as the Poulsen and Duddell arcs, and the Dynatron, or the ordinary type of three-electrode thermionic tube. » [Robb 1922, p. 207]

21. Auquel on donne aujourd'hui le nom de « Théorème de Thalès ».

22. Le choix de la coordonnée (abscisse ou ordonnée) à projeter dépend de la manière avec laquelle l'équation différentielle est représentée dans le plan de phase. Voir *infra*.

Aucun doute n'est permis il s'agit bien d'une classe d'équation différentielle susceptible de représenter les oscillations de l'arc chantant ou de la lampe à trois électrodes.

De plus, il apparaît clairement que si l'on remplace la fonction $f\,(V_1)$ par son développement sous forme de série on obtient l'équation établie par Van der Pol [1920, p. 704] (voir *supra* Partie I). Robb effectue alors un changement de variable en posant : $t = \omega/n$ et en remplaçant V_1 par p

$$\frac{d^2p}{d\omega^2} + \frac{f\,(p)}{m}\frac{dp}{d\omega} + p = 0 \qquad (\mathrm{R}_2)$$

Il explique ensuite que pour obtenir une solution de (R_2) il faut considérer p et ω comme les coordonnées polaires d'un point sur la courbe intégrale. Il rappelle alors un résultat de Géométrie Différentielle concernant la longueur s d'un arc de courbe mesurée à partir d'un point fixe lui appartenant :

$$\frac{ds}{d\omega} = p + \frac{d^2p}{d\omega^2} \qquad (\mathrm{R}_3)$$

En substituant cette expression dans (R_2) il réduit à un l'ordre de l'équation différentielle :

$$\frac{ds}{d\omega} + \frac{f\,(p)}{m}\frac{dp}{d\omega} = 0$$

Il intègre alors facilement cette équation et obtient l'expression suivante :

$$s + \frac{1}{m}\int f\,(p)\,dp = C \qquad (\mathrm{R}_4)$$

où C représente une constante. Enfin, il remplace s et p par x et y :

$$x + \frac{1}{m}\int f\,(y)\,dy = C \qquad (\mathrm{R}_5)$$

Il procède ainsi : en supposant connue la fonction $f\,(y)$ et le paramètre m l'intégrale de l'équation (R_5) fournit une courbe [23] qu'il appelle (DE) et représente sur la Fig. A.10. Il utilise alors du papier calque millimétré et une épingle. Il place dans le plan (XY) de la feuille contenant a courbe (DE) un point P correspondant à une condition initiale. Puis, il superpose le calque de sorte que l'une des parallèles à l'axe (OX) passe par P. Cette parallèle intersecte la courbe (DE) en un point R_0 qu'il marque sur le calque. Il trace alors les projections orthogonales de P et de R_0 sur (OX) qu'il appelle respectivement N_0 et A_0 et qu'il marque également sur le calque. Avec l'épingle il traverse le papier claque en N_0 et A_0 et reporte les positions de ces points sur le papier. Il appelle les points correspondant $\overline{N_0}$ et $\overline{A_0}$.

Puis, il place l'épingle en A_0 et fait tourner le papier calque d'un petit angle quelconque jusqu'à ce qu'une parallèle de l'axe (OX) (dessinée sur la papier calque) passe par le point P. Cette parallèle intersecte le courbe (DE) en un point R_1 qu'il marque sur le calque et il réitère alors le procédé. Il obtient ainsi une suite de points $\overline{A_0}, \overline{A_1}, \ldots, \overline{A_n}$ qui représentent la solution de l'équation (R_4) ainsi qu'une autre suite de points $\overline{N_0}, \overline{N_1}, \ldots, \overline{N_n}$ qui représentent la solution de l'équation (R_2).

23. Dans le cas de Van der Pol il s'agit d'une cubique.

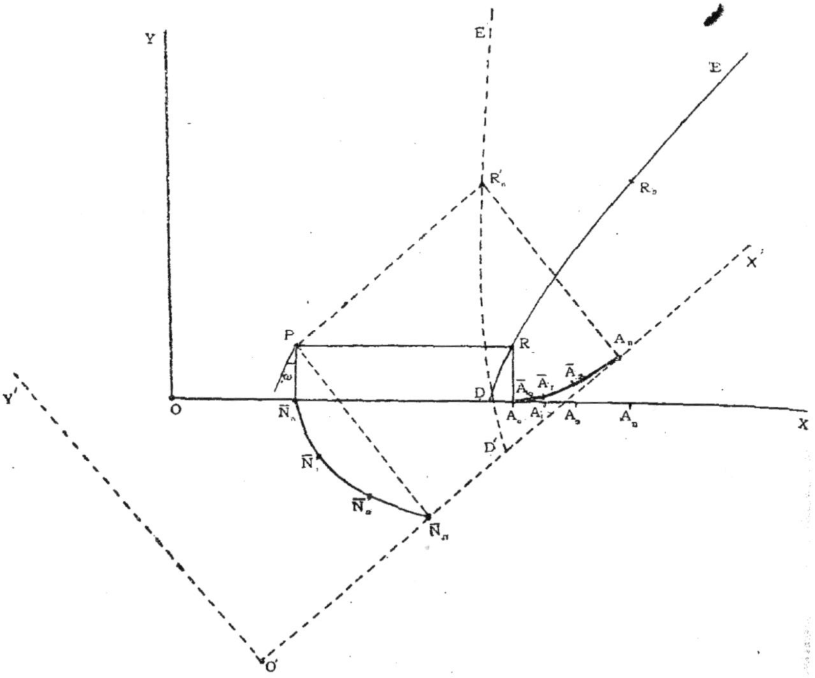

FIGURE A.10 – Intégration graphique, d'après Robb [1922, p. 208].

A.4.4 La méthode de Van der Pol (1926)

La technique employée par Van der Pol qui consiste à tracer une série de courbes reliant tous les points de même pente qu'il nomme « isoclynes » a été inaugurée par l'ingénieur belge : Junius Massau (1852-1909) qui doit être considéré, d'après Tournès [2003b, p. 181], comme le créateur de l'intégration graphique. Il rappelle d'ailleurs que « Massau introduit le terme de « courbe isocline » à partir de la remarque que c'est le lieu des points où l'intégrale a une même inclinaison [Massau, 1878–1887, livre VI, 501] (il semble que ce soit la première occurrence du mot « isocline » dans ce contexte)[24]. ». En posant, $\dot{v} = z$ dans (V_9) (voir *supra* Partie I) Van der Pol [1926d, p. 982] réduit à un l'ordre de son équation différentielle et obtient :

$$\frac{dz}{dv} - \varepsilon\left(1 - v^2\right) + \frac{v}{z} = 0 \tag{V_{17}}$$

Van der Pol propose ensuite de tracer les courbes « isoclynes » définies par

$$\frac{dz}{dv} = C_k$$

et qui s'expriment sous la forme :

$$C_k = \varepsilon\left(1 - v^2\right) + \frac{v}{z} = f\left(v, z\right)$$

En donnant alors à k les valeurs $-5, -2, -1, -0.5, -0.25, 0, +0.25, +0.5, +1, +2, +5$, il obtient une série de courbes isoclines (C_k). (voir Fig. A.11).

La méthode des isoclines consiste donc à tracer ces courbes isoclines (C_k) puis à choisir un point de coordonnées $I_0\left(v_0, z_0\right)$ sur la courbe isocline (C_0). Par ce point il passe une courbe intégrale dont la tangente est donnée par C_k. On cherche alors « au jugé[25] » le point $I_1\left(v_1, z_1\right)$ en sorte que le point de rencontre des tangentes soit à peu près équidistant de I_0 et I_1. En ce point, la courbe intégrale rencontre la courbe isocline (C_1) et a pour tangente $+1$. En réitérant le procédé on construit la courbe intégrale de (V_{17}).

A.4.5 La méthode d'Alfred Liénard (1928)

Dans un article intitulé « Étude des oscillations entretenues », Liénard [1928] présente une construction permettant d'intégrer graphiquement l'équation différentielle du second ordre caractérisant les oscillations de trois dispositifs analogues[26] : l'arc chantant, la machine série-dynamo et la triode :

$$\frac{d^2x}{dt^2} + \omega f\left(x\right)\frac{dx}{dt} + \omega^2 x = 0 \tag{L_1}$$

24. Cf. Tournès [2003a, p. 465].
25. L'expression est d'Émile Gau [1925, p. 125].
26. Voir *supra* Partie I.

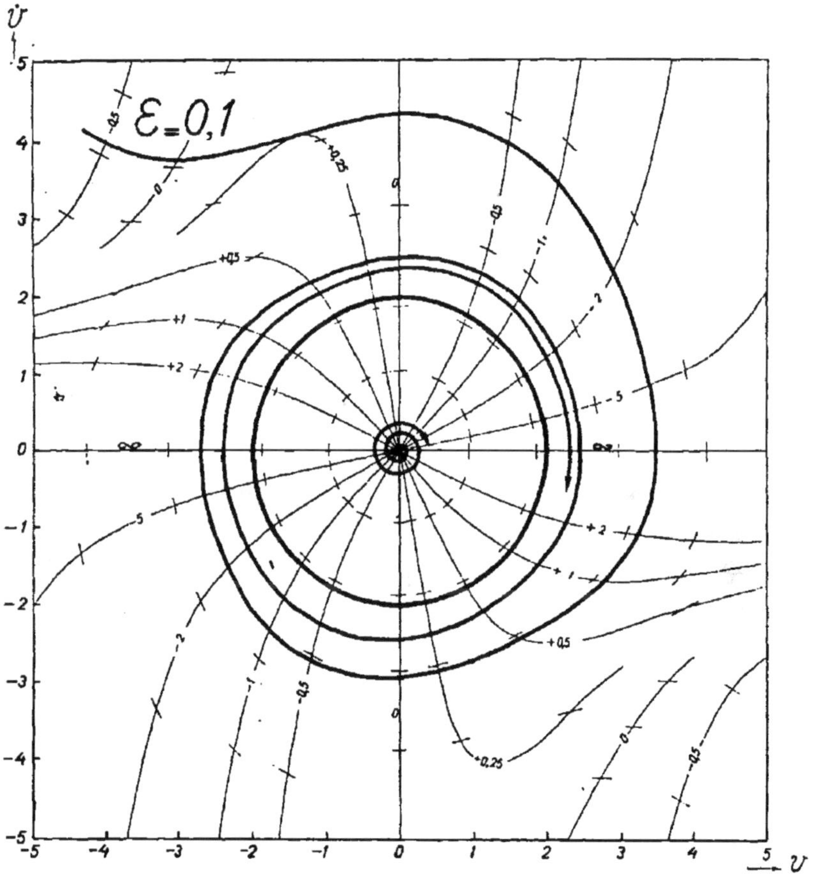

FIGURE A.11 – Intégration graphique, d'après Van der Pol [1926d, p. 983].

Pour y parvenir, Liénard propose une transformation, propre à cette équation [27], qui lui permet d'une part de se placer dans le « plan de phase de Poincaré » et d'autre part de réduire à l'ordre un l'équation (L_1) en lui conférant de surcroit une forme plus simple que celle obtenue par Parodi (Voir *supra*). En posant :

$$\frac{dx}{dt} = v$$

l'équation s'écrit :

$$\frac{vdv}{dx} + \omega f(x) v + \omega^2 x = 0$$

ou encore

$$\frac{d\left(\frac{v}{\omega}\right)}{dx} + f(x) + \frac{x}{\frac{v}{\omega}} = 0$$

En posant alors : $y = \frac{v}{\omega} + F(x)$ où $F(x) = \int_0^x f(x)\,dx$ il se place dans ce que l'on appelle aujourd'hui le « plan de phase de Liénard » et obtient l'équation différentielle d'ordre un suivante :

$$x\frac{dx}{dy} - F(x) + y = 0 \qquad (L_2)$$

En comparant (L_2) avec l'équation (Pa_2) établie par Parodi on remarque qu'elles sont identiques, mise à part le second terme. C'est précisément ce terme qui va faire toute la différence puisqu'il va conduire à la « construction de Liénard » dont le principe est indéniablement inspiré des travaux de Parodi mais dont la mise en application est beaucoup plus simple. Liénard l'explique ainsi :

> « L'équation (L_2) est susceptible d'une interprétation géométrique très simple : la normale à toute courbe intégrale en un point x, y, rencontre l'axe des y au point d'ordonnée $F(x)$. Si M, M', M ˇ... sont les points de rencontre de diverses courbes intégrales avec une même parallèle D à l'axe des y, d'abscisse x (fig. 1) les normales respectives aux courbes intégrales en M, M'...
>
> convergent toutes sur l'axe y au point N d'ordonnée $F(x)$. On obtiendra donc des éléments de courbes intégrales en M, M', etc., en traçant avec N pour centre de petits arcs de cercle rencontrant la parallèle D à Oy. » [Liénard 1928, p. 902]

Il est important de remarquer que si Liénard expose le principe de sa construction il n'en démontre pas pour autant la validité. Ce qui nécessite de vérifier que la droite *NM* est bien orthogonale au champ de vecteurs vitesse en M. C'est Le Corbeiller [1931a, 1932] qui sera à l'origine de cette démonstration présentée ci-dessous. Le principe de la construction de Liénard peut être résumé ainsi.

27. Voir *supra* Parti II et Kryloff et Bogoliouboff [1933, p. 10].

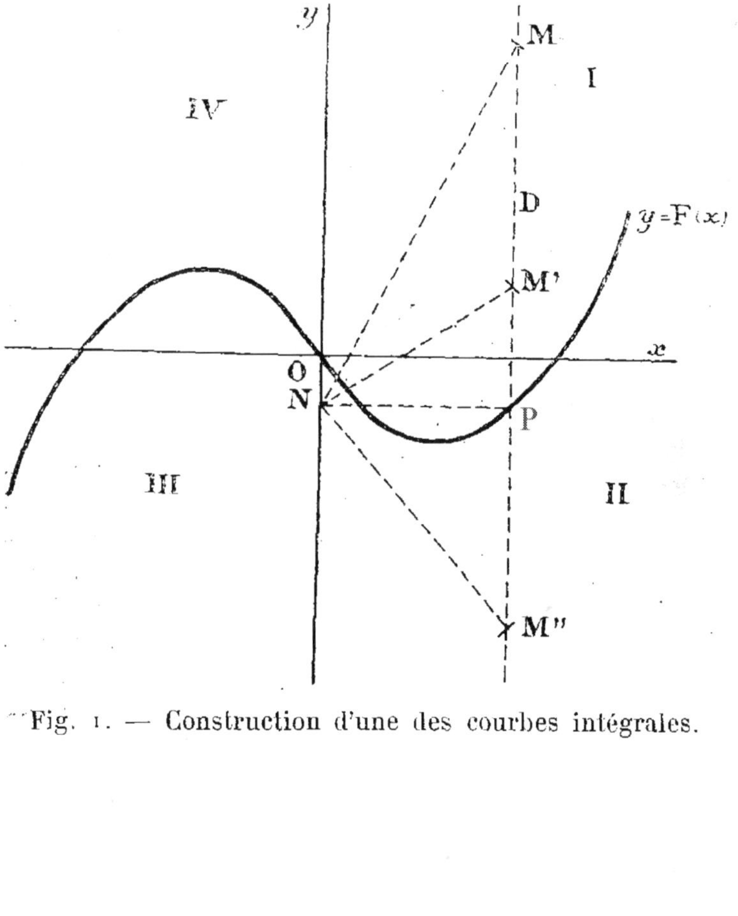

Fig. 1. — Construction d'une des courbes intégrales.

À partir d'un point quelconque Mde l'espace des phases on trace la parallèle D à l'axe Oy passant par M. Cette droite D intersecte la *caractéristique d'oscillation* d'équation $y = F(x)$ en un point que l'on peut appeler P. Du point P on trace la parallèle à l'axe Ox qui intersecte l'axe Oy au point N. En procédant ainsi on détermine facilement la sous-normale P au point M. Comme l'indique Liénard, il suffit alors de joindre N aux différents points $M, M', M''\ldots$ et de tracer en chacun de ces points la perpendiculaire à $NM, NM', NM''\ldots$ qui représente la tangente à la courbe intégrale, c'est-à-dire le vecteur vitesse. La démonstration de Le Corbeiller [1931a, p. 16 ; 1932, p. 725] consiste à démonter que la droite NM a pour coefficient directeur $-\frac{dx}{dy}$ alors que celui de la tangente à la courbe intégrale est $\frac{dy}{dx}$ ce qui conduit, au moyen d'un théorème élémentaire de géométrie, à prouver l'orthogonalité de ces deux droites. La figure A.12 suivante est une version simplifiée de celle de Le Corbeiller [1931a, p. 16] permettant d'une part de comprendre le principe de la construction de Liénard et, d'autre part de montrer qu'il est essentiellement basé sur la méthode introduite vingt ans auparavant par Parodi.

La projection du point $M(x, y)$ parallèlement à l'axe Oy intersecte la *caractéristique d'oscillation* en un point P d'ordonnée $F(x)$.

Il en découle que $\overline{QM} = y$ et $\overline{QP} = F(x)$.

De plus, la relation de Chasles permet d'écrire que $\overline{QM} = \overline{QP} + \overline{PM}$. En tenant compte de ($L_2$) on en déduit que

$$\overline{PM} = -x\frac{dx}{dy}$$

qui représente la sous-normale au point M telle que l'avait définie Parodi au moyen de l'équation (Pa_3). Puisque $\overline{NP} = x$ il est alors facile de démontrer que :

$$\frac{\overline{PM}}{\overline{NP}} = -\frac{dx}{dy}$$

Par conséquent, le coefficient directeur de la droite (NM) vaut $-\frac{dx}{dy}$.

Celui de la tangente à la courbe intégrale étant par définition égal à $\frac{dy}{dx}$ le produit de ces coefficients est donc bien égal à -1.

Il s'ensuit que la droite (NM) représente donc bien la normale à la courbe intégrale.

La démonstration est établie.

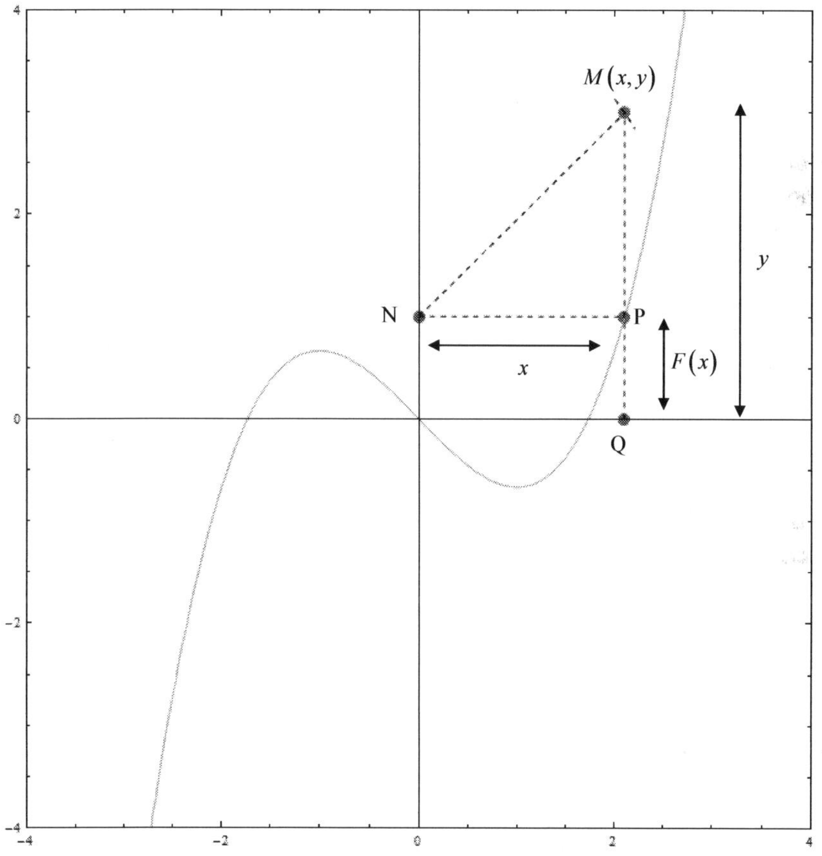

FIGURE A.12 – Principe de la construction de Liénard.

Annexe B

Appendice de la Partie II

B.1 Introduction de la terminologie *auto-entretenue*

Le 14 octobre 1929 Hadamard présentait devant les membres de l'Académie des Sciences une note du mathématicien russe Aleksandr' Andronov [1929a] intitulée : « Les cycles limites de Poincaré et la théorie des oscillations auto-entretenues » dans laquelle il paraissait introduire le néologisme « auto-entretenue ». Cet appendice a donc pour but d'essayer de déterminer à quel moment est apparue cette terminologie dans la littérature scientifique. Une analyse de différents travaux publiés entre le milieu du XIXe siècle et 1929 a permis de mettre en évidence trois stades de formation pour ce concept que l'on retrouve sous trois dénominations différentes à trois époques qui se superposent. Il apparaît sous l'intitulé « auto-excitation » de 1861 à 1916, « auto-oscillation » de 1907 à 1919 et « auto-entretien » à partir de 1919.

B.1.1 L'auto-excitation (1861-1907)

L'expression « auto-excitation » trouve son origine dans l'une des inventions de l'ingénieur et physicien hongrois Anyos Jedlik (1800-1895). D'après Simon [1998, p. 207], après avoir enseigné la Physique à la Faculté des Sciences de Budapest, il mena durant les années 1827-1828 un certain nombre d'expériences le conduisant (six ans avant Siemens) à l'invention de la machine dynamo. Ce fut également pour lui l'occasion d'introduire le concept de « dynamo auto-excitatrice » qu'il ne fit connaître qu'en 1861. Plutôt que d'utiliser des aimants permanents, ce sont deux électro-aimants opposés l'un à l'autre qui induisent le champ magnétique autour du rotor dans la dynamo auto-excitatrice. Puisque un côté de la bobine se trouve devant le pôle nord et traverse une ligne de force un courant est induit. Alors, à mesure que le cadre tourne le courant diminue. Lorsqu'il se trouve en face du pôle sud il augment à nouveau et se déplace dans la direction opposée. Il paraît difficile de ne pas faire un parallèle avec l'expérience de Gérard-Lescuyer (voir Partie I) bien qu'il ne s'agisse pas du même phénomène.

Cependant, l'idée qu'un système quel qu'il soit entretienne lui-même sa propre excitation est déjà présente.

FIGURE B.1 – Dynamo auto-excitatrice de Jedlik (1827-1828).

Dès lors, le concept de « dynamo auto-excitatrice » va faire l'objet de nombreux travaux jusqu'au début du XXe siècle. On le trouve en bonne place par exemple dans les livres d'Hospitalier [1881, p. 86], de Boulanger [1885, p. 116], de Lemoine [1890, p. 20] ou encore d'Arnold [194, p. 209]. Il apparaît également dans le domaine de la recherche comme en témoigne cette publication réalisée en 1897 par Marcel Brillouin (1854-1948) alors maître de conférences à l'École Normale Supérieure et intitulée : « Théorie d'un alternateur auto-excitateur [1] » [Brillouin, 1897]. Il est à noter que dans son « Étude théorique sur l'audion » Marius Latour [1916] emploiera cette terminologie pour décrire le phénomène dont l'audion, *i.e.* la triode est le siège :

> « L'auto-excitation se réalise comme on sait en établissant un couplage entre le circuit plaque et le circuit grille (Meissner, de Forest) pour reconstituer la tension u sur la grille en partant de la tension U développée dans le circuit de plaque [...] Ajoutons en outre que l'auto-excitation implique l'apparition d'harmoniques comme dans le cas de l'arc [...] On peut concevoir un amplificateur dans lequel on a recours à une auto-excitation partielle ainsi que MM. Meissner, Franklin, tec., l'ont proposé. C'est le fonctionnement connu que l'on rencontre déjà dans les machines dynamo-électriques à excitation séparée contribuant en partie à leur propre excitation [...] » [Latour 1916, p. 292]

En qualifiant d'auto-excitation le phénomène observé dans la machine série-dynamo, l'arc chantant et l'audion, Latour paraît ainsi être l'un des premiers à utiliser le concept de Jedlik pour décrire ce que Van der Pol appellera dix ans plus tard des oscillations de relaxation.

1. Au milieu des années trente, dans leur « Exposé des recherches récentes sur les oscillations non-linéaires » Mandel'shtam et al. [1935] rappellent dans le paragraphe concernant l'excitation paramétrique ce travail de Brillouin qu'il considère comme une référence.

B.1.2 L'auto-oscillation (1907-1919)

On trouve trace dans le mémoire de thèse de Heinrich Barkhausen (1881-1956) soutenue à l'université de Göttingen en 1907 d'oscillations qui s'entretiennent d'elles-mêmes dans un arc électrique (« lichtbogen ») :

> « Für die Stabilität gegen Schwingungen ist entscheidend, ob die den Schwingungen während einer ganzen Periode zugeführte Energie größer ist als die durch die Dämpfung entzogene oder nicht. Im ersteren Falle ist die Lage labil, im anderen stabil. Bei Labilität entstehen von selbst Schwingungen, die so lange anwachsen, bis die zugeführte und entzogene Energie gleich groß werden. » [Barkhausen 1907, p. 59]

> « Pour étudier la stabilité des oscillations il est capital de vérifier si l'énergie fournie au cours d'une période est plus importante ou non que l'énergie dissipée par l'amortissement. Dans le premier cas la situation est instable, stable dans l'autre. Dans le cas de l'instabilité des oscillations apparaissent spontanément jusqu'à ce que l'énergie dissipée et l'énergie fournie soient égales [2]. » [Barkhausen 1907, p. 59]

D'après Pechenkin [1999, p. 95], au tout début du XXe siècle Mandel'shtam et Papalexi se rencontrent à l'université de Strasbourg [3] où ils terminent leurs études sous la direction de Karl Ferdinand Braun (1850-1818). En 1902, Mandel'shtam soutient son doctorat et devient son assistant aux côtés de Jonathan Zenneck (1871-1959). Deux ans plus tard, Papalexi obtient à son tour son doctorat et sa première collaboration avec Mandel'shtam est publiée en 1906.

> « It started the cycle of their studies in the field of physics and technology of electric oscillations and of all the scientific problems that we know lump under the term « radiophysics ». » [Migulin 1981, p. 614]

Dès les premiers signes avant-coureurs du premier conflit mondial Mandel'shtam et Papalexi retournèrent en U.R.S.S. où ils poursuivirent leurs recherches dans ce domaine. Ainsi, lorsqu'Andronov débuta ses travaux de recherches sur les oscillations non-linéaires sous la direction de Mandel'shtam il est possible que ce soit par son intermédiaire qu'il ait eu connaissance des travaux de Barkhausen :

> « L. I. Mandel'shtam, who came to intellectual maturity in his Strasbourg period (1900-1914), brought with him to Soviet science the preferences and methodology of the community of German physicists. » [Pechenkin 1999, p. 93]

Néanmoins, ce n'est pas la seule piste puisque dans l'édition originale de son ouvrage Andronov et Khaikin [1937] indiqueront une autre source probable (Voir *infra*).

2. Cette traduction a été réalisée par M. Otto Roessler, professeur à l'université de Göttingen.
3. Strasbourg qui était alors une province Allemande.

B.1.3 L'auto-entretien (1919-1929)

Il n'a pas été possible de mettre en évidence l'apparition de l'expression « auto-entretenue » avant 1919 dans la littérature scientifique française. La première occurrence se trouve dans un mémoire de Blondel [1919d] dans lequel il paraît avoir formé ce néologisme à partir de l'association « oscillations entretenues auto-amorçantes ». Blondel va alors proposer une nouvelle classification selon trois types d'oscillations que l'on peut reproduire ainsi :

1. OSCILLATIONS ENTRETENUES PROPREMENT DITES
   (a) *Oscillations entretenues par action discontinue*
   (b) *Oscillations entretenues par action continue ou oscillations auto-entretenues*
2. OSCILLATIONS PERSISTANTES PAR ÉCOULEMENT FRACTIONNÉ
3. OSCILLATIONS DE LONGUE PÉRIODE PRODUITE PAR INVERSION DE LA FORCE AGISSANTE

Le type 1. a) correspond aux oscillations entretenues dans l'acception moderne de cette terminologie, c'est-à-dire dans le sens d'oscillations entretenues par une action extérieure (périodique) qui peut être de type « forçage ».

Le type 1. b) correspond aux oscillations auto-entretenues telles qu'elles sont définies au sens actuel du terme. Blondel considère à titre d'exemple l'arc chantant de Duddell et la triode.

Le second type correspond d'après Blondel à des oscillations produites selon deux phases : une phase lente d'accumulation de l'énergie et une phase rapide de décharge de cette énergie dans le système permettant d'entretenir les oscillations. Il illustre son propos à partir du vase de Tantale et du vase culbuteur.

Le troisième type correspond selon Blondel à une inversion de la force motrice qu'il décrit à partir de l'exemple du dispositif hydraulique de contrôle de vannage de Léauté [1885] (voir Appendice B.3) et de celui de la machine série-dynamo de Gérard-Lescuyer [1880a]. Dans ce dernier cas Witt [1889a, 1889b, 18890] avait observé une inversion de polarité qui peut être interprétée, en faisant appel à l'analogie électromécanique de Curie [1891] (voir Appendice A.3) comme une inversion du sens de la force agissant sur le régulateur dans le cas du système de Léauté.

Il semble que dans ce découpage Blondel ait voulu distinguer les oscillations auto-entretenues de ce que l'on n'appelle pas encore des oscillations de relaxation comme paraît l'indiquer son second et son troisième type qui décrivent parfaitement la phase lente et la phase rapide d'évolution du phénomène. Cette séparation entre oscillations auto-entretenues et oscillations de relaxation n'est d'ailleurs pas aujourd'hui encore très bien marquée. Il est important de rappeler que si le phénomène d'oscillations de relaxation ne peut être observé qu'au sein d'un système auto-entretenu, à l'inverse un tel système n'est pas nécessairement le siège d'oscillations de relaxation (Voir Partie II, note de bas de page 44, p. 26).

Si Blondel paraît être à l'origine de la terminologie « oscillations auto-entretenues » le sens assez restrictif qu'il lui donne n'atteint pas la valeur conceptuelle que lui attribuera quelques années plus tard Andronov [1928, 1929a, 1937].

Deux ans à peine après que Blondel ait introduit ce néologisme dans la littérature scientifique il apparaît dans l'ouvrage « Analogie Mécaniques de l'Électricité » [Pomey, 1921]. En effet, dans le chapitre intitulé : « Théorie de l'entretien » Pomey [1921, p. 120] considère le cas particulier de l'auto-entretien. Ce livre représente l'un des nombreux cours dispensés [4] par l'ingénieur [5] Jean-Baptiste Pomey (1861-1943) à l'École Supérieure des Postes et Télégraphes.

Au milieu des années vingt, le Général Ferrié assisté de l'ingénieur Raymond Jouaust (1875-1949) vont présenter devant l'Académie des Sciences un dispositif permettant l'entretien des pendules astronomiques par l'emploi de cellules photoélectriques [Ferrié et Jouaust, 1925]. Dans la note exposant leurs travaux ils vont employer à trois reprises l'expression « pendule auto-entretenu » dans une acception qui semble être assez proche de celle d'Andronov [1928, 1929a, 1937] bien qu'il paraisse assez peu probable que ce dernier ait eu connaissance de ce document.

À l'étranger, il a été possible de trouver une trace de l'expression « self-maintained » ou « self-sustained » dans la littérature scientifique. Tout d'abord, en 1923 dans le résumé du mémoire de thèse de Miss Winifred Leyshon [1923] intitulé : « Forced oscillations in Self-maintained Oscillating Circuits » et présenté par William Eccles. Tout au long des années trente Leyshon [1930, 1931a, 1931b, 1932, 1935, 1936, 1938, 1941a, 1941b] va poursuivre et intensifier ses recherches dans ce domaine ouvrant ainsi la voie à Mary Lucy Cartwright.

Plus étonnant encore est la présence de l'expression « self-sustained » dans un article de Jonathan Zenneck [1929] publié en janvier 1929, c'est-à-dire environ neuf mois avant celui d'Andronov [1929a] et intitulé « The importance of radiotelegraphy in science ». Dans ce travail, Zenneck propose un panorama des différentes recherches réalisées dans le domaine de la radiotélégraphie à partir d'un « arc generator » et d'un « tube generator », *i.e.* d'un arc chantant et d'une triode. À propos du premier, Zenneck [1929, p. 92] considère qu'il est le siège de « self-sustained oscillations ». Concernant le second, il représente sa *caractéristique d'oscillation* d'une triode (voir Fig. B.2) qu'il commente ainsi :

> « This phenomenon is well-known in oscillating audion reception. As Dr. B. van der Pol [6] has shown, it may be interpreted as another result of a resistance the sign and value of which depend upon the amplitude of current. » [Zenneck 1928, p. 93]

Il reproduit ici la « cubique de Van der Pol » et trace même le cycle limite (figuratif) correspondant aux oscillations de relaxation. Puis, il ajoute :

4. Voir Pomey [1914, 1928, 1931].
5. Après l'École Polytechnique Jean-Baptiste Pomey intègre l'École Supérieure des Postes et Télégraphes dont il sortira ingénieur des télégraphes en 1883. Il deviendra ensuite Directeur de cette école de 1924 à 1926.
6. Curieusement Zenneck renvoie à Van der Pol [1924, 1927a] et non à Van der Pol [1926a, 1926b, 1926c, 1926d]

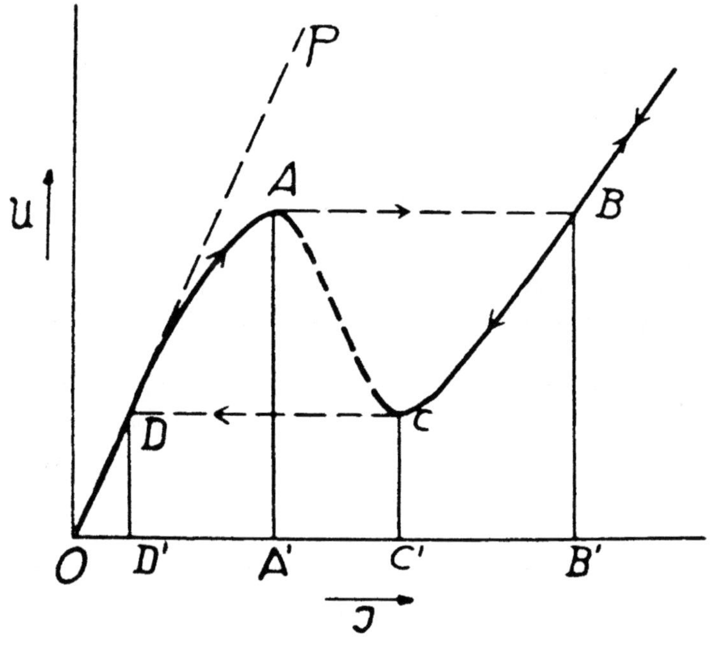

FIGURE B.2 – Caractéristique d'oscillation d'une triode, d'après Zenneck [1929, p. 93].

> « It exhibits a materially new effect which is easily seen when we gradually increase the voltage. Up to the value *AA'* the current also gradually increases, but when the voltage exceeds this value by a small amount, the current suddenly jumps from the value *OA'* to the much higher value *OB'*. » [Zenneck 1929, p. 94]

Dans cet extrait il expose le concept de « saut » introduit par Mandel'shtam et Papalexi (voir Partie II, p. 11) ce qui met en évidence une parfaite connaissance des travaux de ses anciens collègues de Strasbourg tout comme ceux de Barkhausen. Ces hommes collaborent à l'édition de la célèbre revue *Jahrbuch der drahtlosen Telegraphie und Telephonie* (voir Fig. B.3 et Fig. B.4). Ceci semble indiquer que l'une des sources principales d'Andronov a pu être le travail des scientifiques Allemands.

Au cours du VIe congrès des Physiciens russes à Moscou entre le 16 et le 28 août 1928 Andronov [1928] présente les résultats des ses recherches menées sous la direction de Mandel'shtam et introduit la terminologie d'« auto-oscillation » en s'inspirant probablement du néologisme formé par Barkhausen [1907, p. 59 ; 1929, p. 46] (voir Partie II, p. 30).

> « Les mouvements stables qui sont présents dans des dispositifs capables d'auto-oscillations doivent toujours correspondre à des cycles limites. » [Andronov 1928, p. 33]

Les questions qui se posent sont les suivantes :

- Pourquoi Andronov a-t-il alors employé dans le titre de sa note aux *C.R.A.S.* l'expression « auto-entretenue » ?
- Quels sont les travaux français susceptibles de l'avoir influencé ?
- A-t-il lui-même formé ce néologisme ?

Bien qu'il soit difficile de répondre à ces questions il paraît néanmoins possible d'apporter quelques éléments de réponses.

En premier lieu, il est important de remarquer que dans la note d'Andronov [1929a] aux C.R.A.S. l'expression « auto-entretenue » n'apparaît qu'à deux reprises : dans le titre et à la première ligne du premier paragraphe :

> « *Les cycles limites de Poincaré et la théorie des oscillations auto-entretenues.* Note de M. **A. Andronow**, présentée par M. Hadamard.
>
> 1. Les oscillations dites auto-entretenues suscitent depuis quelques années un intérêt de plus en plus vif dans plusieurs domaines des sciences naturelles. »
>
> [Andronov 1929a, p. 559]

Dès le second paragraphe, Andronov lui substitue le néologisme « auto-oscillation » qu'il avait employé l'année précédente :

> « 2. Considérons le cas le plus simple des auto-oscillations que présente – en mécanique et en physique – un système à un degré de liberté, en chimie une réaction entre deux substances, en biologie deux espèces animales coexistantes. » [Andronov 1929a, p. 559]

Il est d'ailleurs intéressant de constater qu'auto-entretenue est écrit en italique comme pour souligner l'introduction d'une expression nouvelle contrairement à auto-oscillation qui apparaît ainsi comme un terme usuel.

En second lieu, on remarque sur l'original de la note d'Andronov [1929a] aux *C.R.A.S.* (voir Appendice B.2) que si le document dactylographié a subi un certain nombre de corrections de la part de la personne qui « expertisé » cet article (peut-être Hadamard lui-même) le titre n'en comporte aucune. En revanche, des guillemets ont été ajoutés autour de l'expression auto-entretenue dans la première phrase. Il semble donc qu'Andronov ait délibérément choisi cette expression comme titre de sa communication et que ce ne soit pas sur les indications de l'expert, *i.e.* éventuellement d'Hadamard qu'il ait pu le faire. Dans quel but ? Il paraît assez logique d'imaginer qu'il ait voulu faire écho à des travaux français. Mais alors lesquels ?

Au regard de ce qui précède, il y a, concernant la communauté scientifique française, au moins deux sources possibles : les recherches de Blondel et celles de Pomey.

Alors que dans les deux dernières éditions russe et anglo-saxonne de l'ouvrage d'Andronov, Khaikin et Witt [1959, 1966] aucun des travaux de Blondel n'apparaissait, on trouve dans l'édition originale en russe d'Andronov et Khaikin [1937] les références suivantes :

> « 21. A. Blondel, Sur les systèmes à oscillations persistantes, et en particulier sur les oscillations entretenues par auto-amorçage, *Journal de Physique*, Vol. 9, p. 117, 1919.
>
> 22. A. Blondel, Amplitude du courant oscillant produit par les audions générateurs, *Comptes Rendus*, Vol. 169, 1919. » [Andronov et Khaikin, 1937]

Précisément, s'il ne fallait retenir que deux articles sur l'ensemble de ceux publiés par Blondel ce serait ces deux là. Le premier est celui dans lequel Blondel [1919d, p. 118] paraît avoir introduit la terminologie « oscillations auto-entretenues » et le second celui dans lequel Blondel [1919b] établit, un an avant Van der Pol, l'équation différentielle des oscillations produites par un audion générateur, *i.e.* des oscillations auto-entretenues par une triode (voir Partie I, p. 53 et Appendice B.3).

De la même manière, on ne trouve que dans l'édition originale russe du livre d'Andronov et Khaikin [1937] la référence suivante :

> « 124. J. Pomey, Analogies Mécaniques de l'électricité, Paris, Gauthier-Villars, 1921. »
> [Andronov et Khaikin, 1937]

Celle-ci est d'ailleurs précédée par deux publications de Jules Haag :

> « 122. Sur les oscillations auto-entretenues, *Comptes Rendus*, Vol. 199, p. 906-909, 1934.
>
> 123. Sur l'étude asymptotique des oscillations de relaxation, *Comptes Rendus*, Vol. 202, p. 102-104, 1936. » [Andronov et Khaikin, 1937]

Ce qui tendrait à prouver qu'Andronov est parfaitement au courant des travaux français réalisés dans ce domaine. Il est important de préciser qu'Andronov qui est l'auteur d'une biographie du marquis Pierre Simon de Laplace [Dahan-Dalmedico 1996, p. 21] et qui sera également à l'origine de la traduction en russe des mémoires « Sur les courbes définies par une équation différentielle » d'Henri Poincaré [1947] connait bien le français. Les œuvres complètes d'Andronov [1956] sont par ailleurs ponctuées de références bibliographiques à des travaux français.

Ainsi, il est possible qu'Andronov ait puisé dans cette littérature l'expression lui permettant d'une part d'obtenir la meilleure traduction du concept qu'il venait d'introduire et, d'autre part de trouver auprès de la communauté scientifique française une certaine résonnance. Il est important de rappeler néanmoins qu'Andronov n'en fera pratiquement jamais plus usage. La seconde note aux *C.R.A.S.* d'Andronov et Witt [1930a] est d'ailleurs intitulée : « Sur la théorie mathématique des auto-oscillations ». Dans leur « Exposé des recherches récentes sur les oscillations non linéaires » Mandel'shtam *et al.* [1935] parleront seulement que de systèmes auto-oscillatoires ou d'auto-oscillations mais pas de systèmes auto-entretenus ou d'oscillations auto-entretenues. Enfin, dans l'édition originale russe de son ouvrage Andronov et Khaikin [1937] définiront ainsi ce nouveau concept :

> « Такие колебания мы будем называтъ автоколебаниями, а системы, в которых возможны автоколебания - автоколебателъными системами [1]).
>
> ---
>
> [1]) В главе В мы дадим (для случаи одной степени свободы) математическое определенне понятнй автоколоебания, автоколебателъиая системы. »
>
> [Andronov et Khaikin 1937, p. 170]

> « Ces oscillations seront appelées auto-oscillations, et les systèmes dans lesquels ces oscillations se produisent – les systèmes auto-oscillants [1]).
>
> ---
>
> [1]) Dans le chapitre V nous donnerons (dans le cas d'un degré de liberté), la définition mathématique précise des auto-oscillations et des systèmes auto-oscillants. »
>
> [Andronov et Khaikin 1937, p. 170]

Jahrbuch

der

drahtlosen Telegraphie und Telephonie

sowie des Gesamtgebietes der elektromagnetischen Schwingungen.

Unter Mitarbeit

von

Prof. **M. Abraham** (Göttingen), Chefingenieur Graf **v. Arco** (Berlin), Prof. **A. Blondel** (Paris), Prof. **Ferdinand Braun** (Straßburg) Prof. **J. A. Fleming** (London), Dr. **Lee de Forest** (New York), Prof. **Josef von Geitler** (Czernowitz), Prof. **Leo Graetz** (München), Ingenieur **W. Hahnemann** (Kiel), Postrat **O. Jentsch** (Erfurt), Privatdozent **L. Mandelstam** (Straßburg i. E.) Dr. **Guglielmo Marconi** (London), Dr. **Eugen Nesper** (Berlin), Ingenieur Dr. **Valdemar Poulsen** (Kopenhagen), Dr. phil. **Heinrich Freiherr Rausch v. Traubenberg** (Berlin), Prof. **Augusto Righi** (Bologna), Ingenieur Dr. **J. S. Sachs** (Frankfurt a. M.), Prof. **Adolf Slaby** (Berlin), Prof. **C. Tissot** (Brest), Prof. **Max Wien** (Danzig)

und unter besonderer Mitwirkung

von

Dr. Jonathan Zenneck,

ord. Professor der Physik an der Technischen Hochschule zu Braunschweig

herausgegeben

von

Dr. Gustav Eichhorn

(ehemal. Leiter der Ostseeversuchsstationen von Prof. Braun - Siemens & Halske)

in Zürich V.

Zweiter Band

Mit 312 Figuren im Text und 7 Tafeln

LEIPZIG

VERLAG VON JOHANN AMBROSIUS BARTH

1909.

FIGURE B.3 – Comité de rédaction du Jahrbuch der drahtlosen Telegraphie und Telephonie avant le premier conflit mondial.

Jahrbuch
der
drahtlosen Telegraphie und Telephonie

Zeitschrift
des Gesamtgebietes der elektromagnetischen Schwingungen.

Unter Mitarbeit
von
Prof. M. Abraham, Dr. Graf v. Arco (Berlin), Prof. Dr. L. W. Austin (Washington), Prof. Barkhausen (Dresden), Dr. W. Burstyn (Wien), Reg.-Rat H. Eales (Groß-Lichterfelde), Dr. A. Esau (Berlin), Dr. Lee de Forest (New York), Prof. Josef von Geitler (Wien), Ingenieur W. Hahnemann (Kiel), Prof. Kiebitz (Berlin), Dr. A. Meissner (Berlin), Dr. H. G. Möller (Hamburg), Dr. E. Nesper (Wien), Ingenieur Dr. Vald. Poulsen (Kopenhagen), Dr. Rottgardt (Berlin), Oberingenieur Scheller (Berlin), Prof. Sommerfeld (München), Prof. Freiherr Rausch v. Traubenberg (Göttingen)

und unter besonderer Mitwirkung
von
Prof. Dr. Max Wien und Prof. Dr. J. Zenneck
herausgegeben
von
Prof. Dr. Heinr. Faßbender
(Privatdozent an der Techn. Hochschule Berlin)

Vierzehnter Band
Mit 386 Figuren im Text und 8 Tafeln

BERLIN W.
VERLAG VON M. KRAYN
1919

FIGURE B.4 – Comité de rédaction du Jahrbuch der drahtlosen Telegraphie und Telephonie après le premier conflit mondial.

B.2 La note d'Andronov de 1928 au VIe Congrès des Physiciens

Les cycles limites de Poincaré et la théorie des oscillations [7]

Il existe un certain nombre de dispositifs qui pourraient générer des oscillations entretenues à partir de sources d'énergie non-renouvelables. Toutefois, il n'existe pas pour l'instant de théorie générale suffisamment rigoureuse pour de telles oscillations. En attendant, il y a un schéma ou un modèle mathématique adéquat, créé sans aucun lien avec la théorie des vibrations, ce qui permet d'établir une vision commune de tous ces processus pour le cas d'un degré de liberté. Ce concept est celui de la « théorie des cycles limites » de Poincaré. L'équation du mouvement du système, qui possède un degré de liberté et n'a aucune variable qui dépende explicitement du temps, est une équation non linéaire :

$$\frac{d^2x}{dt^2} = F\left(x, \frac{dx}{dt}\right) \tag{1}$$

En posant : $\frac{dx}{dt} = y$, $\frac{d^2x}{dt^2} = y\frac{dy}{dx}$. On peut donner à cette équation la forme

$$\frac{dy}{dx} = \frac{F(x,y)}{y} \tag{2}$$

Les variables x et y étant considérées comme définies et continues permettront d'étudier le comportement des courbes intégrales de cette équation sur le plan de phase. Il est facile de voir que la solution périodique de l'équation (1) correspond à des courbes intégrales fermées dans le plan *xy*. Sous réserve de certaines conditions imposées à $F(x, dx/dt)$, les courbes fermées de l'équation (2) ne peuvent être que de deux types : soit des solutions de type « centre », soit un « cycle limite ».

Si l'équation (2) possède un cycle limite, c'est à dire, si toutes les courbes qui sont dans une certaine région tendent vers le cycle limite lorsque $t \to \pm\infty$, cela signifie que les solutions correspondantes de l'équation (1) tendent vers la solution périodique dont l'amplitude et la période ne dépendent pas alors des conditions initiales. Les mouvements stables qui sont présents dans des dispositifs capables d'auto-oscillations doivent toujours correspondre à des cycles limites. Des considérations liées au comportement des courbes intégrales dans le plan *xy*, justifient l'emploi de la théorie qualitative pour ces processus et permettent d'obtenir pour des problèmes physiques spécifiques, quelques conclusions générales. En particulier les questions « d'auto-excitation », de « perturbations » et de « stabilité » des auto-oscillations seront examinées.

Le tube cathodique et quelques autres dispositifs seront étudiés comme exemples concrets. La méthode d'approximations de la solution quantitative du problème des auto-oscillations est analysée en conclusion et sa correspondance avec le travail d'autres auteurs, qui ont étudié des cas particuliers de ces oscillations est établie.

7. Résumé du rapport. Publié dans le livre. VIe Congrès des physiciens russes (5-16 août. 1928). Liste des rapports présentés nasezd. MS-21. Gos. izd-vo, 1928, pp. 23.

B.3 La note d'Andronov de 1929 aux *C.R.A.S.*

Analyse mathématique 12 1

<u>Les cycles limites de Poincaré et la theorie des oscillations auto-entretenues.</u>

Note de M. A. Andronow, [illegible] ACADÉMIE DES SCIENCES B.B.

Séance du 14 OCT 1929

1. Les oscillations dites auto-entretenues suscitent, depuis quelques années, un interêt de plus en plus vif dans plusieurs domaines des sciences naturelles. Ces oscillations sont regies par des équations differentielles qui different de celles qu'étudient la physique mathématique et la mécanique classiques. Les systémes où se produisent ces phénomênes ne sont pas conservatifs et entretiennent leurs oscillations en puisant l'énergie à des sources non périodiques.

Comme exemples citons: quant aux systêmes représentés par des équations aux dérivées partielles, le problême déjà encien de la corde vibrante excitée par un archet aisi que le problême astronomique des Céphèides, sous l'aspect que lui donne Eddington (1) ; quant aux systêmes determinés par des équations differentielles ordinaires, en mécanique le pendule de Froude (2), en physique l'oscillateur à triode (3), en chimie les réactions périodiques (4). Des problêmes [illegible] (5).

2. Considérons le cas le plus simple des auto-oscillations que présente – en mécanique et en physique – un systeme à un degré de liberté, en chimie une réaction entre deux substances, en biologie deux espèces animales coéxistantes. Ces systêmes peuvent être représentés par deux équations differentielles simultanés:

$$\frac{dx}{dt} = P(x,y) \quad ; \quad \frac{dy}{dt} = Q(x,y) \qquad (A)$$

---

(1) Eddington, The internal constitution of stars, (Cambridge, 1926) p. 200.

(2) Lord Rayleigh, The theory of sound, (London, 1894) t. I, p. 212.

(3) Voir par exemple van der Pol, Phil. Mag., Ser. 7, t. 2, 1926, p. 978.

(4) Voir par exemple Kremann, Die periodischen Erscheinungen in der Chemie (Stuttgart, 1913) p. 124.

(5) Lotka, Elements of physical biology, (Baltimore, 1925) p. 88. – Voir aussi les récentes recherches de M. Volterra.

On sait que les solutions stationnaires d'un tel systéme peuvent être de deux espèces: soit costantes soit periodiques en t. Exigeons, en nous basant sur l'étude des phénomènes de ce genre effectivement observés, que les mouvements périodiques que nous considérons soient stables, par rapport à des variations arbitraires suffisamment petites : 1° des conditions initiales (1); 2° des seconds membres des équations (A) (2)

On peut facilement montrer qu'aux mouvements périodiques satisfaisant à ces conditions correspondent, sur le plan xy, des courbes fermées isolées, dont s'approchent en spirales, de l'interieur et de l'exterieur (avec l'accroissement de t), les solutions voisines. Il en résulte que les auto-oscillations qui naissent dans les systémes caracterisés par des équations du type (A) correspondent mathématiquement aux cycles limites stables de Poincaré (3).

Il est donc clair que la période et "l'amplitude" des oscillations stationnaires ne dépendent pas des conditions initiales (4). La discussion des équations différentielles se rapportant aux cas réels montre qu'elles possèdent en effet des cycles limites, les mouvements stationnaires.

3. La théorie générale (5) des courbes integrales des équations du type (A) permet dans de nombreux cas d'étudier qualitativement ces équations et de tirer des conclusions quant à l'éxistence, au nombre et à la stabilité des cycles limites.. La solution quantitative du problême, qui consiste

---

(1) Voir Liapounow, Problême général de la stabilité du mouvement. (Ann. de la Faculté des Sc. de Toulouse, t. IX, 1907, p. 203).

(2) Voir Bieberbach, Differentialgleichungen, (Berlin, 1926), p. 68.

(3) Poincaré, Oeuvres, t. I (Paris, 1928), p. 53.

(4) Plus exactement, un seul et même mouvement stationnaire correspond (à la phase près) à tout un domaine de données initiales.

(5) Poincaré, loc. cit., Bendixon, Acta Mathematica, 24, 1900, p. 1.

3

à exprimer x et y en fonction du temps, ne peut être obtenue aisément que dans le cas des "petites valeurs du paramètre". (1) Considérons à titre d'exemple (1) un cas particulier des équations (A)

$$\frac{dx}{dt} = y + \mu f(x, y; \mu), \quad \frac{dy}{dt} = -x + \mu g(x, y; \mu).$$

Mlle Carlot BB 9

u μ est un paramètre réel que nous ******* pouvons
hoisir suffisemment petit. Lorsque $\mu = 0$ les équations (B)
nt une solition: x= $R\cos t$, $y = -R\sin t$; les courbes
ntegrales forment, sur le plan xy, une famille de circonfé-
ences. En se servant des méthodes de Poincaré, on peut
acilement montrer qu'au cas où $\mu \neq 0$ mais est suffisemment
etit, il ne reste en général sur le plan xy que des
ourbes fermées isolées, proches de circonférences de rayons
éterminées par l'équation:

$$\int_0^{2\pi}\left[f(R\cos\xi, -R\sin\xi; 0)\cos\xi - g(R\cos\xi, -R\sin\xi; 0)\cdot\sin\xi\right]d\xi = 0 \qquad (C$$

[illegible]

Des courbes fermées correspondent à des mouvement station-
ires stables au cas où est remplie la condition

$$\int_0^{2\pi}\left[f'_x(R\cos\xi, -R\sin\xi; 0) + g'_y(R\cos\xi, -R\sin\xi; 0)\right]d\xi < 0 \qquad (D)$$

correction à apporter à la periode "primitive" 2π et
s expressions de x et y s'obtiennent sous forme de series
données suivant d'après les puissances de μ et convergentes

) Poincaré. Les méthodes nouvelles de la mécanique céleste, (Paris
Paris 1892) t.1. p. 89.

) Ce cas présente un grand intéret physique; on peut y re-
re les auto-oscillations dites "sinusoidales" dans les sys-
es à un degré de liberté: oscillateur à triode etc.

BB4

pour les valeurs suffisement petites de μ.

4. Ainsi, la théorie des auto-oscillations, où l'on se servait jusqu'a présent presque exslusivement de méthodes non rigoureuses, reçoit, du moins dans le cas le plus simple une base mathématique solide.

Les auto-oscillations électriques sont les plus accessibles à l'étude experimentale. Il est certain, qu'une serie de phénomènes caractéristiques, accompagnant ces oscillations (1) doivent se manifester en conditions appropriées dans les systèmes auto-oscillatoires non électriques, par exemple mécaniques ou chimiques.

---

(1) Par exemple le phénomène que les allemands appellent Mitnehmen. (voir H. Barkhausen, Elektronen -Röhren, Leipzig, 1929, B. III, p. 32.)

B.4 Les cycles limites : quelques repères historiques

Le concept de « cycle limite » fut introduit par Henri Poincaré au chapitre VI de son second mémoire « Sur les courbes définies par une équation différentielle » en 1882. Trois ans plus tard, l'ingénieur Henry Léauté va être l'un des premiers à mettre en application ce concept pour résoudre un problème de régulation des machines hydrauliques. À la fin de la première guerre mondiale son étude sera reprise par Léon Barbillion et Paul Cayère puis transposée à la régulation des groupes électrogènes. Au début du XXe siècle l'essor de la T.S.F. avait conduit les savants à s'intéresser aux oscillations électriques produites par un circuit comportant un système éclateur de type « arc chantant ». En 1908, Poincaré avait établi, vingt ans avant Andronov, la correspondance entre solution périodique et cycle limite mettant ainsi en évidence l'existence d'un régime stationnaire d'ondes entretenues. Une dizaine d'années plus tard, en poursuivant ses recherches sur les oscillations auto-entretenues, Blondel allait approcher de très près le concept introduit par l'illustre géomètre sans pour autant le reconnaître. Cet appendice a donc pour but de présenter les différents travaux de ceux que l'on pourrait considérer comme les « précurseurs » des cycles limites.

B.4.1 Henri Poincaré et le concept de cycle limite

Dans le chapitre VI de son second mémoire « Sur les courbes définies par une équation différentielle », Poincaré [1882, p. 261] présente la « Théorie des cycles limites ». En faisant appel à la « Théorie des conséquents » qu'il a préalablement exposée, il démontre l'existence d'un nouveau genre de courbes fermées [8] qu'il nomme « cycle limite ». Il énonce puis démontre alors un certain nombre de théorèmes avant d'introduire la « Théorie des anneaux limites » et la notion de système topographique [9]. Au chapitre VII Poincaré [1882, p. 274] présente le tout premier exemple de cycle limite. Il s'agit du système de deux équations différentielles du premier ordre et du premier degré suivant :

$$\frac{dx}{x\left(x^2+y^2-1\right)-y\left(x^2+y^2+1\right)}=\frac{dy}{y\left(x^2+y^2-1\right)+x\left(x^2+y^2+1\right)} \qquad (\mathrm{Po}_1)$$

Bien entendu ce système a été construit *ad hoc* par Poincaré pour illustrer son propos et ne recouvre pas une réalité physique.

Néanmoins, il permet de mettre en évidence l'existence d'une courbe fermée invariante au sens de Darboux [1878] qui n'est autre que le cycle limite algébrique d'équation (voir Fig. B.5) :

$$x^2+y^2=1 \qquad (\mathrm{Po}_2)$$

8. Les courbes fermées correspondant aux solutions de type centre ayant été exclues de la discussion par Poincaré.
9. Pour une analyse des mémoires de Poincaré [1881-1886] voir la thèse de Ch. Gilain [1977].

Cependant, comme le rappelle aussitôt Poincaré :

> « Quand les cycles limites ne sont pas algébriques, une discussion complète est évidemment impossible ; car on ne pourra jamais trouver en termes finis l'équation des cycles limites. » [Poincaré, 1882, p. 283]

Cette vision prophétique de Poincaré sera naturellement vérifiée quelques décennies plus tard, notamment par Haag [1936, 1937, 1938, 1943, 1944] qui tentera une approche asymptotique du cycle limite de l'oscillateur à relaxation de Van der Pol (voir Partie II, p. 56).

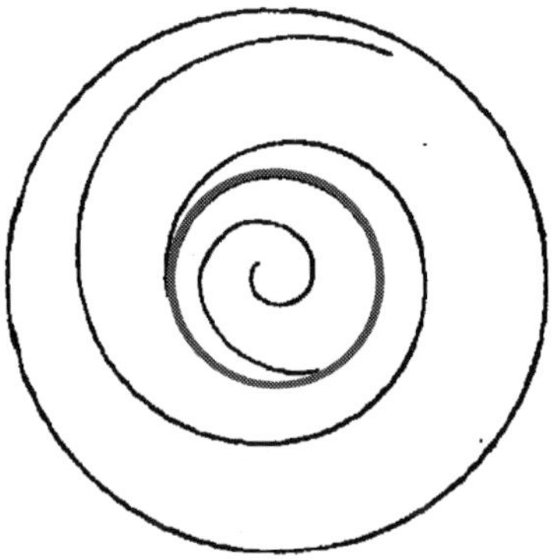

FIGURE B.5 – Premier exemple de cycle limite, d'après Poincaré [1882, p. 280].

Sur la Fig. B.5, Poincaré a représenté le cycle limite d'équation (Po_2) et les courbes trajectoires décrivant un point mobile « qui ne pourra jamais le franchir et qui restera toujours à l'intérieur de ce cycle, ou toujours à l'extérieur » [Poincaré, 1921, p. 58]. Ainsi, il ne semblait pas, jusqu'à la découverte [10] des « Conférences sur la télégraphie sans fil » [Poincaré, 1908, 1909a] que Poincaré ait employé le concept de cycle limite pour décrire une application pratique. La première d'entres elles paraissait être celle réalisée par Henry Léauté.

B.4.2 Henry Léauté et la régulation des machines hydrauliques

Né à Belize (autrefois Honduras britannique) en 1847, Léauté intègre l'École Polytechnique en 1866. À sa sortie deux ans plus tard, il devient élève ingénieur des Manufactures de l'État. Sa participation à la guerre de 1870 (bataille de Champigny) lui vaut d'être condamné à mort par la Commune pour avoir décliné la direction d'un service public. Il parvient alors à fuir Paris pour Toulouse où il devient ainsi membre de l'Académie des Sciences de Toulouse en 1874. Il soutient ensuite sa thèse de doctorat intitulée : « Étude géométrique du problème de l'intégration des équations différentielles

10. Voir Ginoux et Petitgirard [2010].

FIGURE B.6 – Henry Léauté, source École Polytechnique.

partielles du premier ordre et à trois variables » à la Faculté des Sciences de Paris le 15 février 1876. L'année suivante il devient répétiteur de Mécanique à l'École Polytechnique. En 1895, succédant à Résal, il est nommé Professeur dans la chaire de Mécanique et occupera ce poste jusqu'en 1904. Auparavant, il avait élu membre de l'Académie des Sciences (section Mécanique) le 28 avril 1890. Lors de sa disparition le mathématicien Camille Jordan (1838-1922) chargé de sa nécrologie écrira :

> « Son œuvre est la meilleure réponse à ceux qui s'imaginent qu'il y a divorce entre la théorie et la pratique, et que les savants, s'ils ne sont pas nuisibles aux progrès de l'industrie, sont du moins incapables de la servir utilement. » [Jordan 1916, p. 501]

En 1885, Léauté publie un long mémoire « sur les oscillations à longue période dans les machines actionnées par des moteurs hydrauliques et sur les moyens de prévenir ces oscillations » [Léauté, 1885]. À cette époque les ingénieurs en hydraulique sont confrontés à un délicat problème dans les systèmes de vannage. En effet, le moteur employé pour l'ouverture ou la fermeture de la vanne produit par rétroaction des oscillations intempestives engendrant un phénomène de battement des plus préjudiciables. Ces oscillations dont la période est de l'ordre de quelques dizaines de secondes sont alors appelées : « oscillations à longue période [11] ». Pour résoudre ce problème Léauté va faire appel au concept de cycle limite élaboré trois ans auparavant par Henri Poincaré [1882, p. 261] sans avoir hélas réalisé la correspondance qu'il venait d'établir entre Science et Technique. Jordan rappelle ainsi ces recherches :

11. Pour plus de détails voir la thèse de Remaud [2004, p. 143 et suivantes].

> « Les oscillations à longue période, si redoutables dans les machines hydrauliques, ont également attiré l'attention de M. Léauté.
> Elles n'avaient été étudiées avant lui que pour les régulateurs à action directe. M. Léauté a traité le cas où la régularisation intervient par l'action d'une vanne. Construisant alors une courbe ayant pour abscisses l'ouverture de la vanne et pour ordonnée la vitesse correspondante de la machine, il a reconnu que ces oscillations se produisent seulement lorsque ladite courbe est fermée. L'intégration de l'équation différentielle du problème lui fait connaître les cas où cette circonstance-se présente. » [Jordan 1916, p. 501]

Le diagramme construit par Léauté impliquant position et vitesse correspond donc exactement à une représentation dans le plan de phase de Poincaré. Il est important de préciser que dans l'édition russe ainsi que dans l'édition anglo-saxonne de l'ouvrage d'Andronov, Khaikin et Witt [1959, 1966] apparait une référence à Léauté [1885] dans une note de bas de page du second paragraphe du premier chapitre intitulé : « Le concept de plan de phase ».

> « Для целей изучения динамики колебательных систем фазовое пространство было впервые применено Леотэ [172], который исследовал работу некоторого устройства автоматического регулирования путем построения в фазовом пространстве этого устройства интегральных кривых и предельных циклов (не давая им этого названия ; он, по-видимому, не был знаком с опубликованной несколько раньше работой Пуанкаре [108], в которой предельные циклы впервые появились в математике). К сожалению, замечательные работы Леотэ были впоследствии почти полностью забыты. »
>
> [Andronov *et al.* 1959, p. 39]

> « The phase plane was first used for the study of the dynamics of oscillatory systems by Léauté [172], who investigated the operation of a certain automatic control equipment by constructing on the phase plane of this equipment the integral curves and limit cycles (without giving to them this name ; he was apparently not aware of the work by Poincaré published a little earlier [108], where the limit cycles first appeared in mathematical literature). Afterwards the remarkable works by Léauté were, unfortunately, almost completely forgotten. » [Andronov *et al.* 1966, p. 4]

Néanmoins, il semble que cette note sur Léauté soit un ajout de N. A. Zheleztsov (Железцоб Х. А.) (voir Partie II, p. 144) qui modifia et augmenta considérablement l'édition originale d'Andronov et Khaikin [1937] dans laquelle ne figure aucune référence bibliographique aux travaux de Léauté. Ce qui n'exclut d'ailleurs pas le fait qu'Andronov en ait eu connaissance puisque dans ses œuvres complètes, Léauté est cité à maintes reprises [Andronov 1956, p. 307, p. 344, p. 510]. De plus, dans un article intitulé : « Auto-oscillations d'un schéma simplifié contenant une hélice à pas variable automatique » Andronov, Bautin et Gorelik [1945] réalisèrent la mise en équation du problème de

Léauté [12]. Enfin, à l'occasion du centième anniversaire de la naissance de Mandel'shtam (1879-1944), Gaponov-Grekhov et Rabinovich rappelaient :

> « Both Mandel'shtam himself and his students are characterized by an exceptionally strict attitude to the facts of history of science and to the accuracy of acknowledgement of priority that this implies. In particular, Mandel'shtam and Andronov believed until 1931 that they had been the first to juxtapose generation with limit cycles, but when they found that this had been done intuitively nearly simultaneously with the discovery of the limit cycles themselves, they took every opportunity to point this out : " . . . The following preliminary remark is necessary if we are to avoid distortion of historical perspective. Ten years before the discovery of radio, in a study of self-oscillations in an automatic-control device, the French engineer Léauté (1885) investigated the phase space of this device and draw integral curves and limit cycles for it (without applying those names to them : he was apparently unfamiliar with the paper that Poincare had published a bit earlier, in which limit cycles made their first appearance in mathematics). For reasons that we shall not discuss here, Léauté's remarkable studies had been almost completely forgotten [13]. " » [Gaponov-Grekhov *et al.* 1979, p. 599]

Si cet extrait confirme qu'en effet Andronov avait bien connaissance du mémoire de Léauté il pose néanmoins un autre problème. Alors que Mandel'shtam et ses étudiants semblaient très préoccupés par la question de la priorité des découvertes en Histoire des Sciences comment se fait-il qu'ils aient retrouvé les travaux de Léauté [1885] et pas ceux de Poincaré [1908] ?

Pour résoudre ce problème de régulation dans les machines actionnées par des moteurs hydrauliques, Léauté propose donc de représenter dans le plan de phase ayant pour abscisse l'ouverture de la vanne et pour ordonnée la vitesse correspondante de la machine la courbe figurant l'évolution des oscillations (voir Fig. B.7 et Fig. B.8). Au second paragraphe du chapitre IV intitulé " Propriétés du cycle fermé », Léauté décrit les caractéristiques d'un cycle limite de Poincaré.

En effet, Léauté considère tout d'abord que l'état initial de la machine peut être représenté par un point extérieur (A_1) ou un point intérieur (A_2). Puis, il explique que

> « Les cycles successifs [14] décrits à partir de A_1 étant assujettis à tendre vers le cycle fermé et ayant tous un effet utile ou un effet nuisible, on voit que ce sera forcément l'effet utile qui se produira. » [Léauté 1885, p. 77]

Il ajoute alors que les cycles successifs ne peuvent franchir le cycle fermé puis étudie de la même manière le cas d'un point à l'intérieur. Il en conclut :

12. Le Corbeiller [1931b] avait fourni l'équation différentielle d'une machine munie d'un régulateur centrifuge.
13. Gaponov-Grekhov et Rabinovich renvoient à Andronov, Gorelik et Rytov [1947, p. 343].
14. Ce que Léauté nomme des cycles successifs correspond à des courbes trajectoires intégrales de l'équation différentielle caractérisant l'évolution des oscillations dans ce problème.

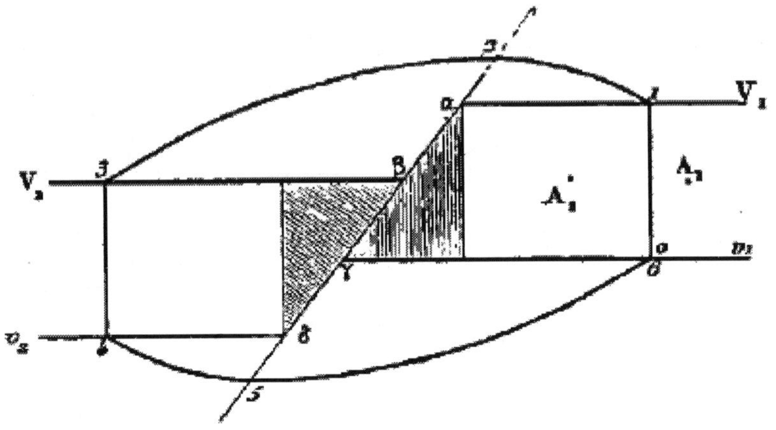

FIGURE B.7 – Cycle fermé, d'après Léauté [1885, p.77].

« Ce fait explique les phénomènes qui résultent de l'existence du cycle fermé et rend compte ainsi de la production des oscillations à longues périodes. Toute la question est donc ramenée à fixer les conditions sous-lesquelles il n'y aura pas de cycle fermé. »

[Léauté 1885, p. 78]

Bien que Léauté se situe dans une problématique exactement inverse de tous ceux qui vont lui succéder puisqu'il recherche les conditions pour lesquelles il n'y a pas de cycle fermé, Léauté réalise ainsi une correspondance du même type de celle qu'établira Poincaré [1908] vingt ans plus tard entre solution périodique d'un oscillateur et cycle fermé, *i.e. cycle limite*.

Trente ans plus tard, les ingénieurs Léon Barbillion [15] et Paul Cayère [1918] feront appel à la méthode inaugurée par Léauté [1885] pour résoudre le problème de la régulation (indirecte) des groupes électrogènes actionnés par des turbines hydrauliques (voir Fig. B.9). Leur note publiée dans la *Revue Générale de l'Électricité* entre le 25 mai et le 1er juin 1918 débute par cette phrase :

« Lorsqu'on étudie, dans de nombreux travaux publiés sur la question, l'important problème de la régulation indirecte des groupes électrogènes actionnés par des turbines hydrauliques, on constate que les solutions employées actuellement dérivent toutes d'une façon plus ou moins directe des principes exposés en 1885 par M. Léauté dans son « Mémoire sur les oscillations à longue période dans les machines actionnées par des moteurs hydrauliques et sur les moyens de prévenir ces oscillations ». »

[Barbillion *et al.* 1918, p. 747]

15. Pour une biographie de Barbillion voir Fortrat [1945] et la thèse de Remaud [2004].

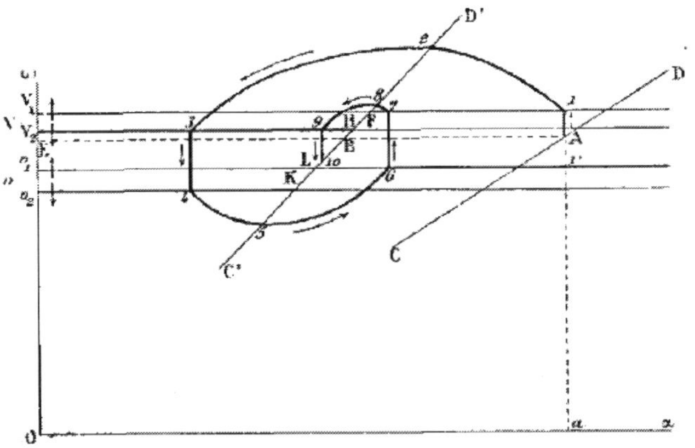

FIGURE B.8 – Cycle de Léauté [1885, p. 10].

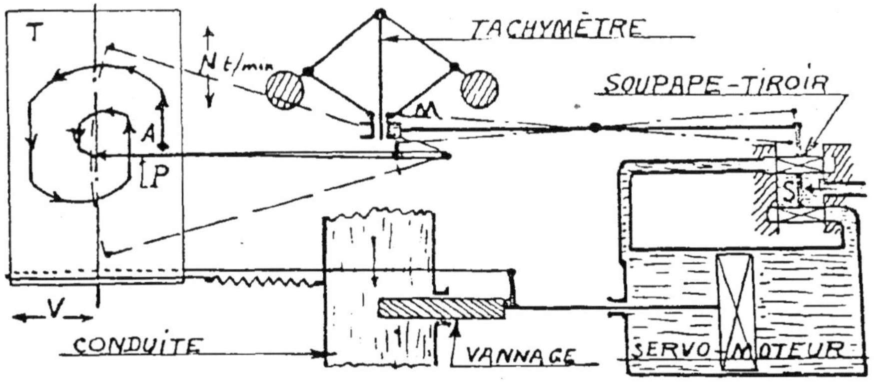

FIGURE B.9 – Enregistrement du cycle de Léauté, d'après Cayère [1958, pl. 2457].

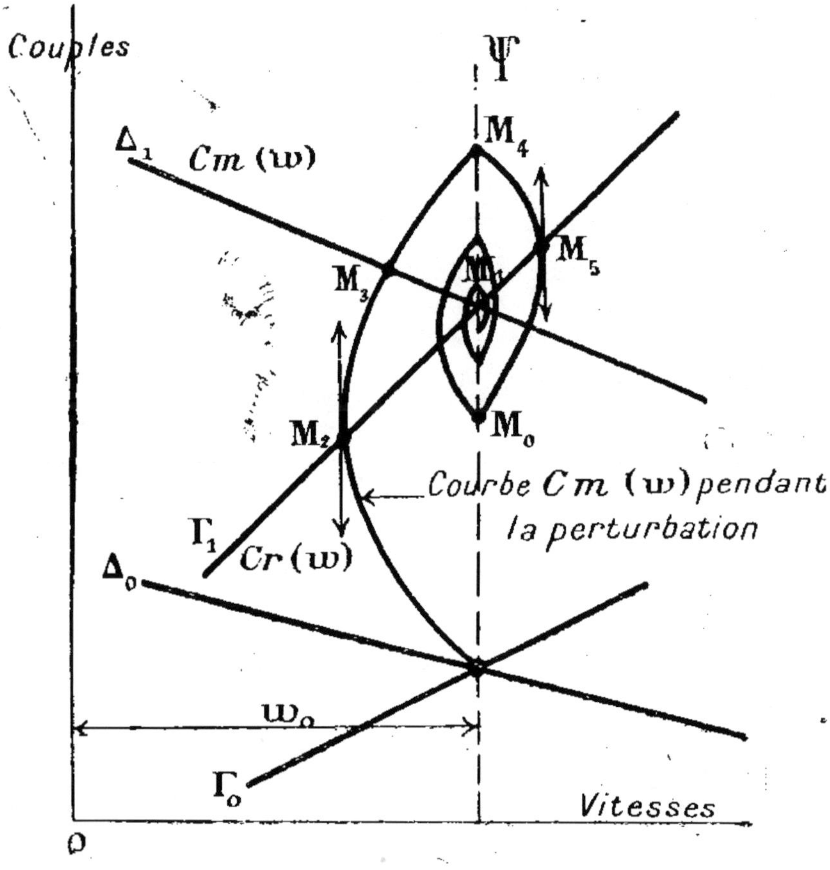

FIGURE B.10 – Caractéristique du régulateur indirect asservi, d'après Barbillion *et al.* [1918, p. 761].

Ils reproduisent sur la Fig. B.10 les oscillations de longue période puis expliquent que :

> « Si la prépondérance de la vitesse est trop considérable, la période et le point M décrit des cycles peu convergents (Fig. B.10) cycles étudiés pour la première fois par M. Léauté. »
> [Barbillion *et al.*, 1918, p. 761]

Ainsi, quelques années après Léauté, Barbillion et Cayère ont mis en application le concept de cycle limite de Poincaré pour résoudre un problème de régulation. Malheureusement, si la correspondance entre solution périodique et l'existence de courbes fermées a bien été mise en évidence par chacun de ces savants aucun d'eux n'a fait le lien avec les travaux de Poincaré et n'a par conséquent réalisé que les courbes fermées étudiées étaient des cycles limites.

B.4.3 André Blondel et les oscillations auto-entretenues

L'année suivante l'ingénieur André Blondel [1919d] réalise une étude « Sur les systèmes à oscillations persistantes, et en particulier sur les oscillations entretenues par auto-amorçage ».

Dans la première partie de son mémoire, Blondel propose une nouvelle classification selon trois types d'oscillations (voir Appendice B.1) :

1. OSCILLATIONS ENTRETENUES PROPREMENT DITES
   (a) *Oscillations entretenues par action discontinue*
   (b) *Oscillations entretenues par action continue ou oscillations auto-entretenues*
2. OSCILLATIONS PERSISTANTES PAR ÉCOULEMENT FRACTIONNÉ
3. OSCILLATIONS DE LONGUE PÉRIODE PRODUITE PAR INVERSION DE LA FORCE AGISSANTE

Il illustre naturellement cette troisième catégorie avec l'exemple des cycles de Léauté :

> « Enfin, un autre type encore tout à fait différent d'oscillations persistantes se rencontre dans les oscillations à longue période provoquées par l'inversion de l'action motrice ; tel que le cas, par exemple, des oscillations de régime des turbines ou autres appareils moteurs munis d'un régulateur à action indirecte ; ces phénomènes ont été étudiés pour la première fois par M. H. Léauté, qui en a donné la première théorie. Ils ont fait, depuis lors, l'objet de nombreuses études et l'on connaît maintenant assez bien les conditions permettant d'amortir les cycles de Léauté, qui, si l'on ne prend pas les précautions nécessaires, tendent à être divergents. » [Blondel 1919d, p. 125]

Blondel s'intéresse ensuite à la stabilité des *oscillations auto-entretenues* en faisant appel au théorème de Hurwitz [1895] qui est équivalent au théorème de Liapounoff [1892, 1907] dans la mesure où il implique que pour qu'il y ait stabilité « il faut et il suffit que l'équation caractéristique des équations différentielles des écarts de régimes n'ait que des racines à partie réelle négative [16] ». Blondel rappelle alors le théorème de Hurwitz en ces termes :

> « [...] Hurwitz a indiqué au moyen d'un déterminant quelles conditions doivent être remplies par les coefficients d'une équation algébrique pour que celle-ci ne comporte aucune racine ayant une partie réelle positive. » [Blondel 1919d, p. 128]

Puis il explicite les conditions de stabilité correspondant aux différents cas d'équation algébriques de degré deux, trois, quatre, cinq puis six [17] car il envisage déjà des applications à l'audion (voir *infra*). Il revient alors sur les « conditions d'entretien et régime des oscillations auto-entretenues » et en profite pour introduire, toujours en note de bas de page, une nouvelle terminologie. Ainsi, il appelle :

> « Régime *éolien* (1) (ou *régime limite d'entretien*, mais ce dernier terme est moins clair), le régime pour lequel on a une oscillation pure non-amortie.
>
> ---
>
> (1) Par réminiscence des harpes éoliennes, instruments toujours prêts à vibrer au moindre souffle d'Éole, dieu du vent. » [Blondel 1919d, p. 132]

Du point de vue de la théorie des oscillations il s'agit du cas où l'équation caractéristique de l'équation différentielle représentant le phénomène oscillatoire admet des valeurs propres imaginaires pures. L'oscillateur harmonique, *i.e.* le pendule simple en constitue un exemple. Dans la dernière partie de son exposé Blondel va marquer davantage la distinction entre *oscillations entretenues* et *oscillations auto-entretenues* au moyen de nombreux exemples illustrés avec un étonnant diagramme qui lui a été inspiré par les travaux de Guillet [1916] comme il le rappelle lui-même dans une note de bas de page :

> « A. Guillet a donné dans un remarquable exposé une représentation cinématique un peu différente de la fonction harmonique exponentielle et de ses propriétés. »
>
> [Blondel 1919d, p. 155]

Dans son mémoire Guillet [1916] précise d'ailleurs que ce mode de représentation avait été introduit par Cornu [1887] pour résoudre un problème de synchronisation. Avec cette méthode Blondel étudie donc la stabilité de l'amplitude et explique que :

---

16. Voir Blondel [1919d, p. 128].
17. Il se limite au degré six car « ces conditions deviennent malheureusement trop compliquées à partir du sixième degré ; mais il est rare qu'on dépasse ou même qu'on atteigne ce degré dans les problèmes de physique. » [Blondel 1919d, p. 133].

« La différence entre les oscillations entretenues par action discontinue et celles entretenues par action continue peut être précisée par un diagramme en remarquant que cette oscillation amortie peut s'écrire sous la forme [18] :

$$\rho = Ae^{(-\alpha+j\beta)t},$$

qui se prête à une représentation graphique comme toutes les fonctions imaginaires (*fig. B.11*). Si l'on trace ρ en coordonnées polaires et désigne par βt l'angle décrit à partir d'un axe OX par le rayon figuratif ρ, le point mobile m, extrémité de ce rayon, décrit, comme on le sait, une spirale logarithmique qui se réduirait au cercle de rayon OA si l'amortissement était nul ; l'amortissement donne à la tangente de la courbe, par rapport au rayon un coefficient angulaire $-\frac{\beta}{\alpha}$. » [Blondel 1919d p. 153]

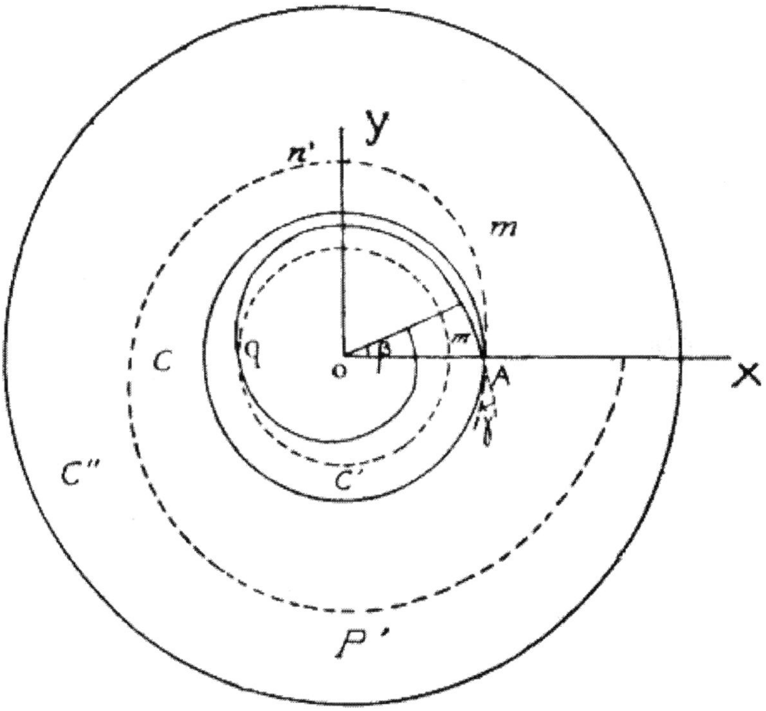

FIGURE B.11 – Représentation graphique d'oscillations entretenues, d'après Blondel [1919d, p. 153].

18. Il s'agit en réalité d'une mise sous « forme normale complexe » qui consiste à passer en coordonnées polaires comme le confirment les propos de Blondel [1919d, p. 160] : « Si on adopte la même représentation polaire que plus haut pour l'intensité du courant des oscillations entretenues [. . .] ». À ce sujet voir le cours de P. Manneville [1999, p. 83].

Il considère alors tout d'abord le cas des oscillations entretenues par action discontinue, *i.e.* des *oscillations forcées* pour lesquelles il étudie graphiquement « l'effet de l'impulsion d'entretien » sur la forme du diagramme (voir Fig. B.11) avant de s'intéresser à celui des oscillations entretenues par action continue, *i.e.* des *oscillations auto-entretenues*.

> « Théoriquement l'entretien continu doit fournir au mobile (ou à la variable électrique qui en tient lieu dans les oscillations électriques) une énergie compensant l'énergie dégradée par l'amortissement spontané du système abandonné à lui-même. L'entretien idéal serait donc celui qui aurait pour effet de substituer à la spirale le cercle C, qui a même rayon initial. Mais un tel système ne présenterait pas de stabilité, tout au moins dans l'hypothèse où l'amortissement α est indépendant de l'amplitude. » [Blondel 1919d, p. 154]

Dans cet extrait il souligne à nouveau la nécessité de compenser l'énergie dissipée par l'amortissement pour que le système s'auto-entretienne et indique les transformations que cela produirait au niveau du diagramme. Bien qu'il ne s'agisse pas d'un portrait de phase le passage d'une spirale à un cercle, *i.e.* la modification du comportement de la solution en fonction de la valeur d'un paramètre (l'amortissement α dans ce cas) et par conséquent le changement de stabilité correspond à ce que l'on appellera plus tard une *bifurcation*. Blondel précise alors :

> « Pour qu'il y ait stabilité, il est nécessaire que le phénomène d'entretien donne au système oscillant un amortissement très petit, mais légèrement positif, c'est-à-dire que $-\alpha$ soit remplacé par $+\alpha$ et la spirale Amq de rayon décroissant est remplacée par une autre spirale logarithmique $Am'n'p'$. Les oscillations seront alors du type divergent et l'amplitude croîtrait indéfiniment si rien n'intervenait pour la limiter. Mais, en général, il y a toujours dans des phénomènes de ce genre une action limitatrice consistant, soit dans une diminution de l'énergie motrice, soit dans un accroissement de la résistance passive, c'est-à-dire de l'énergie dégradée quand augmente l'amplitude. La spirale logarithmique se trouve ainsi limitée d'elle-même à un troisième cercle C ˇ dont elle ne peut sortir. »
>
> [Blondel 1919d, p. 154]

S'il semble que la description de Blondel pour ces « cercles dont on ne peut sortir » ressemble beaucoup à celle de Poincaré on ne peut cependant pas les qualifier de « cycles limites ». Pour s'en convaincre il suffit de se reporter à la *Notice sur les Travaux scientifiques d'Henri Poincaré* faite par lui-même en 1886 et dans laquelle il définissait ainsi ce concept :

> « [...] il y a un autre genre de courbes fermées qui jouent un rôle capital dans cette théorie : ce sont les *cycles limites*. J'appelle ainsi les courbes fermées qui satisfont à notre équation différentielle et dont les autres courbes définies par la même équation se rapprochent asymptotiquement sans jamais les atteindre. Cette seconde notion n'est pas moins importante que la première. Supposons, en effet, que l'on ait tracé un cycle limite ;

il est clair que le point mobile dont nous parlions plus haut ne pourra jamais le franchir et qu'il restera toujours à l'intérieur de ce cycle, ou toujours à l'extérieur. »

[Poincaré 1886, p. 30]

Il apparaît donc que deux conditions sont nécessaires pour recouvrir ce concept. La première est de tendre asymptotiquement vers ces cycles limites et la seconde de ne jamais les franchir. Malheureusement, la description de Blondel ne satisfait qu'à la dernière de ces deux conditions et il semble avoir laissé de côté l'aspect attractif de ces cycles (voir *infra*).

Blondel considère ensuite le cas des oscillations entretenues par une lampe à trois électrodes qu'il décrit au moyen du même type de représentation graphique (voir Fig. B.12). Il explique alors à partir de la figure le phénomène :

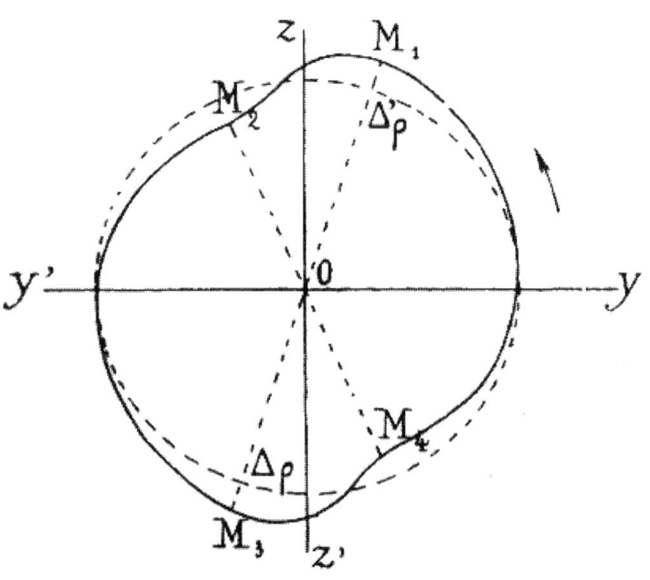

FIGURE B.12 – Oscillations entretenues par une lampe à trois électrodes, d'après Blondel [1919d, p. 157].

« Le système est auto-amorçant. L'extrémité du rayon vecteur ρ décrit ainsi une spirale logarithmique centrifuge. Arrivé en M_1 au voisinage du maximum de l'amplitude de l'oscillation, le régime est troublé pendant un instant dans l'angle M_1OM_2, il devient amorti ($\alpha < 0$) à cause de la courbure des caractéristiques de la lampe qui correspond à un accroissement de la résistance intérieure de celle-ci ; le vecteur ρ est diminué d'après une loi compliquée. Supposons qu'en M_2 le régime soit de nouveau entretenu ; à partir de ce point, ρ décrit une nouvelle portion de spirale logarithmique centrifuge ($\alpha > 0$). En résumé, l'amplitude tend constamment à croître, mais subit des freinages périodiques à la fin de chaque alternance. La condition de stabilité autour du cercle C exige que les impulsions $\Delta\rho$ périodiques soient négatives et que leur valeur absolue croisse quand ρ augmente. C'est ainsi que fonctionnent les audions générateurs quand le diagramme est appliqué à représenter leurs vecteurs d'intensité du courant de plaque, car la résistance intérieure qui amortit le courant s'accroît quand on s'écarte des parties rectilignes des caractéristiques ; le régime oscillatoire amorti peut être considéré comme recevant pendant un court instant une impulsion négative nécessaire pour amener l'oscillation du courant à sa valeur moyenne. » [Blondel 1919d, p.157]

Tout d'abord on peut remarquer qu'il est le premier à qualifier ce système « d'auto-amorçant » ce qui peut s'entendre dans son acception par « auto-entretenu ». Cependant, même si le schéma ainsi que les explications qu'il fournit donnent à penser qu'il est en présence d'un cycle limite de Poincaré il ne fait pas le lien avec ses travaux.

Enfin, Blondel va décrire toujours avec le même type de représentation graphique les oscillations entretenues produites par l'arc musical de Duddell et l'arc strident intermittent qu'il avait découvert quinze ans auparavant.

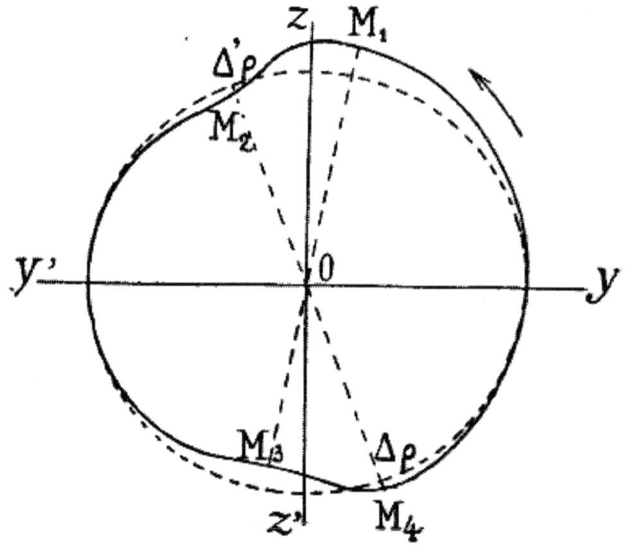

FIGURE B.13 – Oscillations entretenues par l'arc musical de Duddell, d'après Blondel [1919d, p. 160].

Blondel décrit en ces termes le phénomène :

> « Les conditions de stabilité d'amplitude seront évidemment les suivantes : tant que l'amplitude ρ sera inférieure à sa valeur normale, l'impulsion positive, pendant le régime troublé accélérateur M_1M_2, devra être plus grande en valeur absolue que l'impulsion négative entre M_3 et M_4, $\Delta\rho > (-\Delta'\rho)$. Au contraire, lorsque l'amplitude, pour une cause quelconque, aura dépassé le cercle C, il faudra qu'elle tende à y revenir, ce qui se traduit par la condition $(-\Delta'\rho) > \Delta\rho$. » [Blondel 1919d, p. 160]

Dans le cas de l'arc musical de Duddell il précise que l'amplitude devra tendre à revenir vers le cercle C qui constitue ainsi un « attracteur » pour l'amplitude et qui satisfait *de facto* une partie de la première condition de Poincaré (voir *supra*). En effet, en étudiant la stabilité de l'amplitude des oscillations Blondel veut montrer qu'elle est bornée ce qui se traduit géométriquement par cette « tendance à revenir vers le cercle C ».

Si Blondel a pu mettre en évidence le caractère attractif de ces « cercles dont on ne peut sortir » ou vers lesquels on a « tendance à revenir », recouvrant ainsi la seconde condition introduite par Poincaré pour définir le concept de « cycles limites », la première qui implique de tendre asymptotiquement vers ces cycles lui est inaccessible. Non pas pour des raisons théoriques mais plutôt à cause du point de vue qu'il a choisi pour représenter le phénomène, $i.e.$ celui d'une mise sous « forme normale complexe » (voir *supra*).

En effet, Blondel cherche à montrer géométriquement la stabilité de l'amplitude c'est pourquoi il choisit délibérément une condition initiale très proche du cercle dans le cas de la lampe à trois électrodes :

> « Partons du point M qui correspond à une amplitude nulle de l'oscillation du courant du circuit de plaque [...] » [Blondel 1919d, p. 157]

comme dans celui de l'arc musical de Duddell :

> « Partant d'un point d'élongation nulle (courant nul) [...] » [Blondel 1919d, p. 169]

Ainsi, s'il a pu montrer qu'une condition initiale d'amplitude nulle ne s'éloignait pas du cercle C, il n'a pas envisagé le cas de conditions initiales d'amplitude non-nulle qui tendraient asymptotiquement à y revenir. Ses représentations constituent cependant bien des « cycles limites » de Poincaré même s'il ne les a pas identifiées comme tels.

B.5 Documents relatifs à Kostitzin (Archives de l'I.H.P.)

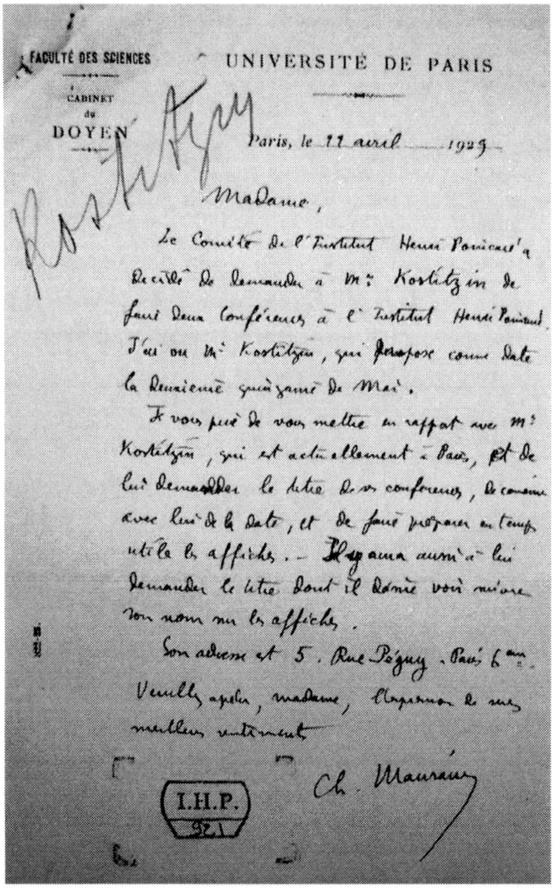

FACULTÉ DES SCIENCES

CABINET du DOYEN

UNIVERSITÉ DE PARIS

Kostitzin

Paris, le 11 avril 1929

Madame,

Le Comité de l'Institut Henri Poincaré a décidé de demander à Mr Kostitzin de faire deux conférences à l'Institut Henri Poincaré. J'ai vu Mr Kostitzin, qui propose comme date la deuxième quinzaine de Mai.

Je vous prie de vous mettre en rapport avec Mr Kostitzin, qui est actuellement à Paris, et de lui demander le titre de ses conférences, de convenir avec lui de la date, et de faire préparer en temps utile les affiches. – Il y aura aussi à lui demander le titre dont il désire voir suivre son nom sur les affiches.

Son adresse est 5, Rue Péguy. Paris 6me.

Veuillez agréer, madame, l'expression de mes meilleurs sentiments

Ch. Maurain

I.H.P. 921

FIGURE B.14 – Invitation de V. A. Kostitzin à l'I.H.P., d'après archives de l'I.H.P.

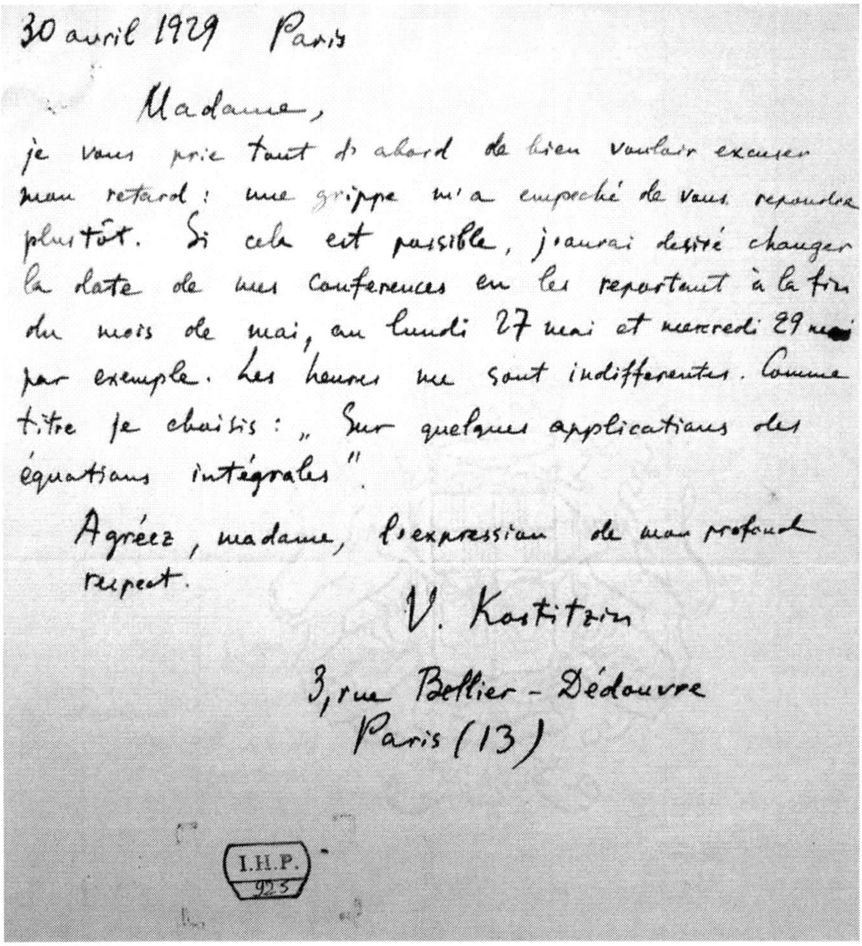

30 avril 1929 Paris

Madame,

je vous prie tout d'abord de bien vouloir excuser mon retard : une grippe m'a empeché de vous repondre plutôt. Si cela est possible, j'aurai desiré changer la date de mes conferences en les reportant à la fin du mois de mai, au lundi 27 mai et mercredi 29 mai par exemple. Les heures me sont indifferentes. Comme titre je choisis : „ Sur quelques applications des équations intégrales".

Agréez, madame, l'expression de mon profond respect.

V. Kostitzin

3, rue Bellier - Dédouvre

Paris (13)

FIGURE B.15 – Conférences de V. A. Kostitzin à l'I.H.P., d'après archives de l'I.H.P.

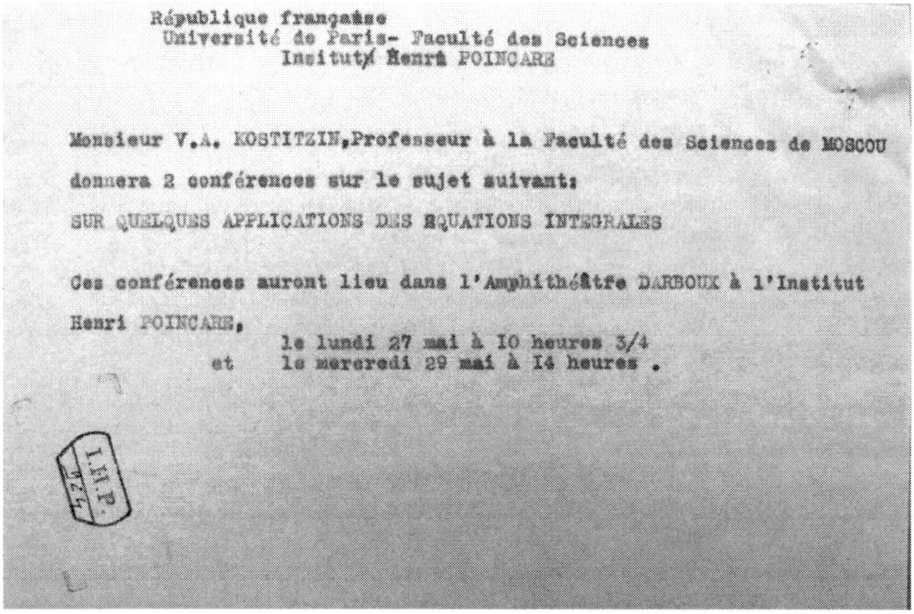

République française
Université de Paris- Faculté des Sciences
Insitut Henri POINCARE

Monsieur V.A. KOSTITZIN, Professeur à la Faculté des Sciences de MOSCOU
donnera 2 conférences sur le sujet suivant:
SUR QUELQUES APPLICATIONS DES EQUATIONS INTEGRALES

Ces conférences auront lieu dans l'Amphithéâtre DARBOUX à l'Institut
Henri POINCARE,
le lundi 27 mai à 10 heures 3/4
et le mercredi 29 mai à 14 heures .

I.H.P.

FIGURE B.16 – Conférences de V. A. Kostitzin à l'I.H.P., d'après archives de l'I.H.P.

B.6 Conférence internationale de non linéaire : Paris janvier 1933

Chronique Scientifique

La conférence internationale non linéaire [19]

(Paris, 28-30 janvier 1933)

N.D. Papalexi

Comme on le sait, à présent, les processus oscillatoires non linéaires présentent de plus en plus d'intérêt dans tous les domaines des sciences pures et appliquées comme dans la physique, la mécanique, l'acoustique, la biologie etc.

Ces processus jouent un rôle important en particulier dans la radiotechnique où l'on rencontre très souvent des problèmes non linéaires. Il suffit de s'intéresser aux problèmes de l'entretien des oscillations, de la modulation de fréquence (en particulier de la démultiplication de fréquence), de la synchronisation forcée (que l'on appelle également le traînage ou « l'accrochage » de fréquences), de la stabilisation de fréquences, de la détection, etc., pour imaginer l'importance dominante des phénomènes non-linéaires dans ce domaine.

Puisque la théorie de ces phénomènes est étroitement liée avec la théorie des équations différentielles non linéaires – un domaine des mathématiques qui, du point de vue de l'utilisation de ces équations dans le but de décrire des processus oscillatoires non linéaires, est encore très peu étudié, il était nécessaire pour les personnes qui rencontrent ces problèmes d'un point de vue abstrait, comme pour ceux qui les rencontrent dans des utilisations pratiques de les comprendre et d'unifier et de coordonner leurs recherches pour avancer plus rapidement et plus profondément dans ce domaine.

La collaboration avec les mathématiciens était importante, car sans leur participation le développement de cette branche était impossible.

La première étape dans le but d'établir une telle collaboration à grande échelle a été franchie lors de la Conférence sur les Oscillations, qui a eu lieu à Moscou en Novembre 1931. Cette conférence a permis de mettre en lumière le profond intérêt que suscite le problème des oscillations non linéaires chez les scientifiques de l'U.R.S.S.

Les résultats de cette conférence ont permis de mettre en évidence d'une part un intérêt accru pour les problèmes non linéaires en général et, d'autre part que ce type de problèmes auxquels étaient confrontés les ingénieurs et les physiciens n'avaient pas jusqu'alors attiré l'attention des mathématiciens.

On peut rappeler que les oscillations non-linéaires occupent une place importante aujourd'hui dans les travaux actuels et futurs de nos centres de recherche et institutions (Académie des sciences, LEFI, LCR, NIIF, etc.) et que toute une série de travaux contribuant au développement de ce domaine a également été publiée.

19. Traduction de l'article de Papalexi [1934] réalisée par Mlle Irina Cernova et M. Sergueï Abaïenti.

Ce nouveau domaine présente de grandes difficultés tant du point de vue mathématique que physique et plusieurs membres de la communauté scientifique internationale ont déjà contribué au développement de ces questions (comme la recherche de solutions périodiques et quasi-périodiques et l'étude de leur stabilité). Ainsi, c'est au cours du Congrès International d'Électricité qui a eu lieu en Juillet 1932 à Paris que l'idée d'essayer d'établir un contact au niveau international, entre physiciens et ingénieurs d'une part et, mathématiciens d'autre part.

Page 210

Le but de cette Conférence Internationale sur les oscillations non linéaires (qui est l'objet de cet article et qui a été convoquée à l'initiative de l'un des pionniers de cette branche, le professeur Van der Pol) était de réunir les personnes de différents pays qui travaillaient dans ce domaine et de leur l'occasion de discuter et d'échanger leurs avis sur les problèmes des oscillations non linéaires, d'établir une terminologie commune et définir au moins partiellement la direction de recherches futures. De nombreuses personnes de différents pays qui travaillent déjà dans ce domaine ou dont la collaboration était vivement souhaitée ont été invités à participer à cette conférence. Parmi eux on peut citer le professeur Volterra, qui a utilisé l'analyse mathématique pour élucider la question des variations des espèces animales dans la lutte pour l'existence, des mathématiciens connus comme Hadamard, Cartan, Esclangon, l'initiateur de cette conférence Van der Pol etc. De la part de l'U.R.S.S. ont été invités les académiciens L. I. Mandel'shtam, N. M. Kryloff, N. D. Papalexi qui est l'auteur de cet article et de jeunes étudiants de l'Académie de Mandel'shtam : A. A. Andronov et A. A. Witt.

Malheureusement, pour plusieurs raisons, parmi lesquelles l'épidémie de grippe qui sévissait en Europe et la grippe, un certain nombre d'invités n'a pas pu assister à la conférence qui a eu lieu devant les participants suivants :

- prof. Van der Pol (Pays-Bas, Eindhoven),
- Lienard, Cartan, Esclangon, Abraham, L. Brillouin, Le Corbeiller, Rocard, Gutton (France),
- Mannebak (Belgique),

De la part de l'URSS seul l'auteur de cet article (N. D. Papalexi) a pu venir. La Conférence s'est tenue à l'Institut de recherche. Henri Poincaré, les 28, 29 et 30 Janvier 1933.

Après l'ouverture de la conférence par le professeur Van der Pol qui a regretté l'absence d'un certain nombre de personnalités de premier plan dans le domaine des oscillations non linéaires pour cause de maladie, le Dr. Le Corbeiller a fait un état des lieux dans lequel il a présenté de manière concise les principales questions à débattre lors de la conférence.

Il a illustré par des exemples simples les différents types de systèmes auto-oscillatoires en mécanique (le vase de Tantale), en acoustique, en électricité (la machine série dynamo alimentant un moteur à excitation constante) puis le schéma de la relaxation avec une lampe au néon, un tube générateur, les associations biologiques (le cas de la variation du nombre d'espèces animales dans la lutte pour l'existence, étudié par Volterra) etc. Il a ensuite souligné les principaux problèmes rencontrés dans leur étude théorique, c'est-à-dire la détermination de l'amplitude et de la période des oscillations stationnaires, et de l'allure de la courbe caractérisant les oscillations, etc. Après avoir rappelé que les méthodes linéaires ne peuvent plus désormais être employées pour analyser ces problèmes il a fait un petit résumé historique de l'évolution de la théorie non linéaire mathématique. Il a alors décrit brièvement les principaux travaux de Van der Pol concernant les oscillations des systèmes de type de Thomson, puis il s'est concentré sur les travaux de Cartan et Liénard et a mentionné le lien entre l'analyse graphique de Van der Pol, la construction géométrique de M. Lienard et la théorie des cycles limites de Poincaré dont l'importance pour les problèmes d'oscillations a été indiquée par nos jeunes scientifiques : A. Andronov et A. Witt.

Passant aux oscillations de relaxation, le conférencier a mentionné le rôle qu'ont joué les recherches de Van der Pol dans ce domaine et a indiqué l'approfondissement de la théorie de ces oscillations qui a été fait par les scientifiques de l'U.R.S.S.

Dans la suite de son exposé, Le Corbeiller s'est intéressé au domaine des oscillations quasi-périodiques. Il a fait un résumé du travail de Van der Pol sur le traitement du problème du forçage périodique des systèmes auto-oscillants et s'est arrêté sur les phénomènes de synchronisation forcée (ou « Mitnehmen ») et a souligné l'importance de ces phénomènes du point de vue fondamental et expérimental. En notant l'importance d'une analyse rigoureuse des phénomènes de synchronisation qui a été fait par A. Andronov et A. Witt, il a terminé son discours en rappelant que de nouvelles recherches faites dans le domaine du forçage périodique sur les systèmes non linéaires et des phénomènes des résonances « fractionnaires » devaient être présentées dans le discours du représentant de l'U.R.S.S.

Le texte suivant est le rapport de M. van der Pol, qui a donné le bref aperçu historique de ses ouvrages de base avec les collègues de la région, non-linéaire "fluctuations. Sans s'attarder en détail sur l'importance de la contribution de ces travaux qui sont devenus, en un certain sens classique et pour une majeure partie, familiers de nos chercheurs, j'estime seulement nécessaire d'énumérer les principaux articles dont un bref résumé se trouve dans la partie extraits de ce numéro[1].

[1]Voir dans les résumés des auteurs dans ce périodique à B. Van der Pol du n ° 37, 38, 40 56, 69, 71, 73, 74.

Page 211

Après le discours du professeur Van der Pol une discussion a eu lieu portant principalement sur le phénomène de synchronisation forcée du point de vue théorique et expérimental. En ce qui concerne ce dernier point, on peut mentionner l'affirmation du professeur Abraham sur l'existence d'un certain « seuil » pour l'amplitude de l'excitation avec l'entraînement de la fréquence. Ce qui est en contradiction avec les études théoriques et expérimentales menées en U.R.S.S. (Cf. Andronov et Witt, S. E. Khaikin). L'échange de points de vues entre les participants à la conférence a permis d'une part de mettre en lumière l'importance des travaux théoriques faites réalisés en U.R.S.S. et, d'autre part de bien délimiter clairement l'aspect fondamental le coté fondamental des phénomènes de l'action de différents effets secondaires qui peuvent causer des écarts manifestes par rapport aux conclusions théoriques.

Durant la discussion on a également souligné l'extrême importance de prendre toutes les mesures de précaution nécessaires lors de ces expériences afin de garantir l'invariabilité des fréquences entre l'oscillateur et la commande hétérodyne. Le non-respect de ces mesures peut conduire à des conclusions erronées également discutées lors de la question des rapports de phase dans la région de synchronisation. Dans la soirée, les rapports de session ont été présentés par le professeur Abraham et par le professeur Lienard. Le professeur Lienard a exposé ses travaux personnels et ceux du professeur Cartan dans le domaine des systèmes auto-oscillatoires.

En partant de sa méthode graphique pour la construction des courbes intégrales des équations différentielles, il a déduit les conditions que doit satisfaire la caractéristique non linéaire du système pour qu'il y ait des oscillations périodiques, c'est-à-dire pour que la courbe intégrale soit une courbe fermée, $i.e.$ un cycle limite.

Le conférencier a montré, par exemple que si la caractéristique non linéaire (qui représente dans le système électrique la relation entre le courant i et la tension v) est symétrique par rapport à l'origine et négative dans sa partie centrale et telle que sur toute la partie restante on ait : $dv/di > 0$, il existe un seul cycle limite et un seul. Pendant la discussion qui a eu lieu après l'exposé, les chercheurs ont parlé des deux types de caractéristique : caractéristique du type N et S d'après la terminologie de Le Corbeiller. Ces deux types correspondent à deux formes possibles de représentation des caractéristiques comme fonction de la première ou de la deuxième variable ($i = f(v)$ ou $v = \varphi(i)$) et illustrent deux manières différentes d'inclure dans le circuit une « résistance négative » en parallèle ou en série. L'exposé suivant du professeur Abraham consistait en un résumé d'expériences qui concernent le comportement des systèmes auto-oscillants à la limite de l'entraînement. Ainsi, sous certaines conditions on peut observer la présence d'oscillations très lentes de type relaxation qui correspondent aux passages de la synchronisation au « battement » et inversement. Ces expériences ont été présentées le dernier jour de la conférence pendant la visite du laboratoire du professeur Abraham. Le matin du 29 janvier lors d'une autre réunion le professeur Esclangon a fait un exposé sur les fonctions quasi-périodiques. Après avoir défini les fonctions quasi-périodiques, il a exposé les théorèmes généraux relatifs à ces fonctions, qu'il a établi quelques années auparavant. Il a également souligné l'importance de la théorie des fonctions quasi-périodiques pour différentes applications, et en particulier pour le traitement des données statistiques.

Pendant les discussions qui ont suivi l'exposé, les chercheurs ont soulevé la question de la possibilité d'états d'oscillations quasi-périodiques dans les systèmes oscillants non linéaires conservatifs et non conservatifs.

L'exposé suivant a été fait par l'auteur de cet article. Dans la première partie, après avoir rappelé brièvement les principaux problèmes qui se posent dans le domaine des auto-oscillations, il a montré deux méthodes différentes de traitement de ces problèmes. La première méthode de traitement, développée par Andronov est fondée sur la méthode topographique de recherche des courbes intégrales des équations différentielles, donnée par Poincaré. Il a alors donné les concepts généraux de cette théorie dans le cas continu de courbes fermées correspondant à des solutions périodiques continues et a montré la possibilité de généraliser le concept de solutions périodiques et de cycles limites au cas de solutions périodiques discontinues (A. Andronov et A. Witt dans la théorie du multivibrateur d'Abraham-Bloch). La deuxième méthode de traitement également donnée par Poincaré consiste à trouver des solutions périodiques des équations différentielles contenant un petit paramètre, l'orateur a alors exposé les fondements de cette méthode pour les systèmes de type Thomson.

Page 212

La suite de l'exposé a été consacrée à un bref compte-rendu sur les méthodes de recherche de la stabilité des solutions périodiques à l'aide des méthodes de Liapounov et de Poincaré qui conduisent à l'analyse des solutions stables et instables des équations différentielles linéaires à coefficients périodiques. Les débats qui ont suivi ont eu pour objet, entre autres, de discuter de la pertinence et de la légitimité de l'idéalisation, exprimée avec l'introduction du concept[1] de « saut » qui conduit à des solutions périodiques discontinues.

Après un échange de points de vue, différentes ambiguïtés ont pu être levées et les participants ont convenu de la légitimité d'une telle interprétation.

Dans la première partie de son second exposé qui a eu lieu le soir du 29 janvier, le conférencier a présenté les fondements de la théorie des phénomènes de résonance de n^e espèce qui a été élaborée en collaboration avec l'Académicien Mandelstam.

[1] L. I. Mandelstam et N. D. Papalexi ND. J. TF II, p. 775-811 (1932).

Puisque ces travaux ont été déjà fait l'objet d'une publication, l'auteur considère qu'il n'est pas nécessaire de les présenter en détail dans un exposé qui ne saurait dépasser les limites du travail publié. Il faut juste mentionner que dans cet exposé ont été abordées les questions de terminologie essentielles à la description de phénomènes nouveaux. Lors des discussions qui ont suivi de nombreuses questions ont été examinées concernant le phénomène de la démultiplication de fréquences, de la synchronisation forcée, de l'extinction, et le phénomène de l'excitation asynchrone, pour lesquels une théorie approximative a également été élaborée par l'Académicien Mandel'shtam et le conférencier.

La réunion matinale du 30 janvier a été consacrée à l'écoute de la seconde partie du deuxième exposé de l'auteur dans lequel il a présenté les principaux résultats de la théorie des phénomènes de résonance de nième espèce dans un régime brusque d'excitation, mais également les phénomènes de la synchronisation forcée et de l'extinction.

La réunion de l'après midi a eu lieu dans le laboratoire du professeur Abraham où il a présenté les expériences dont il a parlé lors de la conférence. En outre il a montré les installations de son laboratoire puis il à décrit ses travaux et ceux effectués en collaboration avec le professeur Bloch.

L'étude réalisée par le professeur Abraham sur la régularité des oscillations dans le tube à vide - un étalon de fréquence stabilisé par un quartz. Un des résultats les plus intéressants de cette étude est la découverte de l'influence des variations brusques de pression de l'air extérieur sur la régularité des oscillations dans le quartz piézoélectrique alors que ce dernier était maintenu dans une salle calorifugée au sous-sol à l'intérieur de laquelle la température est maintenue constante. Ainsi qu'il ressort des expériences du professeur Abraham, ces changements ne sont pas directement liés à des changements de température du quartz produits par l'expansion adiabatique et par la compression de l'air qui entoure le quartz. Ces changements disparaissent lorsqu'on rend individuellement étanche l'espace de l'air environnant le quartz.

Après la visite du laboratoire d'Abraham une dernière réunion de la conférence a eu lieu dans la salle de conférences du laboratoire. Á cette réunion l'auteur de l'article a présenté son troisième exposé dans lequel il a abordé brièvement les questions du traitement des processus instables dans les systèmes auto-oscillants. La réunion s'est terminée par de vives discussions sur les méthodes les plus rationnelles d'idéalisation des caractéristiques non linéaires permettant un traitement mathématique adéquat.

En conclusion le professeur Van der Pol a souligné l'intensité du travail accompli lors de cette conférence et le grand intérêt suscité par de nombreux scientifiques et a constaté que, malgré l'absence de beaucoup de personnes distinguées dans ce domaine, cette conférence avait atteint son but principal : établir un contact entre des physiciens de différents pays qui travaillent dans le domaine des oscillations non linéaires d'un coté et des mathématiciens d'un autre coté.

Puisque cette première expérience a été réussie il faut espérer que de telles rencontres vont se répéter régulièrement. Les principaux exposés de la Conférence devraient être publiés dans la collection « Actualités Scientifiques et Industriels » (édition Hermann[20], Paris).

En faisant le bilan de la conférence on peut dire qu'elle a répondu aux besoins dans la coordination du travail théorique dans le domaine des oscillations non linéaires.

Page 213

Malgré l'absence des professeurs V. Volterra, Hadamard, des académiciens N. M. Kryloff et L. I. Mandel'shtam et d'autres chercheurs distingués, qui a empêché de répondre à un certain nombre de questions importantes dans les domaines étudiés et de faire une analyse plus approfondie du problème crucial des oscillations quasi-périodiques, la conférence a pu quand même donner la possibilité aux participants d'échanger leurs points de vue sur l'état actuel des problèmes « non linéaires » et de formuler différents problèmes auxquels est confrontée cette théorie.

20. À notre connaissance, ce compte-rendu n'a jamais été publié par les éditions Hermann.

Cette conférence a montré l'importance du travail accompli par les chercheurs soviétiques et a montré qu'ils occupent une place éminente dans l'élaboration de cette théorie.

En considérant la grande importance des développements de la théorie des oscillations non-linéaire pour la résolution des nombreux défis techniques rencontrés par nos instituts de recherche, ainsi que le grand intérêt suscité par les problèmes « non linéaires » auprès de nos chercheurs, il est souhaitable que la conférence non linéaire suivante ait lieu dans un proche avenir en U.R.S.S.

Bibliographie

Abréviation

Bulletin de la Société Mathématique de France : *B.S.M.F.*

Comptes rendus hebdomadaires des séances de l'Académie des sciences : *C.R.A.S.*

Journal de mathématiques pures et appliquées : *J.M.P.A.*

Journal de Physique et le Radium : *J. Phys. Radium*

Journal de Physique Théorique et Appliquée : *J. Phys. Théor. Appl.*

Revue générale des sciences pures et appliquées : *R.G.S.P.A.*

Sources manuscrites

- Archives Académie des sciences :
  note originale d'Andronov, pochette de séance du 14 octobre 1929 ;
  note originale d'Andronov et Witt, pochette de séance du 20 janvier 1930.
- Archives de l'Institut Henri-Poincaré : correspondance de Kryloff, Denjoy, Borel, etc. relative à l'invitation de Kryloff en 1935.

Sources imprimées

Annuaire du Collège de France (ACF), Paris : Ernest Ledoux éd.

ABARBANEL (Henry), RABINOVICH (Mikhail) et SUSCHIK (Mikhail)

[1993] *Introduction to nonlinear dynamics for physicists*,
Singapore : World Scientific (Lecture Notes in Physics, vol. 53).

ABELÉ (Jean)

[1942a] Système d'entretien à amplitude autostabilisée,
C.R.A.S., 214 (18 mai 1942), p. 841-842.

[1942b] Application du système d'entretien à amplitude autostabilisée à un pendule élastique,
C.R.A.S., 214 (1er juin 1942), p. 875-877.

[1943] *Étude d'un système oscillant entretenu à amplitude autostabilisée et application à l'entretien d'un pendule élastique*,
thèse de sciences physiques, Faculté des sciences de Paris, Toulouse : Privat, 1943.

[1945a] Définition cinématique des oscillations de relaxation,
C.R.A.S., 220 (9 avril 1945), p. 511-513.

[1945b] Définition cinématique des oscillations de relaxation,
Journal de Physique, 9 (1945), p. 96-103.

[1945c] Définition cinématique des oscillations de relaxation discontinues,
C.R.A.S., 221 (26 novembre 1945), p. 656-658.

[1946] Les oscillations de relaxation et le problème de leur définition analytique,
R.G.S.P.A., 53 (1946), p. 68-77.

[1947] Construction d'oscillateurs non linéaires sinusoïdaux par la méthode de l'axe mobile,
C.R.A.S., 225 (26 novembre 1945), p. 1270-1271.

ABRAHAM (Henri) & BLOCH (Eugène)

[1919a] Sur la mesure en valeur absolue des périodes des oscillations électriques de haute fréquence, *C.R.A.S.*, 168 (2 juin 1919), p. 1105-1108.

[1919b] Sur l'entretien des oscillations mécaniques au moyen des lampes à trois électrodes,
C.R.A.S., 168 (16 juin 1919), p. 1197-1198.

[1919c] Mesure en valeur absolue des périodes des oscillations électriques de haute fréquence,
J. Phys. Théor. Appl., 9 (1919), p. 211-222.

[1919d] Entretien des oscillations d'un pendule ou d'un diapason avec un amplificateur à lampes, *J. Phys. Théor. Appl.*, 9 (1919), p. 225-233.

[1919e] Mesure en valeur absolue des périodes des oscillations électriques de haute fréquence,
Annales de Physique, 9 (1919), p. 237-302.

[1931] Peut-on maintenir une salle à température constante ?
C.R.A.S., 193 (21 juin 1931), p. 1402-1403.

ABRAHAM (Henri), BLOCH (Eugène) & BLOCH (Léon)

[1920] Appareil à lecture directe pour les mesures en courants alternatifs : voltmètre-amplificateur, *J. Phys. Radium* 1, 2 (1920), p. 44-57

ABRAHAM (Ralph Herman) et SHAW (Christopher David)

[1982-88] *Dynamics : The Geometry of Behavior*, 4 vol., Santa Cruz, California : Aerial Press, Inc., 1982-1988.

ACOT (Pascal) et DROUIN (Jean-Marc)

[1997] L'introduction en France des idées de l'écologie scientifique américaine dans l'entre-deux-guerres, *Revue d'histoire des sciences*, 50 (1997), p. 461-480.

ADRIAN (Edgar Douglas)

[1930] The effects of injury on Mammalian nerve fibres, *Proceedings of the Royal Society*, 106 (1930), p. 596-618.

AIRY (George Biddell)

[1840] On the Regulator of the Clock-work for effecting uniform Movement of Equatoreals, *Memoirs of the Royal Astronomical Society*, 11 (1840), p. 249-267.

ALEMBERT (Jean Le Rond d')

[1748] Suite des recherches sur le calcul intégral, quatrième partie : Méthodes pour intégrer quelques équations différentielles, *Hist. Acad. Berlin pour 1748*, IV (1750), p. 275-291 ; *Œuvres complètes de d'Alembert*, vol. I / 4a, Paris : CNRS Editions, 2007, p. 215-245.

ANDRONOV (Aleksandr Aleksandrovich)

[O. C.] Собрание трудов, [*Œuvres complètes*], Moscow : Izd. AN SSSR, 1956.

[1928] Предельные циклы Пуанкаре и теория колебаний, in *IVs'ezd ruskikh fizikov* (5–16.08, p. 23–24). Moscow : N.-Novgorod, Kazan, Saratov ; *Œuvres complètes*, p. 32–33. [Les cycles limites de Poincaré et la théorie des oscillations, Ce rapport a été lu lors du IVe congrès des physiciens russes à Moscou du 5 au 16 août 1928, p. 23–24]

[1929a] Les cycles limites de Poincaré et la théorie des oscillations auto-entretenues, *C.R.A.S.*, 189 (14 octobre 1929), p. 559-561.

[1929b] Предельные циклы Пуанкаре и теория автоколебаний, *Œuvres complètes*, p. 41-43 [Les cycles limites de Poincaré et la théorie des autooscillations]

[1933] Математические проблемы теории автоколебаний, Эти доклад прочитан А. А. Андроновым на Всесоюзной конференция по

колебанням в 1933 г. Опубликобано в кн. : *I*. Всесоюзной
конференция по колебанням. М-Л. ГТТН, 1933, с. 32.
[Problèmes mathématiques de la théorie des auto-oscillations.
Ces rapports ont été lus par A. A. Andronov à la Conférence de
l'Union Soviétique sur les oscillations en 1933 et publiés dans le
tome I : Conférence de l'Union Soviétique sur les oscillations,
M-L. GTTI, 1933, p. 32].

[1943] Андронов Александр Александрович :
Автобиография Аан Ссср, Ф. 411, Ох. 25, Д. 12, Л. 3-6. Подлинник.
[Aleksandr Aleksandrovich Andronov :
Autobiographie U.R.S.S. AAN, folio 411, 25, 12, p. 3-6].

ANDRONOV (A.A.) & WITT (Aleksandr Adol'fovich)

[1930a] Sur la théorie mathématique des auto-oscillations,
C.R.A.S., 190 (20 janvier 1930), p. 256-258.

[1930b] Unstetige periodische Bewegungen und Theorie des Multivibrators
von Abraham und Bloch,
Bulletin de l'Académie des Sciences de l'U.R.S.S., 8, p. 189-192.
[Mouvements périodiques discontinus et la théorie du multivibrateur
d'Abraham et Bloch]

[1930c] К математической теории захватывания,
Журнал технишеской Физики, 1930, т. 7, №4, с. 3-20.
Journal de Physique Technique de l'URSS, 7 (1930), p. 3-20.
[Sur la théorie de l'entraînement]

[1930d] Zur theorie des Mitnehmens von Van der Pol,
Archiv für Elektrotechnik, XXIV (1930), p. 99-110.

[1933] Об устойчивости по Ляпунову,
Журнал экспериментальной и теоретической Физики,
3 (1933), p. 373-374. [Sur la stabilité au sens de Liapounov],
[*Œuvres complètes*, p. 140-141].

[1934] К математической теории автоколебательных сыстем с двумя
степенями свободы, Журн. Техн. физики, т. 4, №1, с. 122-143.
[La théorie mathématique des systèmes auto-oscillants à deux degrés de liberté]

[1935] Sur la théorie mathématique des systèmes auto-oscillatoires à deux degré de liberté,
Journal de Physique Technique de l'URSS, 1, p. 249-271. Trad. fr. de [1934].

ANDRONOV (A.A.), BAUTIN (Nikolaï Nikolaevich) et GORELIK (G.S.)

[1945] Auto-oscillations d'un schéma simplifié contenant une hélice à pas variable automatique,
Comptes rendus de l'Académie des sciences de l'U.R.S.S., XLVII (1945), p. 263-267.

ANDRONOV (A.A.), GORELIK (G.S.) et RYTOV (Sergei Mikhailovich)

[1947] Некоторые исследования в области нелинейных колебаний, проведённые в сссп, начиная с 1935 г., Успехи Физических Хаук, т. 33, вып. 3, с. 335-352.
[Les recherches sur les oscillations non linéaires menées en URSS, à partir de 1935]

ANDRONOV (A.A.) & KHAIKIN (Semen Emanuilovich)

[1937] Теория колебаний [Théorie des oscillations],
Обьединное Хаучно-Техническое Издательство, НКТП, СССП,
главная редакция техно-теоретической литературы, Москва 1937 Ленинград.
Trad. angl., *Theory of oscillations*, Princeton : Princeton University Press, 1949.

ANDRONOV (A.A.), WITT (A.A.) & KHAIKIN (S. E.)

[1959] Теория колебаний [Théorie des oscillations],
Государственное издательство физико-математической литературы,
Москва 1959. Trad. angl., *Theory of oscillators*, Oxford : Pergamon Press, 1966.

ANDRONOV (A.A.) & PONTRJAGIN (Lev Semenoviéc)

[1937] Systèmes grossiers,
Comptes rendus de l'Académie des sciences de l'URSS,
XIV (2 janvier 1937), p. 247-250.

ANDRONOV (A.A.) & LEONTOVICH (Evgenya Aleksandrovna)

[1938] Sur la théorie de la variation de la structure qualitative de la division du plan en trajectoires,
Comptes rendus de l'Académie des sciences de l'URSS,
XXI (31 octobre 1938), p. 423-426.

APPLETON (Edward Victor)

[1922] The Automatic Synchronization of Triode Oscillators,
Proceedings of the Cambridge Philosophical Society, 21 (1922), p. 231-248.

APPLETON (E. V.) et VAN DER POL (Balthasar)

[1921] On the form of free triode vibrations,
Philosophical Magazine, 42 (1921), p. 201-220.

[1922] On a type of oscillation-hysteresis in a simple triode generator,
Phil. Mag., 43 (1922), p. 177-193.

APPLETON (E. V.) et GREAVES (William Michael Herbert)

[1923] On the solution of the representative differential equation of the triode oscillator,
Phil. Mag., 45 (1923), p. 401-414.

ARNOLD (Engelbert)

[1904] *La machine dynamo à courant continu*, Paris : Ch. Béranger éditeur, 1904.

ARNOLD (Vladimir)

[1974] *Équations différentielles ordinaires*, Moscou : Éditions Mir, 1974.

ATTEN (Michel), DU CASTEL (François) et PIERRE (Marie)

[1999] *Les télécoms : histoire des écoles supérieures des télécommunications*,
Paris : Hachette, 1999.

AUBIN (David)

[2004] Analyses d'ouvrages : Nicolas Bouleau,
Philosophie des mathématiques et de la modélisation : du chercheur à l'ingénieur
(L'Harmattan, 1999) et Giorgio Israël, *La Mathématisation du réel :
essai sur la modélisation mathématique* (Seuil, 1996),
in *Revue d'histoire des sciences*, 57 (2004), p. 451-454.

AUBIN (David) et DAHAN DALMEDICO (Amy)

[2002] Writing the History of Dynamical Systems and Chaos : *Longue Durée* and Revolution,
Disciplines and Cultures, *Historia Mathematica*, 29 (2002), p. 273-339.

AUGER (Léon)

[1932] Sur les mouvements des anches battantes pour tuyaux d'orgue,
C.R.A.S., 195 (17 août 1932), p. 516-518.

[1937] Sur les fréquences des sons donnés par un tuyau cylindrique à anche battante,
C.R.A.S., 207 (5 avril 1937), p. 1169-1171.

[1938] Sur l'accord des tuyaux sonores à anche battante considéré comme phénomène
de relaxation, *C.R.A.S.*, 208 (4 juillet 1938), p. 216-217.

[1939] Sur la stabilité des sons émis par un tuyau à anche soumis à une pression constante,
C.R.A.S., 209 (18 septembre 1939), p. 508-217.

[1945] *Oscillations auto-entretenues dans les tuyaux sonores à anches battantes*,
thèse de sciences physiques, Faculté des sciences de Paris (1943),
Publications scientifiques et techniques du ministère de l'Air,
Paris : Gauthier-Villars, 1945.

AYRTON (Hertha)

[1895] Variation of Potential Difference of the Electric Arc with Current, Size of Carbons, and Distance Apart, *The Electrician*, 1895, Vol. XXXIV., pp. 335, 364, 399, 471, 541, 610 ; 1895, Vol. XXXV., pp. 418, 635, 743 ; 1895, Vol. XXXVI, pp. 36, 225 ; 1896, Vol. XXXVI., p. 539.

[1902] *The Electric Arc*, London : "The Electrician" Printing and Publishing Company, 1902.

AYRTON (William Edward) & PERRY (John)

[1882] The Resistance of the Electric Arc, *Proceedings of the Physical Society of London*, 5 (1882), p. 197-204.

BARBILLION (Louis) & CAYÈRE (Paul)

[1918] Note sur une nouvelle solution du problème de la régulation des groupes électrogènes, *Revue Générale de l'Électricité*, tome III, vol. 21, p. 747-764 et tome III, vol. 22, p. 787-796 (1918).

BARKHAUSEN (Heinrich)

[1907] *Das Problem der Schwingungserzeugung mit besonderer Berücksichtigung schneller elektrischer Schwingungen*, Leipzig : S. Hirzel, 1907.

[1920] Die Vakuumröhre und ihre technischen Anwendungen, *Jahrbuch d. drahtlosen Telegraphie u. Telephonie*, 16, p. 82-114.

[1929] *Lechbuch der Elektronen-Röhren und ihrer technischen Anwendungen*, 3. Band : Rückkoplung, Leipzig : S. Hirzel, 1929.

BEDEAU (François)

[1928] Les différentes méthodes de détermination de la condition des oscillations dans les émetteurs à lampe, *Onde électrique*, (juillet 1928), p. 265-286.

[1931] Cours élémentaire de télégraphie et téléphonie sans fil, *Ed. Librairie Vuibert*, Paris.

BEDEAU (François) & MARE (Jehan-George DE)

[1928] Stabilisation des oscillations de relaxation, *C.R.A.S.*, 187 (17 juillet 1928), p. 209-210.

BÉNARD (Henri)

[1908] Formation de centres de giration à l'arrière d'un obstacle en mouvement, *C.R.A.S.*, 147 (2 novembre 1908), p. 839-842.

BENDIXSON (Ivar)

[1901] Sur les courbes définies par des équations différentielles,
Acta Mathematica, 24 (1901), p. 1-88.

BENDRIKOV (G.A.) et SIDOROVA (G.A.)

[1981] Aleksandr Adolfovich Witt,
Источник : Г. А. Бендриков, Г. А. Сидорова.
Александр Адольфович Витт,
История и методология естественных наук.
Вып. XXVI, Физика. Изд-во МГУ, 1981, p. 150-168.

BENNETT (Stuart)

[1979] *A history of control engineering 1800-1930*,
London : Peter Peregrinus Ltd, 1979.

[1984] Nicolas Minorsky and the automatic steering of ships,
I.E.E.E. Control Systems, 4 (1984), p. 10-15.

BETHENOD (Joseph)

[1937] Étude de la décharge d'un condensateur à travers un tube à gaz,
C.R.A.S., 205 (26 octobre 1937), p. 727-730.

[1938a] Sur l'entretien du mouvement d'un pendule au moyen d'un courant alternatif de fréquence élevée par rapport à sa fréquence propre,
C.R.A.S., 207 (2 novembre 1938), p. 847-849.

[1938b] André Blondel,
Revue Générale de l'Electricité, 44 (1938), p. 751-756.

[1939] Détermination du régime de fonctionnement d'un arc à courant alternatif,
C.R.A.S., 208 (20 février 1939), p. 562-565.

BIRKHOFF (George D.)

[1912] Quelques théorèmes sur le mouvement des systèmes dynamiques,
B.S.M.F., 40 (1912) p. 305-323.

[1913] Proof of Poincaré's geometric theorem,
Transactions of the American Mathematical Society, 14 (1913), p. 14-22.

[1914] Démonstration du dernier théorème de géométrie de Poincaré,
B.S.M.F., 42 (1914), p. 1-12.

BISSELL (Chris)

[2009] A History of Automatic Control, in Y. Nof Shimon,
éd., *Springer Handbook of Automation*, Springer-Verlag, 2009.

BLONDEL (André)

[1891a] Études expérimentales sur l'arc à courants alternatifs,
La Lumière Électrique, XLII (1891), p. 551- 560 et p. 618-623.

[1891b] Études expérimentales sur l'arc à courants alternatifs,
La Lumière Électrique, XLIII (1891), p. 51- 61.

[1893a] Oscillographes : nouveaux appareils pour l'étude des oscillations électriques lentes, *C.R.A.S.*, 116 (6 mars 1893), p. 502-506.

[1893b] Conditions générales que doivent remplir les instruments enregistreurs ou indicateurs ; problème de la synchronisation intégrale, *C.R.A.S.*, 116 (10 avril 1893), p. 748-752.

[1893c] Nouvelles recherches sur l'arc à courants alternatifs,
La Lumière Électrique, XLIX, (1893), p. 502- 508
La Lumière Électrique, XLIX, (1893), p. 557-569 et p. 608-617.

[1905a] Sur les phénomènes de l'arc chantant,
C.R.A.S., 140 (13 juin 1905), p. 1680-1682.

[1905b] Sur les phénomènes de l'arc chantant,
R.G.S.P.A., 16 (1905), p. 708 ;
J. Phys. Théor. Appl., (IV) 5 (1906), p. 77- 97.

[1905c] Sur les phénomènes de l'arc chantant,
Éclairage Électrique, XLIV (1905), p. 41-58 et p. 81-104.

[1912] Henri Poincaré,
La Lumière Électrique, (2e série) XIX (1912), p. 99-101.

[1915a] Systèmes oscillants à amortissement discontinu,
La Lumière Électrique, (2e série) XXXI (1915), p. 193-196,
La Lumière Électrique, (2e série) XXXI (1915), p. 217-222,
La Lumière Électrique, (2e série) XXXI (1915), p. 241- 245.

[1915b] Systèmes oscillants à amortissement discontinu,
C.R.A.S., 161 (26 octobre 1915), p. 546-552.

[1915c] Sur les oscillations forcées d'un système oscillant à amortissement discontinu,
C.R.A.S., 161 (22 novembre 1915), p. 625-630.

[1916a] Remarques sur les applications du courant continu à haute tension dans la télégraphie et la téléphonie sans fil,
La Lumière Électrique, (2e série) XXXIII (1916), p. 49-54
La Lumière Électrique, (2e série) XXXIII (1916), p. 97-105.

[1919a] Caractéristiques d'oscillations des lampes à trois électrodes utilisées comme générateurs d'oscillations entretenues,
C.R.A.S., 169 (20 octobre 1919), p. 676-680.

[1919b] Amplitude du courant oscillant produit par les audions générateurs, *C.R.A.S.*, 169 (17 novembre 1919), p. 943-948.

[1919c] Étude graphique du fonctionnement des audions à circuit résonant comme récepteurs sensibilisés ou comme désamortisseurs, *C.R.A.S.*, 169 (8 décembre 1919), p. 1377-1382.

[1919d] Sur les systèmes à oscillations persistantes, et en particulier sur les oscillations entretenues par auto-amorçage, *J. Phys. Théor. Appl.*, (5e série) IX (1919), p. 117-151 et p. 153-161.

[1920] Théorie graphique des audions générateurs et calcul de l'amplitude des oscillations, *Radioélectricité*, 1 (1920), p. 7-13 et p. 63-72.

[1923a] Sur les conditions de rendement des lampes-valves génératrices ayant une caractéristique d'arc électrique chantant et sur la définition de leur puissance, *C.R.A.S.*, 177 (9 juillet 1923), p. 87-92.

[1923b] Méthode rationnelle pour les essais de spécification des lampes triodes destinées à fonctionner en clapet, *C.R.A.S.*, 177 (23 juillet 1923), p. 376-382.

[1926] Contribution à la théorie de l'arc chantant musical, *C.R.A.S.*, 182 (12 avril 1926), p. 900-903.

BLONDEL (André) & CARBENAY (Fernand)

[1916] Remarques complémentaires sur les oscillations forcées des systèmes à amortissement discontinu, *La Lumière Électrique*, (2e série) XXXIV (1916), p. 98-105.

BLONDEL (A.) & LAVANCHY (Charles)

[1919e] Contribution à la théorie des audions générateurs, condition d'amorçage et degré d'amortissement des oscillations de faible amplitude obtenue par ces appareil, *Revue Générale de l'Electricité*, 25 (1919), p. 875-893, *Revue Générale de l'Electricité*, 25 (1919), p. 923-930.

BOGOLIOUBOFF (Nicolas) & KRYLOFF (Nicolas)

[1928] Sur les méthodes des différences finies pour la résolution approchée des problèmes fondamentaux de la Physique mathématique, *C.R.A.S.*, 186 (13 février 1928), p. 422-425.

[1928] Sur la théorie mathématique des oscillographes, *C.R.A.S.*, 187 (5 novembre 1928), p. 938-940.

BOHL (Piers)

[1893] Über die Darstellung von Funktionen einer Variabeln durch trigonometrische Reihen mit mehreren einer Variabeln proportionalen Argumenten, Thèse, Dorpat, (1893).

[1900] О некоторых дифференциальных уравнений общего характера, применимых в механике,
Thèse, Institut Polytechnique de Riga, Dorpat, 1900.

[1904] Über die Bewegung eines mechanischen Systems in der Nähe einer Gleichgewichtslage,
Journal für die reine und angewandte Mathematik,
127 (1904), p. 179-276.

[1906] Über eine Differentialgleichung der Störungstheorie,
J. reine angew. Math., 131 (1906), p. 268-321.

[1910] Sur certaines équations différentielles d'un type général utilisables en mécanique, *B.S.M.F.*, 38 (1910), p. 5-138.

BOSE (Jagadish Chandra)

[1919] Life movements in plants,
Transactions of the Bose Institute, 2 (1919), p. 255-597.

BOUASSE (Henri)

[1924] *Les oscillations électriques*, Paris : Librairie Delagrave, 1924.

[1926] *Acoustique Générale*, Paris : Librairie Delagrave, 1926.

BOUCHEROT (Paul)

[1904] Observations d'ordre général sur les moteurs,
Bulletin de la Société internationale des Électriciens,
21 (1904), p. 71-77.

BOULANGER (Julien Auguste)

[1885] *Sur les progrès de la science électrique et sur les nouvelles machines d'induction*, Paris : Gauthier-Villars, 1885.

BOULANGER (Julien Auguste) et FERRIÉ (Gustave)

[1899] *La Télégraphie sans fil*, Paris : Berger-Levrault et Cie, 1899.

BOULIGAND (Georges)

[1932a] Progrès récents dans l'intégration approchée des équations de la physique mathématique, *Revue Générale des Sciences*, 43 (1932), p. 77-81.

[1932b] Sur l'intégration qualitative,
Revue Générale des Sciences, 43 (1932), p. 329-336.
[1961] Jean Abelé, *Revue Générale des Sciences*, 68 (1961), p. 195-196.

BOURRIÈRES (François-Joseph)
[1932] Sur les oscillations libres des extrémités de tubes élastiques parcourus par un courant uniforme de fluide,
C.R.A.S., 194 (28 décembre 1931), p. 49-51.
[1937a] Sur les oscillations auto-entretenues des extrémités de tubes élastiques déversant un courant continu de fluides et celles d'anches libres encastrées, *C.R.A.S.*, 204 (28 février 1937), p. 654-656.
[1937b] Sur les auto-oscillations de jets réels en milieu identique par auto plissements,
C.R.A.S., 204 (5 mai 1937), p. 111-113.
[1939] *Sur un phénomène d'oscillation auto-entretenue en mécanique des fluides*,
Publications Scientifiques et Techniques du Ministère de l'Air
vol. 147 (1939), E. Blondel La Rougery, Paris : Gauthier-Villars, 1939.

BOUTHILLON (Léon)
[1915] Sur la charge des condensateurs au moyen d'une force électro motrice constante et leur décharge dans un circuit à étincelle,
C.R.A.S., 160 (14 juin 1915), p. 800-802.
[1915] Sur l'application à la télégraphie sans fil à étincelles du procédé de charge des condensateurs au moyen de dynamos à force électro motrice constante en combinaison avec un éclateur tournant,
C.R.A.S., 161 (15 novembre 1915), p. 583-586.
[1919-1921] *La Théorie et la Pratique des Radiocommunications*,
2 tomes, Paris : Librairie Delagrave, 1919, 1921.
[1926] Radiogoniomètre et radiophares à maximum accentué,
C.R.A.S., 183 (22 novembre 1926), p. 955-957.
[1927] Inclinaison des ondes et système dirigé,
C.R.A.S., 184 (24 janvier 1927), p. 190-192.

BOYKO (E. C.)
[1983] Школа академика А. А. Андронова
[L'école de l'académicien A. A. Andronov],
Moskva : Nauka. Reed., sous la direction de A. T. Grigoryan.

BRAUN (Karl Ferdinand)

[1897] Über ein Verfahren zur Demonstration und zum Studium des zeitlichen Verlaufes variabler Ströme, *Ann. Physik Chemie*, 60 (1897), p. 552-559.

BRILLOUIN (Marcel)

[1897] Théorie d'un alternateur auto-excitateur, *Éclairage Électrique*, XI (1897), p. 49-59.

BUSCH (Hans)

[1913] *Stabilität, Labilität und Pendelungen in der Elektrotechnik*, Leipzig : S. Hirzel, 1913.

CAMICHEL (Charles)

[1927] Sur les tourbillons provoqués par un obstacle immergé dans un courant liquide, *C.R.A.S.*, 184, (7 juin 1927), p. 1509-1512.

CAMICHEL (C.), DUPIN (Pierre) et TEISSIÉ-SOLIER (Max)

[1927] Sur l'application de la loi de similitude aux périodes de formation des tourbillons alternés de Bénard-Karman, *C.R.A.S.*, 185, (19 décembre 1927), p. 1556-1559.

[1928] Sur l'existence dans l'écoulement d'un fluide autour de cylindres immergés, d'un phénomène périodique en régime de Poiseuille, *C.R.A.S.*, 186, (9 janvier 1928), p. 203-205.

CAMICHEL (C.) et TEISSIÉ-SOLIER (M.)

[1935] Influence d'une perturbation sur le sillage en régime de Poiseuille d'un corps immergé, *C.R.A.S.*, 200, (28 janvier 1935), p. 704-707.

CARRIÈRE (Z.)

[1924] Entretien des vibrations d'une anche libre, *J. Phys. Radium*, 5, 11 (1924) p. 338-344.

CARTAN (Élie et Henri)

[1925] Note sur la génération des oscillations entretenues, *Annales des P.T.T.*, 14 (1925), p. 1196-1207.

CARTWRIGHT (Marie Lucy) et LITTLEWOOD (John Edensor)

[1945] On non-linear differential equations of the second order, I : The Equation $\ddot{y} - k\,(1 - y^2)\,\dot{y} + y = b\lambda k cos\,(\lambda t + a)$, k large, *J. London Math. Soc.*, 20 (1945), p. 180-189.

[1947] On nonlinear differential equations of the second order, II :
The Equation $\ddot{y} - kf(y)\dot{y} + g(y,k) = p(t) = p_1(t) + kp_2(t)$;
$k > 0$, $f(y) \geq 1$, *Annals of Math.*, 48 (1947), p. 472-494.
[1948] Errata, *Annals of Math.*, 49 (1948), p. 1010.
[1949] Addendum, *Annals of Math.*, 50 (1949), p. 504-505.

CARTWRIGHT (Marie Lucy)
[1948] Forced oscillations in nearly sinusoidal systems,
J. Inst. Elec. Eng., 95 (1948), p. 88-96.
[1960] Balthasar Van der Pol,
Journal of the London Mathematical Society, 35 (1960), p. 367-376.
[1965] Jacques Hadamard,
Biographical Memoirs of Fellows of the Royal Society,
11 (1965) p. 65-98.

CASTAGNETTO (Louis)
[1939] *Contribution à l'étude des tourbillons alternés de Bénard-Karman*,
Thèse, Faculté des Sciences de Toulouse, 1939.
[1958] Sur l'intégration numérique de l'équation de stabilité.
C.R.A.S., 246, (13 janvier 1958), p. 255-257.

CASTAGNETTO (Louis) et MATHEAU (Jean-Claude)
[1961a] Sur une généralisation de la méthode de Kron aux réseaux actifs,
C.R.A.S., 252, (4 janvier 1961), p. 85-86.
[1961b] Sur le problème de l'adaptation,
C.R.A.S., 252, (30 janvier 1961), p. 689-691.

CAVAILLÈS (Jean)
[1946] Sur la logique et la théorie de la science, Paris : P.U.F., 1946.

CHABERT (Jean-Luc)
[1992] Hadamard et les géodésiques des surfaces à courbure négative,
in *Chaos et déterminisme*, Paris : Seuil (coll. Points Sciences), 1992, p. 306-330.

CHAMPEIX (Robert)
[1980] Grande et petite histoire de la lampe T.M.,
La liaison des Transmissions, n° 126 (Nov.-Déc. 1980).

CHANDRASHEKARAN (Maroli Krishnayya) & SUBBARAJ (R.)
[1996] J. C. Bose's view on biological rythms,
Indian Journal of History of Science, 31 (1996), p. 375-382.

CHARPENTIER (Marie)

[1931] *Sur les points de Peano d'une équation différentielle du premier ordre*, Thèse, Faculté des sciences de Poitiers, 1931. Cluj, Institutul de Arte Grafice "Ardealul".

[1932] On certain dynamical systems with points of Peano, *Bulletin of the American Mathematical Society*, 38(12), (1932), p. 849-854

[1933] Sur la semi-continuité d'inclusion des trajectoires de la Dynamique, *C.R.A.S.*, 196, (6 juin 1933), p. 1771-1773.

[1934a] Sur quelques propriétés des courbes de M. Birkhoff, *C.R.A.S.*, 198, (19 janvier 1934), p. 701-703.

[1934b] Sur quelques propriétés des courbes de M. Birkhoff, *B.S.M.F.*, 62 (1934), p. 193-224.

CHILD (Clement Dexter)

[1909] Counter Electromotive Force in the Electric Arc, *Physical Review* (Series I), 29 (1909), p. 229-242.

CLIQUET (Édouard)

[1949] *Émetteurs de petite puissance sur ondes courtes*, 2e éd., 2 vol., Paris : Éditions Technique & Vulgarisation, 1949.

COLIN (J.)

[1893] Sur la rigidité des liquides, *C.R.A.S.*, 116, (1893), p. 1251-1253.

CORNU (Alfred)

[1887a] Sur la condition de stabilité du mouvement d'un système oscillant soumis a une liaison synchronique pendulaire, *J. Phys. Théor. Appl.*, 6 (1887), p. 445-452.

[1887b] Sur la synchronisation d'une oscillation faiblement amortie indicatrice de synchronisation représentant le régime variable, *J. Phys. Théor. Appl.*, 6 (1887), p. 452-464.

CURIE (Pierre)

[1891] Équations réduites pour le calcul des mouvements amortis, *La Lumière Électrique*, (1re série) 41 (1891), p. 201-209, *La Lumière Électrique*, (1re série) 41 (1891), p. 270-276, *La Lumière Électrique*, (1re série) 41 (1891), p. 307-362.

DAAN (Serge)

[2010] A History of Chronobiological Concepts,
in *Protein Reviews*, Vol. 12, *The Circadian Clocks*, Springer-Verlag, New-York.

D'ADHÉMAR (Robert)

[1934] *La balistique extérieure*, Paris : Gauthier-Villars
(Mémorial des sciences mathématiques, fasc. 65), 1934.

DAHAN DALMEDICO (Amy)

[1996] Le difficile héritage de Henri Poincaré en systèmes dynamiques,
in J.-L. Greffe, G. Heinzmann et K. Lorenz, éd., *Henri Poincaré : science et philosophie*, Paris : Blanchard / Berlin : Akademie Verlag, 1996, p. 13-33.

[2004a] L'École d'Andronov à Gorki, profil d'un centre scientifique dans la Russie soviétique (avec la collaboration d'Irina Gouzévitch),
in A. Dahan et D. Pestre, éd., *Les Sciences pour la guerre, 1940-1960*,
Paris : Editions de l'EHESS, 2004, p. 275-316.

[2004b] Early Developments of Nonlinear Science in Soviet Russia :
The Andronov School at Gor'kiy (in collaboration with Irina Gouzévitch),
Science in Context, 17 (2004), p. 235-265.

DAHAN DALMEDICO (A.), CHABERT (J.L.) & CHEMLA (Karine) (éd.)

[1992] *Chaos et déterminisme*, Paris : Éditions du Seuil (coll. Points Sciences), 1992.

DARBOUX (Gaston)

[1878] Sur les équations différentielles algébriques du premier ordre et du premier degré,
B.S.M.F., 2 (2), p. 60-96, p. 123-143 et p. 151-200.

[1914] Éloge historique d'Henri Poincaré,
Mémoires de l'Académie des sciences, 52 (1914), p. 81-148.

DARRIEUS (Georges)

[1929] Les modèles mécaniques en électrotechnique, leur application aux problèmes de Stabilité,
Bulletin de la Société Française des électriciens, 9, p. 794-809.

[1968] Notice nécrologique sur Hippolyte Parodi (1874-1968),
membre de la division des applications de la Science à l'Industrie,
C.R.A.S., 267, (18 novembre 1968), p. 81.

DAVID (Pierre)

[1927] Les oscillations par décharges (Relaxation Oscillations),
Onde Électrique, t. 6, vol. 69 (sept. 1927), p. 38A.

DECAUX (Bernard) & LE CORBEILLER (Philippe)

[1931] Sur un système autoentretenu utilisant un tube à néon, *C.R.A.S.*, 193, (26 octobre 1931), p. 723-725.

DEJUSSIEU-PONTCARRAL (Pierre)

[1961] *L'épopée du tube électronique*, Paris : Les éditions du XXe siècle, 1961.

DENJOY (Arnaud)

[1932a] Sur les caractéristiques à la surface du tore, *C.R.A.S.*, 194, (7 mars 1932), p. 830-833 et p. 2014-2016.

[1932b] Sur les courbes définies par les équations différentielles à la surface du tore, *J.M.P.A.*, (IX) 11 (1932), p. 333-376.

[1935] Les nouvelles méthodes de la Mécanique d'après le Professeur N. Kryloff, *Revue Générale des Sciences*, 46 (1935), p. 389-391.

DEPREZ (Marcel)

[1881] Distribution de l'énergie par l'électricité, *C.R.A.S.*, 92 (28 novembre 1881), p. 892-895 et p. 952-955.

DINER (Simon)

[1992] Les voies du chaos déterministe dans l'école russe, in A. Dahan. Dalmedico, J.-L. Chabert, J.-L. & K. Chemla, éd., *Chaos et déterminisme*, Paris : Éditions du Seuil (coll. Points Sciences), 1992, p. 331-368.

DORODNITSYN (Anatoly Alekseevich)

[1947] Асимптотическое решение уравнения Ван-дер-Поля [Solution asymptotique de l'équation de Van der Pol], Прикладная математические и механика, 11, p. 313-328.

DU BOIS DUDDELL (William)

[1897] Oscillographs, *The Electrician*, 39 (1897), p. 636-638.

[1900a] On Rapid Variations in the Current through the Direct-Current Arc, *Journ. Inst. Elec. Eng.*, 30 (1900), p. 232-283.

[1900b] On Rapid Variations in the Current through the Direct-Current Arc, *The Electrician*, 46 (1900), p. 269-273 et 310-313.

[1901a] On the Resistance and Electromotive Forces of the Electric Arc, *Proceedings of the Royal Society of London*, 68 (1901), p. 512-518.

[1901b] Sur la résistance et les forces électromotrices de l'arc électrique, *Revue Générale des Sciences*, 12 (1901), p. 986.

[1901c] The Musical Arc, *The Electrician*, 52 (1901), p. 902.

[1904] On the Resistance and Electromotive Forces of the Electric Arc, *Philosophical Transactions of the Royal Society of London, Series A*, 203 (1904), p. 305-342.

DUFFING (Georg)

[1918] *Erzwungene Schwingungen bei veränderlicher Eigenfrequenz und ihre technische Bedeutung*, Braunschweig : F. Vieweg u. Sohn, 1918.

DUFOUR (A.) & MESNY (René)

[1923] Étude oscillographique de quelques émetteurs à triodes, *Onde Électrique*, vol. 23 (novembre 1923), p. 620-633, *Onde Électrique*, vol. 24 (décembre 1923), p. 692-705.

ECCLES (William Henry) et LEYSHON (Winifred A.)

[1927] Some new methods linking mechanical and electrical vibrations, *Proceedings of the Physical Society*, 40 (1927), p. 229-233.

ECK (Jean-Louis)

[1936] Oscillations de relaxation à période stable obtenues avec une triode à gaz, *J. Phys. Radium*, 7, 5 (1936), p. 227-232.

[1947] Sur les discontinuités de potentiel entre un métal et un semi-conducteur liquide, *C.R.A.S.*, 225 (22 décembre 1947), p. 1294-129.

EDLUND (Erik)

[1867] Untersuchung über den galvanischen Lichtbogen, *Annalen der Physik*, 207 (1867), p. 586-607.

ENNS (Richard H.) & McGUIRE (George C.)

[2001] Nonlinear Physics with Mathematica for Scientists and Engineers, Boston : Birkhäuser, 2001.

ESCLANGON (Ernest)

[1902] Sur une extension de la notion de périodicité, *C.R.A.S.*, 135 (22 novembre 1902), p. 891-894.

[1904] *Les fonctions quasi-périodiques*, Thèse de sciences mathématiques, Faculté des Sciences de Paris, Paris : Gauthier-Villars, 1904.

ESNAULT-PELTERIE (Robert)

[1946] *L'analyse dimensionnelle*, Paris : Gauthier-Villars, 1946.

FABRY (Charles)

[1902] La période dans l'arc électrique chantant,
Éclairage Électrique, XXXIV (1902) p. 375-376.

FEINBERG (Eugenii L'vovich.)

[2006] The Development of Radio in Russia,
Herald of the Russian Academy of Sciences, 76 (2006), p. 64–70.

FERRIÉ (Gustave)

[1921] *Notice sur les Travaux Scientifiques et Techniques de M. Gustave Ferrié*, Paris : Gauthier-Villars, 1921.

FERRIÉ (Gustave) & JOUAUST (Raymond)

[1925] L'emploi des cellules photo-électriques à l'observation et à l'entretien des pendules astronomiques,
C.R.A.S., 180 (14 avril 1925), p. 1145-1148.

FESSARD (Alfred)

[1931] Les rythmes nerveux et les oscillations de relaxation,
L'Année psychologique, 32 (1931), p. 49-117.

[1936] *Les propriétés rythmiques de la matière vivante*,
Paris : Hermann, 1936.

FLANDERS (Donald A.) et STOKER (James Johnston)

[1946] A limit case of relaxation oscillations,
Studies in Non-Linear Vibration Theory,
New York University (1946), p. 50-64.

FLEMMING (John Ambrose)

[1916] *The Principle of electric wave telegraphy and telephony*,
3e éd., New York : Longman Green and Co, 1916.

FOCH (Adrien)

[1935] *Acoustique*, Paris : Armand Colin, 1935.

FORTRAT (René)

[1927-29] *Introduction à la Physique Théorique*,
7 fascicules, Paris : Hermann, 1927-1929.

[1941] *Leçons de Radio-Électricité*, Paris : Masson, 1941.

[1945] Louis Barbillion - 11 mai 1873-27 mars 1945,
Annales de l'université de Grenoble, 21 (1945), p. 21-25.

[1951] Oscillations pendulaires et de relaxation,
J. Phys. Radium, 12 (1951), p. 41-50.

FORTRAT (R.) & CARAVEL (A.)
[1939] Oscillations radioélectriques par triode à grille,
C.R.A.S., 209 (25 septembre 1939), p. 554-558.

FREMONT (Charles)
[1915] Un échappement d'horloge au treizième siècle,
C.R.A.S., 161 (6 décembre 1915), p. 690-692.

FRIEDRICHS (K.), LE CORBEILLER (P.), LEVINSON (N.), STOKER (J.J.)
[1942-43] *Nonlinear Mechanics*, Brown University, 1942-43.

FRIEDRICHS (Kurt) et STOKER (J. J.)
[1943] Forced vibrations of systems with nonlinear restoring force,
Quarterly of Applied Mathematics, 1 (1943) p. 97-115.

FRIEDRICHS (K.) et WASOW (Wolfgang R.)
[1946] Singular perturbations of non-linear oscillations,
Duke Math. Journal, 13 (1946) p. 367-381.

FRITH (Julius) & RODGERS (Charles)
[1895] On the Resistance of the Electric Arc,
Proceedings of the Physical Society of London,
14 (1895), p. 307-327.

GAPONOV-GREKHOV (Andreï Viktorovich) & RABINOVICH (Mikhail I.)
[1979] L. I. Mandel'shtam and the modern theory of nonlinear oscillations and waves, *Soviet Physics Uspekhi*, 22 (1979), p. 590-614.
[1992] *Nonlinearities in Action*, New York : Springer-Verlag, 1992.

GAU (Émile)
[1925] *Calculs numériques et graphiques*, Paris : Armand Colin, 1925.

GAUSE (Georgii Frantsevich) & ALPATOV (Wladimir Wladimirovich)
[1931] Die logistische Kurve von Verhulst-Pearl und ihre Anwendung im Gebiet der quantitativen Biologie,
Biol. Zentralbl., 51 (1931), p. 1-14.

GAUSE (Georgii Frantsevich)
[1934] *The struggle for existence, Baltimore* : Williams & Wilkins, 1934.

[1935] *Vérification expérimentale de la théorie mathématique de la lutte pour la vie*, Paris : Hermann (Actualités scientifiques et industrielles, vol. 277), 1935.

GAUSE (G. F.), NASTUKOVA (O. K.) & ALPATOV (W. W.)

[1934] The Influence of Biologically Conditioned Media on the Growth of a Mixed Population of Paramecium caudatum and P. aureliax, *Journal of Animal Ecology*, 3 (1934), p. 222-230.

GAUSE (G. F.) & WITT (A. A.)

[1934] On the periodic fluctuations in the numbers of animals. A mathematical theory of the relaxation interaction between predators and prey and its application to a population of protozoa. [en russe, avec un résumé en anglais] *Bulletin de Leningrad*, p. 1551-1559.

[1935] Behavior of mixed populations and the problem of natural selection, *The American Naturalist*, 69 (1935), p. 596-609.

GAUSE (G. F.), SMARAGDOVA (N. P.) & WITT (A. A.)

[1936] Further studies of interaction between predators and prey, *Journal of Animal Ecology*, 5 (1936) p. 1-18.

GERARD-LESCUYER (Jean-Marie-Anatole)

[1880a] Sur un paradoxe électrodynamique, *C.R.A.S.*, 168 (16 juillet 1880), p. 226-227.

[1880b] On an electrodynamical paradox, *Philosophical Magazine*, (V) 10 (1880) p. 215-216.

GILAIN (Christian)

[1977] *La théorie géométrique des équations différentielles de Poincaré et l'histoire de l'analyse*, Thèse de 3e cycle de l'Université de Paris I, 1977.

[1991] La théorie qualitative de Poincaré et le problème de l'intégration des équations différentielles, dans H. Gispert, éd., *La France mathématique. La Société mathématique de France (1872-1914)*, Paris : SFHST et SMF, 1991.

GINOUX (Jean-Marc)

[2009] *Differential Geometry Applied to Dynamical Systems*, Singapore : World Scientific (Series on Nonlinear Science, A, Vol. 66), 2009.

GINOUX (J.M.) & PETITGIRARD (Loïc)

[2010] Poincaré's forgotten conferences on wireless telegraphy, *International Journal of Bifurcation & Chaos*, Vol. 20 (11), p. 3617-3626.

GISPERT (Hélène) et LELOUP (Juliette)

[2009] Des patrons des mathématiques en France dans l'entre-deux-guerres, *Revue d'histoire des sciences*, 62 (2009), p. 39-117.

GLEICK (James)

[1989] *La théorie du chaos*, Albin Michel, Paris.

GOODWIN (Richard M.)

[1949] The Business Cycle as a Self-Sustaining Oscillation, *Econometrica*, 17 (1949), p. 184-185.

[1951] The Nonlinear Accelerator and the Persistence of Business Cycles, *Econometrica*, 19 (1951), p. 1-17.

GRAFFI (Dario)

[1940] Sopra alcune equazioni differenziali non lineari della fisica-matematica, *Mem. Accad. Sci. Ist. Bologna*, (IX) 7 (1940), p. 121-129.

[1942] Sopra alcune equazioni differenziali della radiotecnica, *Mem. Accad. Sci. Ist. Bologna*, (IX) 9 (1942), p. 145-153.

[1951] Forced oscillations for several nonlinear circuits, *Annals of Math.*, (II) 54 (1951), p. 262 – 271.

GRANIER (Jean)

[1936] *Les systèmes oscillants*, Paris : Dunod, 1936.
Résumé dans *Revue Générale des Sciences*, 46 (1935), p. 693.

GREAVES (William Michael Herbert)

[1924] On the Stability of the Periodic States of the Triode Oscillator, *Mathematical Proceedings of the Cambridge Philosophical Society*, 22 (1924), p. 16-23.

GUTTON (Camille)

[1901] Sur la propagation des oscillations hertziennes dans l'eau, *J. Phys. Théor. Appl.*, (IX) 1 (1901), p. 752-756.

[1919a] La lampe-valve à trois électrodes, *Revue générale de l'Electricité*, 5 (1919), p. 629-640.

[1919b] Entretien des oscillations électriques par une lampe-valve à trois électrodes, *Revue générale de l'Electricité*, 6 (1919), p. 14-24.

[1919c] La télégraphie et la téléphonie sans fil par les lampes-valves à trois électrodes, *Revue générale de l'Electricité*, 6 (1919), p. 365-376.

[1922] Sur l'entretien simultané d'un circuit oscillant et de circuits harmoniques, *C.R.A.S.*, 174 (3 avril 1922), p. 941-943.

[1929] *La lampe à trois électrodes*, Paris : P.U.F., 1929.

[1937] *Leçons de radioélectricité*, Paris : Eyrolles, 1937.

HAAG (Jules)

[1915a] Sur un système de formules différentielles concernant les éléments de tir d'un projectile soumis à une résistance quadratique de l'air, *C.R.A.S.*, 161 (27 septembre 1915), p. 379-381.

[1915b] Sur la méthode d'Otto, *C.R.A.S.*, 161 (2 novembre 1915), p. 524-526.

[1915c] Sur le calcul du temps, *C.R.A.S.*, 161 (22 novembre 1915), p. 633-634.

[1921] Sur le calcul des trajectoires et de leurs altérations, *Journal de l'École Polytechnique*, (II) 21e cahier (1921), p. 3-52.

[1929] Théorie générale de la synchronisation, *C.R.A.S.*, 189 (23 décembre 1929), p. 1244-1246.

[1934a] Sur le calcul des oscillations mécaniques, *C.R.A.S.*, 198 (19 février 1934), p. 693-695.

[1934b] Sur les oscillations auto-entretenues, *C.R.A.S.*, 199 (5 novembre 1934), p. 906-909.

[1936] Sur l'étude asymptotique des oscillations de relaxation, *C.R.A.S.*, 202 (13 janvier 1936), p. 102-104.

[1937] Sur la théorie des oscillations de relaxation, *C.R.A.S.*, 204 (22 mars 1937), p. 932-934.

[1938] Formules asymptotiques concernant les oscillations de relaxation, *C.R.A.S.*, 204 (20 avril 1938), p. 1235-1237.

[1943] Étude asymptotique des oscillations de relaxation, *Ann. Éc. Norm. Sup*, (III) 60 (1943), p. 35-64, 65-111 et 289 (errata).

[1944] Exemples concrets d'études asymptotiques d'oscillations de relaxation, *Ann. Éc. Norm. Sup.*, (III) 61 (1944), p. 73-117.

[1952-1955] *Les mouvements vibratoires*, 2 vol., Paris : P.U.F., 1952, 1955.

HADAMARD (Jacques)

[1897] Sur certaines propriétés des trajectoires en Dynamique, *J.M.P.A.*, (V) 3 (1897) p. 331-388

[1898] Sur les surfaces à courbures opposées et les lignes géodésiques,
J.M.P.A., (V) 4 (1898) p. 27-73.

[1921] L'œuvre mathématique de Poincaré,
Acta Mathematica, 38 (1921), p. 203-87.

[1922] The Early Scientific Work of Henri Poincaré :
Lectures delivered at the Rice Institute in March, 1920,
Rice Institute Pamphlet, 9 (1922), p. 111-183.

[1923] Poincaré I la Teoria de les equacions diferencials,
Publicacions de l'Institut de Cienciès,
(Col'lecció de Cursos de Fisica i Matem'atica), p. 5-87.

[1933] The Later Scientific Work of Henri Poincaré :
Lectures delivered at the Rice Institute in May, 1925,
Rice Institute Pamphlet, 20 (1933), p. 1-86.

[*Œuvres*] *Œuvres de Jacques Hadamard*,
4 vol., Paris, Éditions du C.N.R.S., 1968.

HAMBURGER (Ludwig)

[1930] Een Nieuwe Weg Voor Conjunctuur-Onderzoek, Een Nieuwe Richt lijn Voor Conjunctuur-Politiek, [Une nouvelle approche pour la recherche économique, Une nouvelle directive pour le développement économique et politique],
De Economist, LXXIX (1930), p.1-38.

[1931] Analogie des Fluctuations économiques et des Oscillations de relaxation, Institut de Statistique de l'Université de Paris,
Supplément aux Indices du Mouvement des Affaires, Janvier, p.1-35.

[1934] Note on economic cycles and relaxation oscillations,
Econometrica, 2 (1934), p. 112.

HARTOG den (Jacob Pieter)

[1934] *Mechanical Vibrations*,
New York : Mac Graw Hill Book, 1934 ; 2e éd., 1940.

[1936] *Vibrations et mouvements vibratoires*, Paris : Dunod, 1936.

HEEGNER (Kurt)

[1924] Über Selbsterregungserscheinungen bei Systemen mit gestörter
Superpositionn, *Zeitschrift für Physik*, 29 (1924), p. 91-109.

[1927] Über Schwingungserzeugung mittels eines Elektronenröhrensystems,
welches keine Selbstinduktion enthält, *Zeitschrift für Physik*, 42 (1927), p. 773-778.

HERZ (Cornelius)

[1884] Le Comte Th. Du Moncel,
La Lumière Électrique, XI (1884), p. 381-385.

HILBERT (David)

[1900] Mathematische Probleme, Vortrag, gehalten aufdem internationalen Mathematiker Kongress zu Paris 1900,
Nachrichten von der Königlichen Gesellschaft der Wissenschaften zu Göttingen, Math.-Phys. Klasse, (1900), p. 253-297.

HOCHARD (Étienne)

[1933] Sur des oscillations entretenues,
C.R.A.S., 196 (27 mars 1933), p. 905-906.

HOSPITALIER (Édouard)

[1881] Lampe électrique et veilleur automatique de M. Anatole Gérard,
La Nature, n° 418 (4 juin 1881), p. 220-222.

[1881] *Les principales applications de l'électricité*,
Paris : Masson, 1881 ; 3e éd., 1884.

[1885] Sur la mesure des courants redressés,
C.R.A.S., 100 (1885), p. 1456-1458.

HURWITZ (Adolf)

[1895] Über die Bedingungen unter welchen eine Gleichung nur negatives reellen Theilen besitzt, *Mathematische Annalen*, 46, p. 273-284.

ISRAEL (Giorgio)

[1996] *La Mathématisation du réel*, Seuil, Paris.

[2004] Technological innovations and new mathematics : Van der Pol and the birth of non-linear dynamics, in M. Lucertini, A.M. Gasca & F. Nicolo, éd., *Technological Concepts and Mathematical Models in the Evolution of Modern Engineering Systems*, Basel : Birkhäuser, 2004, p. 52-78.

JANET (Paul)

[1893] Sur les oscillations électriques de période moyenne,
J. Phys. Théor. Appl., (II) 1 (1893), p. 337-352.

[1893] *Cours d'Électricité Industrielle*, 2e année, Grenoble : Alexandre Gratier & Cie, 1893.

[1894a] *Électricité industrielle*, Grenoble : Alexandre Gratier et Cie, 1894.

[1894b] *Premiers principes d'électricité industrielle*, Paris, Gauthier-Villars, 1894.

[1900] *Leçons d'électrotechnique générale*, 3 vol., Paris, Gauthier-Villars, 1900.

[1902a] Application de l'arc chantant de Duddell à la mesure des faibles coefficients de self-induction,
C.R.A.S., 134 (24 février 1902), p. 462-463.
[1902b] Quelques remarques sur la théorie de l'arc chantant de Duddell,
C.R.A.S., 134 (14 avril 1902), p. 821-823.
[1902c] L'arc voltaïque : propriétés générales ; expériences nouvelles,
Revue Générale des Sciences, 13 (30 avril 1902), p. 416-422.
[1919] Sur une analogie électrotechnique des oscillations entretenues,
C.R.A.S., 168 (14 avril 1919), p. 764-766.
[1925] Note sur une ancienne expérience d'électricité appliquée,
Annales des P.T.T., 14 (1925), p. 1193-1195.

JORDAN (Camille)
[1916] Notice nécrologique sur M. Léauté,
C.R.A.S., 163 (6 novembre 1916), p. 501-502.

JOUAUST (Raymond) & DECAUX (B.)
[1928] Note sur quelques perfectionnements des amplificateurs à courant continu,
Onde électrique, (juillet 1928), p. 306-308.

JOUGUET (Émile)
[1943] Application de la méthode de variation des constantes à l'étude des oscillations non-linéaires, *C.R.A.S.*, 217 (30 août 1943), p. 218-220.

KOLOMOGOROV (Aleksandr)
[1936] Sulla Teoria di Volterra della lotta per l'Esisttenza,
Giorn. Instituto Ital. Attuari, 7 (1936), p. 74-80.

KOSTITZIN (Vladimir)
[1930] Sur quelques applications des équations intégrales,
Annales de l'institut Henri Poincaré, 1 (1930), p. 177-203.
[1932] Sur application géologique des équations différentielles biologiques,
C.R.A.S., 195 (19 décembre 1932), p. 1219-1222.
[1933] Sur quelques phénomènes quasi-périodiques dans les bassins fermés,
C.R.A.S., 196 (16 janvier 1933), p. 214-215.
[1934] *Symbiose, Parasitisme et Évolution*,
Paris : Hermann (Actualités Scientifiques et Industrielles, vol. 96), 1934.
[1936] Sur les solutions asymptotiques d'équations différentielles biologiques,
C.R.A.S., 203 (16) (30 novembre 1936), p. 1124-1126.

[1937] *Biologie Mathématique*, Paris : Armand Colin, 1937.

KRYLOFF (Nicolas)

[1925] Sur l'estimation de l'erreur commise dans l'application de la méthode de W. Ritz pour l'intégration approchée des équations différentielles, *C.R.A.S.*, 180 (4 mai 1925), p. 1316-1318.

[1925] Sur différents procédés d'intégration approchée en physique mathématique, *Annales de la facultés des sciences de Toulouse*, (III) 17 (1925), p. 153-186.

[1927] Sur différents procédés d'intégration approchée en physique mathématique, *Annales de la facultés des sciences de Toulouse*, (III) 19 (1927), p. 167-199.

[1931] *Les méthodes de solution approchée des problèmes de la physique mathématique*, Paris : Gauthier-Villars (Mémorial des sciences mathématiques, fasc. 49), 1931.

KRYLOFF (Nicolas) & BOGOLIOUBOFF (Nicolas)

[1932a] Quelques exemples d'oscillateurs non-linéaires, *C.R.A.S.*, 194 (22 février 1932), p. 957-960.

[1932b] Sur le phénomène de l'entraînement en radiotechnique, *C.R.A.S.*, 194 (22 février 1932), p. 1064-1066.

[1932c] Les phénomènes de démultiplication de fréquence en radiotechnique, *C.R.A.S.*, 194 (22 février 1932), p. 1119-1122.

[1933] Problèmes fondamentaux de la mécanique non-linéaire, *Revue Générale des Sciences*, 44 (1933), p. 9-19.

[1934a] *Méthodes nouvelles de la Mécanique Non-Linéaire dans leur application à l'étude du fonctionnement de l'oscillateur à lampe*, Moscou : Édit. techn.-théor. d'État, 1934.

[1934b] L'application des méthodes de la mécanique non linéaire à la théorie des perturbations des systèmes canoniques, Всеукринская Академия наук, Институт строительной механики, n° 4, Киев.

[1934c] Sur quelques développement formels en série dans la mécanique non linéaire, Всеукринская Академия наук, Институт строительной механики, n° 5, Киев.

[1934d] Méthodes de mécanique non linéaire appliquées à la théorie des oscillations stationnaires, Всеукринская Академия наук, Институт строительной механики, n° 8, Киев.

[1934e] Sur les solutions quasi périodiques des équations de la mécanique non linéaire, *C.R.A.S.*, 199 (26 décembre 1934), p. 1592-1593.

[1935a] Sur l'étude du cas de la résonance dans les problèmes de la mécanique non-linéaire, *C.R.A.S.*, 200 (7 janvier 1935), p. 113-115.

[1935b] Méthodes de mécanique non linéaire appliquées à la théorie des oscillations stationnaires,
Èasopis pro pìstování matematiky a fysiky, 64 (1935), p. 107–115.

[1936a] Les mouvements stationnaires généraux dans les systèmes dynamiques de la mécanique non-linéaire,
C.R.A.S., 202 (20 janvier 1936), p. 200-201.

[1936b] Application de la Mécanique Non-Linéaire à quelques problèmes de la radiotechnique moderne,
Onde Électrique, 15 (1936), p. 508-531.

[1937] *Introduction à la Mécanique non-linéaire* (en russe),
Izd. Akad. Nauk. SSSR, 1937. Trad. angl. par S. Lefschetz,
Introduction to non-linear mechanics, Princeton University Press, 1943.

KUHN (Thomas)

[1972] *Structure des révolutions scientifiques*,
trad. fr., Paris : Flammarion, 1972.

LABRIQUE (J. P.)

[1968] Oscillations de relaxation enregistrées à l'extrémité de cellules végétales,
Bulletin de la Société Royale de Belgique, 10 (22 Nov. 1967), p. 205-211.

LALLEMAND (Charles)

[1926] Allocution prononcée en prenant possession du fauteuil de la présidence,
C.R.A.S., 182 (1er février 1926), p. 295-297.

LATOUR (Marius)

[1912] La génération industrielle des courants à haute fréquence,
La Lumière Électrique, (2e série) XVIII p. 355-359.

[1916] Étude théorique sur l'audion,
La Lumière Électrique, (2e série) XXXV, p. 289-292.

LÉAUTÉ (Henry)

[1885] Mémoire sur les oscillations à longue période dans les machines actionnées par des moteurs hydrauliques et sur les moyens de prévenir ces oscillations,
Journal de l'École Polytechnique, 55 (1885), p. 1-126.

[1887] Sur la caractéristique cinématique d'un système mécanique en mouvement,
J.M.P.A., (IV) 4 (1887), p. 465-476.

LEBON (Ernest)

[1912] *Henri Poincaré, biographie, bibliographie analytique des écrits*, Paris : Gauthier-Villars (Coll. Savants du Jour), 1912.

LEBLANC (Maurice)

[1899] Étude des propriétés des machines d'induction, *Bulletin de la Société internationale des Électriciens*, 16 (1899), p. 54-65.

[1921] Sur les lampes à trois électrodes, anode, cathode et grille intermédiaire, où le courant est transporté par des ions et leurs applications, *C.R.A.S.*, 175 (10 juillet 1921), p. 132-137.

LEBON (Ernest)

[1912] *Henri Poincaré, biographie, bibliographie analytique des écrits*, Paris : Gauthier-Villars (Coll. Savants du Jour), 1912.

LE CORBEILLER (Philippe)

[1926] Sur un type d'oscillations entretenues par réaction, *Annales des P.T.T.*, 8 (1926), p. 1-24.

[1931a] *Les systèmes auto-entretenus et les oscillations de relaxation*, Paris : Hermann (Actualités scientifiques et industrielles, vol. 144), 1931.

[1931b] Sur les oscillations des régulateurs, *Proceedings of the Third International Congress of Applied Mechanics* (Stockholm, 24-29 août 1930), vol. 3, p. 205-212.

[1932] Le mécanisme de la production des oscillations, *Annales des P.T.T.*, 21 (1932), p. 697-731.

[1933a] Le mécanisme de la production des oscillations, *Onde Électrique*, 12 (1933), p. 116-148.

[1933b] Les systèmes auto-entretenus et les oscillations de relaxation, *Econometrica*, 1(3), p. 328-332.

[1934] Le mécanisme de la production des oscillations, *Annales des P.T.T.*, 23 (1934), p. 893-907.

[1936] Non-linear theory of maintenance of oscillations, *Journal of Institution of Electrical Engineers*, 79 (1936), p. 361-378.

LEFSCHETZ (Solomon)

[1919] Sur l'analyse situs des variétés algébriques, *C.R.A.S.*, 168 (31 mars 1919), p. 672-674.

[1930] Les transformations continues des ensembles fermés et leurs points fixes, *C.R.A.S.*, 190 (13 janvier 1930), p. 99-100.

[1943] Existence of periodic solutions for certain differential equations, *Proc. Nat. Acad. Sci. USA*, 29 (1943), p. 29-32.

[1957] *Differential equations : Geometric theory*, New York : Interscience Publishers, 1957.

LEMOINE (Raoul)

[1890] *L'Électricité dans l'Industrie*, Rouen : Impr. de Benderitter, 1890.

LEVINSON (Norman) et SMITH (Oliver K.)

[1942] A general equation for relaxation oscillations, *Duke Math. Journal*, 9 (1942), p. 382-403.

LEYSHON (Winifred A.)

[1923] Forced Oscillations in self-maintained oscillating circuits, *Philosophical Magazine*, (Series 6) 46 (1923), p. 686-698.

[1930] Characteristics of discharge tubes under "flashing" conditions as determined by means of the cathode ray oscillograph, *Proceedings of the Physical Society*, 42 (1930), p. 157-169.

[1931a] Note on a frequency recorder for use with a neon lamp excitation circuit, *Proceedings of the Physiological Society in Journal of Physiology*, LXXI, (november 15, 1930).

[1931b] Note on the use of the flashing neon lamp circuit for physiological purposes, and on a time-marker for use with the circuit, *Journal of Scientific Instruments*, 8 (1931), p. 202-204.

[1932] On periodic movements of the negative glow in discharge tubes, *Proceedings of the Physical Society*, 44 (1932), p. 171-189.

[1935] Some experiments on electronic oscillations, *Proceedings of the Physical Society*, 47 (1935), p. 277-286.

[1936] On a new type of electronic oscillator tube with parallel plane grids, *Proceedings of the Physical Society*, 48 (1936), p. 469-476.

[1938] Demonstrations : A plane-electrode demountable thermionic tube used as a generator of ultra-high-frequency oscillations, *Proceedings of the Physical Society*, 50 (1938), p. 146-148.

[1941] On ultra-high-frequency oscillations generated by means of a demountable thermionic tube having electrodes of plane form, *Proceedings of the Physical Society*, 53 (1941), p. 141-156 et 490-491.

LIAPOUNOFF (Aleksandr)

[1892] *Obshchaya zadacha ob ustoichivosti dvisheniya*,
Math. Soc. Kharkov, 1892.

[1907] Problème général de la stabilité du mouvement
(traduit du russe par M. Édouard Davaux, Ingénieur de la Marine à Toulon),
Annales de la faculté des sciences de Toulouse, (II) 9 (1907), p. 203-474.

LIÉNARD (Alfred)

[1928] Étude des oscillations entretenues,
Revue générale de l'Electricité, 23 (1928), p. 901-912 et 946-954.

[1931] Oscillations auto-entretenues,
Proceedings of the Third International Congress of Applied Mechanics (Stockholm, 24-29 août 1930), vol. 3, p. 173-177.

[1934] *Notice sur les Travaux Scientifiques de M. A Liénard*,
Paris : Gauthier-Villars, 1934.

LINDSAY (R. Bruce)

[1981] Le Corbeiller, Philippe (1891-1980),
The Journal of the Acoustical Society of America, 69 (1981), p.1524.

LOTKA (Alfred)

[1925] *Elements of Physical Biology*, Baltimore : Williams & Wilkins Company, 1925.

[1932] The growth of mixed populations : two species competing for a common food supply,
Journal of the Washington Academy of Science, 72 (1932), p. 461-469.

LORENZ (Edward Norton)

[1963] Deterministic nonperiodic flow,
Journal of Atmospheric Science, 20 (1963), p. 130-141.

LUGGIN (Hans)

[1888] Versuche und Bemerkungen über den galvanischen Lichtbogen,
Centralblatt für Elektrotechnik, X (1888), p. 567-581.

MAISEL (S.)

[1903] The frequency of the singing arc,
Physikalische Zeitschrift, 4 (1903), p. 532.

[1904] The frequency of the singing arc,
Physikalische Zeitschrift, 5 (1904), p. 550.

[1905] The frequency of the singing arc,
Physikalische Zeitschrift, 6 (1905), p. 38.

MANDEL'SHTAM (L. I.)

[O. C.] Полное собрание трудов, [Œuvres complètes], Moscou : Izd. AN SSSR, Vol. 1-4. (vol. 1-3 édités par S. M. Rytov ; vol. 4 édité par M. A. Leontovich, 1955).

MANDEL'SHTAM (Leonid Isaakovich) & PAPALEXI (Nikolaï Dmitrievich)

[1931] О резонансных явлениях при делении частоты, [Sur le phénomène de résonance et de démultiplication de fréquence], *Zeitschrift für Physik*, 73 (1931), p. 223-248.

MANDEL'SHTAM (L. I.) & PAPALEXI (N. D.)

[1932] О явлениях резонанса л-го рода, [Sur le phénomène de résonance de la n-ième espèce] Журн. Техн. Физики, 2, p. 775-811. [*Journal de Physique Technique de l'URSS*, 2, p. 775-811].

MANDEL'SHTAM (L. I.) & PAPALEXI (N. D.)

[1933] О возбуждении колебаний в электрической колебательной системе при помощи периодического изменения емкости, [Sur l'excitation paramétrique d'oscillations électriques par variation périodique de la capacité d'un circuit] Журн. Техн. Физики, 3, p. 1141-1144. [*Journal de Physique Technique de l'URSS*, 3, p. 1141-1144.].

MANDEL'SHTAM (L. I.) & PAPALEXI (N. D.)

[1934] Об обосновании одного метода приближенного решения дифференциальных уравнений, [Justification d'une méthode d'approximation des solutions d'équations différentielles], Журн. Техн. Физики, 4, p. 117-122. [*Journal de Physique Technique de l'URSS*, 4, p. 117-122.].

MANDEL'SHTAM (L. I.), PAPALEXI (N. D.), ANDRONOV (A. A.), CHAIKIN (S. E.) & WITT (A. A.)

[1935] Exposé des recherches récentes sur les oscillations non-linéaires, Журн. Техн. Физики, 2, p. 81-134. *Journal de Physique Technique de l'URSS*, 2, p. 81-134.

MARKOFF (Andreï)

[1929] Sur les mouvements oscillations presque périodiques,
C.R.A.S., 189 (4 novembre 1929), p. 732-734.

MAXWELL (James Clerk)

[1867] On the Dynamical Theory of Gases,
Philosophical Transactions of the Royal Society,
157 (1867), p. 49-88.

[1868] On Governors,
Proceedings of the Royal Society of London, 16 (1868), p. 270-283.

[*Papers*] *Scientific Papers*, Cambridge University Press, 1890.

MERCIER (Jean)

[1929] Le mécanisme de la stabilisation des oscillations dans un oscillateur à lampes,
Onde Électrique, 85 (1929), p. 29-36 et 60-67.

[1934a] Sur les différents genres possibles d'oscillations électriques,
C.R.A.S., 198 (22 janvier 1934), p. 349-351.

[1934b] Sur les différents genres d'oscillations électriques,
J. Phys. Radium, 5 (1934), p. 126-131.

[1934c] *Les circuits oscillants*, Paris : Librairie Delagrave, 1934.

MERGER (Michèle)

[1997] Hippolyte Parodi (1874-1868) : un des pionniers de l'électrification
ferroviaire en France, in *Revue d'Histoire des Chemins de Fer*,
Hors Série n°5 (juillet 1997), Collection Histoire de l'Électricité n° 10, p. 147-161.

MESNY (René)

[1922] Génération par tubes électroniques d'oscillations polyphasées de
haute fréquence, *C.R.A.S.*, 175 (23 octobre 1922), p. 691-692.

[1923a] Les déviations des ondes électromagnétiques,
J. Phys. Radium 4 (1923), p. 129-143.

[1923b] *Génération d'oscillations polyphasées au moyen de tubes électroniques*,
tome 2, *Fonctionnement des lampes émission réception*, Paris : Étienne Chiron.

MESNY (René) & DAVID (Pierre)

[1923] Les ondes très courtes en radiotélégraphie,
C.R.A.S., 177 (26 novembre 1923), p. 1106-1107.

MIGULIN (Vladimir Vasil'evitch)

[1981] N. D. Papaleksi (100th anniversary of his birth), *Sov. Phys. Usp.*, 24, p. 614-618.

MINORSKY (Nicholas)

[1947] *Introduction to non-linear mechanics*, Originally published 1944-46, as Restricted reports by David W. Taylor Model Basin, U.S. Navy.

[1949] Sur l'oscillateur de Van der Pol, *C.R.A.S.*, 228 (20 décembre 1948), p. 60-61.

[1951a] Sur l'oscillateur non linéaire de Mathieu, *C.R.A.S.*, 232 (11 juin 1951), p. 2179-2180.

[1951b] Sur une équation différentielle de la physique, *C.R.A.S.*, 232 (18 décembre 1951), p. 1060-1062.

[1954] Sur l'interaction des oscillateurs non-linéaires, *Seminario Mat. E Fis. Di Milano*, XXV (1954), p. 145-163.

[1967] *Théorie des oscillations*, Paris : Gauthier-Villars (Mémorial des sciences mathématiques, fasc. 163), 1967.

MIRA (Christian)

[1997] Some Historical Aspects of Nonlinear Dynamics - Possible Trends for the Future, *Journal of the Franklin Institute-Engineering and Applied Mathematics*, 334B (1997), p. 1075-1113.

MITROPOLSKI (Yurii Alekseevich)

[1964] *Problems of the Asymptotic Theory of Nonstationary Oscillations*, (en russe) Mockba : Nauka.

[1966] *Problèmes de la théorie asymptotique des oscillations non stationnaires*, Paris : Gauthier-Villars, 1966.

[1999] On the role of N. N. Bogolyubov in the development of the theory of nonlinear oscillations, *Ukrainian Mathematical Journal*, 51(1999), p. 1143-1165.

MONCEL (Théodose du)

[1858] *Étude sur le magnétisme et l'électro-magnétisme au point de vue de la construction des électro-aimants*, Paris, 1858.

[1872-1878] *Exposé des applications de l'électricité*, 5 vol., Paris, 1872-1878.

[1878] *Le Téléphone, le Microphone et le Phonographe*, Paris, 1878.

[1879] *L'Éclairage électrique*, Paris, 1879.

[1880] Réactions réciproques des machines dynamo-électriques et magnétoélectriques, *La Lumière Électrique*, II (1880), p. 352.

[1882] *Le Microphone, le Radiophone et le Phonographe*, Paris, 1882.

MORCHED-ZADEH (R.)

[1936] *Étude des oscillations de relaxation et des différents modes d'oscillations d'un circuit comprenant une lampe au néon*, thèse de sciences physiques, Faculté des sciences de Toulouse, 1936.

MOSSERI (Rémy)

[1999] *Léon Brillouin, 1889-1969 : à la croisée des ondes*, Paris : Belin, 1999.

MUTABAZI (Innocent), WESFREID (José Éduardo) et GUYON (Étienne)

[2005] *Dynamics of Spatio-Temporal Cellular Structures : Henri Bénard Centenary Review*, New York : Springer-Verlag (Tracts in Modern Physics Series, vol. 207), 2005.

NASMYTH (George W.)

[1908] The Frequency of the Singing Arc, *Physical Review*, (Series I), 27 (1908), p. 117-140.

NEIMARK (Yurii Isaakovich)

[2001] Создатель нелинейной динамики и физики : к 100-летию со дия рождения академика А. А. Андронова, Вестник Российской Академии Наук, Tom 71, № 4, S. 231-236. [Le 100e anniversaire de l'académicien A. A. Andronov : Créateur de la physique et de la dynamique non-linéaire], *Bulletin de l'Académie russe des sciences*, 71 (2001), p. 231-236.

NIEMYTSKI (Viktor Vladimirovich)

[1934] Sur les systèmes dynamiques instables, *C.R.A.S.*, 199 (2 juillet 1934), p. 18-20.

NIEMYTSKI (V. V.) et STEPANOFF (Vyacheslaw Vassilievich)

[1960] *Qualitative theory of differential equations*, Princeton, New Jersey : Princeton University Press, 1960.

OCAGNE (Maurice d')

[1893] *Le Calcul simplifié par les procédés mécaniques et graphiques*, Paris : Gauthier-Villars, 1893.

ODANI (Kenzi)

[1995] The limit cycle of the van der Pol equation is not algebraic, *Journal of Differential Equations*, 115 (1995), p. 146–152.

PANC-TCHENG (Kao)
[1930] Oscillations de relaxation produites par un oscillateur à quartz piézoélectrique, *C.R.A.S.*, 191 (17 novembre 1930), p. 932-934.

PAPALEXI (N.D.)
[1934] Международная нелинейным конференция, [Conférence internationale de non linéaire] *Zeitschrift für Technische Physik*, 4 (1934), p. 209-213.

PARODI (Hippolyte)
[1909] Les méthodes de calculs des projets de traction, *Bulletin de la Société française des Électriciens*, 3 (1909) p. 151-191.
[1931] Méthode d'intégration par arcs successifs permettant d'obtenir simplement, dans le calcul de l'arc élémentaire, une approximation aussi élevée qu'on le désire, *C.R.A.S.*, 193 (26 octobre 1931), p. 816-818.
[1942a] Traction électrique automatique et équations de relaxation, *C.R.A.S.*, 215 (20 juillet 1942), p. 169-171.
[1942b] Système simple d'équations analogue à une équation de relaxation unique, *C.R.A.S.*, 215 (3 août 1942), p. 125-127.
[1942c] Détermination graphique du cycle limite solution des équations de relaxation, *C.R.A.S.*, 215 (18 août 1942), p. 196-198.

PARODI (Hippolyte) & PARODI (Maurice)
[1942] Méthode d'intégration par arcs successifs des équations de relaxation, *C.R.A.S.*, 215 (31 août 1942), p. 268-270.
[1943] Les équations de la relaxation. Cas particulier des équations de la marche du train, *La revue scientifique*, 81 (1943), p. 110-120.

PEARL (Raymond) & REED (Lowel J.)
[1920] On the rate of growth of the population of the United States since 1790 and its mathematical representation, *Proceedings of the National Academy of Science (U.S.A.)*, 6 (1920), p. 275-288.

PECHENKIN (Alexander A.)
[1999] The importance of the Strasbourg Period in L.I. Mandelstam's Life for His Further work in Science, *NTM : International Journal of History and Ethics of Natural Sciences, Technology and Medicine*, 7 (1999), p. 93-104.

[2002] The concept of self-oscillations and the rise of synergetics ideas in the theory of nonlinear oscillations,
Studies in History and Philosophy of Modern Physics, 33 (2002), p. 269-295.

PELLAT (Henri)

[1901] Sur un phénomène d'oscillation électrique,
J. Phys. Théor. Appl., 10 (1901), p. 471-475.

PETIT (Gaston Émile) et BOUTHILLON (Léon)

[1910] *La Télégraphie sans fil, la Téléphonie sans fil*,
Paris : Librairie Delagrave.

PÉTROVITCH (Michel)

[1901] Les Analogies Mathématiques et la Philosophie Naturelle,
Revue Générale des Sciences, 12 (1901), p. 626-632.

[1907] *La Mécanique des Phénomènes fondée sur les Analogies*,
Paris : Gauthier-Villars (Collection Scientia n° 27), 1907.

[1921]*Mécanismes communs aux phénomènes disparates*,
Paris : Librairie Félix Alcan, 1921.

[1931] *Intégration qualitative des équations différentielles*,
Paris : Gauthier-Villars
(Mémorial des sciences mathématiques, vol. 48), 1931.

PEYCHÈS (Yvan)

[1970] Notice sur sa vie et l'œuvre de Hippolyte Parodi,
Notices et discours, t. 5 (1963-1972), Institut de France,
Académie des sciences, p. 611-628.

PICARD (Émile)

[1891-1894] *Traité d'Analyse*,
3 tomes, Paris : Gauthier-Villars, 1891, 1893, 1894.

PLISS (Viktor Aleksandovich)

[1966] *Nonlocal problems of the theory of oscillations*,
New York and London, Academic Press, 1966.

POINCARÉ (Henri)

[1879] *Sur les propriétés des fonctions définies par les équations aux différences partielles*, thèse de sciences mathématiques,
Faculté des Sciences de Paris, Paris : Gauthier-Villars, 1879.

[1881] Sur les courbes définies par une équation différentielle,
J.M.P.A., (III) 7 (1881), p. 375-422.
[1882] Sur les courbes définies par une équation différentielle,
J.M.P.A., (III) 8 (1882), p. 251-296.
[1885a] Sur les courbes définies par une équation différentielle,
J.M.P.A., (IV) 1 (1885), p. 167-244.
[1885b] Sur l'équilibre d'une masse fluide animée d'un mouvement de rotation,
Acta Mathematica, 7 (1885), p. 259-380.
[1886a] Sur les courbes définies par une équation différentielle,
J.M.P.A., (IV) 2 (1886), p. 151-217.
[1886b] *Notice sur les Travaux Scientifiques de Henri Poincaré*,
Paris : Gauthier-Villars, 1886.
[1892-93-99] Les *Méthodes Nouvelles de la Mécanique Céleste*,
Paris : Gauthier-Villars, 1892, 1893, 1899.
[1890] Sur le problème des trois corps et les équations de la dynamique,
Acta Mathematica, 13 (1890), p. 1-270.
[1895] Analysis Situs,
Journal de l'École Polytechnique, 2e série, cahier 1, p. 1-121.
[1902a] Notice sur la télégraphie sans fil,
Annuaire du Bureau des longitudes, p. A1-A34.
[1902b] Sur la télégraphie sans fil, *Revue scientifique*, 17 (1902), p. 65-73.
[1905-07-10] *Leçons de Mécanique Céleste*, 3 vol., Paris : Gauthier-Villars, 1905, 1907, 1910.
[1905] Sur la méthode horistique de Gylden,
Acta Mathematica, 29 (1905), p. 235-271.
[1907] *La théorie de Maxwell et les oscillations hertziennes : la télégraphie sans fil*, 3e éd., Paris : Gauthier-Villars, 1907.
[1908] Sur la télégraphie sans fil,
La Lumière Électrique, (II) 4, p. 259-266, 291-297, 323-327,
La Lumière Électrique, (II) 4, p. 355-359 et 387-393.
[1909a] *Conférences sur la télégraphie sans fil, éd. La Lumière Électrique*, Paris, 1909.
[1909b] La télégraphie sans fil,
Journal de l'Université des Annales, 3 (1909), p. 541-552.
[1911] Sur diverses questions relatives à la télégraphie sans fil,
La Lumière Électrique, 13 (1911), p.7-12, 35-40, 67-72 et 99-104.
[1912] Sur un théorème de Géométrie,
Rendiconti del Circolo Matématico di Palermo, 33 (1912), p. 375-407.

[1921] Notice sur les Travaux Scientifiques de Henri Poincaré,
Acta Mathematica, 38 (1921), p. 3-135.

[1947] О кривых, определяемых дифференциального уравнения
[Sur les courbes définies par une équation différentielle],
Gostekhizdat, 1947. Traduction russe éditée et annotée par
A. A. Andronov, E. Leontovich et A. Majer.

POMEY (Jean-Baptiste)

[1914-1928-1931] *Cours d'électricité théorique*,
3 vol., Paris : Gauthier-Villars, 1914, 1928, 1931.

[1921] *Analogies Mécaniques de l'Électricité*, Paris : Gauthier-Villars, 1921.

PONTRJAGIN (Lev Semenoviéc)

[1930] Sur une hypothèse fondamentale de la théorie de la dimension,
C.R.A.S., 190 (23 avril 1930), p. 1105-1107.

[1933] Les fonctions presque périodiques et l'Analysis situs,
C.R.A.S., 196 (24 avril 1933), p. 1201-1203.

[1934] On dynamical systems close to Hamiltonian systems,
Zh. Éksper. Teoret. Fiz., 4 (1934), p. 883-885.

RAYLEIGH (Lord) voir STRUTT (J. W.)

REMAUD (Patrice)

[2004] *Une histoire de la genèse de l'automatique en France 1850-1950. De l'école de la régulation française au début du XX*[e] *siècle à l'émergence de l'automatique en France après la seconde guerre mondiale*, Thèse, C.D.H.T. du C.N.A.M., Paris, 2004
(http ://laii.univ-poitiers.fr/THESES/remaud/index.php).

RICHARDSON (L. F.)

[1937] The behaviour of an Osglim lamp,
Proceedings of the Royal Society of London. Series A, Mathematical and Physical Sciences, 162 (910), p. 293-390.

RIGHI (Augusto)

[1902] Sui fenomeni acustici dei condensatori,
Rendiconto dell'Accadémia della Scienza di Bologna, 6 (1902), p. 188-231.

ROBB (Alfred A.)

[1922] On a Graphical Solution of a Class of Differential Equations occurring in Wireless Telegraphy, *Phil. Mag.*, 43 (253), p. 206-215.

ROCARD (Yves)

[1932] Sur les oscillations à lampes réglées prés de la limite d'entretien, *C.R.A.S.*, 194 (18 avril 1932), p. 1325-1327.

[1935a] Sur certains types nouveaux d'oscillations mécaniques, in *Livre jubilaire de M. Brillouin*, Paris : Gauthier-Villars, 1935, p. 400-408.

[1935b] Sur la stabilité des locomotives, Paris : Hermann (Actualités scientifiques et industrielles, vol. 234), 1935.

[1935c] Sur la stabilité des locomotives, Paris : Hermann (Actualités scientifiques et industrielles, vol. 279), 1935.

[1937a] Relaxation, Synchronisation et Démultiplication de Fréquence, *Onde Électrique*, 16 (1937), p. 396-412.

[1937b] Les phénomènes d'auto-oscillations dans les installations hydrauliques, Paris : Hermann (Actualités scientifiques et industrielles, vol. 544), 1937.

[1938] Oscillateurs à lampe stabilisés par leur propre circuit, *J. Phys. Radium*, 9 (1938), p. 237-240.

[1941] *Théorie des oscillateurs*, Paris : Édition de la Revue Scientifique, 1941.

[1943] *Dynamique générale des vibrations*, Paris : Masson, 1943.

[1962] *Titres et Travaux Scientifiques*, Paris : Jouve Éditeur, 1962.

ROCHOT (Bernard)

[1965] Léon Auger (1886-1964), *Revue d'histoire des sciences*, 18 (1965), p. 116-117.

RODET (Julien)

[1907] *Les lampes à incandescence électriques*, Paris : Gauthier-Villars, 1907.

ROUTH (Edward John)

[1877] *A Treatise on the Stability of a Given State of Motion, Particularly Steady Motion*, London : Macmillan and Co, 1877.

RUHMER (Ernst)

[1908] *Wireless Telephony*, New York : Van Nostrand Company, 1908.

RUNGE (Carl)

[1912] *Graphical Methods*, New York : Columbia Univ. Press, 1912. Trad. allemande, *Graphische Methoden*, Leipzig–Berlin : Teubner, 1915.

RYTOV (Sergei Mikhailovich)

[1957] Developments of the theory of nonlinear oscillations in the USSR, *Radiotekh. i elektronika* 2 (1435), p. 169-192.

[1979] Leonid Isanovich Mandel'shtam, *Soviet Physics Uspekhi*, 22 (1979), p. 826-832.

SANSONE (Giovanni)

[1949a] Valuatzioni asintotica degli integrali sulla equazione di Liénard che per $t \to -\infty$ tendono allo zero, *Atti Accad. Naz. Lincei. Rend. Cl. Sci. Fis. Mat.*, (VIII) 6 (1949), p. 13-18.

[1949b] Sopra una classa di equazioni di Liénard prive di integrali periodici, *Atti Accad. Naz. Linceï. Rend. Cl. Sci. Fis. Mat.*, (VIII) 6 (1949), p. 159-160.

SCHALLREUTER (Walter von)

[1923] *Über Schwingungserscheinungen in Entladungsröhren*, Braunschweig : Vieweg, 1923.

SCHLOMIUK (Dana)

[1993] Elementary first integrals of differential equations and invariant algebraic curves, *Expositiones Mathematicae*, 11, p. 433-454.

SHOHAT (James Alexander)

[1943] A New Analytical Method for Solving van der Pol's and Certain Related Types of Non-Linear Differential Equations Homogeneous and Non-Homogeneous, *Journal of Applied Physics*, 14 (1943), p. 40-48.

[1944] On Van der Pol's and related non-linear differential equations, *Journal of Applied Physics*, 15 (1944), p. 568-574.

SIMON (Andrew L.)

[1998] *Made in Hungary : Hungarian contributions to universal culture*, Safety Harbor (Fla.) : Simon Publications, 1998.

SIMON (Hermann Theodor Simon)

[1906] Zur Theorie der selbsttönenden Lichtbogens, *Physikalische Zeitschrift*, 7 (1906), p. 433-445.

SIRE DE VILAR (Henri)

[1901] La dualité en électrotechnique, *L'Éclairage Électrique*, 27 (1901), p. 252-259 et 278-285.

STEPANOFF (Vyacheslaw Vassilievich)

[1925] Sur quelques généralisations des fonctions presque périodiques, *C.R.A.S.*, 181 (20 juillet 1925), p. 90-92.

STEPANOFF (Vyacheslaw Vassilievich) & TYCHONOFF (Andreï)
[1933] Sur les espaces des fonctions presque périodiques,
C.R.A.S., 196 (24 avril 1933), p. 1199-1201.

STOKER (James Johnston)
[1950] *Nonlinear vibrations in Mechanical and Electrical Systems*,
New York : Interscience Publishers, John Wiley & Sons, 1950.

STOKES (Georges Gabriel),
[1845] On the theories of the internal friction of fluids in motion, and of the equilibrium and motion of elastic solids,
Trans. Camb. Phil. Soc., 8 (1845), p. 287-305.

STRUTT (John William) ou RAYLEIGH (Lord)
[1877] *The Theory of Sound*, 2 vol., London : MacMillan and C°, 1877.
[1883] On maintained vibrations, *Phil. Mag.*, (ser. 5) 15 (1883), p. 229-235.
[1911] On the calculation of Chladni's figures for a square plate,
Phil. Mag., (ser. 6) 22 (1911), p. 225-229.

STUMPERS (F. L. H. M.)
[1960] Balth. van der Pol's work on nonlinear circuits,
IRE Trans. CT-7, p. 366-367.

TATON (René) (dir.)
[1957-1964] Histoire Générale des Sciences,
4 tomes, Paris : P.U.F., 1957-1964.

TEISSIÉ-SOLIER (Max), CASTAGNETTO (Louis) et SABATHE (Marcel)
[1937] Sur les battements qui accompagnent la formation des tourbillons alternés de Bénard Karman, *C.R.A.S.*, 205 (28 juin 1937), p. 23-25.

TEISSIÉ-SOLIER (Max) et CASTAGNETTO (Louis)
[1938] Sur la détermination du critérium des tourbillons alternés et les oscillations de relaxation, *C.R.A.S.*, 206 (4 avril 1938), p. 1279-1281.

THOMPSON (Silvanus Phillips)
[1892] On the Physics of the Voltaic Arc,
The Electrician, XXIX (1892), p. 460
[1893] *Dynamo-electric machinery*,
vol. I, New York : Home Book Company, 1893.

THOMSON (William) ou KELVIN (Lord)
[1853] On transient electric currents,
Phil. Mag., (Series 4) 5 (1853), p. 393-405.
[1892] Graphical solution of dynamical problems,
Phil. Mag., 34 (1892), p. 443-448.

TIMOSHENKO (Stephen Prokofievitch)
[1928] Vibration problems in engineering,
Trad. fr. *Théorie des Vibrations à l'usage des ingénieurs*,
Paris : Librairie polytechnique Ch. Béranger, 1937.

TISSOT (Camille)
[1902] Observations sur l'arc chantant, (Congrès de l'Association française pour l'avancement des sciences à Montauban),
Éclairage Électrique, XXXII (1902), p. 354-355.

TOURNÈS (Dominique)
[2003a] L'intégration graphique des équations différentielles ordinaires,
Historia Mathematica, 30 (2003), p. 457-493.
[2003b] Junius Massau et l'intégration graphique,
Revue d'histoire des mathématiques, 9 (2003), p. 181-252.
[2003c] Du compas aux intégraphes : les instruments du calcul graphique,
Revue Repères – IREM, 50 (2003), p. 63-84.

TRICOMI (Francesco)
[1933] Integrazione di un'equazione differenziale presantatasi in electrotechnica,
Annali della R. Scuola Normale Superiore di Pisa, (Ser. 11) 2 (1933).

TROTTER (Alexander Pelham)
[1924] Mrs Ayrton's Work on the Electric Arc, *Nature*, 113 (1924), p. 48-49.

TRUTAT (B.) & BOUTTES (G.)
[1925] Les oscillations d'un moteur à excitation séparée alimenté par une génératrice série,
Revue générale de l'Electricité, 17 (1925), p. 669-671.

TURPAIN (Albert)
[1908] *La Télégraphie Sans Fil et les applications pratiques des ondes électriques*,
2e éd., Paris : Gauthier-Villars, 1908.

VACQUIÉ (Serge)
[1995] Arc électrique, *Techniques de l'ingénieur, Génie électrique*, vol. D4, N° D 2 870, p. 1-28.

VAN AALST (F.)

[1922] Sur l'entretien des oscillations électriques entretenues par une lampe à trois électrodes, *C.R.A.S.*, 175 (26 décembre 1922), p. 1397-1399.

VAN BLADEL (Jean)

[2006] The early history of URSI, in Jubilee *Svenska Nationalkommittén för Radiovetenskap* (SNRV 75 år) celebrating the 75th anniversary of the Swedish National Committee at the Royal Academy of Sciences in Stockholm, March 20, 2006, p. 1-12.

VAN DER POL (Balthasar)

[*Papers*] *Selected Scientific Papers*, Vol. I & II, édité par H. Bremmer et C. J. Bouwkamp, introduction de H. B. G. Casimir, Amsterdam : North-Holland Publishing Co, 1960.

[1920] A theory of the amplitude of free and forced triode vibrations, *Radio Review*, London, 1 (1920), p. 701-710 et 754-762.

[1922] On oscillation hysteresis in a triode generator with two degrees of freedom, *The London, Edinburgh, and Dublin Philosophical Magazine and Journal of Science*, Ser. 6, 43, p. 700-719.

[1924] Gedwongen trillingen in een systeem met nietlineairen weerstand (Ontvangst met teruggekoppelde triode), *Tijdschrift van het Nederlandsch Radiogenootschap*, 2 (1924), p. 57-73.

[1925] Het onderling verband tusschen eenige moderne vorderingen in de draadlooze telegrafie en telefonie, *Polytechnish Weekblad*, 19 (1925), p. 791-794.

[1926a] Over Relaxatietrillingen, *Physica*, Eindhoven, 6 (1926), p. 154-157.

[1926b] Over „Relaxatie-trillingen", *Tijdschrift van het Nederlandsch Radiogenootschap*, 3, p. 25-40.

[1926c] Über „Relaxationsschwingungen", *Jahrbuch der drahtlosen Telegraphie und Telephonie*, 28 (1926), p. 178-184.

[1926d] On "relaxation-oscillations", *The London, Edinburgh, and Dublin Philosophical Magazine and Journal of Science*, (VII) 2 (1926), p. 978-992.

[1927a] Forced oscillations in a circuit with non-linear resistance (reception with reactive triode), *The London, Edinburgh, and Dublin Philosophical Magazine and Journal of Science*, (VII) 3 (1927), p. 65-80.

[1927b] Over „relaxatietrillingen" II, *Tijdschr. Ned. Radiogenoot.*, 3, p. 94-105.

[1927c] Über „Relaxationsschwingungen" II,
Jahrbuch der drahtlosen Telegraphic und Telephonie, 29 (1927), p. 114-118.

[1930] Oscillations sinusoïdales et de relaxation,
Onde Électrique, 9 (1930), p. 245-256 et 293-312.

[1931] Electrical and Mechanical Oscillations the period of which is proportional to a time constant,
Proceedings of the Third International Congress of Applied Mechanics, (Stockholm, 24-29 août 1930), vol. 3, p. 178-180.

[1934] The nonlinear theory of electric oscillations,
Proceedings of the Institute of Radio Engineers, 22, p. 1051-1086.

[1938a] Oscillations de relaxation et démultiplication de fréquence,
Paris : Hermann (Actualités scientifiques et industrielles, vol. 708), p. 69-80.
(Réunion Internationale de Physique-Chimie-Biologie, Congrès du Palais de la Découverte, Paris, Octobre 1937)

[1938b] Beyond Radio, *Proceedings of World Radio Convention*,
I.R.E., Sydney, Avril 1938, p. 3-15.

VAN DER POL (B.) et POSTHUMUS (K.)

[1925] Au sujet du rendement des triodes,
Onde Électrique, 4 (1925), p. 536-539.

VAN DER POL (B.) et VAN DER MARK (Jan)

[1927a] Frequency Demultiplication, *Nature*, 120 (1927), p. 363-364.

[1927b] Quelques expériences avec les triodes et les oscillations de relaxation,
Onde Électrique, 6 (1927), p. 461-464.

[1928a] Le battement du cœur considéré comme oscillation de relaxation et un modèle électrique du cœur, *Onde Électrique*, **7** (1928), p. 365-392.

[1928b] The Heartbeat considered as a Relaxation oscillation, and an Electrical Model of the Heart,
The London, Edinburgh, and Dublin Philosophical Magazine and Journal of Science, (VII) 6 (1928), p. 763-775.

VAN DYKE (Milton)

[1982] *An Album of Fluid Motion*, Stanford : The Parabolic Press, 1982.

VAQUEZ (Henri) et DONZELOT (Édouard)

[1926] *Les troubles du rythme cardiaque*, Paris : Librairie J. B. Baillière & Fils, 1926.

VAQUEZ (Henri)

[1928] *Les maladies du cœur*, 2e éd., Paris : Librairie J. B. Baillière & Fils, 1928.

VERHULST (Ferdinand)

[1996] *Nonlinear Differential Equations and Dynamical Systems*, 2e éd., New York : Springer-Verlag, 1996.

VERHULST (Pierre-François)

[1838] Notice sur la loi que suit la population dans son accroissement, *Correspondances Mathématiques et Physiques*, X (1838), p. 113-121.

VILLAT (Henri)

[1929] La théorie de l'expérience de M. Henri Bénard sur les tourbillons alternés dans une cuve limitée par deux parois fixes parallèles, *Annales scientifiques de l'École Normale Supérieure*, (III) 46 (1929), p. 259-281.

VOGEL (Théodore)

[1950] Sur certains mouvements périodiques à déferlements, *C.R.A.S.*, 231 (17 juillet 1950), p. 207-209.

[1953] *Actes du Colloque international des vibrations non linéaires*, Île de Porquerolles, 18-21 septembre 1951, Publications Scientifiques et Techniques du Ministère de l'Air, vol. 281 (1953), p.1-17.

[1953a] Sur les systèmes déferlants, *B.S.M.F.*, 81 (1953), p. 63-75.

[1953b] Systèmes dynamiques héréditaires à déferlement, *Rendiconti del Seminario Matematico della Università di Padova*, 22 (1953), p. 64-80.

VOLTERRA (Vito)

[1926] Variazioni e fluttuazione del numero d'individui in specie animali conviventi, *Mem. Acad. Lincei.*, (s. 6) 2 (1926), p. 31-113.

[1928] Variations and fluctuations of the number of individuals in animal species living Together, *Journal du Conseil international pour l'exploration de la mer*, Copenhague, III (1928), p. 3-51.

[1931] *Leçons sur la Théorie Mathématique de la Lutte pour la Vie*, Rédigées par M. Brelot, Paris : Gauthier-Villars (Cahiers Scientifiques, vol. 7), 1931.

VON KARMAN (Théodore)

[1940] The engineer grapples with nonlinear problems,
Bull. Amer. Math. Soc., 46 (1940), p. 615-683.

VON KARMAN (Théodore) et RUBACH (Hans)

[1912] Über den mechanismus des flüssigkeits und luftwiderstandes,
Physikalische Zeitschrift, 13 (1912), p. 49-59.

WALTER (Scott) (éd.)

[2007] *La correspondance entre Henri Poincaré et les physiciens, chimistes et ingénieurs*,
Basel : Birkhäuser (coll. Publications des Archives Henri-Poincaré), 2007.

WEIL (André)

[1932] On systems of curves on a ring-shaped surface,
The Journal of the Indian, Mathematical Society,
19 (1931-32), Part I, p. 109-114.

[1936] Les familles de courbes sur le tore, *Mat. Sb.*, 43 (1936), p. 779–781.

[1948] L'avenir des mathématiques, dans F. Le Lionnais, dir.,
Les Grands courants de la pensée mathématique, *Cahiers du Sud*, 1948 ;
rééd ; Paris : Hermann, 1998, p. 307-320.

WILLIAME (Aimé)

[1906] Note sur la théorie de l'arc chantant,
Annales de la Société scientifique de Bruxelles, p. 179-202.

WITKOWSKI (Nicolas)

[1995] La chasse à l'effet papillon, *Alliage*, 22 (1995), p. 46-53.

WITT (Aleksandr)

[1932] Sur la stabilité du mouvement quasi-périodique,
C.R.A.S., 195 (11 juillet 1932), p. 101-103.

[1932] Sur l'amorçage des oscillations de très haute fréquence,
C.R.A.S., 195 (28 novembre 1932), p. 1005-1007.

[1937] Sur la théorie de la corde de violon,
Journal de Physique Technique de l'URSS, 4 (1937), p. 261-288.

WITZ (Aimé)

[1889a] Des inversions de polarités dans les machines série-dynamos,
C.R.A.S., 108 (juillet-décembre 1889), p. 1243 - 1246.

[1889b] Recherches sur les inversions de polarité des série-dynamos,
J. Phys. Théor. Appl., (8e série) 1 (1889), p. 581-586.

[1890] Recherches sur les inversions de polarité des série-dynamos,
La Lumière Électrique, 4 (1890), p. 193-196.

ZENNECK (Jonathan)
[1915] *Wireless Telegraphy*, New York : McGraw-Hill, 1915.
[1929] The importance of Radiotelegraphy in Science,
Proceedings of the Institute of Radio Engineers, 17 (1929), p. 89-114.

Index

Index nominum

Index terminologique

Table des figures

Liste des tableaux

Table des matières